THERMO DYNAMICS

열역학

구민사

PREFACE

열역학(熱力學, Thermodynamics)은 기계공학 분야에 있어서 중요한 기초 학문 중 하나이다. 특히 내연기관에 바탕을 둔 자동차공학에 있어서는 필수적인 학문이라 할 수 있다. 가솔린엔진, 디젤엔진, 개방형 가스터빈엔진 등의 설계에 있어서 열역학은 기본 학문이다.

열역학이란 열과 역학적 일의 관계를 바탕으로 열 이동 현상에 근거한 자연계 내에서 에너지의 흐름을 다루는 분야로 열에너지를 기계적 에너지로 전환시키는 과정이나 사이클을 이용하여 경제성 및 효율성을 추구하는 학문이다.

본 교재에서는 열역학적 기본성질, 열역학적 일의 정의, 열역학 제1법칙, 이상기체, 열역학 제2법칙, 증기, 가스동력사이클, 증기동력사이클, 냉동사이클 등의 관련 내용을 기초부터 정리하였고, 예제 및 실력평가를 통해 학습할 수 있도록 구성한 최신 교재라 할 수 있다. 열역학의 핵심 내용은 열역학 제0법칙, 열역학 제1법칙, 열역학 제2법칙이다.

열역학 제0법칙은 온도평형의 법칙이라 한다. 고온체와 저온체를 접촉시켰을 때 열은 고온에서 저온으로 이동하며 두 물체의 온도가 동일해질 때까지 열의 이동은 존재하게 된다. 열역학 제1법칙은 열과 일의 관계를 설명하기 위한 에너지 보존법칙이다. 열역학 제2법칙은 열을 일로 변환시켜 주기 위해서는 고열원과 저열원 사이의 열 이동이 존재하여야 하며 이와 같은 현상은 비가역성임을 명시한 법칙이다.

자동차를 공부하는 대학생 또는 자동차 관련 기사 자격증을 공부하는 수험생들에게 열역학은 필수 불가결한 과목이고, 이러한 분들에게 본 교재가 아주 유용한 교재임은 틀림없는 사실이다.

아무쪼록 본 교재를 통하여 뜻한 바 목적을 이루기를 바라며 내용 중 오류 및 잘못된 점이 있을 것이므로 여러분들의 기탄없는 충고를 받아아들여 최고의 교재가 될 수 있도록 노력할 것을 약속드린다.

끝으로 본 교재가 출간되기까지 도움을 주신 도서출판 구민사 조규백 대표님과 임직원들께 감사드린다.

저자 씀

CHAPTER 01 서론

CONTENTS

CHAPTER 02 열역학 제1법칙

CHAPTER 03 완전가스

C O N T E N T S

CHAPTER 04 열역학 제2법칙

CHAPTER 05 가스 사이클

CONTENTS

CHAPTER 06 증기의 성질

CHAPTER 07 증기 동력 사이클

CONTENTS

CHAPTER 08 냉동 사이클

CHAPTER 09 기체의 유동

CHAPTER 10 연 소

CONTENTS

| 부 | 록 |

01

CHAPTER

서 론

CHAPTER 01

서 론

1-1 열역학과 계

열은 물질이 아니고 에너지의 한 종류이다. 물체의 온도를 높게 하거나, 상태를 변화시키는 주원인으로 작용 한다. 열은 일로 일은 열로 변할 수는 있다. 열은 잘 정돈되지 않은 분자들의 운동에너지로서, Δt(온도의 차)에 의한 결과로 이동 중인 에너지를 말한다.

온도는 온도계에 나타난 고유한 눈금이다. 거시적으로는 일의 한 형태로서 에너지가 이동하는 잠재적 능력(Potential)을 말한다. 미시적으로는 활발한 분자운동의 척도가 된다.

에너지는 물질이 보유하고 있는 일을 할 수 있는 능력으로서, 수치값이나 상태량(압력, 체적, 온도 등의 값)과 같은 고유한 성질을 보유하고 있다.

열역학(熱力學)은 자연과학의 한 분야로서 매우 중요한 학문이다. 즉 열(熱)과 일(力 : 힘)과 에너지와의 관계를 다루는 학문으로서 에너지를 중요시 한다. 에너지를 공부하는 학문이라 할 수 있다. 열역학의 기초과학 측면은 물리학, 화학, 재료공학 등에까지 광범위하다. 미시적 측면은 계 전체 상태를 통계적 방법으로 파악 응용하며 통계 열역학이 이에 해당된다. 분자, 원자수준, 그보다 작은 기본적인 입자를 연구하는 학문이다. 거시적 측면은 계 전체의 결과값을 평균에 의존 고찰 하는 방법으로 고전 열역학 또는 공업열역학, 열역학이 이에 속한다. 뜨거운 것 전체에 관한 학문으로서 평균 효과에 관심을 둔다. 열역학의 일상적인 관련성은 인간이 열을 기계적 일로 변환시킴으로서 시작되었다.

다시 말하면 가장 경제적으로 일련의 작업을 연구하기 시작한 때부터 비롯되었으며 이론과 실험관찰에 바탕을 두고 있다. 이는 산업 사회의 발달과 병행해서 눈부시게 발전되었다. 나아가 기계열역학은 동작유체의 흡열과 방열의 메커니즘을 연구하는 학문을 의미한다. 자동차, 선박, 고속전철, 항공기, 로켓, 발전소 등이 이에 해당되며, 직접적으로 일상생활에 공헌하는 각종 에너지 변환장치 제작에 관계하기 때문에 각별히 우리의 생활과 가까운 학문으로서 중요하다.

열역학적인 변화에는 물체에 열을 가하거나 제거할 때, 그 물체에서 일어나는 증발 또는 팽창과 같은 물리적인 변화와, 연소 또는 열분해와 같은 화학적인 변화가 있다. 전자는 그 변화의 원인이 되었던 열을 제거하면 다시 처음 상태로 돌아가는 일시적인 변화이며, 후자는 그 변화의 원인이 되었던 열을 제거하여도 다시는 처음 상태로 돌아갈 수 없는 영구적인 변화이다. 이러한 열역학적인 변화를 이용하여 열기관, 전열, 화학공학 등에 응용된다.

열은 본질적으로 기계적인 일과 같은 것으로 일을 열로 변화시키는 것은 마찰을 이용하면 쉽게 이루어지지만, 열을 일로 바꾸는 것은 쉽지 않다. 열에는 힘의 요소가 포함되어 있지 않기 때문에 열을 직접 일로 변화시킬 수는 없다. 따라서 열을 일로 변화시키는 과정에는 반드시 열기관이 필요하다. 이 열기관은 열에 의해 상태량이 쉽게 변하는 성질을 갖는 가스나 증기의 상태변화를 이용하여 일을 얻을 수 있다. 아울러 이 열기관을 개선하기 위해 기본적으로 열과 일 사이의 상호관계를 다루는 열역학 제1법칙, 열역학 제2법칙이 필요하다. 전자는 일이 열로의 양적 변환관계를 나타내는 법칙이고, 후자는 열이 일로의 변환되기 위한 조건을 제시한 법칙이다.

이와 같이 열역학은 열과 관계되는 동력뿐만 아니라 에너지의 형태변화와 관련된 여러 가지 현상을 취급하는 학문이라 할 수 있다. 열과 일의 변환관계의 매개체로는 상태량(property)의 변화가 직접적으로 관여하며, 압력(pressure), 체적(volume), 온도(temperature)가 대표적이다.

이러한 상태량의 변화와 일과 열과의 관계를 알기 위해서는 다음과 같은 부분에 관심을 갖고 해석을 해야 한다. [그림 1-1]에서와 같이 실린더 내에 피스톤이 있고 밀폐된 공간 내에 어떤 동작물질 즉 기체가 들어있다고 가정하자.

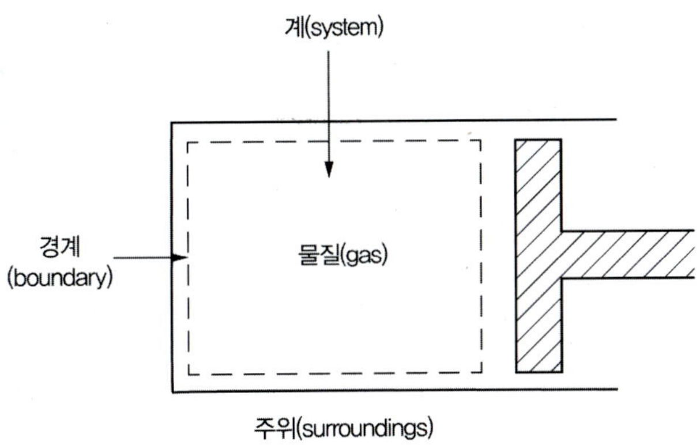

[그림 1-1] 열역학적 계

만약 피스톤을 압축 또는 팽창을 시키면 점선 내 기체의 압력이나 온도, 밀도 등이 증가 또는 감소한다. 여기서 우리가 관심을 갖고자 하는 부분은 증가할 것인가 감소할 것인가 등에 대한 사항 즉 점선 내 기체의 상태량이다. 따라서 이와 같이 증가 또는 감소의 대상이 되는 물질(기체, 액체)이 있는 공간을 열역학적 계(system)라고 한다.

열역학에서 사용되는 계(系)에는 점선부분을 계의 경계(boundary)라 하며, 계의 외부에 있는 물질을 주위(surroundings)라고 한다. 계는 검사체적(control volume)으로서 자체 내의 에너지나 힘의 평행 등 열역학적인 것이 고려의 대상이 된다. 계는 해석하고자 하는 영역에 따라 그 대상을 자유로이 가정할 수 있으며, 계의 종류는 다음과 같은 것들이 있다.

1-1-1 계의 종류

계(system)란 물질의 일정량으로 정의된다. 그 계는 항상 같은 물질을 포함하고 있으므로 계의 경계를 통해서 물질의 이동은 있을 수 없다. 이 경우에 경계를 통해서 열이나 일의 전달은 가능하다. 이와 같은 계를 밀폐계(closed system) 또는 비유동계(non-flow system)라 한다. [그림 1-2(a)]에서 만약 계가 지정된 경계내의 구역으로 정의될 경우 이때는 계의 경계를 통해서 열과 일의 전달은 물론 물질의 전달도 이루어질 수 있다.

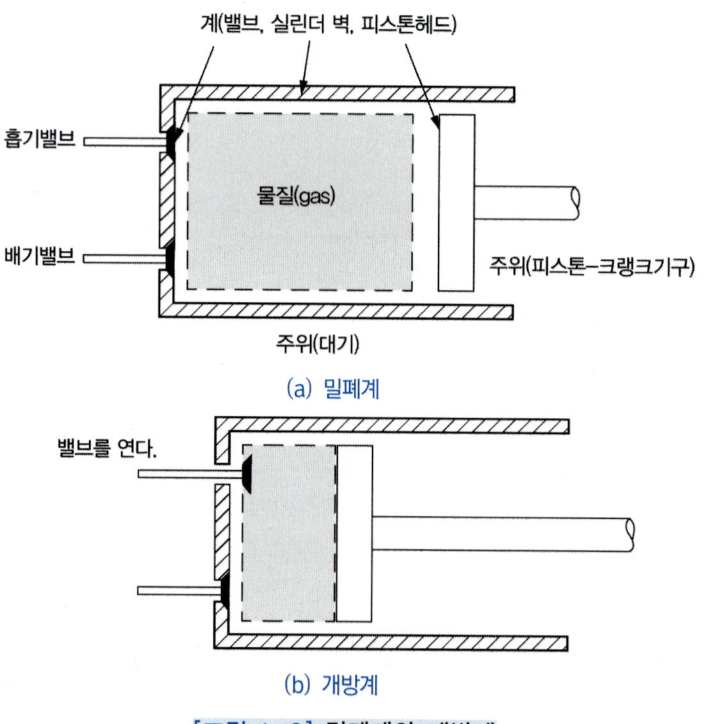

[그림 1-2] 밀폐계와 개방계

이와 같은 계를 개방계(open system) 또는 유동계(flow system)라 한다.[그림 1-2(b)] 그리고 외부로부터 완전히 고립되어 주위로부터 아무런 영향을 받지 않으며 물질전달은 물론 열이나 일의 이동도 없는 계를 고립계(isolated system) 또는 절연계라 한다. 일반적으로 증기원동소나 냉동기는 밀폐계에 해당하고, 가스터빈이나 내연기관은 개방계의 일종이다. 밀폐계와 개방계는 다음과 같이 요약할 수 있다.

① 밀폐계(질량, 중량 출입이 없다)

물질이 경계를 통과하지 않으면 계는 밀폐되어 있다.

② 개방계(질량, 중량 출입이 있다)

계와 주위 사이에서 물질의 교환이 있으면 계는 개방되어 있다.

1-1-2 작동유체(작업유체 : Working fluid)

계 내부의 기체는 외부의 일이나 열을 받아 에너지를 축적 또는 저장하며 쉽게 상변화 한다. 에너지를 저장 또는 운반하는 물질을 작동유체 혹은 작업유체라고 부른다. 즉, 피스톤을 압축하면(일을 가하면) 계의 온도가 증가하고, 증가된 온도는 주위와의 온도차(Δt)에 의해 열이 방출된다. 보일러의 증기와 내연기관의 혼합물질(연료+공기)이 그 대표적인 작동유체이다. 또 다른 예를 들면 증기터빈의 증기, 냉동기의 냉매, 내연기관의 혼합물질 등이 있다.

1-2 계의 상태와 상태량

물은 상황에 따라 여러 가지 형태로 존재한다. 물을 가열하면 기체인 수증기가 되며, 냉각하면 고체인 얼음으로 만들어진다. 여기서 얼음, 물, 수증기는 물의 서로 다른 상(phase)이라 할 수 있으며, 물은 서로 다른 압력과 온도에서 액체 상태로 존재할 수 있다. 하나의 상에서 여러 가지 다른 상태(state)로 존재할 수 있다는 것이다.

열역학에는 압력, 체적, 온도, 내부에너지, 엔탈피, 엔트로피 등의 열역학적 변수로 이루어져 있다, 이 변수를 상태량 또는 성질(property)이라 한다. 이중 압력(P), 체적(V), 온도(T)를 기본 상태량이라 하고 내부에너지(U), 엔탈피(H), 엔트로피(S)는 열적 상태량이라 한다.

상태량은 물질의 물리적 공간 상태이며 열역학적 평행상태를 나타낸다. 물질의 상태량은 단 하나의 특정한 값을 가진다. 그 물질이 어떤 경로를 거쳐 그 상태에 도달하였는가에 관계없이 주어진 상태에 대해서는 같은 상태량을 가진다. 이를 상태 함수(state function) 또는 점 함수(point function)라고 한다.

물질의 상태량에는 압력(P), 온도(T), 비체적(v), 비 엔탈피(h), 비 엔트로피(s) 등과 같이 관측 가능한 측정치로 표시되는 변수 즉, 질량과 무관한 상태량을 시강변수 또는 강도성 상태량(intensive property)이라 하고, 체적(V), 내부에너지(U), 엔탈피(H), 엔트로피(S)와 같이 직접 관측 될 수는 없으나 열역학적 법칙에 의해서 정의되는 변수 즉 질량에 따라 결정되는 성질의 상태량을 시량변수 또는 종량성 상태량(extensive property)이라 한다.

이외에도 비 상태량이 있다. 강도성 상태량의 성질로 물질의 종량성 상태량을 질량으로 나눈 값을 의미한다. 종류에는 비체적, 비엔탈피, 비엔트로피 등이 이에 속한다.

1-3 상태변화

계 내의 물질이 한 상태에서 다른 상태로 연속적으로 변화하는 상태변화의 경로를 과정(process)이라고 한다. 상태변화는 가역변화(reversible change)와 비가역변화(irreversible change)로 나눌 수 있다. 가역변화는 계 내의 물질이 한 상태에서 다른 상태로 변화할 경우 그 변화를 반대방향으로도 어떤 변화를 남기거나 에너지의 공급 없이 원래의 상태로 되돌아갈 수 있는 변화를 말한다.

비가역변화는 가역변화의 조건이 충족되지 않는 변화로, 마찰을 수반하는 실제의 일이나 고온물체로부터 저온물체로의 열 이동 등이 이에 속한다. 비가역변화를 일으키는 요소를 요약해 보면 마찰, 온도차에 의한 열손실, 기체의 확산 또는 혼합, 전기저항 등 여러 가지가 있다.

열역학에는 동작유체가 여러 가지 상태변화를 일으킨다. 종류로는 정적변화, 정압변화, 등온변화 그리고 단열변화 등이 있으며 중요하게 취급하고 있다. 계가 이상과 같은 여러 가지 상태변화를 거쳐서 원래의 상태로 돌아오는 순환과정을 사이클(cycle)이라고 한다.

사이클의 모든 과정이 가역과정으로만 이루어진 것을 가역사이클이라고 하며, 그 어느 하나의 과정이라도 비가역과정이 포함된 것이 비가역 사이클이라 말한다. 실제상으로는 가역사이클은 불가능하지만 비가역과정을 준정적과정(quasi-static process)으로 대치하여 가역사이클로 취급하는 경우도 있다.

1-4 열역학 제0법칙

우리는 신체 접촉을 통해서 감각으로 차갑다 또는 뜨겁다는 것을 느낀다. 이 때 감각적으로 감의 차이를 표시한 척도가 온도이며, 이것을 수량으로 측정하는 장치를 온도계라 한다.

온도계로 온도를 측정하려면 온도계의 온도를 측정하고자 하는 대상물체의 온도와 같게 해야 한다.

일반적으로 온도가 서로 다른 물체를 접촉시키면 높은 온도를 지닌 물체의 온도는 내려가고 (열량을 방출), 낮은 온도의 물체는 온도가 올라가게(열량을 흡수) 된다. 이때 열과 에너지도 온도기준이 높은 곳에서 낮은 곳으로 이동한다. 열량은 이 온도구배(Δt)를 통해 구할 수 있다.

결과적으로 두 물체의 온도차가 없어지는 때가 된다. 이때 두 물체는 열평형이 되었다고 한다. 열평형이 된 상태를 열역학 제0법칙(the zeroth law of thermodynamics)이라 한다.

1-5 온도(Temperature)

온도는 어떤 물질의 냉·온의 정도를 나타내는 척도로 사용되는 단위로서 섭씨온도와 화씨온도(British 단위)가 있으며, 열역학적 절대온도인 캘빈(Kelvin)온도와 랭킨(Rankine)온도가 있다.

열역학에서 절대온도(absolute temperature)를 사용하는 이유는 열역학의 기초법칙인 보일(Boyle)이나 샤를(Charles)의 법칙들이 절대온도를 이용하여 기체 분자들 간의 상관관계들을 규명하였기 때문이다.

1-5-1 상용온도

① 섭씨온도(Celsius temperature scale : t_c)

스웨덴의 Anders Celsius는 표준대기압 상태에서 물의 빙점을(icing point) 0도로 하고 비등점(boiling point)을 100도로 하여 이 두 정점 사이를 100등분한 눈금을 1℃로 정하여 섭씨눈금으로 하였다. 단위는 [℃]로 사용한다.

② 화씨온도(Fahrenheit temperature scale : t_f)

독일의 Daniel Fahrenheit는 표준 대기압상태에서 수수한 물의 빙점을 32도, 비등점을 212도로 정하고 이 사이를 180등분하여 1°F로 정하며 이를 화씨 눈금이라 하였다. 단위는 [°F]로 사용한다. 산업적·의학적 목적으로 1960년대까지 영어권 국가에서 사용하였다. 현재는 일반적으로 고온을 측정하는 분야나 비과학적 분야에 사용하고 있다.

섭씨온도를 t_c, 화씨온도를 t_f 라면 두 눈금의 관계는 $\frac{t_c}{100} = \frac{t_f - 32}{180}$ 으로부터

$$t_c = \frac{5}{9}(t_f - 32)[℃] \quad \cdots\cdots (1\text{-}1)$$

$$t_f = \frac{9}{5}t_c + 32[°F] \quad \cdots\cdots (1\text{-}2)$$

의 관계식을 갖는다.

Example

01 50°F는 섭씨온도는 몇 ℃인가? 또, 30℃는 화씨온도는 몇 °F인가?

풀이 ⊙ 식 (1-1)과 식 (1-2)에서

$$t_c = \frac{5}{9}(t_f - 32) = \frac{5}{9} \times (50 - 32) = 10℃$$

$$t_f = \frac{9}{5}t_c + 32 = \frac{9}{5} \times 30 + 32 = 86°F$$

02 섭씨와 화씨의 온도눈금이 같을 때 몇 도인가?

풀이 ⊙ 식 (1-2)에서 $t_f = \frac{9}{5}t_c + 32$ ℃

같은 온도의 눈금을 x 라면

$$x = \frac{9}{5}x + 32, \quad -\frac{4}{5}x = 32$$

$$\therefore x = -40℃ = -40°F$$

1-5-2 절대온도(absolute temperature)

① 캘빈온도(Kelvin temperature scale : T_K)

캘빈온도는 섭씨온도와 같은 눈금간격을 사용하는 절대온도이며, 캘빈온도와 섭씨온도와의 관계식은 다음과 같다.

$$T_K = t_c + 273.15 \fallingdotseq t_c + 273[\mathrm{K}] \quad \cdots\cdots (1\text{-}3)$$

② 랭킨온도(Rankine temperature scale : T_R)

랭킨온도는 화씨온도와 같은 눈금간격을 사용하는 절대온도이며, 랭킨온도와 화씨온도와의 관계식은 다음과 같다. 캘빈온도 0[K]를 0° [R]로 하고 1[K]의 값을 구하면 $1[\mathrm{K}] = \frac{1}{1.8}[\mathrm{R}]$, $1[\mathrm{R}] = 1.8[\mathrm{K}]$가 된다.

$$T_R = t_f + 459.67 \fallingdotseq t_f + 460[\mathrm{R}] \quad \cdots\cdots (1\text{-}4)$$

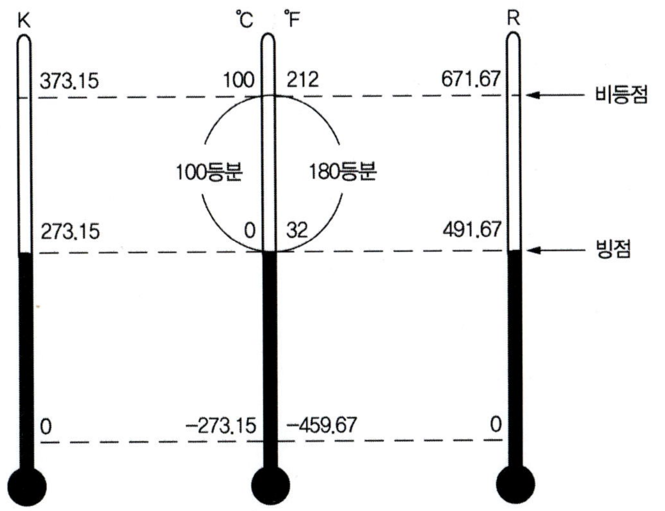

[그림 1-3] 각 온도에 따른 눈금의 관계

Example

03 30℃와 40℉를 절대온도로 표기하여라.

풀이 식 (1-3)과 식 (1-4)으로부터

$T_K = 30 + 273 = 303\mathrm{K}$

$T_R = 40 + 460 = 500\mathrm{R}$

1-6 열역학적 단위계

종래에 사용되어온 단위계에는 절대단위계와 공학단위계의 두 종류가 있었으나 현재는 SI(System International) 즉 국제표준 단위계로 통일되어 가고 있다.

1-6-1 기본 단위계

단위계에서 기본단위란 힘(force), 질량(mass), 길이(length), 시간(time)을 기준으로 하는 단위계로서 다음과 같이 나눌 수 있다.

① 절대 단위계

절대 단위계는 길이(length), 질량(mass), 시간(time)의 세 종류를 기본 단위로 하고 있다. 절대 단위계는 MKS단위계와 CGS단위계로 나뉜다.

- MKS단위계

  질량[kg], 길이[m], 시간[s]를 기본으로 하는 단위계이며, 힘은 [N]으로 표시한다.

  $1\,[\mathrm{N}] = 1[\mathrm{kg}] \times 1[\mathrm{m/s^2}]$

- CGS단위계

  량[g], 길이[cm], 시간[s]를 기본으로 하는 단위계로, 힘은 [dyne]으로 표시한다.

  $1\,[\mathrm{dyne}] = 1[\mathrm{g}] \times 1[\mathrm{cm/s^2}] = 10^{-5}\,[\mathrm{N}]$

② 공학 단위계

공학 단위계는 길이(length), 힘(force), 시간(sec)의 세 종류를 기본으로 하고 있으며, 이 단위계에서는 질량 대신 힘[$\mathrm{kg_f}$]을 기본단위로 하고 있는 특징이 있다.

$$1[\mathrm{kg_f}] = 1[\mathrm{kg_{mass}}] \times [9.8\,\mathrm{m/s^2}] = 9.8[\mathrm{N}]$$

$$1[\mathrm{kg_{mass}}] = \frac{1}{9.8}\,\mathrm{kg_f} \cdot \mathrm{s^2/m}\,(\mathrm{kg} = \mathrm{kg_{mass}})$$

③ 국제단위계(SI단위계)

종래의 단위에는 하나의 양에 각종 단위가 몇 개씩 사용되어 혼란을 가져 왔다. 현재 통용되는 국제단위계는 절대단위계와 유사한 것으로 하나의 양에 하나의 단위로 지정한 국제적인 공통단위계이다. 질량[kg], 길이[m], 시간[s]를 기본으로 하는 단위계이며, 힘은 [N]으로 표시한다.

$$1[\mathrm{N}] = \frac{1}{9.8}[\mathrm{kg_f}]$$

1-6-2 유도단위계

기본 단위계의 조합으로 열역학적인 상태량을 나타내는 단위계로써 〈표 1-1〉과 같다.

표 1-1 각종 단위계

양	공학(중력) 단위계	SI단위계
길이	m, cm	m, cm
시간	s	s
질량	$kg_f \cdot s^2/m$	kg
중량(힘)	kg_f	N
체적, 비체적	m^3, m^3/kg_f	m^3, m^3/kg
온도	℃, K	℃, K
압력, 응력	kg_f/cm^2, kg_f/m^2	N/m^2, Pa, bar
열량, 일량	kcal, $kg_f \cdot m$	kJ
동력	PS, HP	kW
엔탈피, 비엔탈피, 내부에너지, 비내부에너지	kcal, $kcal/kg_f$	kJ, kJ/kg
엔트로피, 비엔트로피	kcal/K, kcal/kg·℃	kJ/K, kJ/kg·K
비열	kcal/kg·℃	kJ/kg·K
기체상수	$kg_f \cdot m/kg \cdot$℃	kJ/kg·K

1-7 물질의 성질

상태변수 또는 상태량이라 한다. 물질의 성질에 따라 차이점을 나타내는 대표적인 것으로는 밀도(density), 비중량(specific weight), 비체적(specific volume), 비중(specific gravity)이 있으며, 이들의 정의는 다음과 같다. 이들은 계를 구성하고 있는 물질의 조밀한 정도를 나타내는 물리적 특성치이다.

1-7-1 밀도(Density)

밀도(density)는 단위 체적당의 질량으로 정의한다. 단위부피 중 물의 무게로는 4℃일 때가 가장 높다. 1ml에 1g이다. 기체의 밀도는 압력의 크기에 거의 비례하여 증가하고, 액체는 거의 일정하다. 단위는 [kg/m³]이다. 기호는 ρ로 표기하고 있다.

$$\rho = \frac{m}{V} = \frac{\gamma}{g}[\mathrm{kg/m^3}] \quad \cdots\cdots (1\text{-}5)$$

물의 밀도 $\rho_m = 1{,}000\,\mathrm{kg/m^3}$, 수은의 밀도 $\rho_{Hg} = 13{,}600\,\mathrm{kg/m^3}$,

공기의 밀도 $\rho_{air} \fallingdotseq 1.3\,\mathrm{kg/m^3}$

1-7-2 비중량(Specific weight)

비중량(specific weight)은 단위 체적당의 중량으로 정의하며, SI단위는 [N/m³]으로 표시한다. 무게 G[$\mathrm{kg_f}$], 체적 V[m3]인 물체의 비중량 γ은 다음과 같다.

$$\gamma = \frac{G}{V} = \frac{mg}{V} = \rho g[\mathrm{kg_f/m^3},\ \mathrm{N/m^3}] \quad \cdots\cdots (1\text{-}6)$$

1-7-3 비체적(Specific volume)

비체적(specific volume)은 단위 질량당의 체적 또는 단위 중량당의 체적으로 정의하며, 단위는 [$\mathrm{m^3/kg_f}$, $\mathrm{m^3/N}$]으로 표시한다.

질량 m[kg]의 체적을 V[m³]이라 하면 비체적 v는 다음과 같다.

$$v = \frac{V}{m}\,[\mathrm{m^3/kg}] \quad \cdots\cdots (1\text{-}7)$$

$$v = \frac{V}{G}\,[\mathrm{m^3/kg_f}] \quad \cdots\cdots (1\text{-}8)$$

즉, $v = \frac{1}{\rho}$ 또는 $v = \frac{1}{\gamma}$ 이며, 단위를 보고 밀도의 역수로 사용되었는지, 비중량의 역수로 사용되었는지 판단해야 한다.

1-7-4 비중(Specific gravity)

4℃ 물의 밀도(비중량)에 대한 어떤 물질의 밀도(비중량)의 비를 의미하며, 기호는 S로 사용한다.

$$S = \frac{\rho_{물질}}{\rho_{물}} = \frac{\gamma_{물질}}{\gamma_{물}} \quad \cdots\cdots (1\text{-}9)$$

일반적으로 물의 밀도(비중량)는 온도에 따라 그 값이 변하지만(온도가 증가하면 밀도는 감소) 물의 비중은 1이며, 수은(Hg)은 13.6이다. 즉, 수은은 물보다 13.6배 더 무겁다.

Example

04 표준상태(0℃, 760mmHg)에서 공기의 비중량은 12.67N/m^{3}이다. 공기의 밀도와 비체적을 구하여라.

풀이 식 (1-5)으로부터

$$\rho = \frac{\gamma}{g} = \frac{12.67}{9.8} \fallingdotseq 1.293\,\mathrm{kg/m^3}$$

$$v = \frac{1}{\rho} = \frac{1}{1.293} = 0.773\,\mathrm{m^3/kg}$$

05 체적이 10m^{3}인 그릇 속에 무게 20N의 가스가 들어 있다. 이 가스의 비중량, 밀도, 비체적을 구하여라.

풀이 식 (1-5), (1-6), (1-7)로부터

(1) 비중량

$$\gamma = \frac{G}{V} = \frac{20}{10} = 2\,\mathrm{N/m^3}$$

※ 공학단위계 $\gamma = \frac{20}{10 \times 98} = 0.204\,\mathrm{kg_f/m^3}$

(2) 밀도

$$\rho = \frac{m}{V} = \frac{20 \times \frac{1}{9.8}}{10} \fallingdotseq 0.204\,\mathrm{kg/m^3}$$

(3) 비체적

$$v = \frac{1}{\rho} = \frac{1}{0.204} = 4.9\,\mathrm{m^3/kg}$$

※ 공학단위에서 비체적 $v = \frac{1}{\gamma} = \frac{1}{0.204} = 4.9\,\mathrm{m^3/kg_f}$

1-8 압력(Pressure)

입체의 표면은 곡면으로 이루어져 있다. 이때 작동하는 힘은 접선 방향과 법선 방향으로 벡터 분해된다. 각 방향마다 응력이 작용하는데 이를 접선응력(tangential stress)과 법선응력(normal stress)이라 한다. 완전하게 평평한 평면일 경우에는 법선응력만 작용한다.

일반적으로 널리 열·유체 공학에서는 법선응력을 압력이라 한다. 이때 압력(pressure)은 단위 면적당에 작용하는 수직한 힘으로 정의하며, 평형상태에 있는 유체 내의 한 점에서의 압력 P는 모든 방향으로 동일하다.

SI단위계(국제단위계)에서의 압력의 단위는 1[m^2]의 면적에 1[N]의 힘으로 1[N/m^2] 또는 1[Pa]을 사용하나, MKS단위에서는 [kg/m^2]를 사용한다. 즉, $P = F/A$ (A : 면적, F : 힘)이다. 본 교재에서는 주로 SI단위인 Pa[N/m^2, Pa, bar]를 쓰고 특별한 경우에 kPa과 MPa을 쓸 것이다.

표준대기압과 공학기압의 차이점은 다음과 같으며, 여러 단위들로 표시할 수 있다.

1-8-1 표준 대기압과 공학기압

① 표준 대기압(atm)

표준 대기압은 지구중력이 $g = 9.80665$[m/s^3]으로 작용할 때 0[℃]($\rho_{Hg} = 13595\mathrm{kg/m^3}$) 해수면에서 수은주 760[mmHg]가 나타내는 압력을 말하며 계기에 나타낸 눈금은 0이다. [atm]으로 표시한다.

$$1[atm] = 760[mmHg] = 760 \times 13.6[mmH_2O] \fallingdotseq 10.33[mAq]$$

$$\fallingdotseq 1.0332[kg_f/cm^2] \fallingdotseq 101325[N/m^2] = 101325[Pa]$$

$$= 1.01325[bar] = 1013.25[mbar] = 1013.25[hPa]$$

단, $1[bar] = 10^3[mbar] = 10^5[N/m^2]$

$1[Pa] = 1[N/m^2] = 1[kg/m \cdot s^2]$

$1[kg_f/m^2] \fallingdotseq 9.8[N/m^2]$

② 공학기압(ata)

$1[kg_f]$ 힘이 $1[cm^2]$의 면적에 작용될 때의 압력을 말한다.

$$1[ata] = 1[kg_f/cm^2] = 735.6[mmHg] = 735.6 \times 13.6[mmH_2O]$$

$$\fallingdotseq 10[mAq] \fallingdotseq 98070[Pa] = 0.9807[bar] = 0.9679[atm]$$

1-8-2 게이지압력, 진공압력, 절대압력

압력의 종류에는 게이지압력(gage pressure)과 진공압력(vacuum pressure) 그리고 절대압력(absolute pressure)이 있다. 게이지압력 또는 계기압력은 압력계가 측정한 압력 또는 표준대기압(760mmHg)을 0으로 하여 측정한 압력을 말한다. 또는 표준 대기압을 기준으로 그 이상의 압력을 의미한다. 진공압력은 일명 부압이라 한다. 표준대기압 이하의 압력이다. 완전진공을 기준으로 하여 그 이상을 측정한 압력을 말한다.

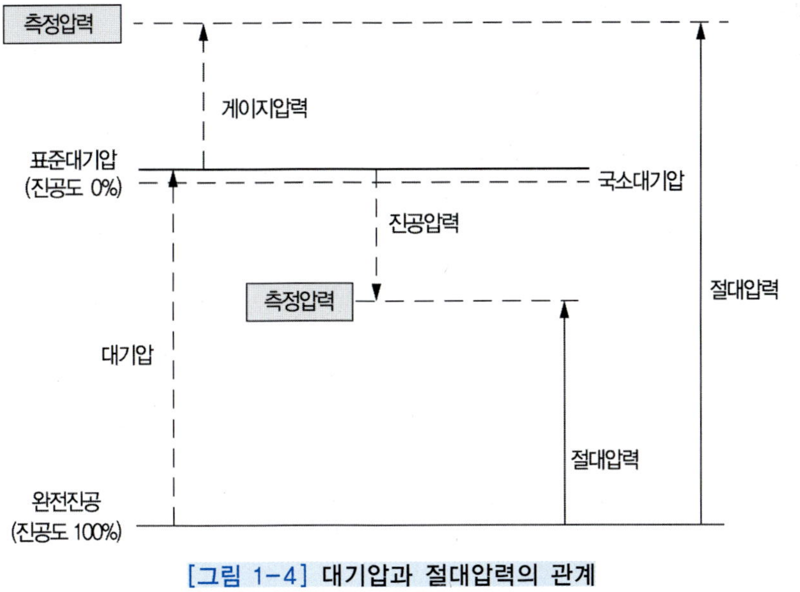

[그림 1-4] 대기압과 절대압력의 관계

표준대기압의 상태에서는 진공도가 0(0%)이며, 대기압이 완전진공 상태인 −760mmHg일 때는 진공도 1(100%)을 의미한다.

대기압은 측정시간, 장소에 따라 수시로 변화하기 때문에 [그림 1−4]에서 나타낸 것과 같이 열역학에서는 완전진공을 기준으로 한 절대압력을 이용하여 압력을 나타낸다.

표준대기압 이상에서의 절대압력을 P_{Aa}로. 대기압을 P_o, 게이지압력을 P_g 라 하면 이들의 관계는 다음과 같다.

$$P_{Aa} = P_o + P_g \quad \cdots\cdots (1\text{-}10)$$

표준대기압 이하에서의 절대압력을 P_{Ba} 대기압을 p_0, 진공압력을 p_v라 하면 이들의 관계는 다음과 같다.

$$P_{Ba} = P_o - P_v \quad \cdots\cdots (1\text{-}11)$$

Example

06 대기압이 780mmHg일 때 기체의 게이지압력이 20kPa, 진공압력이 100kPa이면 절대압력은 각각 얼마인가?

풀이 식 (1−10)과 식 (1−11) $P_{Aa} = P_o + P_g$, $P_{Ba} = P_o - P_v$로부터

수은의 밀도는 13600kg/m^{3}이므로 대기압 P_o는

$P_0 = 0.780 \times 13600 \times 9.8 = 103958.4\,\text{Pa} ≒ 1.040\,\text{bar}$

절대압력은

(1) $P_{Aa} = 103958.4 + 20000 = 123958.4\,\text{Pa} ≒ 1.240\,\text{bar}$

(2) $P_{Ba} = 103958.4 - 100000 = 3958.4\,\text{Pa} ≒ 0.0399\,\text{bar}$

07 대기압이 753mmHg일 때 진공도 90%의 절대압력은 몇 N/m^{2}인가?

풀이 $760 : 101325 = 753(1-0.9) : P_a$ (760mmHg = 101325N/m^2)

$\therefore P_a = \dfrac{753}{760} \times (1-0.9) \times 101325 ≒ 10039\,\text{N/m}^2$

1-9 일, 에너지 및 동력

일은 물체에 힘을 작용하여 변위를 일으켰을 때 힘과 변위의 곱으로 나타낸다. 힘을 F라 하고 변위를 L, 힘과 변위와의 각도를 θ, 이때 일 W는 다음과 같다.

$$W = F \cdot L = F \cdot L\cos\theta$$

힘과 변위가 동일 방향에서는 $W = F \cdot L$이며, 힘과 변위가 90°일 때는 $W=0$이다(힘(F)의 단위는 단위길이 m, 단위질량 kg, 단위시간 s일 때 1kg의 물체에 작용하여 1m/s^{2}의 가속도를 내게 하는 힘을 1N이라 한다. $F = 1\text{N} = 1\text{kg} \times 1\text{m/s}^2 = 1\text{kg m/s}^2$가 된다).

결과적으로 일은 1N[Newton]의 힘을 1[m]만큼의 변위를 일으켰을 때를 정의한다.

일의 공학단위는 [kg$_f$·m]이며, SI단위는 J[Joule]로 표시한다.

$$1[\text{J}] = 1[\text{N} \cdot \text{m}] \quad \cdots\cdots (1\text{-}12)$$

또한, 지구상에서의 중력가속도를 평균 중력가속도 $g \fallingdotseq 9.8[\text{m/s}^2]$이라 하면, SI단위와 공학단위와의 관계는 다음과 같다.

$$1[\text{kg}_f.\text{m}] = 9.8[\text{J}] \quad \cdots\cdots (1\text{-}13)$$

피트·파운드[ft·lb] 단위를 사용하는 나라에서는 일의 단위로 [lb·ft]가 사용되며 이 단위는 다음과 같다.

$$1[\text{lb} \cdot \text{ft}] = 1.36[\text{J}] \quad \cdots\cdots (1\text{-}14)$$

에너지는 일을 할 수 있는 능력임으로 일과 같은 단위를 사용하며, 역학적 에너지에는 위치에너지(potential energy)와 운동에너지(kinetic energy)가 존재한다.

위치에너지는 E_p로 표기하며, 중량 G[kg$_f$] 또는 질량 m[kg]의 물체가 z[m] 높이에 있을 때 $E_p = Gz$[kg·m], mgz[J]로, 또 중량 G[kg$_f$] 또는 질량 m[g] 물체가 ω[m/s]의 속도로 움직일 때 운동에너지 E_k는 $E_k = \dfrac{G\omega^2}{2g}$[kg$_f$·m, N·m], $\dfrac{1}{2}m\omega^2$[J]로 표기된다.

그리고 동력(power)은 단위 시간당 이루어진 일량으로 정의한다.

공학단위에서는 [kg$_f$·m/s] 또는 [HP](Horse power), [PS](Pferde starke)를, SI단위에서는 W[watt]를 사용한다.

$1[kg_f \cdot m/s] = 9.8[W]$

$1[W] = 1[J/s]$

$1[PS] = 75[kg_f \cdot m/s] = 735.5[W]$

$1[HP] = 76[kg_f \cdot m/s] = 0.746[kW] = 1.0144[PS] = 550.2[lbf \cdot ft/s]$

$1[kW] = 1.36[PS] = 102[kg_f \cdot m/s]$

Example

08 높이가 80m인 탑 위에 3ton의 물이 저장되어 있다. 물이 갖는 위치에너지는 얼마인가?

풀이 ⊙ $E_p = mgz = 3 \times 10^3 \times 9.8 \times 80 = 2352 \times 10^3 \text{J} = 2352 \text{kJ}$

09 정원 9명인 엘리베이터에 무게가 0.06ton인 사람을 태우고 100m/min의 등속도로 운전할 경우 소요 동력은 몇 kW인가?

풀이 ⊙ $P = \frac{W}{t} = \frac{F \cdot L}{t} = F \cdot \omega$

$F = 9 \times 60 = 540 \text{kg}$

$P(\text{동력}) = F \cdot \omega = \frac{1}{102} \times 9 \times 60 \times \frac{100}{60} = 8.82 \text{KW}$

1-10 열량(Quantity of heat)

공업열역학(technical thermodynamics)에서는 열이 이동하는 형태를 열에너지라고 하며, 열에너지를 물리량으로서 취급할 때를 특히 열량(quantity of heat)이라고 한다. 공학에서는 종래부터 열량의 단위로서 킬로칼로리(kilo calory)가 사용되고 있으며, [kcal]로 표시한다. 1kcal는 0[℃], 1[atm]의 표준상태 하에서 1[kg]의 순수한 물을 14.5[℃]에서 15.5[℃]까지 1[℃] 높이는데 필요한 열량에 상당한다.

1Btu(British thermal unit)는 순수 $1[lb_f]$의 온도를 39[°F]에서 40[°F]까지 1[°F]만큼 상승시키는데 필요한 열량이다. 이것에 대해서 SI단위에서는 열량의 단위로 J[Joule]을 사용한다. 이것은 1[N]의 힘을 작용시켜서 1[m]의 변위가 일어나게 하는 1[N·m]의 일에 상당한다. 따라서 공학단위에서 열량의 단위[kcal]는 다음과 같은 관계가 있다.

열량이란 어떤 물체의 온도를 변화시킬 수 있는 에너지를 말하며, 기호는 Q, 단위는 [cal], [kcal] 또는 [J], [kJ]을 사용하며, 혼용 단위로 [Btu]이나 [Chu]도 사용한다.

$$1[\mathrm{J}] = \frac{1}{4,186}[\mathrm{kcal}] = 9.478 \times 10^{-4}[\mathrm{Btu}] \quad \cdots\cdots (1\text{-}15)$$

$$1[\mathrm{kg_f} \cdot \mathrm{m}] = 9.8[\mathrm{J}] = \frac{1}{427}[\mathrm{kcal}] \quad \cdots\cdots (1\text{-}16)$$

여기서, 1Chu(Centigrade heat unit)는 1[lb_f]의 순수물을 1[℃] 만큼 올리는데 필요한 열량으로 정의하고 있다.

표 1-2 각종 단위계

kcal	Btu	Chu	kJ
1	3.968	2.205	4.18673
0.252	1	0.5556	1.05504
0.4536	1.8	1	1.89908
0.23885	0.94783	0.52657	1

Example

10 1PSh, 1kWh는 몇 kJ인가? (표 1-2를 참고하시오.)

풀이 (1) $1\,\mathrm{PSh} = 75 \times 9.8\,\mathrm{N \cdot m/s} \times 3600\,\mathrm{s} = 2646\,\mathrm{kJ} = 2646 \times 0.239 \fallingdotseq 632.3\,\mathrm{kcal}$

(2) $1\,\mathrm{kwh} = 1000\,\mathrm{W} \times 3600\,\mathrm{s} = 1000\,\mathrm{J/s} \times 3600\,\mathrm{s} = 3600\,\mathrm{kJ} = 3600 \times 0.239 \fallingdotseq 860\,\mathrm{kcal}$

11 1Btu를 kJ로 환산하시오.

풀이 $1\,\mathrm{lb_f} = 0.4536\,\mathrm{kg_f}$, $1\,°\mathrm{F} = \frac{5}{9}$℃이므로

$$1\,\mathrm{Btu} = 0.4536 \times \frac{5}{9} = 0.252\,\mathrm{kcal} = 1.055\,\mathrm{kJ}$$

1-10-1 비열

비열(specific heat)은 어떤 물질 단위중량을 1[℃] 만큼 높이는 데 필요한 열량으로 정의하며, 단위는 [kcal/kg·℃](공학단위) 또는 [kJ/kg·K](SI단위)로 표기한다.

어떤 물체에 열량 δQ를 가했을 때 물체의 온도가 dt만큼 상승했다면 온도 상승 값 dt는 가해진 열량 δQ에 비례하고 물체의 중량 G에 반비례한다.

즉, $\delta Q \propto Gdt$ 되므로 비례상수를 C라 하면

$$\delta Q = GCdt \quad \cdots\cdots (1\text{-}17)$$

로 쓸 수 있다.

비례상수 C는 물질에 따라 정해지는 정수이며 이것을 비열이라 한다. 예를 들면 물의 비열은 앞의 열량의 정의에 따라 1[kcal/kg·℃]=4.186[kJ/kg·K]≒4.2[kJ/kg·K]이다.

물체에 열량 Q를 가하여 1의 상태에서 2의 상태로 변화시켰을 때 그 동안의 가열량을 위 식을 이용하여 나타내면

$$\int_1^2 \delta Q = \int_1^2 GCdt \quad \cdots\cdots (1\text{-}18)$$

$$Q = G\int_1^2 Cdt \quad \cdots\cdots (1\text{-}19)$$

위 식은 C값에 따라 다음의 두 가지 경우로 생각할 수 있다.

- 비열 C가 온도와 관계없이 일정할 때

$$Q = GC\int_1^2 dt = GC(t_2 - t_1) \quad \cdots\cdots (1\text{-}20)$$

- 비열 C가 온도의 함수일 때는 $C = f(t)$로 놓으면

$$Q = G\int_1^2 Cdt = G\int_1^2 f(t)dt \quad \cdots\cdots (1\text{-}21)$$

이 때 평균비열을 C_m이라면 $Q = GC_m(t_2 - t_1)$이므로 평균비열을 구하면 다음과 같다.

$$C_m = \frac{1}{t_2 - t_1}\int_1^2 f(t)dt \quad \cdots\cdots (1\text{-}22)$$

위의 식들을 이용하면 서로 다른 여러 가지의 물질을 혼합했을 때의 평균온도를 구할 수 있다.

두 물체의 중량을 G_1, G_2, 비열을 C_1, C_2라하고 온도가 각각 t_1, t_2인 물체를 혼합했을 때 화학적 변화와 열손실이 없으며, $t_1 > t_2$라 할 때 혼합후의 평형온도를 t_m이라 하면

$$t_m = \frac{G_1C_1t_1 + G_2C_2t_2}{G_1C_1 + G_2C_2} \quad \cdots\cdots (1\text{-}23)$$

비열은 물체에 열이 가해지는 조건 및 그 때의 상태에 따라 달라진다. 기체의 경우는 액체나 고체와는 달리 열이 가해지는 조건에 절대적인 영향을 받는다. 압력이 일정한 상태인 등압의 경우에서의 비열을 등압비열 C_p, 체적이 일정한 상태인 등적상태의 비열을 등적비열 C_v라 하며, 일반적으로 $C_p > C_v$이다. 또한, C_p와 C_v의 비를 비열비(ratio of specific heat)라 하며 k로 표기한다.

$$k = \frac{C_p}{C_v} > 1 \quad \cdots\cdots (1\text{-}24)$$

Example

12 200kg의 쇳덩어리를 20℃에서 100℃까지 가열하는 데 필요한 열량은 몇 kJ인가? (단, 쇳덩어리의 비열은 0.609kJ/kg·K이다.)

풀이 $Q = mC(t_2 - t_1) = 200 \times 0.609 \times (100 - 20) = 9744\,\text{kJ}$

13 물 3l를 0.5kW의 전열기로 15℃에서 100℃까지 가열할 때 걸리는 시간은 몇 분이 되는가? (단, 전열기에서 발생하는 열은 40%가 물의 상승온도에 이용된다고 한다.)

풀이 물을 가열하는데 필요한 열량 : Q_1

전열기에서 나오는 열량 : Q_2

$Q_1 = GC(t_2 - t_1) = 3 \times 1 \times (100 - 15) = 255\,\text{kcal} = 0.2965\,\text{KWh}(1\,\text{KW} = 860\,\text{kcal/h})$

$Q_2 = 0.5 \times 0.4 = 0.2\,\text{kW}$

$\therefore \dfrac{Q_1}{Q_2} = \dfrac{0.2965}{0.2} = 1.483\,\text{hr} ≒ 88.9\,\text{min}$

Example

14 공기는 등압상태에서 $C_p = 1.0101 + 0.0000798t$ kJ/kg·K이다. 이 경우 5kg 공기를 0℃에서 200℃까지 높이는데 필요한 열량과 평균비열을 구하여라.

풀이 (1) 열량

$$Q = m\int_1^2 C_p dt = 5\int_0^{200}(1.0101 + 0.0000798t)dt$$

$$= 5\times(1.0101\times 200 + \frac{0.0000798}{2}\times 200^2) = 1018.08\,\text{kJ}$$

(2) 평균비열

$$C_m = \frac{Q}{m(t_2 - t_1)} = \frac{1018.08}{5(200-0)} = 1.01808\,\text{kJ/k}\cdot\text{K}$$

15 100l의 순수물에 500℃되는 알루미늄 5kg을 넣었더니, 열평형 후 온도가 20℃가 되었다. 이 때 물의 온도변화량을 구하라. (단, 알루미늄의 비열은 0.6279kJ/kg·K이고, 용기의 영향은 없는 것으로 한다.)

풀이 알루미늄의 방출열량=물의 흡입열량이므로

$GC\Delta t_{Al} = GC\Delta t_{물}$ 에서

$5\times 0.6279\times(500-20) = 100\times 4.186\times \Delta t$

$\therefore\ \Delta t \fallingdotseq 3.6$℃

1-10-2 감열(현열)과 잠열

액체에 열을 가하면 그 열은 액체의 온도를 상승시키고 일부는 체적의 팽창에 이용된다. 이와 같이 물체에 온도차를 발생시키는 열을 감열(sensible heat) 또는 현열이라고 한다.

액체에 계속해서 열을 가하면 그 물질의 증기점에 도달하여 증발이 시작되고 온도차가 변하지 않는 경우가 있다. 이 경우는 물체의 상태만 변한다. 즉 고체에서 액체로 액체에서 기체로 상변화만 하는데 이를 잠열이라 한다. 이때 가한 열에너지는 내부에너지의 증가와 체적팽창에 필요한 에너지로 소비된다.

잠열에는 융해열, 응고열, 증발열, 응축열, 승화열이 있다. 융해열은 0℃ 얼음이 0℃물로 변할 때가 해당된다. 약 334kJ/kg의 잠열이 방출된다. 응고열은 상변화가 융해열의 반대이다.

증발열은 100℃의 물이 100℃의 증기로 변화할 때 약 2257kJ/kg의 잠열을 흡수한다. 응축열은 상변화가 증발열의 반대이다.

승화열은 드라이아이스(dry ice)와 같이 고체를 직접 기체로 변화시키는 현상이며 승화(sublimation)라 한다. 이 때 필요한 열을 말한다. 단위는 [kcal/ kg] 또는 [kJ/kg]이다.

1-11 열효율

열효율은 열기관에 공급된 열량 중 유용하게 사용되어진 일량의 비를 열효율이라 한다. 열효율로서 열기관의 경제성 여부를 판단할 수 있다.

$$\eta_{(열효율)} = \frac{정미열량}{공급열량} = \frac{동력[kW\ 또는\ PS]}{연료의\ 저위발열량 \times 연료소비율}$$

$$\eta = \frac{632.3 \times P[PS]}{H_\ell \times G_f} \times 100\% = \frac{860 \times P[kW]}{H_\ell \times G_f} \times 100\% \quad \cdots\cdots (1\text{-}25)$$

H_ℓ : 연료의 저위발열량[kcal/kg, kJ/kg]
G_f : 연료소비율[kg/h]
P : 동력[PS, kW]

Example

16 연료의 저위발열량이 6500kcal/kg인 기관이 연료의 연소열 중에서 70%만 유효하게 동력으로 전환하여 80kWh를 발생시켰다면 이 기관의 단위시간당 연료 소비율량은 얼마인가?

풀이 식 (1-25)로부터

$$\eta = \frac{860 \times P[KW]}{H_P \times G_f}$$

$$\therefore\ G_f = \frac{860 \times 80}{0.7 \times 6500} = 15.12\text{kg/h}$$

Reference

계(System)

과정의 집합체로서 어떤 공간 구역 내의 연구 대상 물질이 폐곡선으로 둘러싸인 일정량을 의미한다.

밀폐계(Closed system)

동작물질이 경계를 통과하지 않는 계

예 외연기관

개방계(Open system)

질량과 중량의 출입이 있는 계

예 펌프, 터빈, …

고립계(Isolated system)

어떤 물질이나 에너지 전달이 없는 계

예 로켓트

강도성 상태량

계의 질량과는 무관한 상태량

예 압력, 온도, 높이, 점도, 비 상태량(비 엔탈피, 비 엔트로피, 비체적, 비 내부에너지) 등

종량성 상태량

계의 질량에 의존하는 상태량

예 내부에너지, 엔탈피, 엔트로피, 체적, 모든 종류의 에너지 등

섭씨온도(t_c)와 화씨온도(t_f)의 관계식

- $t_c = \frac{5}{9}(t_f - 32)$ [℃]
- $t_f = \frac{9}{5}t_c + 32$ [℉]

섭씨 절대온도(Kelvin온도)

$T_K = t_{\circ c} + 273$ [K]

화씨 절대온도(Rankine온도)

$T_R = t_f + 460$ [R]

국제단위계(S · I단위계)

- $1N = \frac{1}{9.8}kg_f$
- $1Pa = 1N/m^2 \rightarrow 1kPa = 10^3Pa$
- $1bar = 10^5Pa$
- $1J = 1N \cdot m \rightarrow 1kJ = 10^3J$

밀도

$$\rho = \frac{m}{V} = \frac{\gamma}{g}[kg_f \cdot s^2/m^4,\ kg/m^3]$$

비중량

$$\gamma = \frac{G}{V} = \frac{mg}{V} = \rho g[kg_f/m^3,\ N/m^3]$$

비체적(v)

- 절대단위 : $v = \frac{1}{\rho} = \frac{V}{m}[m^3/kg]$
- 중력단위 : $v = \frac{1}{\gamma} = \frac{V}{G}[m^3/kg_f,\ m^3/N]$

비중

$$S = \frac{\rho_{물질}}{\rho_{물}} = \frac{\gamma_{물질}}{\gamma_{물}}$$

표준대기압

$1atm = 760mmHg = 1.0332kg_f/cm^2 ≒ 101325N/m^2 = 10.332mAq$

$= 1.01325bar = 101325Pa$

공학기압

$1ata = 1kg_f/cm^2$

절대압력

$P_a = P_0$(대기압)$+ P_g$(게이지압력)$= P_0$(대기압)$- P_v$(진공압)

Reference

진공도

$$진공도=\frac{진공압}{대기압}\times 100(\%)$$

1kW

1kW = 1.36PS = 102kg_f · m/s = 1kJ/s = 3600kJ/hr = 860kcal/hr

1PS

1PS = 75kg_f · m/s = 632.3kcal/hr

1Btu

1Btu = 0.252kcal

1Chu

1Chu = 0.4536kcal

1kcal

1kcal = 4185.5J = 4.1855kJ = 427kg_f · m

열량(Q)

$$Q = GC\Delta t$$

물의 비열

C = 1kcal/kg℃ = 4.2kJ/kg℃

평균비열

$C=f(t)$ 일 때 $C_m=\frac{1}{t_2-t_1}\int_1^2 f(t)dt$

열효율(η)

$$\eta=\frac{정미열량}{공급열량}$$

$$=\frac{동력[kW\ 또는\ PS]}{연료의\ 저위발열량[H_\ell]\times 연료소비율[G_f]}\times 100\%$$

CHAPTER 01

서 론

실/력/평/가

01 열역학에서 계(system)란?

① 주위의 영향을 완전히 받지 않는 계로 정의된다.
② 물질이 어떤 대상에서 다른 상태로 변할 때 연속된 상태 변화의 경로로 정의된다.
③ 문제의 대상이 되는 어떤 양의 물질이나 공간의 어떤 구역으로 정의된다.
④ 에너지를 저장 또는 이동 운반시키는 유체로 정의된다.

풀이

열역학에서 계는 동작물질의 일정한 양 또는 공간 내의 구역을 말한다.

02 작동물질에 대한 설명 중 옳지 않은 것은?

① 계 내에서 에너지를 저장 또는 운반하는 물질을 말한다.
② 열에 의하여 압력이나 체적이 쉽게 변하는 물질이다.
③ 상변화를 일으키지 않아야 한다.
④ 증기기관의 수증기, 내연기관의 연료와 공기와의 혼합가스 등으로 일명 작동유체라고 한다.

풀이

- 에너지를 저장한다.
- 운송능력이 있어야 한다.
- 열에 의해서 체적, 압력변화나 상변화가 쉽게 이루어질 수 있는 물질로 작동유체라고 한다.

03 다음 중 열역학의 성질에 속하지 않는 것은?

① 내부에너지 ② 엔탈피
③ 엔트로피 ④ 일

풀이

- 강도성 성질 : 계의 질량에 관계없는 성질 (온도, 압력, 밀도, 체적 등)
- 종량성 성질 : 질량에 정비례한다. (체적, 에너지, 엔탈피, 엔트로피 등)

04 질량이 반으로 줄면 강도성 성질의 값은?

① 반으로 준다.
② 변하지 않는다.
③ 2배로 증가한다.
④ 4배로 증가한다.

05 1Ps을 W로 표시하면 얼마인가?

① 735.5W ② 335.5W
③ 725.5W ④ 535.5W

풀이

1Ps = 735.5W

| 정 | 답 | 01 ③ 02 ③ 03 ④ 04 ② 05 ①

06 다음의 열역학 상태량 중 종량적 상태량은?

① 압력　② 체적
③ 온도　④ 밀도

풀이

- 종량적 상태량은 계의 질량에 정비례하는 성질이다. 체적, 질량, 내부에너지, 엔탈피, 엔트로피 등이 이에 해당된다.
- 강도성 상태량은 계의 질량에 관계없는 성질이다. 압력, 온도, 밀도, 비체적, 비내부에너지, 비엔탈피 등이 이에 해당된다.

07 78℃는 화씨 몇 도인가?

① 154.4°F　② 164.6°F
③ 172.4°F　④ 184.4°F

풀이

$$t_f = \frac{9}{5}t_c + 32 = \frac{9}{5} \times 78 + 32 = 172.4℉$$

08 섭씨온도계의 절대온도 T_K와 화씨온도계의 절대온도 T_R 사이의 관계는 다음에서 어느 것이 옳은가?

① $T_K = \frac{5}{9}T_R$

② $T_K = \frac{9}{5}T_R$

③ $T_K = \frac{5}{9}T_R - 32$

④ $T_K = \frac{9}{5}T_R - 32$

풀이

$$t_f = \frac{9}{5}t_c + 32$$

$$\therefore t_c = \frac{5}{9}(t_f - 32) \quad \cdots\cdots ①$$

$$T_K = t_c + 273.15 \quad \cdots\cdots ②$$

식 ①을 식 ②에 대입하면

$$\therefore T_K = \frac{5}{9}(t_f - 32) + 273.15 \quad \cdots\cdots ③$$

$$T_R = t_f + 459.7 \quad \cdots\cdots ④$$

$$\therefore T_K = \frac{5}{9}(T_R - 459.7 - 32) + 273.15$$

$$= \frac{5}{9}(T_R - 491.7) + 273.15 ≒ \frac{5}{9}T_R$$

09 정압하에서 완전가스를 5℃에서 120℃까지 높인다면 비중량은 몇 배가 되겠는가?

① 0.71배　② 0.53배
③ 0.26배　④ 0.15배

풀이

압력이 일정할 때 체적과 온도는 비례하므로

$$\frac{\gamma_2}{\gamma_1} = \frac{T_1}{T_2} = \frac{273+5}{273+120} = 0.707$$

10 수은의 비중이 13.6일 때 수은의 비중량은 얼마인가?

① $1.33 \times 10^5 N/m^3$
② $3.42 \times 10^4 N/m^3$
③ $5.62 \times 10^4 N/m^3$
④ $7.48 \times 10^4 N/m^3$

풀이

$S = \frac{\gamma}{\gamma_w}$ 에서

$$\therefore \gamma = S \times \gamma_w = 13.6 \times 10^3 kg_f/m^3$$

$$= 1.33 \times 10^5 N/m^3$$

06 ② 07 ③ 08 ① 09 ① 10 ① | 정 | 답 |

11 비체적이 $0.8m^3/kg$인 가스의 밀도는 얼마인가?

① $0.25kg/m^3$ ② $1.25kg/m^3$
③ $3.25kg/m^3$ ④ $2.35kg/m^3$

풀이

SI단위에서 밀도와 비체적은 역수관계이므로

$$\rho = \frac{1}{v} = \frac{1}{0.8} = 1.25kg/m^3$$

12 직경 150mm인 실린더 내에서 피스톤이 200mm 움직일 때 공기를 490N를 흡입한다면, 이 공기의 비체적(m^3/kg)과 비중량(N/m^3)은 각각 얼마인가?

① $v = 7.068 \times 10^{-5}$, $\gamma = 138650$
② $v = 3.25 \times 10^{-5}$, $\gamma = 10125$
③ $v = 2.68 \times 10^{-5}$, $\gamma = 32548$
④ $v = 2.73 \times 10^{-5}$, $\gamma = 12235$

풀이

$$v = \frac{V}{G} = \frac{A \cdot L}{G} = \frac{\frac{\pi}{4} \cdot d^2 \cdot L}{G}$$

$$= \frac{\frac{\pi}{4} \cdot 0.15^2 \cdot 0.2}{(490/9.8)} = 7.068 \times 10^{-5} m^3/kg$$

$$\rho = \frac{1}{v} = \frac{1}{7.068 \times 10^{-5}} = 14148kg/m^3$$

$$\gamma = \rho \cdot g = 13865N/m^3$$

13 다음 중 옳게 말한 것은?

① 절대압력＝게이지압력 - 대기압
② 게이지압력＝절대압력 - 대기압
③ 진공압력＝게이지압력 + 대기압
④ 대기압＝게이지압력 + 진공압력

풀이

절대압력(Pa)
＝대기압(Po) + 게이지압력(Pg)
＝대기압(Po) - 진공압(Pv)

14 대기압이 750mmHg일 때 진공게이지로 720 mmHg인 증기의 압력은 절대압력으로 얼마인가?

① 0.05bar ② 0.04bar
③ 1.04bar ④ 0.08bar

풀이

절대압력＝대기압 - 진공압력

$$= \left(\frac{750}{760} \times 1.01325\right) - \left(\frac{720}{760} \times 1.01325\right)$$

$$= 0.04bar$$

15 표준대기압에서 진공도가 85%는 몇 bar인가?

① 0.152bar ② 0.189bar
③ 1.203bar ④ 1.332bar

풀이

$$760mmHg - (760mmHg \times 0.85)$$

$$= 114mmHg = \frac{114}{760} \times 1.01325 = 0.152bar$$

| 정 | 답 | 11 ② 12 ① 13 ② 14 ② 15 ①

16 대기압이 101325N/m^2일 때 진공계에서 읽은 눈금이 15cmHg이였다. 절대압력은 몇 bar인가?

① 0.289bar ② 0.928bar
③ 0.982bar ④ 0.813bar

풀이

표준대기압 = 760mmHg

$= 1.0332 kg_f/cm^2 = 101325 N/m^2$

$$P_a = 1.01325 - \left(\frac{150}{760} \times 1.01325\right) = 0.813 \text{bar}$$

17 표준대기 중에 있는 실린더 내에 직경 6cm의 피스톤 위에 무게 2450N의 물체를 올려놓았다. 실린더 내의 가스가 받는 절대압력은 얼마인가?

① 9.7bar ② 10.3bar
③ 8.6bar ④ 7.6bar

풀이

$$P_g = \frac{G}{A} = \frac{2450 \times 4}{\pi \times 6^2} \fallingdotseq 86.65 N/cm^2$$

$= 866500 N/m^3 = 8.665 \text{bar}$

$\therefore P_a = P_o + P_g = 1.01325 + 8.665 = 9.67825 \text{bar}$

18 150kg의 물을 18℃에서 100℃로 가열하는데 필요한 열량은 얼마인가?

① 51,487.8kJ ② 61,487.8kJ
③ 71,487.8kJ ④ 81,487.8kJ

풀이

$Q = GC\Delta t = 150 \times 4.186 \times (100 - 18)$

$= 51487.8 kJ$

19 다음 비열에 대한 설명 또는 정의이다. 틀린 것은?

① 물질이 고체, 액체인 경우에는 일반적으로 온도의 함수이다.
② 물질에 따라 일정치를 가지지만 동시에 반드시 압력에 따라 변화한다.
③ 비열은 물질에 따라 일정한 값을 갖지만 기체에서는 압력 일정일 때와 온도 일정일 때에 각각 다른 값을 갖는다.
④ 공업상으로 비열은 1kg의 물질의 온도를 1℃올리는데 필요한 열량

풀이

물질의 고유 특성이고 기호는 C 단위는 kcal/kg℃, 정압비열 C_p, 정적비열 C_v, 일반적으로 온도의 함수이다.

20 정압하에서 5kg의 공기를 14℃로부터 29℃까지 높이는데 필요한 열량을 구하라. (단, C_p = 1.004kJ/kg℃이다.)

① 53.4kJ ② 65.3kJ
③ 73.6kJ ④ 75.3kJ

풀이

$Q = GC_p\Delta t = 5 \times 1.004 \times (29 - 14) = 75.3 kJ$

16 ④ 17 ① 18 ① 19 ② 20 ④ | 정 | 답 |

21 온도 80℃ 무게 0.03kg의 금속 공을, 15℃ 0.072kg의 물속에 넣었더니 수온이 5℃ 상승하였다. 이 금속의 비열은 얼마인가?

① 0.837kJ/kg·K
② 0.634kJ/kg·K
③ 0.437kJ/kg·K
④ 0.737kJ/kg·K

풀이

평균온도는

$$t_m = \frac{G_1C_1t_1 + G_2C_2t_2}{G_1C_1 + G_2C_2}$$

$$20 = \frac{0.03\times C_1\times 80 + 0.072\times 1\times 15}{0.03\times C_1 + 0.072\times 1}$$

$C_1 = 0.2$kcal/kg℃ $= 0.837$kJ/kg·K

22 중량이 G_1N이고, 온도가 t_1℃인 금속을, 중량이 G_2N이고 온도가 t_2℃인 물 속에 넣었더니 전체가 균일한 온도 t'로 되었다. 이 금속의 비열은 얼마인가? (단, 외부와의 열교환은 없고 $t_1 > t_2$이다.)

① $C = \dfrac{4.2G_2(t_2 - t')}{G_1(t' - t_1)}$kJ/kg·K

② $C = \dfrac{G_1(t' - t_1)}{4.2G_2(t_2 - t')}$kJ/kg·K

③ $C = \dfrac{4.2G_2(t' - t_2)}{G_1(t_1 - t')}$kJ/kg·K

④ $C = \dfrac{G_1(t_1 - t')}{4.2G_2(t' - t_2)}$kJ/kg·K

23 400℃인 철판을 10℃의 물에 넣어 40℃까지 냉각하고자 한다. 열교환 중 손실은 없고 물이 증발하지 않는다고 하면 1kg의 철판에 대하여 몇 kg의 물이 필요한가? (단, 철판의 비열은 0.12kJ/kgK이다.)

① 1.44kg ② 1.65kg
③ 1.88kg ④ 2.21kg

풀이

$Q_w = GC(t_m - t_1)$

$Q_F = GC(t_2 - t_m)$,

열손실이 없으므로 $Q_w = Q_F$

$G\times(40 - 10) = 1\times 0.120\times(400 - 40)$

$\therefore\ G = \dfrac{0.120\times 360}{30} = 1.44$kg

24 90℃의 물 500kg과 30℃의 물 1000kg을 혼합하면 물의 온도는 몇 도가 되겠는가?

① 30℃ ② 40℃
③ 50℃ ④ 60℃

풀이

$$t_m = \frac{G_1C_1t_1 + G_2C_2t_2}{G_1C_1 + G_2C_2}$$

$$= \frac{1\times 500\times 90 + 1{,}000\times 30\times 1}{500 + 1{,}000}$$

$= 50$℃

| 정 | 답 | 21 ① 22 ③ 23 ① 24 ③

25 냉각수용량이 10l인 기관에서 냉각수온도를 20℃에서 100℃로 상승시키는데 필요한 열량은 얼마가 되겠는가? (단, 냉각수의 밀도 ρ = 1.1kg/l, 비열 C = 3.96kJ/kgK이고, 열손실은 무시한다.)

① 396kJ　② 875kJ
③ 3485kJ　④ 4360kJ

풀이

$$Q_w = mC(t_2 - t_1)$$
$$= \rho VC(t_2 - t_1)$$
$$= 1.1 \times 10 \times 3.96(100 - 20) \fallingdotseq 3485\text{kJ}$$

26 지상 10km의 높이에서(중력가속도 g = 9.778m/s^2) 어떤 물체의 무게를 잴 때 용수철저울 눈금이 10kg이라면 이 물체의 질량은 얼마인가? (단, 지상에서의 중력가속도는 9.807m/s^{2}이다.)

① 9.03kg　② 10.03kg
③ 11.03kg　④ 12.03kg

풀이

$$10 : 9.778 = m : 9.807$$
$$\therefore m = \frac{10 \times 9.807}{9.778} = 10.03\text{kg}$$

27 로프를 이용하여 무게 300kg인 물체를 경사가 45°인 면을 따라 50m 끌어 올렸다. 물체와 경사면 사이에 마찰을 무시하면 이 물체의 위치에너지는 얼마인가?

① 5000kg·m　② 8300kg·m
③ 10000kg·m　④ 10606kg·m

풀이

$$E_p = GZ\sin\theta = 300 \times 50\sin 45^o = 10606\text{kg}\cdot\text{m}$$

28 8000kg의 화물차가 평탄한 고속도로상을 60km/h의 속도로 주행하고 있을 때 모든 손실을 무시하는 경우, 이 화물차의 운동에너지는 얼마인가?

① 10023kg·m　② 113379kg·m
③ 183250kg·m　④ 122360kg·m

풀이

$$E_k = \frac{G\omega^2}{2g} = 8000 \times \frac{\left(\frac{60000}{3600}\right)^2}{2 \times 9.8} \fallingdotseq 113379\text{kg}\cdot\text{m}$$

29 어느 엘리베이터의 정원은 8명이다. 1인당의 중량은 62kg, 운전속도는 100m/min라고 할 때 필요한 동력은 몇 KW이가? (단, 엘리베이터의 자중은 무시한다.)

① 6.105　② 81.1
③ 8.105　④ 110.2

풀이

$$P(\text{kW}) = F \times \omega = \frac{1}{102} \times \frac{8 \times 62 \times 100}{60}$$
$$= 8.11\text{KW}$$

30 500W의 전열기로서 1ℓ의 물을 10℃에서 100℃까지 가열할 경우 유효열량이 34%라면 가열에 필요한 시간은 얼마인가?

① 0.47시간　② 0.62시간
③ 1.25시간　④ 2.18시간

풀이

$$Q_w = GC(t_2 - t_1)$$
$$= 1 \times 1 \times (100 - 10) = 90(\text{kcal})$$
$$Q_h = 0.5 \times 860 \times 0.34 \times h(\text{kcal})$$
$$= 146.2 \times h$$
$$\because Q_w = Q_h \text{ 이므로}$$
$$\therefore h = \frac{90}{146.2} = 0.62\text{hr}$$

25 ③　26 ②　27 ④　28 ②　29 ③　30 ② | 정 | 답 |

31 출력 125,000kW의 화력 발전소에서 연소하는 석탄의 발열량이 6,000kcal/kg, 발전소의 열효율이 37%라면 1시간당 석탄의 필요량은 몇 톤인가?

① 40.6톤　　② 48.4톤
③ 50.4톤　　④ 52.6톤

풀이

열효율 $\eta = \dfrac{860 \times P(\mathrm{kW})}{G_f \times H_\ell}$에서

$G_f = \dfrac{860 \times 125,000}{0.37 \times 6000} = 48,423\mathrm{kg/h} ≒ 48.4\mathrm{ton/h}$

32 매시 19.4kg의 가솔린을 소비하는 출력 60KW인 기관의 열효율을 구하라. (단, 가솔린의 저위발열량은 10,400kcal/kg이다.)

① 25%　　② 30%
③ 35%　　④ 40%

풀이

열효율은

$\eta = \dfrac{860 \times P(\mathrm{kW})}{G_f \times H_\ell} = \dfrac{860 \times 60}{19.4 \times 10,400} \times 100$

$= 25.6\%$

33 저발열량이 7000kcal/kg인 석탄을 매시 30톤씩 소비하여 매시간 50,000kW를 발생시키는 화력발전소의 열효율은 몇 %인가?

① 20.5%　　② 23.3%
③ 25.5%　　④ 28.5%

풀이

열효율

$\eta = \dfrac{\text{동력}}{\text{저위발열량} \times \text{연료소비율}}$

$= \dfrac{860 \times \mathrm{kW}}{H_\ell \cdot f} = \dfrac{860 \times 50000}{7000 \times 30 \times 10^3}$

$= 0.205 \times 100 = 20.5\%$

34 4사이클 4실린더 자동차 기관이 60KW를 내는데 30kg/h의 연료를 소비하였다. 출력당 연료소비율은 얼마인가?

① 0.4kg/kWh　　② 0.3kg/kWh
③ 0.5kg/kWh　　④ 0.6kg/kWh

풀이

연료소비율(BSFC)

$\dfrac{G_f}{P} = \dfrac{30}{60} = 0.5\mathrm{kg/kWh}$

35 연료의 발열량이 6800kcal/kg이고 열효율이 30%인 기관에서 연료소비량이 35kg/h라면 발생동력(kW)은?

① 80kW　　② 83kW
③ 85kW　　④ 87kW

풀이

$\eta = \dfrac{860 \times P(\mathrm{kW})}{H_l \cdot G_f}$에서

$\therefore$ 동력계(kW) $= \dfrac{\eta \times H_l \times G_f}{860}$

$= \dfrac{0.3 \times 6800 \times 35}{860}$

$≒ 83\mathrm{kW}$

| 정 | 답 | 31 ② 32 ① 33 ① 34 ③ 35 ②

36 어떤 연료의 1kg의 발열량이 6800kcal이다. 이 열의 85%가 일로 바꾸어졌다고 하면 1시간당 36kg의 연료가 소비된다고 하면 발생하는 동력은 몇 kW인가?

① 242kW ② 284kW
③ 329kW ④ 387kW

풀이

$\eta = \dfrac{860 \times P(\text{kW})}{H_l \cdot G_f}$에서

$\therefore P(\text{kW}) = \dfrac{\eta \times H_l \times G_f}{860}$

$= \dfrac{0.85 \times 6800 \times 36}{860}$

$= 241.95 ≒ 242\text{kW}$

37 소형발전소의 출력이 3800kW이고, 석탄소비율이 매시간 1450kg/h일 때, 이 발전소의 열효율은 몇 %인가? (단, 석탄의 저위발열량은 29000kJ/kg이다.)

① 36.5% ② 34.5%
③ 32.5% ④ 30.5%

풀이

1kW = 1kJ/s = 3600kJ/h이므로

$\therefore \eta = \dfrac{3600 \times P(\text{kW})}{H_l \times G_f} = \dfrac{3600 \times 3800}{29000 \times 1450}$

$= 0.325(32.5\%)$

38 연료소비율이 200kg/h인 가솔린기관의 출력이 1kW일 때 제동열효율은 얼마인가? (단, 가솔린의 저위발열량은 10200kJ/kg이다.)

① 12.0% ② 22.0%
③ 32.0% ④ 42.0%

풀이

$\eta = \dfrac{860}{H_l \times G_f} = \dfrac{860}{10200 \times 0.2} = 0.4216$(약 42.2%)

39 가솔린의 저위발열량 10000kcal/kg, 열효율이 43%, 연료공기비가 0.09인 700KW의 기관에서 1시간동안 필요한 공기의 요구량은 몇 kg인가?

① 1555.6kg ② 3705.4kg
③ 4513.6kg ④ 5210.8kg

풀이

$\eta = \dfrac{860P(\text{kW})}{H_l \times G_f}$에서

$G_f = \dfrac{860 \times P}{H_l \times \eta} = \dfrac{700 \times 860}{10000 \times 0.43} ≒ 140\text{kg/hr}$

공기비가 0.09이므로 공기의 요구량은

$G_a = \dfrac{140}{0.09} = 1555.6\text{kg/hr}$

36 ① 37 ③ 38 ④ 39 ① | 정 | 답 |

02

CHAPTER

열역학 제1법칙

CHAPTER 02

열역학 제1법칙

2-1 열역학 제1법칙

2-1-1 Joule법칙

열은 에너지의 일종이다. Joule의 법칙은 에너지 보존의 법칙(principle of conservation of energy)을 의미한다. 줄(Joule)에 의해 정의되었다. 계(system)내의 에너지 총보유량은 계와 외부와의 교환이 전혀 없을 때, 즉 그 형태를 어떻게 바꾸어도 항상 일정불변이라는 법칙을 말한다. 에너지에는 운동, 위치, 열, 빛, 소리, 전기 에너지 등이 있다. 이 에너지들은 서로 다른 모습으로 변화 할 뿐 계 내에서 사라지지 않을 때, 즉 계 전체의 에너지가 항상 완벽하게 보존될 때 이 법칙이 성립한다.

19세기 이전에는 열이 일종의 물질이라고 생각했다. 기계적 작용은 물체와 물체끼리의 상호 열전달에 의한 것, 열은 열소라는 입자가 이동한다는 열소설에 의거 하였다. 이후, Joule에 의해 운동은 입자를 통해 열을 발생시킨다는 반박이론을 실험으로 제시하였다.

이 이론은 운동이 열로 바뀐다는 동력원의 효율 측정에 관한 것이었다. 추가 떨어지면 물속의 젓개 바퀴가 회전하고 이로 인해 마찰열이 발생 물의 온도가 상승하는 원리이다. 열의 일당량을 측정하였다. 1kcal의 열을 얻기 위해 4186J의 일이 요구된다는 것을 발견했다.

[일의 열당량 계산유도]

$$1[kg_f.m] = 9.8[N \cdot m] = 9.8[J] = \frac{1}{427}[kcal] \quad \cdots\cdots (2\text{-}1)$$

위의 값은 [그림 2-1]과 같은 주울(Joule)의 실험을 통해 구해졌다.

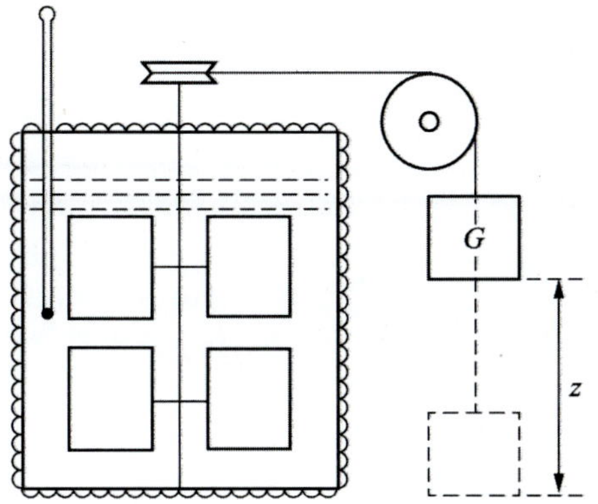

[그림 2-1] 주울(Joule)의 실험장치

물을 넣은 탱크안의 물의 중량을 $G_1\mathrm{kg_f}$, 물의 비열 $C_1\mathrm{Kcal/kg℃}$, 물의 온도차 dT℃, 물의 온도차에 의한 열량 증가분 δQKcal의 관계식은

$$\delta Q = {}_1C_1 dT$$

추 $G_2\mathrm{kg_f}$, 자유낙하 거리 dz, 일량 $\delta W\mathrm{kg_f \cdot m}$의 관계식은

$$dW = G_2 dz$$

에너지 보존의 법칙 차원에서 정의하면 $\delta Q = \delta W$이다.

전체 열량과 기계적일에 관계는 일량을 Q, 기계적 일을 W라 하면 SI단위에서는 kJ로 같으므로

$$Q = W$$

의 관계식이 성립한다.

그러나 공학단위에서는 열량 Q가 일 W로 바뀌었다면 열역학 제1법칙은 다음과 같이 된다.

$$Q = AW[\mathrm{Kcal}]$$

또는

$$W = JQ[\mathrm{kg \cdot m}]$$

이다.

위 식에서 A는 일의 열당량(The heat equivalent of work)이라 하고 J은 열의 일당량(The work equivalent of heat)이라 한다.

[일의 열당량 계산 유도]

$$1\text{kcal} = 4185.5[\text{J}] = 4185.5[\text{N}\cdot\text{m}] = \frac{4185.5}{9.8}[\text{kg}_\text{f}\cdot\text{m}] = 427[\text{kg}_\text{f}\cdot\text{m}]$$

$$\left(\frac{1}{427}\frac{\text{kcal}}{\text{kg}_\text{f}\cdot\text{m}} = 1 = \text{A}\right)$$

$$\therefore\ A = \frac{1}{427}[\text{kcal/kg}_\text{f}\cdot\text{m}]$$

$$J = \frac{1}{A}[\text{kg}_\text{f}\cdot\text{m/kcal}] = 427[\text{kg}_\text{f}\cdot\text{m/kcal}$$

2-1-2 일과 열의 부호 규약

일에 관련하여 $W>0$일 경우는 계(system)가 일을 했을 때를 말한다. 팽창일(Down by system)이라 한다.

이는 계가 피스톤 운동으로 압력이 얻어지고 체적은 증가한 경우이다.

$dV = dx \times A$(A : 피스톤 면적)

$W<0$일 경우는 계가 일을 받았을 때이다. 압축일(Down by system)이라 한다. 체적은 축소된다.

$dV = -\,dx \times A$

열에 관련하여 $Q>0$일 경우는 계에 열이 공급(가열)되는 경우이다. $Q<0$일 경우는 계에서 열량이 주위(surrounding)로 빠져나오는 경우이다.

[그림 2-2]에서 일과 열의 부호에 대해 나타내었다.

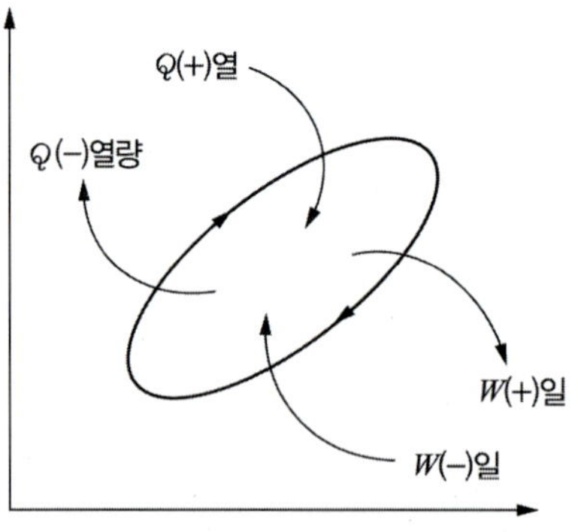

[그림 2-2] 일과 열의 부호

2-1-3 제1종 영구기관

열과 일의 관계는 동일의 에너지가 이동하는 형태이다. 열은 일로 일은 열로 상호 전환이 가능하다는 것은 에너지의 형태와 열역학 제1법칙의 논리이다. 어떤 계에 에너지를 가하지 않았는데 무한히 일을 얻을 수 있는 기관이 존재한다고 하는 것이 제1종 영구기관이다.

그러나 실제로는 마찰이나 전기 저항 등이 존재하므로 실현 불가능하다. 에너지는 무(無)에서 스스로 발생하지 않으며 기계를 계속 작동 하려면 다른 에너지를 지속적으로 보급 받아야 하기 때문에 제1종 영구기관은 실현 불가능 하여 열역학 제1법칙에 위배된다.

제1종 영구기관이 가능하다면 마찰열에 의한 에너지 손실이나 전기 저항 등이 없이 완벽한 에너지나 전력을 공급 받을 수 있는 경우가 된다.

Example

01 30KW의 디젤기관에서 마찰 손실량이 출력의 15%일 때 손실에 의해서 생기는 열량은 얼마인가?

풀이 W(마찰손실 일)$=\eta \times P[\mathrm{KW}] \times 10^2 = 0.15 \times 30 \times 10^2 = 459\,\mathrm{kg_f} \cdot \mathrm{m/s}$

$\therefore$ 열량$(Q) = W = 459 \times 9.8 \times 10^{-3} = 4.5\,\mathrm{kJ/s} = 4.5 \times 3600 \fallingdotseq 16200\,\mathrm{kJ/h}$

2-2 내부에너지와 에너지식

2-2-1 내부에너지와 비유동계(밀폐계)의 에너지식

내부에너지란 그 물체 내에 보유하고 있는 에너지를 말한다. 물체에 저장된 전체에너지에서 역학적 에너지(위치, 운동에너지)를 제외한 에너지를 말하며, 내부에너지 및 비 내부에너지의 기호는 U, u이며, 단위로서 공학단위는 [kcal], [kcal/kg]로 나타내며, SI단위는 [kJ], [kJ/kg]로 나타낸다. 이는 온도만의 함수관계를 갖는 상태함수이다.

예를 들어 정지하고 있는 물체가 외부의 열원으로부터 열을 받으면 다음과 같은 상태의 변화를 한다.

① 가열량의 일부는 그 물체의 분자운동의 에너지 증가에 쓰이고, 물체의 온도는 상승하며 감열(현열)로서 축적된다.

② 온도가 상승함에 따라 체적은 증가한다. 즉 분자들 사이에 저항력을 이겨 내부적으로 일을 하고 분자의 집합상태를 변화시켜 잠열로 축적된다.

③ 만약에 다시 그 물체의 외력에 저항하여 체적이 증가되면 외부에 대해서 기계적 일을 한다.

밀폐계는 중량유동이 없는 상태이다. 예를 들면 왕복운동 내연기관 중 팽창과정의 경우에 흡·배기밸브가 닫혀 있는 상태로서 피스톤이 팽창하여 일을 얻는 과정을 생각해 보자.

[그림 2-3]을 보면 실린더에 미소열량 δq를 가하면 계의 온도나 압력 등이 증가하고, 움직일 수 있는 피스톤이 계 내부의 압력증가로 dx만큼 팽창 일을 하게 된다.

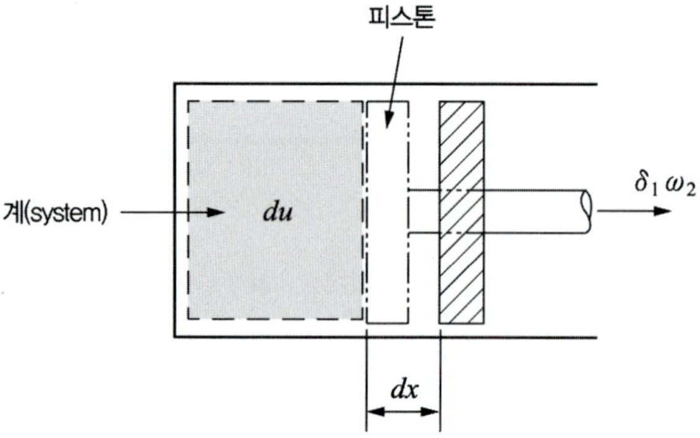

[그림 2-3] 밀폐계(팽창과정)

따라서 에너지보존의 법칙에 의해 단위 중량당 입력된 열량과 출력된 열량은 동일해야 하므로 계에 열량 δq를 공급하여 내부에너지가 du만큼 증가하고, 동시에 외부에 대해 δw의 일을 할 때

입력에너지 = 출력에너지

$$\delta q = du + \delta_1 w_2 = du + Pdv \,[\mathrm{kJ/kg}] \quad \cdots\cdots \quad (2\text{-}2)$$

가 성립된다.

여기서 계의 에너지로서 위치에너지(E_p), 운동에너지(E_k), 내부에너지(U)가 있다.

일반적으로 밀폐계에서는 고정 밀폐계(ΔE_p와 ΔE_k가 0)와 이동 밀폐계(ΔE_p와 ΔE_k 값이 있음)가 있으나 고정 밀폐계로 생각하여 위 식을 정리하면

$$\delta Q = dU + \delta_1 W_2 \,[\mathrm{kJ}] \quad \cdots\cdots \quad (2\text{-}3)$$

가 된다.

즉, 계의 에너지는 내부에너지 U로 나타낼 수 있고, 이 내부에너지는 온도만의 함수로서 온도가 증가(감소)하면 작동유체의 내부에너지도 증가(감소)한다.

여기서, 식 (2-2)을 열역학 제1법칙의 제1기초식이라 한다.

Example

02 밀폐계에서 8.4kJ의 열을 받으면서 9.8kJ의 외부일을 하였다. 계의 내부에너지의 변화량은 얼마인가?

풀이 $Q = \Delta U + AW$에서

$\Delta U = Q - W = 8.4 - 9.8 = -1.4\text{kJ}$(내부에너지 감소)

03 밀폐계에서 피스톤이 팽창할 때 압력이 90kPa으로 일정하게 체적이 0.3m³에서 0.9m³으로 변화된다고 하면 이 때의 일량은 얼마인가?

풀이 ${}_1W_2 = \int_1^2 PdV = P(V_2 - V_1)$에서

${}_1W_2 = P(V_2 - V_1) = 90000(0.9 - 0.3) = 54\ \text{kJ}$

2-2-2 정상 유동계(개방계)의 에너지식

정상유동이란 유동의 한 점에서 유동의 상태가 시간에 관계없이 일정하게 흐르는 유동을 말한다.

[그림 2-4]와 같은 정상유동의 관로에 유체의 질량 m[kg]이 흐르는 경우를 생각해보자.

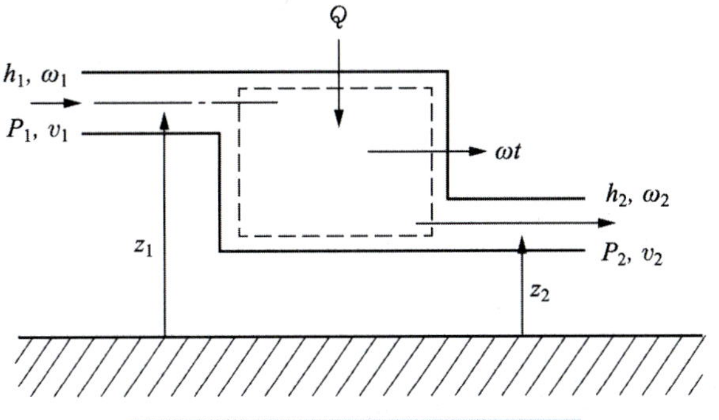

[그림 2-4] 개방계의 에너지 관계

입구 측의 단면 1에서의 압력을 P_1, 비체적 v_1, 비 내부에너지 u_1, 속도를 ω_1 그리고 기준면으로부터 높이를 z_1이라 하고, 출구 측의 단면 2에서는 각각 P_2, v_2, u_2, ω_2, z_2라 하면 계 내에 유입되는 유체가 갖는 에너지 E_1, 유출되는 에너지 E_2는 다음과 같다.

$$E_1 = m(u_1 + P_1 v_1 + \frac{\omega_1^2}{2} + gz_1)$$

$$E_2 = m(u_2 + P_2 v_2 + \frac{\omega_2^2}{2} + gz_2) \quad \cdots\cdots (2\text{-}4)$$

이때 계 내에 외부로부터 유체에 Q의 열량이 공급되고, 다음은 계가 외부에 대하여 W_t의 일을 한다면,

$$E_1 + Q = E_2 + W_t$$

$$m(u_1 + P_1 v_1 + \frac{\omega_1^2}{2} + gz_1) + Q = m(u_2 + P_2 v_2 + \frac{\omega_2^2}{2} + gz_2) + W_t \quad \cdots\cdots (2\text{-}5)$$

이 된다.

단위 질량당의 공급열량을 $q = \dfrac{Q}{m}$, 일량을 $w_t = \dfrac{W_t}{m}$라면 단위 질량당 작동유체에 대하여 비엔탈피 $h = u + Pv$를 이용할 수 있다. 따라서 다음 식으로 정리될 수 있다.

$$u_1 + P_1 v_1 + \frac{\omega_1^2}{2} + gz_1 + q = u_2 + P_2 v_2 + \frac{\omega_2^2}{2} + gz_2 + w_t$$

$$h_1 + \frac{\omega_1^2}{2} + gz_1 + q = h_2 + \frac{\omega_2^2}{2} + gz_2 + w_t \quad \cdots\cdots (2\text{-}6)$$

여기서, 엔탈피(enthalpy)란 유체의 내부에너지와 이 유체가 일정한 체적을 차지하는 유동일의 합을 정의한다. 즉 내부에너지와 압력, 체적에 대한 유동에너지의 합을 엔탈피라 한다.

식 (2–6)을 단위 질량당의 열량으로 나타내면,

$$q = (h_2 - h_1) + \frac{1}{2}(\omega_2^2 - \omega_1^2) + g(z_2 - z_1) + w_t \,[\text{kJ/kg}] \quad \cdots\cdots (2\text{-}7)$$

이고, 질량을 고려하면

$$Q = m(h_2 - h_1) + \frac{m}{2}(\omega_2^2 - \omega_1^2) + mg(z_2 - z_1) + W_t[\text{kJ}] \quad \cdots\cdots (2\text{-}8)$$

로 쓸 수 있으며 이 식을 정상유동에서의 일반에너지식이라 한다. 식 (2-7)에서 기준면으로부터의 위치 z_1, z_2의 차이가 크지 않고 입출구의 속도차이가 크지 않을 때, 위치에너지와 운동에너지를 무시하면 다음과 같이 된다.

$$h_1 + q = h_2 + w_t, \quad q = (h_2 - h_1) + w_t \quad \cdots\cdots (2\text{-}9)$$

$$H_1 + Q = H_2 + W_t, \quad Q = (H_2 - H_1) + W_t \quad \cdots\cdots (2\text{-}10)$$

여기서, W_t를 개방계의 일 또는 공업일(technical work)이라 한다.

일반적으로 정상유동의 에너지방정식은 터빈, 노즐, 펌프 등에 적용하여 이용할 수 있다.

Example

04 어떤 기체 1kg의 상태가 압력 294kPa, 비체적 0.04m^3/kg이다. 비 내부에너지가 840kJ/kg라면 이 상태에서 기체의 비 엔탈피 h는 몇 kJ/kg인가?

풀이 ⊙ $h = u + Pv$에서

$h = 840\,\text{kJ/kg} + 294\,\text{kN/m}^2 \times 0.04\,\text{m}^3/\text{kg} = 851.76\,\text{kJ/kg}$

05 내부에너지가 40kJ, 절대압력이 2bar, 체적이 0.1m^3, 절대온도가 300K인 계의 엔탈피는?

풀이 ⊙ $H = U + PV$에서

$H = 40\,\text{kJ} + 2 \times 10^5\,\text{N/m}^2 \times 0.1\,\text{m}^3 = 40 + 20 = 60\,\text{kJ}$

06 산소가스 4kg이 압력 1bar, 비체적 3m^3/kg의 상태에서 압력 5bar, 비체적 0.8m^3/kg로 되었을 때 내부에너지의 변화가 없다면 엔탈피의 증가는 얼마인가?

풀이 ⊙ $H = (U + PV)$에서

$H_2 - H_1 = (U_2 - U_1) + G(P_2 v_2 - P_1 v_1) = 0 + 4(5 \times 0.8 - 1 \times 3) \times 10^5 = 400\,\text{kJ}$

Example

07 증기터빈에서 비엔탈피가 3140kJ/kg인 증기가 95m/s로 들어가서 비 엔탈피 2300kJ/kg, 속도 25m/s로 유출하며 터빈은 1100KWh의 일을 한다. 터빈에서 열의 전도와 복사 등에 의한 열량손실이 -40000kJ라면 공급해야 할 증기의 양은 몇 kg이 필요한가?

풀이 식 (2-8)에서 $Q = m(h_2 - h_1) + \frac{m}{2}(w_2^2 - w_1^2) + mg(z_2 - z_1) + W_t$이므로

$z_1 = z_2$이고, $Q = 40{,}000\,\text{kJ}$이므로

$-40000 = m(2300 - 3140) + \frac{m}{2}(25^2 - 95^2) \times 10^{-3} + (1100 \times 3600)$

$\therefore$ m(증기의 양) ≒ 4738.21kg

2-3 $P-V$ 선도와 일

[그림 2-5]에서 피스톤과 실린더의 관계를 생각해 보면, 피스톤의 단면적을 A, 압력을 P라고 하면 피스톤이 미소량 dx로 변위하면 피스톤에 F라는 힘이 작용하여 일 δW는 $\delta W = Fdx$이고, 여기서 $F = PA$이므로 $\delta W = PAdx$가 된다.

또, 기체의 부피가 dV 만큼 변화했다면

$$Adx = dV, \ \delta W = PdV[\text{kJ}] \qquad \cdots\cdots (2\text{-}11)$$

PdV는 [그림 2-5]에서 사선부분에 해당되므로 피스톤이 1에서 2까지 움직이는 사이에 한 일을 ${}_1W_2$로 하면

$$ {}_1W_2 = \int_1^2 PdV = \text{면적 } 1-2-3-4-1 \qquad \cdots\cdots (2\text{-}12)$$

이 일을 ${}_1W_2$를 절대일(absolute work)이라고 한다.

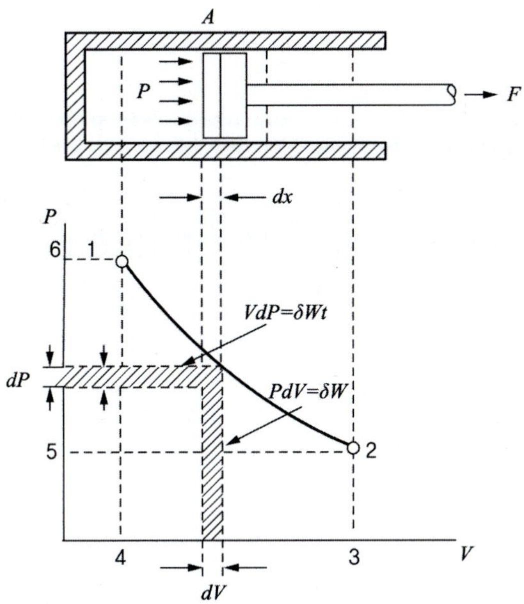

[그림 2-5] $P-V$선도

이와 같이 일정량의 기체의 압력 P와 부피 V를 직교좌표의 양축으로 하여 상태변화를 나타내는 선도를 $P-V$ 선도 또는 선도의 면적을 가역변화인 경우에 일을 나타내므로 일선도라고도 한다.

가역변화에 있어서는 식 (2-12)이 성립되고, 열역학 제1법칙의 제1기초식 (2-2)으로부터 다음과 같이 된다.

$$\delta Q = dU + PdV = G(du + Pdv)$$

$$_1Q_2 = (U_2 - U_1) + \int_1^2 PdV \quad \cdots\cdots (2\text{-}13)$$

혹은 단위 질량의 기체에 대해서는

$$\delta q = du + Pdv$$

$$_1q_2 = (u_2 - u_1) + \int_1^2 Pdv \quad \cdots\cdots (2\text{-}14)$$

만일 비엔탈피 h를 사용하여 미분형으로 나타내면 $dh = du + (vdP + Pdv)$가 되므로 가역변화인 경우는 다음과 같다.

$$\delta q = dh - vdP \quad \cdots\cdots (2\text{-}15)$$

$$ {}_1q_2 = (h_2 - h_1) - \int_1^2 v dP \quad \text{(2-16)} $$

여기서, 식 (2-15)를 열역학 제1법칙의 제2기초식이라 한다. 식 (2-16)을 등압변화에 이용하면 ${}_1q_2 = h_2 - h_1$이 된다.

따라서 등압변화 사이에 가해지는 열량은 엔탈피의 증가에 사용된다. 또 계에서 발생되는 개방계의 공업일 W_t (technical work)는 식 (2-9)로부터 $w_t = (h_1 - h_2) + q$이므로 $q = {}_1q_2$로 보아도 되고, 식 (2-10)으로부터 다음과 같이 된다.

$$ W_t = -(H_2 - H_1) + {}_1Q_2 = (H_1 - H_2) + {}_1Q_2 = -\int_1^2 VdP = \int_2^1 VdP $$

$$ W_t = -\int_1^2 VdP = \text{면적 } 1-2-5-6-1 \quad \text{(2-17)} $$

한편 가역변화에서 외부와 열의 출입이 없는 밀폐계의 가역단열변화인 경우는 식 (2-13)에서 ${}_1Q_2 = 0$이 되므로 절대일은 내부에너지의 변화량과 같게 되고, 개방계의 가역단열변화인 경우에는 식 (2-17)에서 ${}_1Q_2 = 0$이 되므로 공업일은 엔탈피의 변화량과 같게 된다.

따라서 단열변화인 경우 기체는 그 내부에너지를 감소시켜 절대일을 하고, 또 엔탈피를 감소시켜 공업일을 한다. 결국 [그림 2-5]에서 공업일과 절대일 사이는 다음과 같은 관계가 성립된다.

$$ W_t = {}_1W_2 + P_1V_1 - P_2V_2 \quad \text{(2-18)} $$

2-4 절대일과 공업일

[그림 2-6]과 같이 처음에 피스톤이 위치 1에 있을 때는 $P-V$선도 상에서 점 1로 표시된다. 다음에 피스톤 내의 기체가 팽창하여 피스톤이 위치 2로 이동하면, 이때의 상태는 $P-V$ 선도 상에서 점 2가 된다. 1~2과정에서는 그림의 실선과 같이 변화하였다고 하자.

이 때 기체가 외부에 하는 일 W는 식 (2-12)로 표시하며, 1-2구간 곡선의 밑면적 $1-2-V_2-V_1-1$과 같다. 다음에 상태 2에서 상태 1로 되돌아 올 때, 만일 동일곡선을 따라 되돌아오면 동일한 일이 외부로부터 기체에 흡수되게 된다.

이와 같이 밀폐계가 준정적변화에 따라 하게 되는 일을 절대일(absolute work)이라 하며 식 (2-12)로 표시되는데, 이것은 [그림 2-6]의 종선을 친 면적, 즉 V축에 투영한 면적에 해당한다.

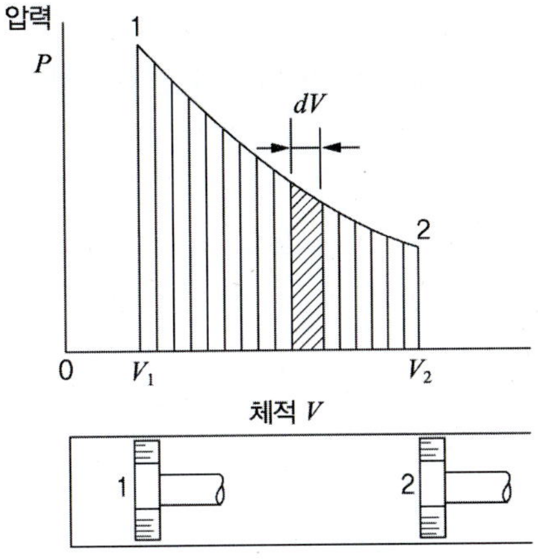

[그림 2-6] 절대일

그리고 이것에 대해 개방계에서 작동물질이 하는 일을 공업일(technical work)이라 하는데, 예를 들면 피스톤 왕복형 압축기에서 압축공기의 유동으로 일을 하는 경우를 생각해보자.

[그림 2-7]과 같이 처음에 0의 위치에 있던 피스톤이 흡기밸브가 열려서 압력 P_1에서 위치 1까지 이동하여 체적 V_1까지 압축공기가 주입하였다고 하면 이 동안에 압축공기가 하는 일은 압력이 일정하므로 $P_1 V_1$이 되며, $P_1 - 1 - V_1 - 0 - P_1$의 면적에 상당한다.

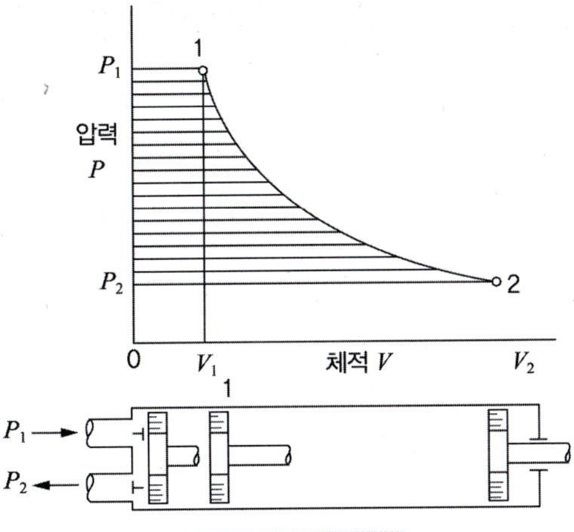

[그림 2-7] 공업일

다음에 이 위치에서 흡기밸브가 닫히고 공기의 팽창에 의해서 피스톤이 위치 1에서 2까지 이동하였다면 이 동안의 일은 $\int_1^2 PdV$가 되며, 면적 1−2−V_2−V_1−1이 된다. 다음에 배기밸브가 열려서 배압 P_2에서 피스톤은 외부로부터 일을 받아서 그의 위치는 2 → 0으로 이동하며 공기는 유출하게 된다. 이 동안에 계가 외부로부터 받는 일은 P_2V_2이다.

따라서 이상의 변화가 준정적 변화라면 유동하는 공기가 외부에 대해서 한 일은

$$\begin{aligned}&\text{면적}(P_1-1-V_1-0-P_1)+\text{면적}(1-2-V_2-V_1-1)\\&-\text{면적}(P_2-2-V_2-0-P_2)=\text{면적}(P_1-1-2-P_2-P_1)\end{aligned}$$

가 된다.

결론적으로 공업일은 [그림 2-7]에서 본다면 횡선을 친 면적, 즉 P축에 투영한 면적에 해당한다.

이것을 식으로 표시하면 공업일 1[kg]에 대한 w_t 및 W_t는 다음과 같다.

$$w_t=-\int_1^2 vdP[\text{kJ/kg}]$$

$$W_t=-\int_1^2 VdP[\text{kJ}] \quad \cdots\cdots (2\text{-}19)$$

2-5 정상유동의 에너지식 응용

2-5-1 압축기

기체를 압축하여 그 압력을 높이는 기계를 압축기라 한다. 일반적으로 압축기를 통과하는 유동은 압축기에서 하는 일이 행하여지고, 열손실(냉각수)이 되고, 근사적으로 운동에너지와 위치에너지는 0이 되므로 일반 에너지식에서 다음과 같다.

$$H_1+m\frac{1}{2}\omega_1^2+mgz_1+Q=H_2+m\frac{1}{2}\omega_2^2+mgz_2+W_t$$

$$\therefore\ Q=W_t+(H_2-H_1)[\text{kJ}] \quad \cdots\cdots (2\text{-}20)$$

2-5-2 터빈

물, 가스 증기 등의 유체가 가지는 에너지를 유용한 기계적 일로 변환시키는 기계를 터빈이라 한다. 터빈을 통과하는 유동에서 터빈의 일은 발전기에 의해 행하여지고, 근사적으로 가열량, 위치에너지, 운동에너지 등을 무시한다고 하면 일반 에너지식에서 다음과 같다.

$$H_1 + m\frac{1}{2}\omega_1^2 + mgz_1 + Q = H_2 + m\frac{1}{2}\omega_2^2 + mgz_2 + W_t$$

$$\therefore \; W_t = (H_1 - H_2) = m(h_1 - h_2)[\text{kJ}] \quad \cdots\cdots (2\text{-}21)$$

2-5-3 노즐

노즐이란 액체 및 기체를 고속으로 자유공간에 분출시키기 위해 관의 끝에 다는 가느다란 관을 말한다. 정상상태 정상유동의 식으로부터 만약 노즐에 고온·고압의 증기를 분출시켰을 때 노즐 출구속도를 구한다면(가역 단열 팽창과정이라고 간주한다) 단위 중량당의 정상유동의 에너지식으로부터

$$q = \Delta h + \frac{1}{2}(\omega_2^2 - \omega_1^2) + g(z_2 - z_1) + w_t[\text{kJ/kg}] \quad \cdots\cdots (2\text{-}22)$$

이 되고, 가역단열과정이므로 q는 0이고 또한 일량도 0이며, 동일 위치선상($z_1 = z_2$)이므로 다음과 같이 쓸 수 있다.

$$0 = \Delta h + \frac{1}{2}(\omega_2^2 - \omega_1^2) \quad \cdots\cdots (2\text{-}23)$$

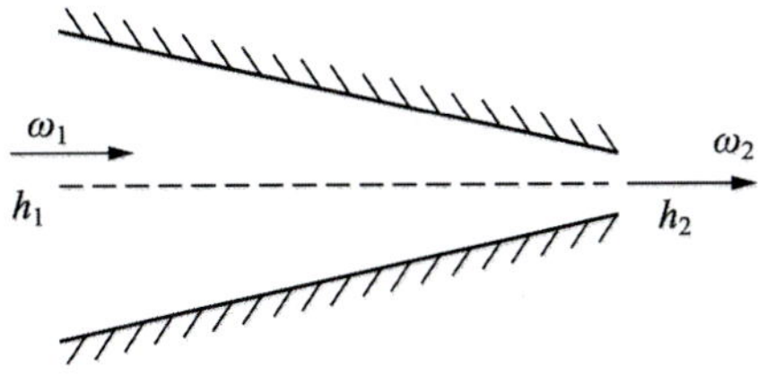

[그림 2-8] 노즐유동

또한 ω_2는 ω_1에 비해 값이 크므로 w_1을 무시하면 노즐 출구속도 ω_2는

$$\frac{1}{2}\omega_2^2 = h_1 - h_2 \quad \cdots\cdots \quad (2\text{-}24)$$

$$\omega_2 = \sqrt{2(h_1 - h_2)} \quad \cdots\cdots \quad (2\text{-}25)$$

가 된다.

Example

08 노즐유동에서 입구의 비 엔탈피가 500J/kg이고, 출구의 비 엔탈피가 350J/kg일 때 노즐입구 속도를 무시하면 출구에서의 속도는 몇 m/s인가?

풀이 식 (2-25)으로부터 출구속도는

$\therefore\ \omega_2 = \sqrt{2(h_1 - h_2)} = \sqrt{2 \times (500 - 350)} = 17.32\,\text{m/s}$

Reference

$Q = AW$ [kcal] 또는 $W = JQ$ [$kg_f \cdot m$]

일의 열당량

$$A = \frac{1}{427} [kcal/kg_f \cdot m]$$

열의 일당량

$$J = 427 [kg_f \cdot m/kcal]$$

밀폐계의 일량

$$_1W_2 = \int_1^2 PdV$$

개방계의 일량

$$W_t = -\int_1^2 VdP$$

- 1kWh, 1PSh : 에너지 단위
- 1kWh = 860kcal = 3600kJ
- 1PSh = 632.3kcal

열역학 제1법칙의 미분형(공학단위)

$$\delta Q = dU + APdV \rightarrow ①식$$

$$= dH - AVdP \rightarrow ②식$$

엔탈피

$H = U + APV$ (공학단위)

$H = U + PV$ (S · I단위)

정상유동의 에너지 방정식

$$Q = G(h_2 - h_1) + \frac{AG}{2g}(\omega_2^2 - \omega_1^2) + AG(z_2 - z_1) + AW_t [kcal] (공학단위)$$

$$Q = m(h_2 - h_1) + \frac{m}{2}(\omega_2^2 - \omega_1^2) + mg(z_2 - z_1) + W_t [kJ] (S \cdot I단위)$$

CHAPTER 02

열역학 제1법칙

실/력/평/가

01 열과 일 또는 일과 열 상호간의 에너지보존의 법칙을 표시한 것은?

① 열역학 제0법칙 ② 열역학 제1법칙
③ 열역학 제2법칙 ④ 열역학 제3법칙

풀이

- 열역학 제0법칙 : 열평형의 원리
- 열역학 제1법칙 : 에너지보존의 법칙
- 열역학 제2법칙 : 엔트로피 증가의 원리
- 열역학 제3법칙 : Nernst의 열정리

02 다음 중 열역학 제1법칙과 관계가 없는 것은?

① 밀폐계가 임의의 사이클을 이룰 때 열전달의 총합은 이루어진 일의 총합과 같다.
② 하나의 계가 임의의 사이클을 겪는 동안 그 사이클에 따라 열을 적분한 것이 그 사이클에 따라 일을 적분한 것에 비례한다.
③ 두 물체가 제3의 물체와 온도의 동등성을 가질 때는 두 물체도 역시 서로 온도의 동등성을 갖는다.
④ 열은 본질적으로 에너지의 일종으로서 열을 일로 변환할 수도 있고 또한 그 역이 가능하다.

03 열역학적 제1법칙의 표현으로 적당하지 않은 것은?

① 밀폐계가 한 사이클에서 한 참일은 계가 받은 참열량과 같다.
② 절연계의 저장 에너지는 일정하다.
③ 밀폐계가 받은 참열량에서 그 계가 한 참일을 뺀 것은 저장 에너지의 증가량과 같다.
④ 물리적 원리나 법칙에서 유도되었다.

04 열과 열사이의 에너지 불멸의 원리를 표현하고 있는 것은 다음 중 어느 것인가?

① 보일-샤를의 법칙
② 열역학 제2법칙
③ 열역학 제3법칙
④ 열역학 제1법칙

05 열, 일 및 에너지에 대한 설명 중 옳지 않은 것은?

① 어떤 과정에서 열과 일은 모두 경로에 관계없다.
② 열과 일은 서로 변환될 수 있는 에너지이며 1kcal=4.2kJ이다.
③ 열역학 제1 법칙은 열과 일 에너지에 대한 수량적 관계를 표시한다.
④ 열은 계에 공급될 때, 일은 계에서 나올 때 정(+)의 값을 갖는다.

01 ② 02 ③ 03 ④ 04 ④ 05 ① | 정 | 답 |

06 다음 사항 중 열역학 제1법칙을 설명한 것이 아닌 것은?

① 사이클과정 중 계가 외부에 한 일의 양은 외부로부터 계로 들어온 열의 양과 같다.
② 열역학 계에는 내부에너지라는 열역학적 성질이 존재한다.
③ 에너지는 보존된다.
④ 고립계의 엔트로피는 증가한다.

풀이

엔트로피증가의 원리는 열역학 제2법칙과 관계된다.

07 에너지공급이 없이 영구히 일할 수 있는 기관은 다음 어느 법칙에 위배되는가?

① 열역학 제0 법칙 ② 열역학 제1 법칙
③ 열역학 제2 법칙 ④ 열역학 제3 법칙

08 다음 기관에 관한 설명 중 틀린 것은?

① 제1종 영구기관은 열을 받지 않고 계속적으로 영구운동을 하는 기관이다.
② 제1종 영구기관은 열량을 버리지 않고 계속적으로 영구운동을 하는 기관이다.
③ 제1종 영구기관의 존재를 부정하는 법칙이 열역학 제 1법칙이다.
④ 제2종 영구기관의 존재를 부정하는 법칙이 열역학 제 2법칙이다.

09 다음 중 열역학 제1법칙을 나타내고 있는 식은? (단, U는 내부에너지(kJ), Q는 열량(kJ), W는 일(N·m)이다.)

① $Q=(U_2-U_1)+W$
② $Q=(U_2-U_1)-W$
③ $Q=(U_2-U_1)/W$
④ $Q=(U_2-U_1)\times A$

풀이

열역학 제1법칙의 제1기초식의 적분형
$Q=\Delta U+-1W_2$

10 바다의 물이 가지고 있는 무한히 많은 열량을 이용해서 추진하는 선박을 만들었다면 이 열기관은?

① 제1종 영구기관
② 제2종 영구기관
③ 내연기관과 같은 열기관
④ 열역학 제2법칙에 따르는 열기관

11 가스가 78.29kJ 열량을 흡수하여 78,400 J의 팽창일을 하였을 때, 내부에너지의 증가는 얼마인가?

① 0kJ ② 18.7kJ
③ 23.6kJ ④ 20.4kJ

풀이

열역학 제1법칙의 제1기초식의 적분형
$Q=\Delta U+W_2$
$\therefore \Delta U=Q-W_2=78.29-78.4=0\text{kJ}$

| 정 | 답 | 06 ④ 07 ② 08 ② 09 ① 10 ① 11 ①

12 어떤 계가 외부로부터 열을 공급받아 내부에너지가 83.7kJ로 증가하였고, 외부로 24.5 kJ의 일을 하였다. 이 계에 가해진 열량은?

① 106.2kJ ② 107.2kJ
③ 105.2kJ ④ 108.2kJ

풀이

$Q = \Delta U + {}_1W_2 = 83.7\text{kJ} + 24.5\text{kJ} = 108.2\text{kJ}$

13 공기를 단열적으로 압축하였다. 압축하는데 소요된 일량은 250kJ이었다. 내부에너지 변화량은 얼마인가?

① 250kJ ② 125kJ
③ 59.72kJ ④ 29.86kJ

풀이

$\delta Q = dU + \delta W$에서
단열변화이므로 $\delta Q = 0$
$\therefore \Delta U = -{}_1W_2 = 250\,\text{kJ}$

14 최초의 온도가 t_1 = 21℃인 1kg의 유체가 열을 받으면서 정압변화를 하여 외부에 일 746.7kJ를 하고, t_2 = 50℃로 되었다. 내부에너지의 변화는 얼마인가? (단, 변화 중의 유체의 평균 비열은 1.34kJ/kg·℃이다.)

① -607.9kJ ② -707.9kJ
③ -807.9kJ ④ -907.9kJ

풀이

$Q = \Delta U + {}_1W_2$에서
$Q = mC \cdot \Delta t = 1 \times 1.34 \times (50 - 21) = 38.86\text{kJ}$
$\therefore \Delta U = Q - {}_1W_2 = 38.86 - 746.76 = -707.9\text{kJ}$

15 내부에너지 0.160kJ을 보유하는 물체에 열을 가하였더니 내부에너지가 0.210kJ까지 증가하고, 외부에 대하여 6.664kJ의 일을 하였다. 가해진 열량은 얼마인가?

① 6.714kJ ② 5.714kJ
③ 7.714kJ ④ 8.714kJ

풀이

$Q = \Delta U + {}_1W_2 = (U_2 - U_1) + {}_1W_2$
$= (0.210 - 0.160) + 6.664 = 6.714\text{kJ}$

16 내부에너지가 0.210kJ인 작동유체를 가열하여 내부에너지가 0.250kJ까지 증가하고 외부에 대해 40kJ의 일을 하였다면 가해진 열량은?

① 30.04kJ ② 40.04kJ
③ 50.04kJ ④ 60.04kJ

풀이

$Q = (U_2 - U_1) + W = (0.250 - 0.210) + 40$
$= 0.04 + 40 = 40.04\text{kJ}$

17 압력 $19.6 \times 10^4\text{N/m}^2$, 체적 0.4m^3인 공기가 압력을 일정하게 하면서 체적이 0.6m^3로 팽창하였다. 내부에너지가 0.092kJ 만큼 증가하였으면 팽창에 필요한 열량은 얼마인가?

① 031.44kJ ② 231.44kJ
③ 331.44kJ ④ 39.292kJ

풀이

$Q = \Delta U + {}_1W_2$
$= 92 + 19.6 \times 104 \times (0.6 - 0.4)$
$= 39292\text{J} = 39.292\text{kJ}$

12 ④ 13 ① 14 ② 15 ① 16 ② 17 ④ | 정 | 답 |

18 엔탈피에 관한 다음 사항 중 가장 잘 표현한 것은?

① 내부에너지와 유동일의 합으로 정의한다.
② 내부에너지와 비유동일의 합으로 정의한다.
③ 압력이 일정할 때 내부에너지와 같다.
④ 체적이 일정할 때의 내부에너지와 같다.

19 완전가스의 엔탈피는 어느 것인가?

① 온도만의 함수
② 압력만의 함수
③ 온도 및 압력의 함수
④ 온도, 압력 및 비체적의 함수

20 내부에너지가 50kJ, 체적이 $0.2m^3$, 절대압력이 2bar, 절대온도가 370°K인 계의 엔탈피는 얼마인가?

① 60kJ ② 70kJ
③ 80kJ ④ 90kJ

풀이

$H=U+PV,\ U=50\text{kJ}$
$V=0.2\text{m}^3$
$P=2\text{bar}=2\times10^5\text{N/m}^2$이므로
$\therefore H=U+PV$
$=50+2\times105\times0.2\times10^{-3}$
$=90\text{kJ}$

21 연소실의 벽면온도가 일정하고, 혼합가스가 이상기체라고 가정하면, 이 엔진이 압축행정일 때 연소실내의 열과 내부에너지의 변화는?

① 열=방열, 내부에너지=증가
② 열=흡열, 내부에너지=불변
③ 열=방열, 내부에너지=증가
④ 열=방열, 내부에너지=불변

22 팽창일에 대한 설명 중 옳은 것은?

① 가역 정상류 과정에서 받은 일
② 밀폐계에서 마찰이 있는 과정에서 한 일
③ 가역 비유동 과정에서 외부에 행한 일
④ 이상 기체만이 한 일

풀이

- 절대일=밀폐계에서의 일=비유동일
- 공업일=개방계에서의 일=유동일

23 $W=\int_1^2 PdV$가 성립되는 과정에 해당되는 것은?

① 정상유동계, 비가역과정
② 밀폐계, 비가역과정
③ 밀폐계, 가역과정
④ 비정상유동계, 가역과정

풀이

절대일=밀폐계에서의 일=비유동일
$\therefore W_a=\int_1^2 PdV$

24 공업일을 설명한 것 중에서 틀린 것은?

① 가역 정상유동과정의 일
② 개방계의 일
③ 압축일
④ 가역 비정상유동과정의 일

풀이

공업일일 = 개방계에서의 일 = 유동일

$\therefore\ W_t = -\int_1^2 VdP$

25 공업일 W_t 와 절대일 W 와의 관계를 바르게 표시하고 있는 식은 다음 중 어느 것인가?

① $W_t = W + P_1V_1 - P_2V_2$
② $W_t = W - P_1V_1 + P_2V_2$
③ $W_t = W + P_1V_1 + P_2V_2$
④ $W_t = W - P_1V_1 - P_2V_2$

풀이

$W_t = W + P_1V_1 - P_2V_2$

26 압력 30N/cm², 체적 2m³인 상태의 가스를 압력 일정하에서 열을 방출하여 그 체적이 1/2로 되었다. 가스가 한 일은 얼마인가?

① -291,000N·m ② -292,000N·m
③ -293,000N·m ④ -300,000N·m

풀이

$${}_1W_2 = \int_1^2 PdV = P(V_2 - V_1)$$
$$= 30\times10^4\times(1-2) = -300{,}000\text{N}\cdot\text{m}$$

27 밀폐계가 마찰이 없는 과정에서 압력이 $P = (200 + 120\,V)\text{N/cm}^2$의 관계로 변화한다. 체적이 0.4m³에서 0.6m³으로 변하는 동안에 밀폐계가 한 일은 얼마인가?

① $2.2\times10^5\text{N}\cdot\text{m}$ ② $3.2\times10^5\text{N}\cdot\text{m}$
③ $4.2\times10^5\text{N}\cdot\text{m}$ ④ $5.2\times10^5\text{N}\cdot\text{m}$

풀이

$${}_1W_2 = \int_1^2 PdV$$
$$= \int_{0.4}^{0.6}(200+120\,V)dV$$
$$= \left[200\,V + 120\times\frac{V^2}{2}\right]_{0.4}^{0.6}$$
$$= [200(0.6-0.4) + 60(0.36-0.16)]\times10^4$$
$$= 5.2\times10^5\text{N}\cdot\text{m}$$

28 3kg의 공기가 그림과 같이 사이클을 이룰 때 이 사이클의 절대일은 얼마인가?

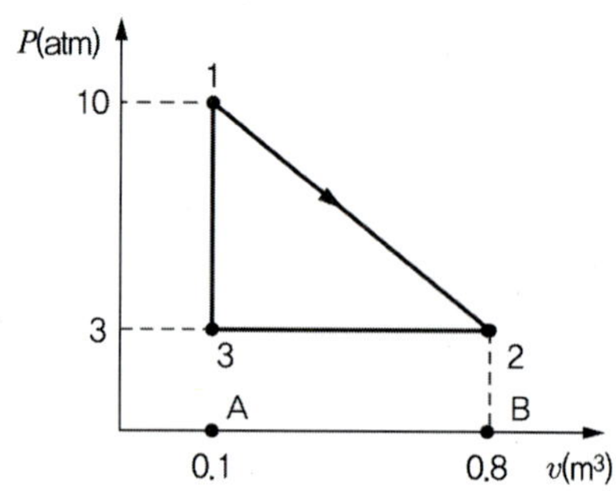

① $1.6\times10^5\text{N}\cdot\text{m}$ ② $2.6\times10^5\text{N}\cdot\text{m}$
③ $3.6\times10^5\text{N}\cdot\text{m}$ ④ $4.6\times10^5\text{N}\cdot\text{m}$

풀이

절대일(팽창일) = 면적 12BA1

$$W_a = \left\{\frac{1}{2}(10-3)\times0.7 + 3\times0.7\right\}\times101325$$
$$= 4.6\times10^5\text{N}\cdot\text{m}$$

24 ④ 25 ① 26 ④ 27 ④ 28 ④ | 정 | 답 |

29 공기가 정압하에서 압력이 4.5atm, 체적이 $0.7m^3$이다. 이 상태에서 53900N·m의 팽창일을 행한다면 변화후의 공기의 체적은 몇 m^3인가?

① $0.94m^3$ ② $0.63m^3$
③ $0.57m^3$ ④ $0.82m^3$

풀이

절대일(팽창일) = 정압하에서의 일 = 밀폐계에서의 일

$${}_1W_2 = \int_1^2 PdV = P(V_2 - V_1)$$

$$V_2 = \frac{{}_1W_2}{P} + V_1 = \frac{53900}{4.5 \times 101325} + 0.7 = 0.82m^3$$

30 마찰이 없는 피스톤을 가진 실린더 내에 공기가 들어있고, 그림과 같은 사이클을 가역적으로 이루어지면서 작동한다면 외부와 열교환은 얼마인가?

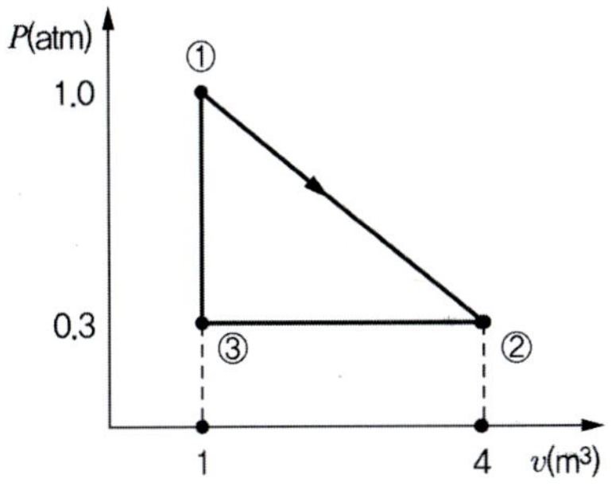

① 196.58kJ이 사이클로 들어왔다.
② 197.58kJ이 사이클로 들어왔다.
③ 198.58kJ이 사이클에서 나갔다.
④ 199.58kJ이 사이클로 들어왔다.

풀이

가열량 $Q = W$
= 삼각형 면적 + 직사각형 면적
$= (\frac{1}{2} \times 3 \times 0.7 + 3 \times 0.3) \times 101325$
= 197.58kJ 공급

방열량 $Q = W$
= 직사각형 면적
= (3×0.3)×101325
= 91.19kJ 방출

31 압력이 15atm인 보일러 속에 표준대기 중의 물을 펌프로 압송한다. 물 1kg당의 일은 얼마인가? (단, 물의 비체적은 $0.001m^3/kg$이다.)

① 1318.55N·m ② 1418.55N·m
③ 1518.55N·m ④ 1618.55N·m

풀이

$$w_t = -\int_1^2 vdP = v(P_1 - P_2)$$
$$= 0.001(1-15) \times 101325$$
$$= 1418.55N \cdot m$$

32 다음 설명 중 틀린 것은 어느 것인가?

① 절대일은 $P-V$선도 상에서 V축에 투영한 면적이다.
② 공업일은 $P-V$선도 상에서 P축에 투영한 면적이다.
③ 압축일은 계의 외부로부터 계로 가해진 일량이다.
④ 팽창일은 계의 외부로부터 계로 가해진 열량이다.

| 정 | 답 | 29 ④ 30 ② 31 ② 32 ④

33 일을 $W_t = -\int_1^2 VdP$ 로 나타내는 경우가 아닌 것은?

① 개방계의 일
② 공업일(가역정상유동의 일)
③ 압축일
④ V축에 투영되는 면적

34 증기가 노즐 내를 단열적으로 흐를 때, 노즐 내의 임의의 단면에서의 유속 ω 를 구하는 식은 다음 중 어느 것인가? (단, h_1, h_2는 노즐 입구 및 임의 단면에서의 엔탈피이다.)

① $\omega = \sqrt{2A(h_1 - h_2)}$
② $\omega = \sqrt{\frac{A}{2}(h_1 - h_2)}$
③ $\omega = \sqrt{\frac{2}{A}(h_1 - h_2)}$
④ $\omega = \sqrt{2(h_1 - h_2)}$

35 단면 확대노즐 내를 건포화 증기가 단면적으로 흐르는 사이에 엔탈피가 490J/kg만큼 감소하였다. 입구의 속도를 무시할 수 있을 경우 노즐출구의 속도는 얼마인가?

① 68.06m/s ② 78.06m/s
③ 88.06m/s ④ 31.30m/s

풀이

$w = \sqrt{2(h_1 - h_2)} = \sqrt{2 \times 490} = 31.30\text{m/s}$

36 유체가 30m/s의 유속으로 노즐에 들어가서 500m/s로 유출될 때 마찰이나 열교환을 무시한다면 엔탈피의 변화량은 몇 kJ/kg인가?

① 107.1kJ/kg ② 117.1kJ/kg
③ 124.55kJ/kg ④ 137.1kJ/kg

풀이

$$\Delta H = -\Delta E_k = -\frac{1}{2}(\omega_2^2 - \omega_1^2)$$
$$= -\frac{(500^2 - 30^2)}{2} \times 10^{-3}$$
$$= -124.55\text{kJ/kg}$$

37 바람이 없는 평탄한 고속도로를 80km/h의 속도로 주행하고 있는 자동차를 제동장치의 마찰에 의해 정지시킬 경우 발생되는 마찰열은? (단, 차량의 총중량은 5000kg이며, 제 저항은 무시한다.)

① 1059.5kJ ② 1159.5kJ
③ 1234.32kJ ④ 1359.5kJ

풀이

$$E_k = \frac{m\omega^2}{2} = \frac{5000 \times 22.22^2}{2} \times 10^{-3} = 1234.32\text{kJ}$$
$$\omega = 80 \times 10^3 / 3600 = 22.22\text{m/s}$$

33 ④ 34 ④ 35 ④ 36 ③ 37 ③ | 정 | 답 |

38 어떤 증기터빈에서 비엔탈피 3000kJ/kg의 증기가 100m/s의 속도로 들어가고, 엔탈피 2500kJ /kg, 속도 50m/s로 유출하며 증기터빈은 750kW의 일을 한다. 터빈의 복사 및 전도 등에 의한 열손실이 매시 378000 kJ/h라고 하면 매시간 공급되어야 할 증기는 몇 kg/hr인가?

① 2180kg/hr ② 3490kg/h
③ 6110.17kg/hr ④ 5810kg/hr

풀이

$Q = m(h_2 - h_1) + \frac{m}{2}(\omega_2^2 - \omega_1^2) + W_t$에서

$-\frac{378000}{3600} = m(2500 - 3000) + \frac{m}{2}(50^2 - 100^2) \times 10^{-3} + 750$

$m = 1.7\text{kg/sec} = 6110.17\text{kg/h}$

39 압력 $3.038 \times 10^6 \text{N/m}^2$, 온도 40℃의 증기($h_1$ = 400kJ/kg)가 노즐에 유입하고 압력 $9.8 \times 10^5 \text{N/m}^2$, 온도 250℃($h_2$ = 300kJ/kg)의 상태가 되어 유출한다. 노즐 속에서 유동은 정상류로 보며, 노즐에서 손실량은 무시하고 노즐의 입구속도를 생략하면 출구속도는 몇 m/s인가?

① 129.8m/s ② 447.21m/s
③ 149.8m/s ④ 159.8m/s

풀이

정상 유동에너지식(SI단위)

$$Q = W_t + m(h_2 - h_1) + \frac{m(\omega_2^2 - \omega_1^2)}{2} + mg(z_2 - z_1)$$

에서 노즐유동시 손실을 무시하면, $Q = 0$, $W_t = 0$, $\omega_1 = 0$, $z_1 = z_2$이 된다.

∴ 출구속도

$$\omega_2 = \sqrt{2(h_1 - h_2)} = \sqrt{2 \times (400 - 300) \times 10^3} = 447.21\text{m/s}$$

40 노즐을 수직방향으로 위치시키고 초속 20 m/s 속도로 물을 뿜어 올렸다. 노즐에서 손실을 무시하면 물은 얼마만큼 올라가겠는가?

① 10.4m ② 20.4m
③ 30.4m ④ 40.4m

풀이

정상 유동에너지식(공학단위)

$$Q = AW_t + G(h_2 - h_1) + \frac{AG(\omega_2^2 - \omega_1^2)}{2g} + A(z_2 - z_1)$$

에서 노즐유동시 손실을 무시하면, $Q = 0$, $h_1 = h_2$, $W_t = 0$, $\omega_1 \fallingdotseq 0$이 된다.

$$\therefore z_1 - z_2 = \Delta z = \frac{\omega_2^2}{2g} = \frac{20^2}{2 \times 9.8} \fallingdotseq 20.4\text{m}$$

| 정 | 답 | 38 ③ 39 ② 40 ②

memo

03

CHAPTER

완전가스

CHAPTER

03 완전가스

3-1 완전가스의 개요

가스는 열역학에서 취급하는 물질의 3태(態)중 하나인 기체를 통틀어 지칭한다. 공기, 산소, 수소, 질소, 이산화탄소 등과 같이 쉽게 액화되지 않는 성질이 있다. 공업용 연료가스가 해당된다. 이러한 기체는 일정한 모양과 부피가 없고 액체나 고체보다 월등히 가볍다. 입자사이의 간격이 크며 압축도 용이하다. 자유로이 공간 운동을 한다.

증기는 기체와 같은 의미로 쓰이나 일반적으로 물의 기체상이다. 예로는 수증기로서 이를 이용한 것은 증기 원동소가 있다. 이 증기에 의해 열에너지가 기계적 일에너지로 변환하는 역할을 한다. 또한, 쉽게 증발 또는 액화가 일어나는 기체를 들 수 있다. 예로서는 냉동기의 냉매가 이에 해당된다. 냉매는 임계온도 보다 낮은 온도의 기체이다. 적당한 압력에서도 액체로 상변화가 쉽게 이루어진다. 이를 이용하여 냉동효과로 쓰인다.

완전가스(perfect gas) 또는 이상기체(ideal gas)는 보일·샤를의 법칙 즉 압력, 부피, 온도간의 물리적 작용이 완벽하게 적용되는 이상의 기체를 의미한다. 실재로는 존재하지 않는다. 하지만 고온의 상태이거나 압력이 극히 낮은 상태에서 분자간의 상호작용이 전혀 없을 정도로 분자간 거리가 멀고 분자속도가 매우 빠르다는 가정 하에서 성립하는 상태식이다. 이 이상기체는 기체분자나 에너지 차원에서 다음과 같이 구체화되어진다.

뉴턴의 운동법칙이 적용되는 이상기체의 기체분자는 수많은 분자들로 구성되어져 있다. 이 이상기체의 기체분자 차원은 분자라는 입자가 불규칙한 자유운동을 진행하며, 부피가 무시될 정도로 적으며 분자 상호작용인 인력이나 반발력 같은 기체 분자간 힘의 작용이 없다고 생각한다. 하지만 짧은 기간의 순간 탄성운동은 예외이다.

다음은 이상기체의 에너지 차원으로서 충돌은 탄성충돌로 가정한다. 평균 운동에너지는 절대온도에 비례하는 관계식이 성립되는 경우이다.

실제기체는 이상기체의 법칙에 상반되는 기체이다. 실제로 존재하는 대부분의 기체가 이에 속한다. 분자가 차지하는 부피가 있으며 분자들 상호간의 끌어당기는 인력도 있는 기체이다. 반데르발스 상태방정식이 이에 해당된다. 실제기체가 이상기체화 되기 위해서는 분자량이 적거나 온도가 높거나(분자들 간의 운동에너지가 크다), 압력이 낮거나(분자들 간의 사이의 거리가 멀다), 압력이 낮거나, 비체적이 클 경우로 이상기체 상태식의 조건에 근접하므로 완전가스로 간주할 수 있다. 따라서 공기, 산소, 질소, 이산화탄소 등의 기체는 보통의 온도 및 압력에서 완전가스로 다루어도 별 문제는 없다.

3-2 상태방정식

3-2-1 보일의 법칙(Boyle's law ; 등온의 법칙)

1662년 영국의 Robert Boyle은 "가스의 절대온도 T가 일정할 때 완전가스의 체적 V는 압력 P에 반비례한다." 라고 하였다. 이것을 식으로 표시하면 다음과 같다.

$T = C$(일정)하면 $PV = C$(일정)

$$P_1 V_1 = P_2 V_2$$

$$\therefore \frac{V_2}{V_1} = \frac{P_1}{P_2} \qquad \cdots\cdots (3\text{-}1)$$

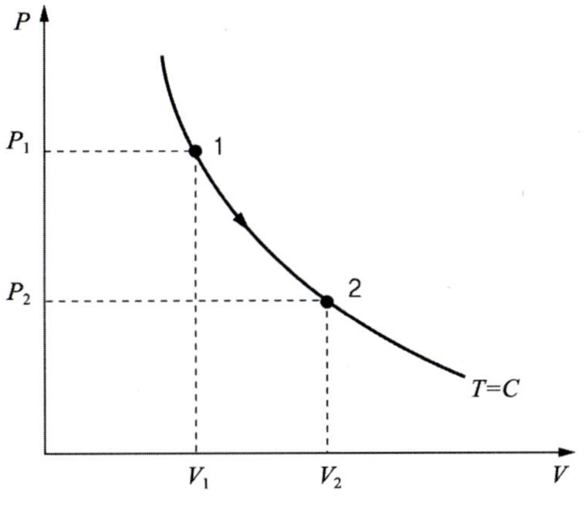

[그림 3-1] 보일의 법칙

Example

01 체적 $0.5m^3$, 압력 1.96bar의 가스가 등온상태에서 체적이 $0.1m^3$으로 압축되었을 때 압축 후의 압력은 얼마인가?

풀이 식 (3-1)에서 $P_1 V_1 = P_2 V_2$이므로

$$P_2 = \frac{P_1 V_1}{V_2} = 1.96 \times \frac{0.5}{0.1} = 9.8\,\text{bar}$$

3-2-2 샤를의 법칙(Charles's law ; 등압의 법칙)

1782년 프랑스의 Charles는 "완전가스는 압력 P가 일정할 때 그 체적 V는 절대온도 T에 비례한다."고 하였다. 이것을 식으로 표시하면 다음과 같다.

$P = C$(일정)하면 $\dfrac{V}{T}$는 일정함으로

$$\frac{V_1}{T_1} = \frac{V_2}{T_2}$$

$$\therefore \frac{T_2}{T_1} = \frac{V_2}{V_1} \qquad \cdots\cdots (3\text{-}2)$$

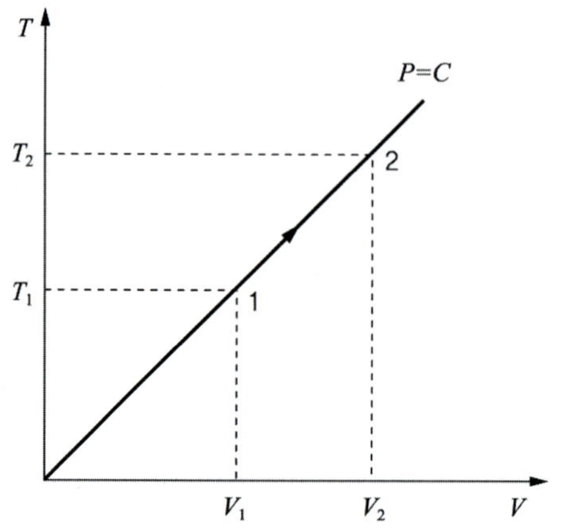

[그림 3-2] 샤를의 법칙

Example

02 0℃의 공기가 압력이 일정한 상태에서 100℃로 되어 체적이 $10m^3$이 되었다면 변화전의 공기의 체적은 얼마인가?

풀이 ⊙ 식 (3-2)에서 변화전의 체적

$$V_1 = \frac{T_1}{T_2} V_2 = \frac{0+273}{100+273} \times 10 \fallingdotseq 7.32\,\text{m}^3$$

3-2-3 보일-샤를의 법칙(Boyle-Charles's law)

보일의 법칙과 샤를의 법칙과 게이뤼삭의 법칙을 종합하면 보일-샤를의 법칙을 얻을 수 있다. 일반적으로 계의 성질이나 상태는 계 내의 압력과 체적과 온도사이의 관계를 통해서 구할 수 있다. 이렇게 계의 상태에 관계되는 물질량이 상태량으로, 이들로 이루어진 관계식에 아보가드로 법칙을 종합해서 이상기체 방정식을 구할 수 있다.

이 상태식은 가스가 [그림 3-3]과 같이 상태 1에서 상태 2로 변화하는 등온과정과, 상태 2에서 상태 3으로 변화하는 등압과정을 종합하면 다음과 같다.

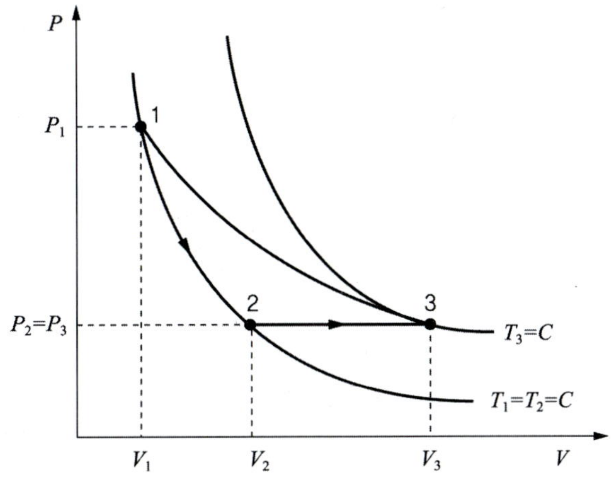

[그림 3-3] 보일-샤를의 법칙

① 등온과정(1 → 2과정)

보일의 법칙을 적용

$$P_1 V_1 = P_2 V_2,\quad V_2 = \frac{P_1}{P_2} V_1 \quad \cdots\cdots \text{(3-3)}$$

② 정압과정(2 → 3과정)

샤를의 법칙을 적용

$$\frac{V_2}{T_2} = \frac{V_3}{T_3},\quad V_2 = \frac{T_2}{T_3} V_3 \quad \cdots\cdots \text{(3-4)}$$

식 (3−3)과 식 (3−4)에서

$$\frac{P_1}{P_2} V_1 = \frac{T_2}{T_3} V_3 \quad \cdots\cdots \text{(3-5)}$$

여기서, $T_2 = T_1$, $P_2 = P_3$이므로

$$\frac{P_1}{P_3} V_1 = \frac{T_1}{T_3} V_3 \rightarrow \frac{P_1 V_1}{T_1} = \frac{P_3 V_3}{T_3} = C = GR \quad \cdots\cdots \text{(3-6)}$$

$$\therefore\ PV = GRT \quad \cdots\cdots \text{(3-7)}$$

따라서 식 (3−7)을 보일−샤를의 법칙을 만족하는 완전가스의 상태방정식이라 하며, 식 (3−6)에서 절대온도가 일정하면 보일의 법칙이고, 체적이 일정할 때 절대온도와 압력과의 비 또는 압력이 일정할 때 절대온도와 체적과의 비는 각각 샤를의 법칙을 나타낸다.

Example

03 공기 1kg을 압력 1atm, 온도 20℃인 상태에서 변화하여 압력 2atm, 온도 100℃로 되었다면 체적은 몇 배가 되겠는가?

풀이 ⊙ 식 (3−6)의 보일−샤를의 법칙 $\frac{P_1 V_1}{T_1} = \frac{P_2 V_2}{T_2}$에서

$$\therefore\ \frac{V_2}{V_1} = \frac{T_2}{T_1} \cdot \frac{P_1}{P_2} = \frac{273+100}{273+20} \times \frac{1}{2} = 0.6365\,\text{배}$$

04 자동차의 타이어에 공기를 넣었더니 온도가 18℃, 압력이 31.36N/cm^{2}이었다. 이 때 타이어의 체적이 0.5m^{3}이라면 타이어 속의 공기중량은 얼마인가? (단, 공기의 R = 287J/kg·K이다.)

풀이 식 (3-7)의 완전가스의 상태방정식 $PV = GRT$에서

$$\therefore\ G = \frac{PV}{RT} = \frac{31.36 \times 10^4 \times 0.5}{287 \times (273+18)} = 1.88\,\text{kg}$$

3-3 일반 가스상수

3-3-1 아보가드로의 법칙

완전가스일 때 해당된다. 보일은 기체의 압력과 부피를, 샤를과 게이뤼삭은 기체의 온도와 부피의 관계식을 정립하였다. 아보가드로는 게이뤼삭의 기체반응의 법칙을 통해 새로운 가설을 제안하였다.

모든 가스는 같은 온도와 압력(0℃, 1기압)하에서 같은 체적(1mol·22.4[Nm^3·STP])당 같은 분자수를 가지고 있다는 설이다. 즉 기체 1mol은 같은 분자수를 포함하고 있고, 체적은 기체 mol수(분자수)에 비례한다. 보일, 샤를, 게이뤼삭, 아보가드로의 법칙의 종합 관계식은 $PV = nRT$(n = mol수)로 나타낸다.

3-3-2 일반 가스상수 및 기체 상수

완전가스의 상태방정식과 아보가드로의 법칙으로부터

$$\frac{PV}{T} = GR = C \qquad \text{(3-8)}$$

상수 C는 모두 일정한 값을 갖게 되고, 이때 C는 R로 표시하며 R을 기체상수(가스정수)라 한다.

표준상태에서 분자량 M인 기체의 1[kmol]의 체적을 22.4 [Nm^3·STP]이라면, 가스의 중량은 G[N]이라 할 수 있으므로 완전가스의 상태방정식은 다음과 같이 바꾸어 쓸 수 있다.

$$PV = GRT = nMRT = MRT = \overline{R}T \qquad \text{(3-9)}$$

여기서 $MR = \overline{R}$을 일반 가스상수(universal gas constant)라 하며, $\overline{R}$는 다음과 같이 된다.

$$MR = \overline{R} = \frac{PV}{T} \quad \cdots\cdots \text{(3-10)}$$

따라서 기체 1[kmol]은 표준상태에서 22.4[Nm^3]이므로 일반 가스상수는 다음과 같이 나타낸다.

$$MR = \overline{R} = \frac{101325 \times 22.4}{273} \fallingdotseq 8.314\,\text{kJ/kmol}\cdot\text{K} \quad \cdots\cdots \text{(3-11)}$$

(또는 $MR = \overline{R} = 848 \times 9.8\,\text{N}\cdot\text{m/kmol}\cdot\text{K} \fallingdotseq 8.314\,\text{kJ/kmol}\cdot\text{K}$)

각 기체상수 R값은 분자량 M을 이용하여 식 (3-11)으로부터 구할 수 있다.

$$R = \frac{\overline{R}}{M} = \frac{8.314}{M}\,\text{kJ/kg}\cdot\text{K} \quad \cdots\cdots \text{(3-12)}$$

Example

05 표준대기압 20℃상태에서 5×10×4m의 방에 공기가 240.9kg가 있다. 공기의 기체상수는 얼마인가?

풀이 ⊙ 식 (3-9)의 완전가스의 상태방정식 $PV = GRT$ 에서

$$R = \frac{PV}{mT} = \frac{101325 \times 200}{240.9 \times (273 + 20)} \fallingdotseq 287.1\,\text{J/kg}\cdot\text{K} \fallingdotseq 0.287\,\text{kJ/kg}\cdot\text{K}$$

06 이산화탄소(CO_2)의 기체상수는 얼마인가?

풀이 ⊙ 분자량 $M = 12 + 16 \times 2 = 44$이므로

$$R = \frac{8.314}{M} = \frac{8.314}{44} \fallingdotseq 0.189\,\text{kJ/kg}\cdot\text{K}$$

07 산소(O_2) 64kg의 가스상수, 몰수 및 표준상태에서 체적, 비체적을 구하라.

풀이 ⊙ O_2 분자량 $M = 16 \times 2 = 32\,\text{kg/kmol}$이므로

(1) 가스상수

$$R = \frac{8.314}{M} = \frac{8.314}{32} \fallingdotseq 0.26\,\text{kJ/kg}\cdot\text{K}$$

(2) 몰수

$$n=\frac{m}{M}=\frac{64}{32}=2\,\text{kmol}$$

표준상태는 0℃, $1.0332\,\text{kg}_f/\text{cm}^2$이므로

$(1.0332\,\text{kg}_f/\text{cm}^2=101.325\,\text{kN/m}^2)$

(3) 체적

$$V=\frac{mRT}{P}=\frac{64\times 0.26\times 273}{101.325}=44.8\,\text{m}^3$$

(4) 비체적

$$v=\frac{V}{m}=\frac{44.8}{64}=0.7\,\text{m}^3/\text{kg}$$

3-4 완전가스의 정적비열과 정압비열

비열은 각 물질이 갖는 고유성질로서 1[kg] 물질을 온도 1[℃] 상승시키는데 필요로 하는 열량이며 기호는 C, 단위는 [kcal/kg·℃] 또는 [kJ/kg·K]이다. 그리고 비열의 종류에는 정적비열(C_v)와 정압비열(C_p)가 있다.

3-4-1 정적비열

체적이 일정한 상태하에서($V=C$, $v=C$) 1[kg] 물질을 온도 1[℃] 상승시키는데 필요로 하는 열량으로서, 공기의 경우 그 값은 0.717[kJ/kg·℃]이다.

미소열량 δq은

$$\delta q = Cdt = CdT \quad \cdots\cdots (3\text{-}13)$$

이므로 비열 C는

$$C=\frac{\delta q}{dT} \quad \cdots\cdots (3\text{-}14)$$

이다.

여기서 체적이 일정한 경우의 미소열량은 열역학 제1법칙의 제1기초식으로부터

$$\delta q = du + Pdv = du \,(\because\ dv = 0) \quad \cdots\cdots \text{(3-15)}$$

이므로 정적과정에서 열량의 변화량은 내부에너지 변화와 같다.
따라서, 정적비열(C_v)은

$$C_v = \left(\frac{\delta q}{dT}\right)_v = \frac{du}{dT} \quad \cdots\cdots \text{(3-16)}$$

가 된다.
또한

$$du = C_v dT,\ dU = GC_v dT \quad \cdots\cdots \text{(3-17)}$$

이므로 적분하면 다음과 같다.

$$\Delta U = U_2 - U_1 = GC_v \Delta T = GC_v(T_2 - T_1) \quad \cdots\cdots \text{(3-18)}$$

Example

08 10℃에서 160℃까지의 공기의 평균 정적비열은 0.717kJ/kg·K이다. 이 온도범위에서 공기 1kg의 내부에너지의 변화는 몇 kJ/kg인가?

풀이 ⊙ $du = C_v dT$ 에서

∴ 내부에너지의 변화

$u_2 - u_1 = C_v(T_2 - T_1) = 0.717 \times (160 - 10) = 107.55\,\text{kJ/kg}$

3-4-2 정압비열

압력이 일정한 상태 하에서($P = C$)1[kg] 물질을 온도 1[℃] 상승시키는데 필요로 하는 열량으로서, 공기의 경우 그 값은 1.004[kJ/kg·℃]이다.

정적비열과 마찬가지로 압력이 일정한 경우의 미소열량은 열역학 제1법칙의 제2기초식으로부터

$$\delta q = dh - vdP = dh \ (\because dP = 0) \quad \cdots\cdots \text{(3-19)}$$

이므로, 정압과정에서 열량의 변화량은 엔탈피의 변화와 같다.

따라서 정압비열(C_p)는

$$C_p = \left(\frac{\delta q}{dT}\right)_p = \frac{dh}{dT} \quad \cdots\cdots (3\text{-}20)$$

가 된다.

또한

$$dh = C_p dT,\ dH = GC_p dT \quad \cdots\cdots (3\text{-}21)$$

이므로 적분하면 다음과 같다.

$$\Delta H = H_2 - H_1 = GC_p \Delta T = GC_p(T_2 - T_1) \quad \cdots\cdots (3\text{-}22)$$

Example

09 10kg의 CO_2를 0℃에서 100℃까지 정압과정으로 가열하는 데 필요한 열량, 즉 엔탈피의 변화량을 구하라. (단, CO_2의 C_p은 0.837kJ/kg·K이다.)

풀이 ⊙ $\delta Q = dH = GC_p dT$ 에서 가열량=엔탈피의 증가량

∴ 엔탈피의 변화

$H_2 - H_1 = GC_p(T_2 - T_1) = 10 \times 0.837 \times (100 - 0) = 837\text{kJ}$

3-4-3 정적비열과 정압비열의 관계

열역학 제1법칙의 제 1, 2 기초식으로부터 다음과 같이 구할 수 있다.

$$\delta q = du + Pdv = C_v dT + Pdv \quad \cdots\cdots (3\text{-}23)$$

$$\delta q = dh - vdP = C_p dT - vdP \quad \cdots\cdots (3\text{-}24)$$

여기서, 식 (3-23)과 식 (3-24)은 같으므로 다음과 같이 나타낼 수 있다.

$$C_v dT + Pdv = C_p dT - vdP \quad \cdots\cdots (3\text{-}25)$$

식 (3-25)을 다시 정리하면 다음과 같이 구할 수 있다.

$$(C_p - C_v)dT = (Pdv + vdP) = d(Pv)$$
$$= d(RT) = RdT \quad \cdots\cdots (3\text{-}26)$$

그러므로 정압비열과 정적비열의 관계는 다음과 같다.

$$\therefore \; C_p - C_v = R \quad \cdots\cdots (3\text{-}27)$$

3-4-4 비열비

정압비열과 정적비열과의 비를 비열비 k라고 하며, 다음 식과 같이 된다.

$$k = C_p / C_v (C_p > C_v \text{이므로 } k > 1\text{이다}) \quad \cdots\cdots (3\text{-}28)$$

여기서 식 (3−27)과 식(3−28)을 이용하여 C_v와 C_p을 구하면 다음과 같다.

$$k - 1 = \frac{R}{C_v}, \; 1 - \frac{C_p}{C_v} = 1 - \frac{1}{k} = \frac{k-1}{k} = \frac{R}{C_p}$$

$$\therefore \; C_v = \frac{R}{k-1}, \; C_p = \frac{kR}{k-1} = kC_v \quad \cdots\cdots (3\text{-}29)$$

일반적으로 1원자 분자(He, Ar)는 $k = 1.66$이며, 2원자 분자(O_2, CO, N_2)는 $k = 1.4$이고, 다원자 분자(CO_2, NH_3, H_2O)는 $k = 1.33$이다. 그러므로 공기(O_2와 N_2 및 Ar의 혼합기체)는 $k = 1.4$이다.

표 3-1 주요가스의 분자량, 가스상수 및 비열

가스	기호	분자량 M	가스상수 R		정압비열 C_p		정적비열 C_v		비열비 k (C_p/C_v)
			[$kg_f \cdot m/kg_f \cdot K$]	[J/kg · K]	[$kcal/kg_f \cdot K$]	[kJ/kg · K]	[$kcal/kg_f \cdot K$]	[kJ/kg · K]	
헬륨	He	4.00	211.9	2078.0	1.2510	5.24	0.7550	3.16	1.660
아르곤	Ar	39.94	21.23	208.21	0.1250	0.523	0.0760	0.315	1.660
수소	H_2	2.016	420.6	4126.4	3.4030	14.20	2.4120	10.10	1.409
산소	O_2	32.00	26.49	260.83	0.2184	0.914	0.1562	0.654	1.399
질소	N_2	28.02	30.26	296.91	0.2482	1.039	0.1774	0.743	1.400
일산화탄소	CO	28.01	30.27	296.93	0.2486	1.041	0.1775	0.743	1.400
탄산가스	CO_2	44.01	19.26	188.99	0.1957	0.819	0.1505	0.630	1.301
아황산가스	SO_2	64.06	13.24	129.83	0.1453	0.608	0.1143	0.479	1.272
암모니아	NH_3	17.03	49.78	488.38	0.4910	2.06	0.3740	1.57	1.313
메탄	CH_4	16.04	52.89	518.46	0.5150	2.16	0.3900	1.63	1.319
공기	-	28.96	29.27	287.13	0.2400	1.005	0.1710	0.717	1.402

Example

10 수증기를 이상기체로 가정하여 수증기의 정압비열, 정적비열을 구하여라. (단, 수증기의 기체상수는 0.462kJ/kg·K, k = 1.33이다.)

풀이 식 (3-27)과 식 (3-29)에서

(1) 정압비열

$$C_p = \frac{kR}{k-1} = \frac{1.33}{1.33-1} \times 0.462 \fallingdotseq 1.862\,\text{kJ/kg}\cdot\text{K}$$

(2) 정적비열

$$C_v = C_p - R = 1.862 - 0.462 = 1.4\,\text{kJ/kg}\cdot\text{K}$$

11 분자량이 40이고, 비열비가 1.4인 가스가 있다. 이 가스를 완전가스라 할 때 정적비열을 구하라.

풀이 식 (3-12)와 식 (3-29)로부터

$$R = \frac{8.314}{M} = \frac{8.314}{40} = 0.208\,\text{kJ/kg}\cdot\text{K}$$ 이므로

$$\therefore\ C_v = \frac{R}{k-1} = \frac{0.208}{(1.4-1)} \fallingdotseq 0.52\,\text{kJ/kg}\cdot\text{K}$$

3-5 완전가스의 상태변화

기체가 상태변화를 할 때 다음의 두 가지로 나누어서 생각할 수 있다. 가역변화와 비가역변화이다.

가역변화란 계가 어떤 상태변화를 해서 원상태로 돌아왔을 때 계와 주위에 아무런 변화가 없을 때의 변화를 말하며, 등적변화, 등압변화, 등온변화, 단열변화와 폴리트로픽 변화로 나눌 수 있다. 반대로 비가역변화는 자연계에서 일어나는 모든 실제의 과정변화로 직접 마찰 등을 동반하는 일이 열로 전환되는 현상, 즉 고온물체에서 저온물체로 열이 전달되는 과정 등은 역현상이 불가능하다. 이러한 상태변화를 말하며, 비가역 단열변화, 교축, 가스의 혼합 등이 있다.

여기서는 완전가스가 정적, 정압, 등온, 단열, 폴리트로픽 변화의 가역과정을 겪었을 때, 각각의 절대일($_1W_2$), 공업일(W_t), 열량(Q), 내부에너지(U), 엔탈피(H) 등의 변화량은 어떠한 수식으로 나타나는가를 알아보자.

여기서, 절대일은 밀폐계에 해당되며 공업일은 개방계에 적용해야 한다. 밀폐계란 에너지의 이동은 가능하나 물질의 이동이 불가능한 계를 말하며, 개방계는 물질과 에너지의 이동이 가능한 계를 말한다.

3-5-1 정적변화

체적이 일정한 상태에서의 변화를 말하며, [그림 3-4(a)]의 $P-v$ 선도에서 1의 상태점에서 2의 상태점까지의 변화와 같다. 여기서 편의상 1[kg]의 기체에 대해서 취급한다.

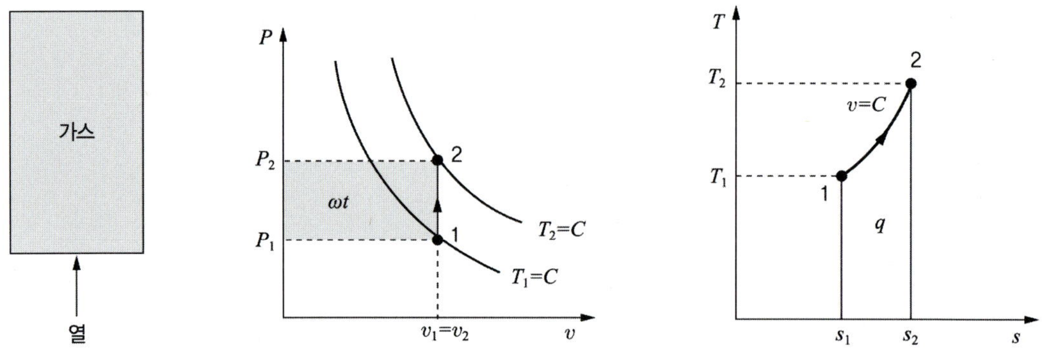

(a) (b) $P-v$선도 (c) $T-s$선도

[그림 3-4] 정적과정

① P, v, T 관계

$Pv = RT$에서 $v = C$이므로

$$\frac{P}{T} = C,\ \frac{T_2}{T_1} = \frac{P_2}{P_1} \quad \cdots\cdots (3\text{-}30)$$

② 절대일

체적변화가 없으므로 $dv = 0$이다. 따라서 v축에 투영시킨 면적은 0이다.

$$_1w_2 = \int_1^2 Pdv = 0 \quad \cdots\cdots (3\text{-}31)$$

③ 공업일

이는 완전가스의 상태방정식으로부터 $w_t = R(T_2 - T_1)$와 같으며, P축에 투영시킨 면적에 해당한다.

$$w_t = -\int_1^2 vdP = v(P_1 - P_2) \quad \cdots\cdots (3\text{-}32)$$

④ 가열량

열역학 제1법칙의 제1기초식으로부터 $\delta q = du + Pdv = C_v dT$임으로 가열량은 다음과 같다.

$$q = (u_2 - u_1) = C_v(T_2 - T_1) = \frac{R}{k-1}(T_2 - T_1) \quad \cdots\cdots (3\text{-}33)$$

즉, 정적변화에서는 절대일은 0이며, 외부로부터 가해진 열량은 모두 내부에너지의 증가로서 축적된다.

Example

12 고속주행 때 자동차 타이어의 온도는 올라가지만 체적은 일정하다. 이 경우 온도가 20℃, 압력 $2.9\times10^6 N/m^2$상태에서 온도가 80℃로 상승하였다면 자동차 타이어내부의 압력변화는 몇 N/m^2인가?

풀이 정적변화이므로

$$\frac{P_1}{T_1}=\frac{P_2}{T_2},\ P_2=P_1\frac{T_2}{T_1}=2.9\times10^6\times\frac{(273+80)}{(273+20)}\fallingdotseq3.49\times10^6 N/m^2$$

$$\therefore\ \Delta P=P_2-P_1=(3.49-2.9)\times10^6=5.9\times10^5 N/m^2$$

13 공기가 30l 의 용기 속에 들어있다. 압력이 2bar, 온도 30℃이라면 공기의 중량은 얼마인가? 이것을 4bar로 상승시키기 위한 가열량은 얼마인가? (단, R = 287J/kg·K, C_v = 0.717kJ/kg·K이다.)

풀이 $PV=GRT=mRT$에서

(1) 질량

$$m=\frac{PV}{RT}=\frac{2\times10^5\times0.03}{287\times(273+30)}\fallingdotseq0.069kg$$

$Q=mC_v(T_2-T_1)$에서 T_2를 구하면

$$T_2=\frac{P_2}{P_1}T_1=\frac{4}{2}\times303=606K$$

(2) 가열량

$$Q=mC_v(T_2-T_1)=0.069\times0.717(606-303)\fallingdotseq14.99kJ$$

14 가스정수 0.287kJ/kg·K, 정적비열 1.004kJ/kg·K인 공기가 밀폐된 탱크에 저장되어 있다. 이 탱크의 용량은 $1m^3$이고 0℃, 1atm 상태이다. 이 탱크내의 공기를 100℃로 가열할 때, 탱크의 압력과 가열량을 구하라. (단, 탱크의 열변화는 고려하지 않는다.)

풀이 (1) 공기중량

$$G=\frac{P_1V_1}{RT_1}=\frac{101.325\times1}{0.287\times273}\fallingdotseq1.29kg$$

(2) 가열량

$$Q=GC_v(T_2-T_1)=1.29\times1.004\times(100-0)=129.52kJ$$

(3) 압력

$$P_2=\frac{GRT_2}{V_2}=\frac{1.29\times0.287\times373}{1}=138.095kN/m^2=138095N/m^2$$

3-5-2 정압변화

압력이 일정한 상태에서의 변화를 말하며, [그림 3-5(a)]에서 1의 상태점에서 2의 상태점까지의 변화와 같다.

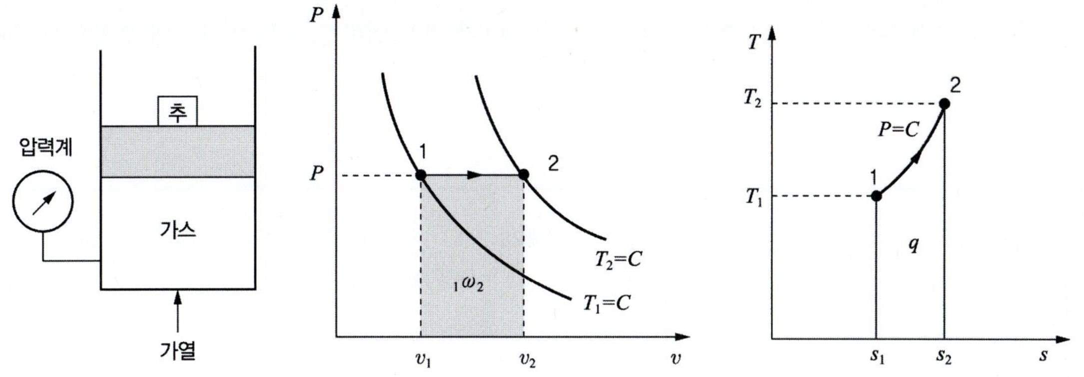

(a) (b) $P-v$선도 (c) $T-s$선도

[그림 3-5] 정압과정

① P, v, T 관계

$Pv=RT$에서 $P=C$이므로

$$\frac{v}{T}=C,\ \frac{T_2}{T_1}=\frac{v_2}{v_1} \tag{3-34}$$

② 절대일

$${}_1w_2=\int_1^2 Pdv=P\int_1^2 dv=P(v_2-v_1)=R(T_2-T_1) \tag{3-35}$$

이므로 V축에 투영한 면적에 해당한다.

③ 공업일

압력변화가 없으므로 $dP=0$이다. 따라서 P축에 투영시킨 면적은 0이다.

$$w_t=-\int_1^2 vdP=0 \tag{3-36}$$

④ 가열량

열역학 제1법칙의 제2기초식으로부터 $\delta q = dh - vdP = C_p dT$이므로 가열량은 다음과 같다.

$$q = (h_2 - h_1) = C_p(T_2 - T_1) = \frac{kR}{k-1}(T_2 - T_1) \quad \cdots\cdots (3\text{-}37)$$

즉, 정압변화에서는 공업일은 0이며, 외부로부터 가해진 열량은 모두 엔탈피의 증가로서 축적된다.

Example

15 공기 20kg을 표준대기압 상태에서 20℃에서 100℃까지 가역적으로 가열하였다. 이때의 절대일과 가열량을 구하라. (단, k = 1.4, R = 287J/kg·K이다.)

풀이 (1) 절대일

$${}_1W_2 = P(V_2 - V_1) = mR(T_2 - T_1) = 20 \times 287 \times (100 - 20) = 459200\text{J} = 459.2\text{kJ}$$

(2) 가열량

$$Q = mC_p(T_2 - T_1) = m\frac{kR}{k-1}(T_2 - T_1)$$

$$= 20 \times \frac{1.4}{1.4-1} \times 287 \times (100 - 20) = 1607200\text{J} \fallingdotseq 1607\text{kJ}$$

16 압력이 5atm, 60℃인 공기 10kg가 등압상태에서 체적이 10m³으로 변하였다. 이때 변화 후의 공기온도, 가해진 열량, 외부에 대한 절대일을 구하라. (단, C_p = 1.004kJ/kg·K, R = 0.287kJ/kg·K이다.)

풀이 정압변화이므로 $P_1 = P_2$

(1) 온도

$$T_2 = \frac{PV_2}{mR} = \frac{5 \times 101.325 \times 10}{10 \times 0.287} = 1765.2\text{K} \fallingdotseq 1492℃$$

(2) 절대일

$$W = P(V_2 - V_1) = mR(T_2 - T_1) = 10 \times 0.287 \times (1492 - 60) = 4109.84\text{kJ}$$

(3) 가해진 열량

$$Q = mC_p(T_2 - T_1) = 10 \times 1.004 \times (1492 - 60) = 14377.28\text{kJ}$$

3-5-3 등온변화

등온변화는 변화과정 중에 처음의 온도가 끝까지 같게 유지되는 경우에 해당된다. 대용량의 외부 열원과 관련하며 아주 천천히 온도변화가 이루어져야 한다. 이상기체 방정식이 적용된다. 온도변화(ΔT)가 0이기 때문에 내부에너지의 변화가 없는 상태이다. $\Delta T=0$이면 $\Delta U=0$이 된다. 이는 흡수한 열량 모두가 외부일로 전환한다는 것이다. 엔탈피의 변화가 없는 과정이다.

$$Q=\Delta U+P\Delta V=W$$

[그림 3-6]과 같이 나타난다. 온도가 일정하므로 $P_1v_1=P_2v_2=C$이다.

① P, v, T 관계

$T=C$이므로 다음이 성립된다.

$$Pv=C,\ P_1v_1=P_2v_2 \quad \cdots\cdots (3\text{-}38)$$

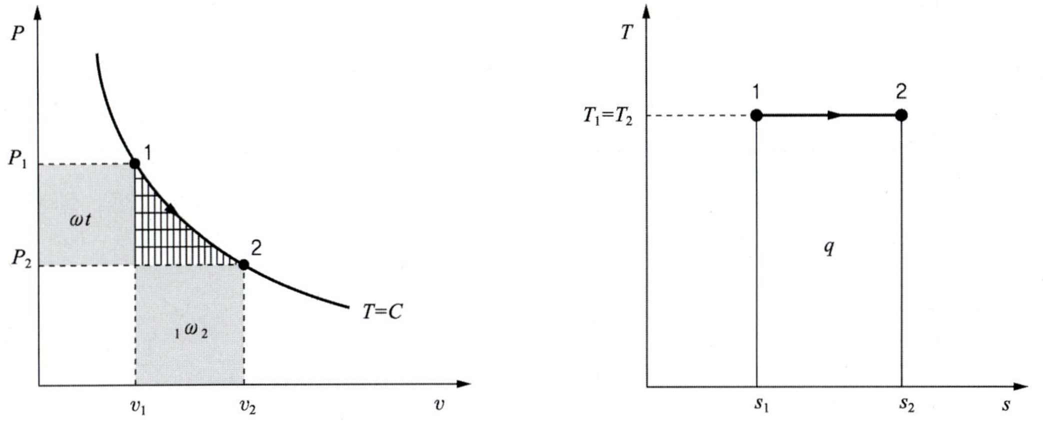

(a) $P-v$선도 (b) $T-s$선도

[그림 3-6] 등온과정

② 절대일

완전가스의 상태식에서 $Pv=RT$를 이용하면, 절대일은 다음과 같이 쓸 수 있다.

$$_1w_2=\int_1^2 Pdv=RT\int_1^2\frac{dv}{v}=RT\ln\frac{v_2}{v_1}=RT\ln\frac{P_1}{P_2}$$

$$=P_1v_1\ln\frac{P_1}{P_2}=P_1v_1\ln\frac{v_2}{v_1} \quad \cdots\cdots (3\text{-}39)$$

③ 공업일

$$w_t = -\int_1^2 v dP = -RT\int_1^2 \frac{dP}{P} = RT\ln\frac{P_1}{P_2} = RT\ln\frac{v_2}{v_1}$$

$$= RT\ln\frac{v_2}{v_1} = {}_1w_2 \quad \cdots\cdots (3\text{-}40)$$

로 되어 절대일과 공업일의 양은 같으며, [그림 3-6(a)]의 면적과 같다.

④ 가열량

등온변화에서는 $dT = 0$ 으로 되어 $du = 0$, $dh = 0$ 이므로 가열량은 열역학 제1법칙의 기초식을 이용하여 구하면 다음과 같다.

$$\delta q = du + Pdv = C_v dT + Pdv = Pdv$$

$$\delta q = dh - vdP = C_p dT - vdP = -vdP$$

$$q = w_2 = w_t \quad \cdots\cdots (3\text{-}41)$$

즉, 등온과정에서 변화전후의 기체가 갖는 내부에너지와 엔탈피의 값은 모두 0으로 같다. 이는 가열된 열량 모두가 일(절대일, 공업일)로서 방출된다는 것이다.

Example

17 압력이 10atm, 체적이 1m^{3}인 완전가스가 등온 하에 팽창하여 체적이 2배가 되었다. 절대일, 공업일 및 가열량을 구하라.

풀이 ⊙ 등온변화에서 절대일과 공업일의 양이 같으므로

(1) 절대일=공업일

$${}_1W_2 = W_t = mRT\ln\frac{V_2}{V_1} = P_1V_1\ln\frac{V_2}{V_1} = 10\times 101.325\times 1\times \ln\frac{2}{1} \fallingdotseq 702\,\text{kJ}$$

(2) 가열량 $Q = W_2 = W_t = 702\,\text{kJ}$

18 압력이 15bar, 체적이 20l 인 완전가스가 15℃의 일정한 온도에서 1bar까지 팽창할 때 팽창일 및 공급열량을 구하라.

풀이 ⊙ (1) 팽창일

$${}_1W_2 = W_t = mRT\ln\frac{V_2}{V_1} = P_1V_1\ln\frac{P_1}{P_2} = 15\times 10^5\times 20\times 10^{-3}\ln\frac{15}{1}$$

$$\fallingdotseq 81242\,\text{J} \fallingdotseq 81.242\,\text{kJ}$$

(2) 공급열량

$Q = {}_1W_2 = 81.242\,\text{kJ}$

3-5-4 단열변화

단열변화는 상태변화가 진행되는 동안에 계와 외부와의 열 출입이 전혀 없는 변화($dq = 0$)를 말하며 가역변화이다. 이 경우 경계면이 단열로 되어 있기 때문에 가역단열변화라 한다. 등엔트로피변화 라고도 한다.

[그림 3-7(a)]에서 1의 상태점에서 2의 상태점으로 변할 경우가 가스와 주위사이에 열교환이 없는 과정이 단열변화이다.

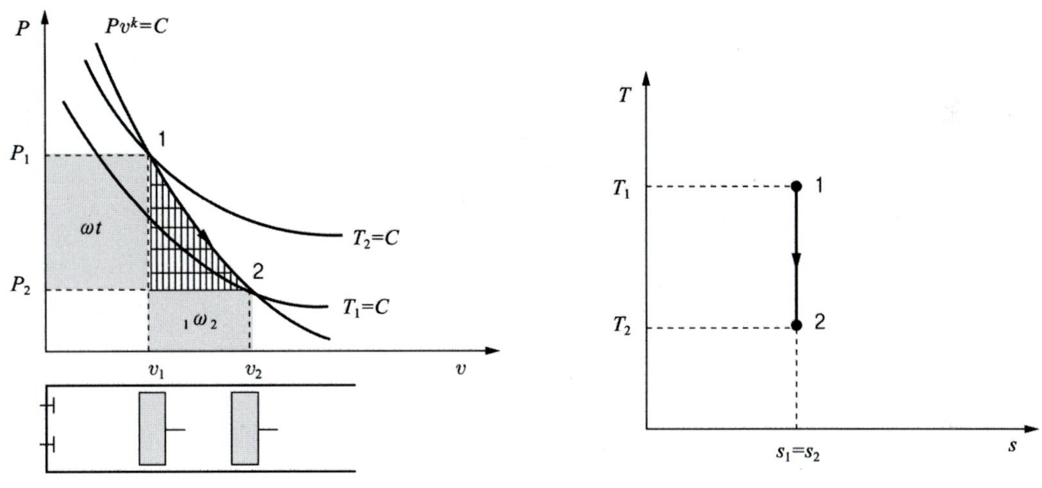

(a) $P-v$선도

(b) $T-s$선도

[그림 3-7] 단열과정

① P, v, T 관계

단열변화에서 $\delta q = 0$ 이므로 팽창 또는 압축의 상태를 행할 때 열역학 제1법칙으로부터 다음과 같다.

$$\delta q = 0 = du + Pdv = C_v dT + Pdv \quad \cdots\cdots (3\text{-}42)$$

완전가스의 상태방정식 $Pv = RT$를 미분하면 $Pdv + vdP = RdT$에서

$$dT = \frac{1}{R}(Pdv + vdP) \qquad \cdots\cdots (3\text{-}43)$$

이 된다. 식 (3-43)을 식 (3-42)에 대입하면 다음과 같이 구해진다.

$$0 = C_v(Pdv + vdP) + RPdv = Pdv(C_v + R) + C_v vdP \qquad \cdots\cdots (3\text{-}44)$$

$R = C_p - C_v$이므로 다음 식과 같이 된다.

$$0 = Pdv(C_v + C_p - C_v) + C_v vdP \qquad \cdots\cdots (3\text{-}45)$$

식 (3-45)을 $(C_v \times P \times v)$로 양변을 나누고 적분하면 다음과 같이 된다.

$$k\frac{dv}{v} + \frac{dP}{P} = 0,\ k\ln v + \ln P = C \qquad \cdots\cdots (3\text{-}46)$$

여기서 단열과정에서 P, v, T 관계를 구하여 보면 다음 식과 같다.

$$\therefore\ Pv^k = C \qquad \cdots\cdots (3\text{-}47)$$

$Pv^k = C$에서 $P = \frac{RT}{v}$ 또는 $v = \frac{RT}{P}$를 대입하여 정리하면 다음과 같다.

$$Tv^{k-1} = C,\ T^k P^{1-k} = C \qquad \cdots\cdots (3\text{-}48)$$

식 (3-47)과 식 (3-48)에서 유도한 식들을 조합하여 1의 상태점에서 2의 상태점으로 변할 때 P, v, T 관계를 정리하면 다음과 같다.

$$\frac{T_2}{T_1} = \left(\frac{v_1}{v_2}\right)^{k-1} = \left(\frac{P_2}{P_1}\right)^{\frac{k-1}{k}} \qquad \cdots\cdots (3\text{-}49)$$

이것의 $P-v$ 선도는 [그림 3-7(a)]과 같다.
그림에서 단열선 $\delta q = 0(Pv^k = C)$은 등온선 $T = C$보다 좀 더 급격하다 왜냐하면 비열비 k가 항상 1보다 크기 때문이다.

② 절대일

완전가스가 단열팽창을 하는 일은 열역학 제1법칙의 제1기초식에서 $\delta q = 0$이므로

$$\delta q = du + Pdv = 0$$

$$q = (u_2 - u_1) + {}_1w_2 = 0$$

$${}_1w_2 = (u_1 - u_2) = C_v(T_1 - T_2) = \frac{R}{k-1}(T_1 - T_2) \quad \cdots\cdots (3\text{-}50)$$

이 된다. 즉 단열변화에서 내부에너지의 감소량은 절대일과 같다. 따라서 완전가스의 상태식 $Pv = RT$를 적용하면 절대일은 다음과 같다.

$${}_1w_2 = \frac{R}{k-1}(T_1 - T_2) = \frac{1}{k-1}(P_1v_1 - P_2v_2) \quad \cdots\cdots (3\text{-}51)$$

또한, 적분법을 이용하면 식 (3–47)에서 $P = Cv^{-k}$이므로 다음과 같이 계산된다.

$${}_1w_2 = \int_1^2 Pdv = C\int_1^2 v^{-k}dv = \frac{C}{1-k}[v^{1-k}]_1^2 = \frac{1}{1-k}[Pv^k \cdot v^{1-k}]_1^2$$

(∵ 다시 $C = Pv^k$이므로 대입해서 계산한다)

$$= \frac{1}{k-1}[Pv]_2^1 = \frac{1}{k-1}(P_1v_1 - P_2V_2)$$

$$= \frac{R}{k-1}(T_1 - T_2) = \frac{RT_1}{k-1}\left(1 - \frac{T_2}{T_1}\right) = \frac{RT_1}{k-1}\left\{1 - \left(\frac{v_1}{v_2}\right)^{k-1}\right\}$$

$$= \frac{RT_1}{k-1}\left\{1 - \left(\frac{P_2}{P_1}\right)^{\frac{k-1}{k}}\right\} = \frac{P_1v_1}{k-1}\left\{1 - \left(\frac{P_2}{P_1}\right)^{\frac{k-1}{k}}\right\} \quad \cdots\cdots (3\text{-}52)$$

③ 공업일

열역학 제1법칙의 제2기초식에서 $\delta q = 0$ 이므로

$$\delta q = dh - vdP = 0$$

$$q = (h_2 - h_1) + w_t = 0$$

$$w_t = (h_1 - h_2) = C_p(T_1 - T_2) = \frac{kR}{k-1}(T_1 - T_2) \quad \cdots\cdots (3\text{-}53)$$

이 된다. 즉 단열변화에서 엔탈피의 감소량은 공업일과 같다. 따라서 완전가스의 상태식 $Pv = RT$를 적용하면 공업일은 다음과 같다.

$$w_t = \frac{kR}{k-1}(T_1 - T_2) = \frac{k}{k-1}(P_1v_1 - P_2v_2) \quad \cdots\cdots (3\text{-}54)$$

또한, 적분법을 이용하면 식 (3-47)에서 $v = C^{\frac{1}{k}} P^{-\frac{1}{k}}$ 이므로 다음과 같이 계산된다.

$$w_t = -\int_1^2 vdP = C^{\frac{1}{k}} \int_1^2 P^{-\frac{1}{k}} dP = \frac{C^{\frac{1}{k}}}{-\frac{1}{k}+1}\left[P^{-\frac{1}{k}+1}\right]_1^2$$

(∵ 다시 $C^{\frac{1}{k}} = P^{\frac{1}{k}} v$이므로 대입해서 계산한다)

$$= \frac{k}{k-1}\left[C^{\frac{1}{k}} \cdot P^{-\frac{1}{k}+1}\right]_2^1 = \frac{k}{k-1}\left[P^{\frac{1}{k}} v \cdot P^{-\frac{1}{k}+1}\right]_2^1$$

$$= \frac{k}{k-1}(P_1 v_1 - P_2 v_2) = \frac{kR}{k-1}(T_1 - T_2) = \frac{kRT_1}{k-1}\left(1 - \frac{T_2}{T_1}\right)$$

$$= \frac{kRT_1}{k-1}\left\{1 - \left(\frac{v_1}{v_2}\right)^{k-1}\right\} = \frac{kRT_1}{k-1}\left\{1 - \left(\frac{P_2}{P_1}\right)^{\frac{k-1}{k}}\right\}$$

$$= \frac{kP_1 v_1}{k-1}\left\{1 - \left(\frac{P_2}{P_1}\right)^{\frac{k-1}{k}}\right\} = k\,{}_1w_2 \quad \cdots\cdots (3\text{-}55)$$

이 된다. 즉 공업일은 절대일보다 k배만큼 크다.

④ 가열량

단열변화에서는 열의 출입이 없고, 계 내부의 열이 일정하므로 $q = 0$이 된다.

Example

19 온도 27℃, 최초 압력 2atm인 공기 2kg을 단열적으로 20atm까지 압축한다면 이때의 공업일은 몇 kJ인가? (단, k = 1.4이고, 공기의 기체상수 R = 0.287kJ/kg·K이다)

풀이 ⊙ 단열변화이므로 식 (3.49)에서

$$\frac{T_2}{T_1} = \left(\frac{v_1}{v_2}\right)^{k-1} = \left(\frac{P_2}{P_1}\right)^{\frac{k-1}{k}}$$ 이므로

압축후의 온도

$$T_2 = \left(\frac{P_2}{P_1}\right)^{\frac{k-1}{k}} \times T_1 = \left(\frac{20}{2}\right)^{\frac{1.4-1}{1.4}} \times (273+27) = 579.2\,\text{K} = 306.2\,℃$$

∴ 공업일 $W_t = \frac{kmR}{k-1}(T_1 - T_2) = \frac{1.4 \times 2 \times 0.287}{0.4} \times (300 - 579.2) \fallingdotseq -560.91\,\text{kJ}$

3-5-5 폴리트로픽변화

내연기관의 가스나 압축기의 공기와 같은 실제로 가스가 변화할 경우는 앞에서 설명한 변화만으로는 곤란하다. 등적, 등압, 등온, 단열의 4가지 변화를 포함하는 일반적인 변화과정의 단열변화에서 $k = n$ 로 놓고 해석하면 폴리트로픽변화(polytropic change)가 된다.

$$Pv^n = C \,(n : \text{폴리트로픽 지수}) \quad \cdots\cdots (3\text{-}56)$$

그리고, 단열과정과 마찬가지로 폴리트로픽과정의 상태량은 다음과 같이 나타낼 수 있다.

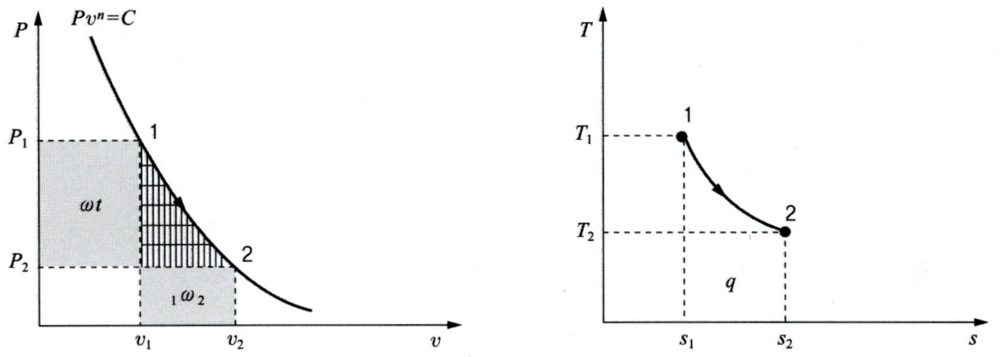

(a) $P-v$선도 (b) $T-s$선도

[그림 3-8] 폴리트로픽과정

즉, k대신 지수 n을 대입하면 다음과 같다.

$$\frac{T_2}{T_1} = \left(\frac{v_1}{v_2}\right)^{n-1} = \left(\frac{P_2}{P_1}\right)^{\frac{n-1}{n}} \quad \cdots\cdots (3\text{-}57)$$

① P, v, T 관계

$Pv^n = C$에서 폴리트로픽지수 n값에 따라 정적, 정압, 등온, 단열과정을 모두 나타낼 수 있다.

$n = 0$ 이면	$P = C$(정압과정)
$n = 1$ 이면	$Pv = C$(등온과정)
$n = k$ 이면	$Pv^k = C$(단열과정)
$n = \infty$ 이면	$v = C$(정적과정)

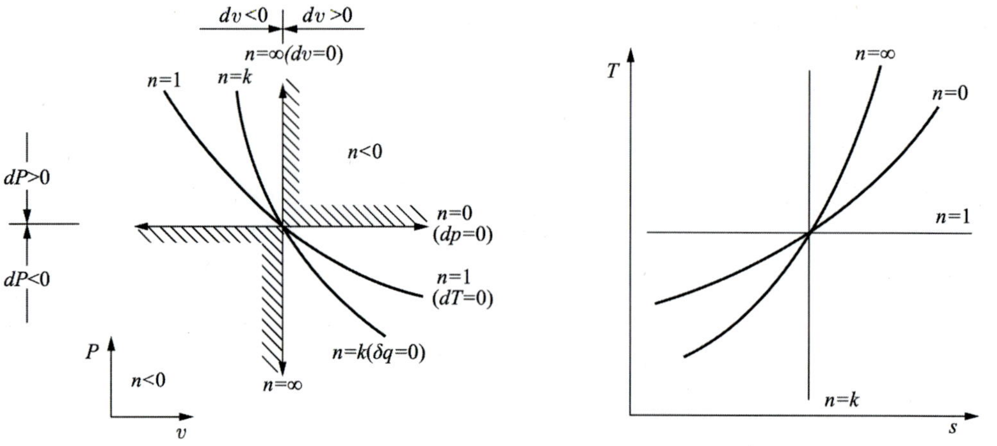

(a) $P-v$선도 (b) $T-s$선도

[그림 3-9] 폴리트로픽 변화곡선

② 절대일

앞의 단열변화에서의 식을 이용하여 k 대신에 n으로 대입하면 다음과 같다.

$$
\begin{aligned}
{}_1w_2 &= \frac{1}{n-1}(P_1v_1 - P_2v_2) = \frac{R}{n-1}(T_1 - T_2) \\
&= \frac{RT_1}{n-1}\left\{1-\left(\frac{T_2}{T_1}\right)\right\} = \frac{RT_1}{n-1}\left\{1-\left(\frac{v_1}{v_2}\right)^{n-1}\right\} \\
&\frac{RT_1}{n-1}\left\{1-\left(\frac{P_2}{P_1}\right)^{\frac{n-1}{n}}\right\} = \quad \cdots\cdots \text{(3-58)}
\end{aligned}
$$

③ 공업일

공업일 w_t도 단열변화에서의 식을 이용하여 k 대신에 n으로 대입하면

$$
\begin{aligned}
w_t &= \frac{n}{n-1}(P_1v_1 - P_2v_2) = \frac{nR}{n-1}(T_1 - T_2) \\
&= \frac{nRT_1}{n-1}\left\{1-\left(\frac{T_2}{T_1}\right)\right\} = \frac{nRT_1}{n-1}\left\{1-\left(\frac{v_1}{v_2}\right)^{n-1}\right\} \\
&= \frac{nRT_1}{n-1}\left\{1-\left(\frac{P_2}{P_1}\right)^{\frac{n-1}{n}}\right\} = n\,{}_1w_2 \quad \cdots\cdots \text{(3-59)}
\end{aligned}
$$

로 되며, 즉 공업일은 절대일에 n배만큼 크다.

④ 가열량

열역학 제1법칙의 제1기초식을 적분형태로 나타내면

$$q = (u_2 - u_1) + {}_1w_2 \quad \cdots\cdots (3\text{-}60)$$

이고,

$$(u_2 - u_1) = C_v(T_2 - T_1) \quad \cdots\cdots (3\text{-}61)$$

$${}_1w_2 = \frac{R}{n-1}(T_1 - T_2) \quad \cdots\cdots (3\text{-}62)$$

을 식 (3–60)에 대입하면

$$\begin{aligned} q &= C_v(T_2 - T_1) + \frac{R}{n-1}(T_1 - T_2) \\ &= \left\{C_v - \frac{R}{n-1}\right\}(T_2 - T_1) = \left\{1 - \frac{k-1}{n-1}\right\}C_v(T_2 - T_1) \\ &\quad \left(\because\ C_v = \frac{R}{k-1}\text{에서 } R = C_v(k-1)\text{이므로}\right) \\ &= \frac{n-k}{n-1}C_v(T_2 - T_1) \quad \cdots\cdots (3\text{-}63) \end{aligned}$$

이 되고, 폴리트로픽비열을

$$C_n = \frac{n-k}{n-1}C_v \quad \cdots\cdots (3\text{-}64)$$

로 정의하면, 폴리트로픽과정시의 열량은 다음과 같이 나타낼 수 있다.

$$q = C_n(T_2 - T_1) \quad \cdots\cdots (3\text{-}65)$$

Example

20 산소 1kg이 $Pv^{1.3} = C$하에서 온도 200℃, 압력 2kg/cm², 비체적 0.3m³/kg의 상태에서 비체적이 0.2m³/kg로 되었다면 변화 후의 온도 T_2는 몇 ℃인가?

풀이 ⊙ 폴리트로픽 변화이므로

$$\frac{T_2}{T_1} = \left(\frac{v_1}{v_2}\right)^{n-1} = \left(\frac{P_2}{P_1}\right)^{\frac{n-1}{n}} \text{ 에서}$$

$$\therefore T_2 = \left(\frac{v_1}{v_2}\right)^{n-1} \times T_1 = \left(\frac{0.3}{0.2}\right)^{1.3-1} \times (273+200) \fallingdotseq 534.2\text{K} = 261.2\text{℃}$$

21 압력 1bar, 온도 15℃의 공기 5kg을 7bar까지 n = 1.3인 가역 폴리트로픽 과정으로 압축한다. 압축후의 온도, 압축일, 가열량을 구하라. (단, 공기의 기체상수 R = 0.287kJ/kg·K이며 C_v = 0.717kJ/kg·K이다.)

풀이 ⊙ 폴리트로픽 변화이므로

(1) 압축후의 온도

$$T_2 = T_1\left(\frac{P_2}{P_1}\right)^{\frac{n-1}{n}} = 288 \times 7^{\frac{1.3-1}{1.3}} = 451\text{K}$$

(2) 압축일

$$W_t = m\frac{nR}{n-1}(T_1 - T_2) = \frac{5 \times 1.3 \times 0.287}{1.3-1}(288-451) \fallingdotseq -1014\text{kJ}$$

(3) 가열량

$$Q = m\frac{n-k}{n-1}C_v(T_2 - T_1) = 5 \times \frac{1.3-1.4}{1.3-1} \times 0.717(451-288) \fallingdotseq -194.8\text{kJ}$$

표 3-2 완전가스의 상태변화 관계식 (SI 단위계)

상태 관계	정적변화	정압변화	등온변화	단열변화	폴리트로픽 변화
P, v, T 관계	$v=C$ $\frac{P_1}{T_1}=\frac{P_2}{T_2}$	$P=C$ $\frac{v_1}{T_1}=\frac{v_2}{T_2}$	$T=C$ $P_1v_1=P_2v_2$	$Pv^k=C$ $\frac{T_2}{T_1}=\left(\frac{v_1}{v_2}\right)^{k-1}$ $=\left(\frac{P_2}{P_1}\right)^{\frac{k-1}{k}}$	$Pv^n=C$ $\frac{T_2}{T_1}=\left(\frac{v_1}{v_2}\right)^{n-1}$ $=\left(\frac{P_2}{P_1}\right)^{\frac{n-1}{n}}$
절대일 ${}_1W_2=$ $\int Pdv$	0	$P(v_2-v_1)$ $=R(T_2-T_1)$	$P_1v_1\ln\frac{v_2}{v_1}$ $=P_1v_1\ln\frac{P_1}{P_2}$ $=RT\ln\frac{v_2}{v_1}$ $=RT\ln\frac{P_1}{P_2}$	$\frac{(P_1v_1-P_2v_2)}{(k-1)}$ $=\frac{P_1v_1}{(k-1)}[1-\frac{T_2}{T_1}]$ $=\frac{P_1v_1}{(k-1)}$ $[1-\left(\frac{v_1}{v_2}\right)^{k-1}]$ $=\frac{P_1v_1}{(k-1)}$ $[1-\left(\frac{P_2}{P_1}\right)^{\frac{k-1}{k}}]$ $=\frac{R(T_1-T_2)}{(k-1)}$ $=C_v(T_1-T_2)$	$\frac{(P_1v_1-P_2v_2)}{(n-1)}$ $=\frac{P_1v_1}{(n-1)}[1-\frac{T_2}{T_1}]$ $=\frac{P_1v_1}{(n-1)}$ $[1-\left(\frac{v_1}{v_2}\right)^{n-1}]$ $=\frac{P_1v_1}{(n-1)}$ $[1-\left(\frac{P_2}{P_1}\right)^{\frac{n-1}{n}}]$ $=\frac{R(T_1-T_2)}{(n-1)}$
공업일 $W_t=$ $-\int vdP$	$v(P_1-P_2)$ $=R(T_1-T_2)$	0	$P_1v_1\ln\frac{v_2}{v_1}$ $=P_1v_1\ln\frac{P_1}{P_2}$ $=RT\ln\frac{v_2}{v_1}$ $=RT\ln\frac{P_1}{P_2}$	$k\,{}_1W_2$	$n\,{}_1W_2$
내부에너지의 변화 U_2-U_1	$mC_v(T_2-T_1)$	$mC_v(T_2-T_1)$	0	$mC_v(T_2-T_1)$ $=-{}_1W_2$	$mC_v(T_2-T_1)$
엔탈피의 변화 H_2-H_1	$mC_p(T_2-T_1)$	$mC_p(T_2-T_1)$	0	$mC_p(T_2-T_1)$ $=-W_t$	$mC_p(T_2-T_1)$
가열량 ${}_1Q_2$	U_2-U_1	H_2-H_1	${}_1W_2=W_t$	0	$mC_n(T_2-T_1)$
n	∞	0	1	k	n

관계 \ 상태	정적변화	정압변화	등온변화	단열변화	폴리트로픽 변화
비열 C	C_v	C_p	∞	0	$C_n = \frac{n-k}{n-1}C_v$
엔트로피의 변화 $S_2 - S_1$	$mC_v \ln\frac{T_2}{T_1}$ $= mC_v \ln\frac{P_2}{P_1}$	$mC_p \ln\frac{T_2}{T_1}$ $= mC_p \ln\frac{v_2}{v_1}$	$mR\ln\frac{v_2}{v_1}$ $= mR\ln\frac{P_1}{P_2}$	0	$mC_n \ln\frac{T_2}{T_1}$ $= mC_v(n-k)\ln\frac{v_1}{v_2}$ $= mC_v\frac{n-k}{n}ln\frac{P_2}{P_1}$

3-6 기체의 혼합

3-6-1 달톤(Dalton)의 법칙

기체의 혼합과정에서 달톤의 법칙이 성립하며, 혼합기체의 전체압력은 혼합전의 각 기체의 분압의 합과 같다. 즉 어느 용기에 여러 가스가 혼합되었을 때 그 용기의 압력은 각 가스가 작용하는 분압을 모두 합한 값과 같다. 그러나 혼합시의 기체 상호간의 화학반응은 일어나지 않는다고 가정하며, 또한 기체의 혼합과정은 기체의 확산에 의해서 일어나며, 이러한 확산현상은 비가역과정이다.

[그림 3-10]과 같이 서로 다른 가스를 격벽이 있는 용기 속에 넣고 동일한 온도에서 격벽을 제거하면, 달톤의 법칙에 의해서 전체압력과 전체체적은 다음과 같다.

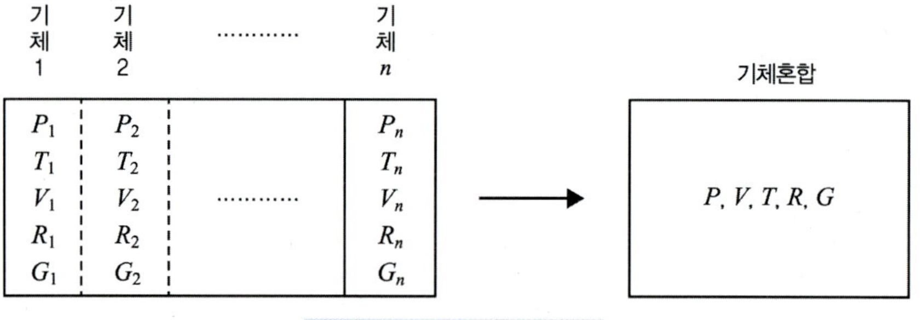

[그림 3-10] 달톤의 법칙

$$P_t = P_1 + P_2 + \cdots\cdots + P_n = \sum_{h=1}^{n} P_h$$

$$V_t = V_1 + V_2 + \cdots\cdots + V_n = \sum_{h=1}^{n} V_h \quad \cdots\cdots (3\text{-}66)$$

따라서 보일의 법칙($PV = C$)에 의해

$$P \sum_{h=1}^{n} V_h = V \sum_{h=1}^{n} P_h \quad \cdots\cdots (3\text{-}67)$$

이므로 h 번째의 분압을 구하면 다음과 같다.

$$P_h = P\frac{V_h}{V} \quad \cdots\cdots (3\text{-}68)$$

Example

22 공기는 표준상태에서 질소와 산소의 체적비가 대략 79%, 21%라 한다. 표준상태에서 질소와 산소의 분압은 몇 kPa인가?

풀이 표준대기압은 1.01325 bar이므로 식 (3−68)을 이용하여

(1) 질소의 분압

$$P_{N_2} = P\frac{V_{N_2}}{V} = 1.01325 \times 0.79 \fallingdotseq 0.80047\,\text{bar} = 80.047\,\text{kPa}$$

(2) 산소의 분압

$$P_{O_2} = P\frac{V_{O_2}}{V} = 1.01325 \times 0.21 \fallingdotseq 0.21279\,\text{bar} = 21.279\,\text{kPa}$$

23 중량비로서 H_2 = 10%, CO_2 = 90%인 혼합가스의 압력이 1atm일 때 CO_2의 분압은 몇 atm인가?

풀이 식 (3−68)을 이용하면

$P_{H_2} = P\frac{V_{H_2}}{V} = P\frac{n_{H_2}}{n}$, $P_{CO_2} = P\frac{V_{CO_2}}{V} = P\frac{n_{CO_2}}{n}$ 이고,

몰수 $n = \frac{G}{M}$(n : 몰수, M : 분자량)이므로

H_2의 몰수 $n_{H_2} = \frac{10}{2} = 5$, CO_2의 몰수 $n_{CO_2} = \frac{90}{44} = 2.045$이다.

총 몰수는 $n = n_{H_2} + n_{CO_2} = 7.045$이다.

∴ CO_2의 분압 $P_{CO_2} = P\frac{n_{CO_2}}{n} = \frac{1 \times 2.045}{7.045} = 0.29\,\text{atm}$

3-6-2 중량비와 체적비

압력 P, 온도 T인 n 종류의 기체가 체적비 γ_1, γ_2, ……로 각각의 용기 속에 들어 있다고 하면

$$\gamma_1 = \frac{V_1}{V},\ \gamma_2 = \frac{V_2}{V},\ \cdots\cdots\cdots,\ \gamma_h = \frac{V_h}{V} \quad \cdots\cdots (3\text{-}69)$$

또, 압력과 온도가 같으면 체적은 몰수에 비례하므로 성분가스의 몰수를 n_1, n_2, ……라고 하면 혼합가스의 몰수 및 체적비는 다음과 같다.

$$n = n_1 + n_2 + \cdots\cdots\cdots = \Sigma\, n_h \quad \cdots\cdots (3\text{-}70)$$

$$\gamma_1 = \frac{n_1}{n},\ \gamma_2 = \frac{n_2}{n},\ \cdots\cdots,\ \gamma_h = \frac{n_h}{n} \quad \cdots\cdots (3\text{-}71)$$

그리고 혼합한 후의 압력 P, 온도 T일 때, 그때의 부피 V는

$PV = GRT = nMRT = n\overline{R}T$ 에서

$$\therefore\ V = \Sigma\, V_h = V_1 + V_2 + V_3 + \cdots\cdots = \frac{\overline{R}\,T}{P}(n_1 + n_2 + n_3 + \cdots\cdots) = \frac{n\overline{R}\,T}{P}$$

이고, 각각 성분가스의 분자량을 M_1, M_2, ……라고 하면 중량은

$$G_1 = M_1 n_1,\ G_2 = M_2 n_2\ \cdots\cdots,\ G_h = M_h n_h$$

$$\therefore\ G = \Sigma\, G_h = \Sigma\, M_h n_h \quad \cdots\cdots (3\text{-}72)$$

이므로, 이때 중량비를 g_1, g_2, ……라고 할 때, 체적비에서 중량비를 구하면

$$g_h = \frac{G_h}{G} = \frac{M_h n_h}{\Sigma\, M_h n_h}$$

$$n_h = n\gamma_h,\ \therefore\ G_h = M_h n \gamma_h$$

$$\therefore\ g_h = \frac{M_h n \gamma_h}{\Sigma\, n M_h \gamma_h} = \frac{M_h \gamma_h}{\Sigma\, M_h \gamma_h} \quad \cdots\cdots (3\text{-}73)$$

으로 구할 수 있다.

따라서, 중량비에서 체적비를 구하면 다음과 같이 구할 수 있다.

$$G_h = n_h M_h, \ n_h = \frac{G_h}{M_h}, \ n = \Sigma n_h = \Sigma \frac{G_h}{M_h}$$

$$\therefore \gamma_h = \frac{n_h}{n} = \frac{G_h / M_h}{\Sigma G_h / M_h} = \frac{g_h / M_h}{\Sigma g_h / M_h} \quad \cdots\cdots (3\text{-}74)$$

Example

24 다음과 같이 체적비로 조성된 혼합가스에서 각각의 중량비를 구하라. (단, 산소 22%, 이산화탄소 40%, 질소 20%, 일산화탄소 18%이다.)

풀이 ⊙ 체적비에서 중량비를 구하려면 식 (3-73)을 이용하여 계산하면 된다.

성분가스	γ_h	M_h	$M_h \gamma_h$	$g_h = \frac{M_h \gamma_h}{\Sigma M_h \gamma_h} \times 100$
O_2	22	32	704	$\frac{704}{3528} \times 100 = 19.9\%$
CO_2	40	44	1760	$\frac{1760}{3528} \times 100 = 49.9\%$
N_2	20	28	560	$\frac{560}{3528} \times 100 = 15.9\%$
CO	18	28	504	$\frac{504}{3528} \times 100 = 14.3\%$
$\Sigma M_h \gamma_h$			3528	

3-6-3 혼합 가스상수

각각의 가스 특성식으로부터

$$P_1 V = G_1 R_1 T, \ P_2 V = G_2 R_2 T, \ \cdots\cdots$$

$$\therefore (P_1 + P_2 + P_3 + \ldots + P_n) V = (G_1 R_1 + G_2 R_2 + G_3 R_3 + \ldots + G_n R_n) T$$

로 나타낼 수 있고, 달톤의 법칙으로부터 $\Sigma P_h = P$이므로 위 식을 다음과 같이 간단히 정리할 수 있다.

$$PV = (G_1 R_1 + G_2 R_2 + \cdots\cdots + G_n R_n) T \quad \cdots\cdots (3\text{-}75)$$

한편 혼합가스의 상태식 $PV = GRT$에서 혼합가스상수 R을 구하면 다음과 같다.

$$GR = (G_1R_1 + G_2R_2 + \cdots\cdots + G_nR_n)$$

$$\therefore\ R = \frac{G_1}{G}R_1 + \frac{G_2}{G}R_2 + \cdots\cdots + \frac{G_n}{G}R_n = \frac{\Sigma\, G_h R_h}{G} \quad \cdots\cdots (3\text{-}76)$$

여기서, 혼합가스의 분자량 M을 구하면

$$\frac{\Sigma\, G_h}{G} = \frac{M_1 V_1}{MV} + \frac{M_2 V_2}{MV} + \cdots\cdots = \frac{\Sigma M_h V_h}{MV}$$

$$\therefore\ M = \frac{\Sigma M_h V_h}{V} = \Sigma M_h \gamma_h \quad \cdots\cdots (3\text{-}77)$$

$$P_h V = P V_h, \quad \frac{V_h}{V} = \frac{P_h}{P}$$

$$\therefore\ M = \frac{\Sigma M_h P_h}{P} = \frac{\Sigma M_h n_h}{n} \quad \cdots\cdots (3\text{-}78)$$

이 되므로 식 (3-11)로부터 혼합가스상수 R는 다음과 같이도 구할 수 있다.

$$\therefore\ R = \frac{848}{M} = \frac{8314.4}{\Sigma M_h \gamma_h}[\text{kJ/kg}\cdot\text{K}] \quad \cdots\cdots (3\text{-}79)$$

Example

25 건공기의 중량비로서 $N_2 = 70\%$, $O_2 = 30\%$이라할 때 건공기의 기체상수는 몇 kJ/kg·K인가? (단, 질소 및 산소의 기체상수는 각각 0.297, 0.26kJ/kg·K이다.)

풀이 식 (3-75) $GR = G_1R_1 + G_2R_2$으로부터

$$\therefore\ R = \frac{G_1R_1 + G_2R_2}{G} = 0.7 \times 0.297 + 0.3 \times 0.26 = 0.286\,\text{kJ/kg}\cdot\text{K}$$

3-6-4 혼합가스의 비열

혼합가스의 온도를 1[℃] 올리는데 필요한 열량을 혼합가스의 비열이라 한다. 열용량은 중량과 비열의 곱을 의미하고, 혼합가스의 비열 C는 다음과 같이 나타낼 수 있다.

$$GC = G_1C_1 + G_2C_2 + \cdots\cdots\cdots + G_nC_n = \sum_{i=1}^{n} G_hC_h$$

$$\therefore\ C = \frac{G_1C_1 + G_2C_2 + \cdots\cdots}{G} = \frac{\sum G_hC_h}{G} = \sum g_hC_h \qquad \text{(3-80)}$$

Example

26 산소 8kg와 질소 12kg으로 된 혼합가스의 등압비열은 몇 kJ/kg·K인가? (단, 질소의 정압비열은 1.034kJ/kg·K, 산소의 정압비열은 0.9084kJ/kg·K이다.)

풀이 식 (3-80)에서 $GC = G_1C_1 + G_2C_2 + \cdots\cdots\cdots$ 이므로

$$C_p = \frac{G_1C_{p_1} + G_2C_{p_2}}{G}$$

∴ 혼합가스의 등압비열

$$C_p = \frac{8 \times 0.9084 + 12 \times 1.034}{20} = 0.984\,\text{kJ/kg}\cdot\text{K}$$

3-7 습공기

3-7-1 건공기와 습공기

건공기(dry air)란 산소 21%, 질소 28%와 탄산가스, 아르곤, 헬륨 등의 기체가 혼합된 기체이다. 지구상에 있는 공기는 이 건공기에 다시 수증기가 혼합되어 있는데 이것을 습공기(moist air)라 한다. 대기 중의 수증기는 보통 취급하는 범위에서 공기와 마찬가지로 완전가스의 특성식 및 달톤의 법칙을 적용하여 실용상 아무런 지장이 없다.

따라서 달톤의 법칙에 의해 습공기(대기)의 압력 P는 건공기의 분압 P_a와 수증기의 분압 P_w와의 합과 같다.

$$P = P_a + P_w \qquad \text{(3-81)}$$

표준상태 0℃, 760mmHg에서 건공기의 조성은 〈표 3-3〉과 같다.

표 3-3 건공기의 조성

조성 \ 성분	N_2	O_2	Ar	CO_2	Ne	He
체적조성	78.09	20.93	0.933	0.030	1.8×10^{-3}	5.2×10^{-4}
중량조성	75.52	23.15	1.286	0.046	1.2×10^{-3}	0.7×10^{-4}

이 때 건공기의

분자량 $M_a = 28.964\text{kg/kmol}$

가스상수 $R = 29.27\text{kg}_\text{f}\cdot\text{m/kg}\cdot\text{K}(0.287\text{kJ/kg}\cdot\text{K})$

비중량 $\gamma_a = 1.293\text{kg}_\text{f}/\text{m}^3(12.67\text{N/m}^3)$

비체적 $v_a = 0.7733\text{m}^3/\text{kg}_\text{f}$

이다.

3-7-2 습도와 노점

습공기가 수증기를 함유하고 있는 비율을 표시하기 위하여 $1[\text{m}^3]$의 습공기 속에 실제로 함유하고 있는 수증기의 비중량 γ_w와 동일한 온도, 압력하에 함유할 수 있는 포화증기의 비중량 γ_s와의 비를 상대습도(relative humidity)라고 한다. 마찬가지로 실제 함유하고 있는 수증기의 분압 P_w와 동일한 온도, 압력인 경우의 분압 P_s와의 비로도 표시할 수 있다.

따라서 상대습도 $\varnothing$는 보일의 법칙에 의해 다음과 같이 표시한다.

$$\varnothing = \frac{\gamma_w}{\gamma_s} = \frac{P_w}{P_s} \quad \cdots\cdots (3\text{-}82)$$

수증기의 비중량은 γ_w는 다음과 같다.

$$\gamma_w = \varnothing\gamma_s = \frac{\varnothing P_s}{R_w T} \quad \cdots\cdots (3\text{-}83)$$

위 식에서 전압력과 온도가 일정하면 상대습도 $\varnothing$의 감소에 따라 공기의 분압이 증가한다. 이것에 대하여 $1[\text{m}^3]$의 습공기 속에 실제로 함유하고 있는 수증기의 중량 G_w와 건공기의 중량 G_a의 비를 x를 절대습도(absolute humidity)라고 한다.

습공기를 등압하에서 냉각하면 상대습도는 점점 증가하여 결국은 포화상태에 도달한다. 이때의 온도를 노점(dew point)이라 하고, 이 온도는 증기의 분압에 해당하는 포화온도와 같다. 이를 더욱더 냉각시키면 증기는 응축(응결)되어 안개 또는 이슬 등이 생기게 된다.

습공기 중의 수증기의 중량 G_w와 건공기의 중량 G_a는 완전가스의 상태식으로부터 다음과 같은 식이 얻어진다.

$$G_w = \gamma_w V = \frac{P_w V}{R_w T} = \frac{\varnothing P_s V}{0.197T} \quad \cdots\cdots (3\text{-}84)$$

$$G_a = \gamma_a V = \frac{P_a V}{R_a T} = \frac{(P - \varnothing P_s)V}{0.287T} \quad \cdots\cdots (3\text{-}85)$$

여기서 건공기의 기체상수 $R_a = 0.287\text{kJ/kg}\cdot\text{K}$, 수증기의 기체상수 $R_w = 0.197\text{kJ/kg}\cdot\text{K}$이다.

따라서 절대습도 x는

$$x = \frac{G_w}{G_a} = \frac{\gamma_w V}{\gamma_a V} = \frac{\varnothing P_s V/0.197T}{(P - \varnothing P_s)V/0.287T}$$

$$= 0.622\frac{\varnothing P_s}{P - \varnothing P_s} = 0.622\frac{P_w}{P_a} \quad \cdots\cdots (3\text{-}86)$$

로 나타내며, 따라서 상대습도 $\varnothing$는 다음과 같이 나타낼 수 있다.

$$\varnothing = \frac{xP}{P_s(0.622 + x)} \quad \cdots\cdots (3\text{-}87)$$

보통 습공기에 수분의 출입이 없으면 절대습도 x는 온도의 변화에는 무관하게 일정하고, 상대습도 $\varnothing$는 온도와 압력의 변화에 따라 변화한다.

노점에서는 $\varnothing = 1$인 습공기를 포화습공기라 하고, 포화습공기의 절대습도 x_s는

$$x_s = 0.622\frac{P_s}{P - P_s} \quad \cdots\cdots (3\text{-}88)$$

된다.

여기서 x와 x_s의 비를 습공기의 포화도 또는 비교습도 $\varnothing$라 하며 다음과 같은 식으로 나타낼 수 있다.

$$\varnothing = \frac{x}{x_s} = \varnothing\frac{P - P_s}{P - \varnothing P_s} \quad \cdots\cdots (3\text{-}89)$$

3-7-3 습공기의 분자량 및 기체상수

습공기의 분자량 M은 달톤의 분압법칙에 의해 다음과 같이 계산할 수 있다.

$$M = M_a \frac{P_a}{P} + M_w \frac{P_w}{P} = M_a \frac{P - P_w}{P} + M_w \frac{P_w}{P}$$

$$= 28.96\left(1 - \frac{P_w}{P}\right) + 18.016 \frac{P_w}{P}$$

$$= 28.96 - 10.93 \frac{\varnothing P_s}{P} \quad \cdots\cdots (3\text{-}90)$$

$$(\because M_a = 28.964,\ M_w = 18.016)$$

습공기의 기체상수 R은 식 (3-11)로부터

$$R = \frac{8314.4}{28.96 - 10.93 \frac{\varnothing P_s}{P}} = \frac{8314.4}{M} \quad \cdots\cdots (3\text{-}91)$$

이 되고, 습공기의 비중량 γ는 다음과 같이 구할 수 있다.

$$\gamma = \gamma_a + \gamma_w = \frac{P_a}{R_a T} + \frac{P_w}{R_w T}$$

$$= \frac{P - \varnothing P_s}{R_a T} + \frac{\varnothing P_s}{R_w T} \quad \cdots\cdots (3\text{-}92)$$

3-7-4 습공기의 비열 및 엔탈피

일반적으로 쓰이는 습공기에 있어서 건공기의 정압비열 C_{pa}(1.004kJ/kg·K)와 수증기의 정압비열 C_{pw}(1.842kJ/kg·K)를 모두 일정하다고 본다. 따라서 습공기의 정압비열 C_p와 정적비열 C_v는 다음과 같이 구할 수 있다.

$$C_p = C_{pa} + C_{pw} \cdot x = 1.004 + 1.842x$$

$$= 1.004 + 0.274 \frac{\varnothing P_s}{P - \varnothing P_s} \quad \cdots\cdots (3\text{-}93)$$

완전가스의 정압비열과 정적비열의 관계식으로부터 습공기 중에 수증기의 양은 절대습도 x이므로 $C_v = C_p - R(1+x)$을 적용하면

$$C_v = C_p - R(1+x) = 0.712 + 0.217\frac{\varnothing P_s}{P - \varnothing P_s} \quad \cdots\cdots \quad (3\text{-}94)$$

이 된다.

따라서 건공기 1[kg]에 해당하는 엔탈피 h_a 및 수증기 h_w를 표준상태 0[℃], 760[mmHg] (h_{w0} ≒ 2499[kJ/kg])로 기준으로 할 때 습공기의 엔탈피 h는 다음과 같이 나타낸다.

$$h = h_a + xh_w = C_p t + x(h_{w0} + C_{pw} t)$$
$$= 1.004t + x(2499 + 1.842t) \quad \cdots\cdots \quad (3\text{-}95)$$

Example

27 실온 21℃, 상대습도 30%, 기압 760mmHg일 때에 공기의 수증기분압, 비중량 및 절대습도를 구하라. (단, 21℃에서의 포화압력 P_s = 18.65mmHg이고, 기체상수는 R = 0.287kJ/kg·K이다.)

풀이 (1) 수증기의 분압 ; $\phi = \frac{P_w}{P_s}$에서, $P_s = \frac{18.65}{760} \times 1 = 0.025\text{atm}$

$\therefore P_w = \phi P_s = 0.3 \times 0.025 = 0.0075\text{atm} = 760\text{N/m}^2$

(2) 수증기의 비중량 ; $P = rRT$에서

$\therefore r_w = \frac{P_w \cdot g}{R_w T} = \frac{760 \times 9.8}{461(273+21)} = 0.54\text{N/m}^3$

$(\because R_w = \frac{8314}{18} = 461.9\text{J/kg}\cdot\text{K})$

(3) 절대습도

$\therefore x = \frac{G_w}{G_a} = 0.622\frac{\phi P_s}{P - \phi P_s} = \frac{0.622 \times 0.3 \times 0.025}{1 - 0.3 \times 0.025} = 0.0047$

28 대기압 760mmHg, 온도 32℃인 습공기의 노점을 측정했더니 22℃이였다. 공기의 절대습도 및 상대습도를 구하라.

풀이 표 3-4에서 32℃ 및 22℃일 때 수증기의 포화압력은 각각 35.67 mmHg, 19.82mmHg이므로

(1) 절대습도

$x = 0.622\frac{\phi P_s}{P - \phi P_s} = 0.622\frac{P_w}{P - P_w} = \frac{0.622 \times 19.82}{760 - 19.82} = 0.0167$

(2) 상대습도

$\phi = \frac{P_w}{P_s} = \frac{19.82}{35.67} = 0.5556$

표 3-4 습공기표

온도 t(℃)	포화공기의 압력, Ps		포화공기의 절대습도, xs	포화공기의 엔탈피, hs (kcal/kg_f)	포화공기의 비체적, vs (m^3/kg_f)	건공기의 비체적, va (m^3/kg_f)
	kg_f/cm^2	mmHg				
-20.1	1.052×10^{-3}	0.7739	0.634×10^{-3}	-4.427	0.7179	0.7172
-18.0	1.273×10^{-3}	0.9632	0.767×10^{-3}	-3.868	0.7237	0.7228
-16.0	1.535×10^{-3}	1.129	0.925×10^{-3}	-3.294	0.7296	0.7285
-14.0	1.846×10^{-3}	1.358	1.113×10^{-3}	-2.702	0.7355	0.7342
-12.0	2.214×10^{-3}	1.629	1.336×10^{-3}	-2.089	0.7414	0.7398
-10.0	2.648×10^{-3}	1.948	1.598×10^{-3}	-1.4520	0.7474	0.7455
-8.0	3.159×10^{-3}	2.323	1.907×10^{-3}	-0.7875	0.7535	0.7512
-6.0	3.757×10^{-3}	2.764	2.270×10^{-3}	-0.0902	0.7596	0.7568
-4.0	4.458×10^{-3}	3.279	2.695×10^{-3}	0.6550	0.7658	0.7625
-2.0	5.275×10^{-3}	3.880	3.192×10^{-3}	1.424	0.7721	0.7682
0.0	6.228×10^{-3}	4.581	3.772×10^{-3}	2.253	0.7786	0.7738
2.0	7.194×10^{-3}	5.292	4.361×10^{-3}	3.089	0.7850	0.7795
4.0	8.290×10^{-3}	6.098	5.031×10^{-3}	3.974	0.7915	0.7852
6.0	9.531×10^{-3}	7.010	5.791×10^{-3}	4.914	0.7982	0.7908
8.0	1.093×10^{-2}	8.042	6.652×10^{-3}	5.917	0.8050	0.7965
10.0	1.251×10^{-2}	9.205	7.625×10^{-3}	6.988	0.8120	0.8021
12.0	1.429×10^{-2}	10.514	8.725×10^{-3}	8.138	0.8192	0.8078
14.0	1.629×10^{-2}	11.98	9.964×10^{-3}	9.373	0.8265	0.8135
16.0	1.853×10^{-2}	13.61	0.01136	10.70	0.8341	0.8191
18.0	2.104×10^{-2}	15.47	0.01293	12.14	0.8420	0.8248
20.0	2.383×10^{-2}	17.53	0.01469	13.70	0.8501	0.8305
22.0	2.695×10^{-2}	19.82	0.01666	15.39	0.8585	0.8361
24.0	3.042×10^{-2}	22.38	0.01887	17.23	0.8673	0.8418
26.0	3.427×10^{-2}	25.21	0.02134	19.23	0.8766	0.8475
28.0	3.854×10^{-2}	28.35	0.02410	21.41	0.8862	0.8531
30.0	4.327×10^{-2}	31.83	0.02718	22.80	0.8963	0.8588
32.0	4.849×10^{-2}	35.67	0.06063	26.41	0.9070	0.8645
34.0	5.425×10^{-2}	39.90	0.03447	29.26	0.9183	0.8701
36.0	6.059×10^{-2}	44.57	0.03875	32.40	0.9304	0.8758
38.0	6.757×10^{-2}	49.70	0.04352	35.84	0.9431	0.8815

온도 t(℃)	포화공기의 압력, Ps		포화공기의 절대습도, xs	포화공기의 엔탈피, hs (kcal/kg$_f$)	포화공기의 비체적, vs (m^3/kg$_f$)	건공기의 비체적, va (m^3/kg$_f$)
	kg$_f$/cm^2	mmHg				
40.0	7.523×10^{-2}	55.34	0.04884	39.64	0.9568	0.8871
42.0	8.363×10^{-2}	61.52	0.05478	43.81	0.9714	0.8928
44.0	9.284×10^{-2}	68.29	0.06140	48.43	0.9872	0.8985
46.0	0.10288	75.68	0.06878	53.52	1.004	0.9041
48.0	0.11386	83.75	0.07703	59.16	1.022	0.9098
50.0	0.12583	92.56	0.08625	65.42	1.042	0.9155
52.0	0.13886	102.14	0.09657	72.37	1.064	0.9211
54.0	0.15303	112.6	0.10810	80.12	1.088	0.9268
56.0	0.16842	123.9	0.1211	88.78	1.114	0.9325
58.0	0.18511	136.2	0.1358	98.48	1.143	0.9381
60.0	0.2032	149.5	0.1523	109.37	1.175	0.9438
62.0	0.2228	163.8	0.1709	121.7	1.210	0.9495
64.0	0.2439	179.5	0.1922	135.6	1.250	0.9551
66.0	0.2667	196.2	0.2164	151.4	1.295	0.9608
68.0	0.2913	214.3	0.2142	169.5	1.346	0.9665
70.0	0.3178	233.8	0.2763	190.4	1.404	0.9721
72.0	0.3464	254.8	0.3136	214.6	1.471	0.9778
74.0	0.3770	277.3	0.3573	242.8	1.548	0.9835
76.0	0.4099	301.5	0.4090	276.3	1.640	0.9891
78.0	0.4452	327.5	0.4709	316.2	1.748	0.9948
80.0	0.4830	355.3	0.5460	364.6	1.879	1.0004
82.0	0.5235	385.1	0.6387	424.3	2.040	1.006
84.0	0.5668	416.9	0.7557	499.5	2.241	1.012
86.0	0.6130	450.9	0.9072	597.0	2.502	1.017
88.0	0.6623	482.2	1.111	727.7	2.850	1.023
90.0	0.7150	525.9	1.397	911.6	3.340	1.029
92.0	0.7710	567.1	1.829	1189.0	4.076	1.034
94.0	0.8307	611.0	2.551	1652.0	5.306	1.040
96.0	0.8942	657.7	3.999	2581.0	7.770	1.046
98.0	0.9616	707.3	8.352	5373.0	15.17	1.051
100.0	1.03323	760.0	-	-	-	1.057

3-7-5 습공기선도

〈표 3-4〉의 습공기표에서는 포화공기의 상태값을 정확하게 나타낼 수 있으나, 불포화상태의 여러 가지 값을 알려면 다시 계산할 뿐 아니라 여러 과정의 상호관계도 뚜렷하게 알 수 없다. 등압하에서 그 건구온도 t, 습구온도 t', 절대습도 x, 상대습도 ϕ, 노점온도 t'' 엔탈피 h 등에서 이들의 관계 중에서 2개가 결정되면 기타의 것은 모두 구해진다. 이와 같은 여러 양을 선도로 한 것을 습공기선도(psychrometric chart)라 한다.

습공기선도는 공기조화설비에서 가장 많이 쓰이는 자료로 공기의 상태를 신속히 결정할 수 있고, 또 상태변화를 추적하여 얻고자 하는 다른 값이 쉽게 얻어진다.

현재 사용되는 습공기선도는 엔탈피와 절대온도를 사교좌표로 한 $h-x$선도, 건구온도와 엔탈피를 직교좌표로 한 $t-h$선도가 있다. 이 습공기선도는 부록에 표시하였다. 이 선도는 결과적으로 공기 중에 포함되어 있는 수분의 양과 공기의 온도를 알고 공기의 상태를 알기 위한 것이며, 습공기의 열역학적 상태량을 나타낼 뿐만 아니라 공조과정의 계산을 위하여 선도를 이용하여 푸는데도 이용된다.

Example

29 밀폐계에서 8.4kJ의 열을 받으면서 9.8kJ의 외부일을 하였다. 계의 내부에너지의 변화량은 얼마인가?

풀이 습공기선도(부록)에서

(1) 습구온도 $t' = 17℃$

(2) 절대습도 $x = 0.010\text{kg}$

(3) 상대습도 $\varnothing = 0.6(60\%)$

(4) 수증기 분압 $P_w = 11.8\ \text{mmHg}$

(5) 엔탈피 $h = 48\ \text{kJ/kg}$

(6) 비체적 $v = 0.85\text{m}^3/\text{kg}$

Reference

완전가스의 상태방정식

$PV = GRT$ 또는 $Pv = RT$

기체상수

$R = \frac{848}{m}(\text{kg}_f \cdot \text{m/kg} \cdot \text{K}) = \frac{8314}{m}(\text{N} \cdot \text{m/kg} \cdot \text{K}$ 또는 $\text{J/kg} \cdot \text{K})$

공기의 기체 상수

$R = 29.27(\text{kg}_f \cdot \text{m/kg} \cdot \text{K}) = 287(\text{N} \cdot \text{m/kg} \cdot \text{K})$

일반 기체상수

$\overline{R} = mR = 848(\text{kg}_f \cdot \text{m/kmole} \cdot \text{K}) = 8314(\text{N} \cdot \text{m/kmole} \cdot \text{K})$

내부에너지의 변화

$dU = GC_v dT \rightarrow du = C_v dT = C_v(T_2 - T_1)$

엔탈피변화

$dH = GC_p dT \rightarrow dh = C_p dT = C_p(T_2 - T_1)$

비열비

$k = \frac{C_p}{C_v} > 1$

정압비열(C_P)와 정적비열(C_V)의 관계식

- $C_P - C_V = AR \rightarrow C_P - C_V = R$(SI단위)
- $C_V = \frac{AR}{k-1} \rightarrow C_V = \frac{R}{k-1}$(SI단위)
- $C_P = kC_V = \frac{kAR}{k-1} \rightarrow C_P = \frac{kR}{k-1}$(SI단위)

등온변화

- ${}_1w_2 = w_t = RT\ln\frac{v_2}{v_1} = RT\ln\frac{P_1}{P_2} = P_1v_1\ln\frac{v_2}{v_1} = P_1v_1\ln\frac{P_1}{P_2}$
- ${}_1q_2 = A_1w_2 = Aw_t$

R/e/f/e/r/e/n/c/e

단열변화

- 단열지수관계 : $\frac{T_2}{T_1} = (\frac{v_1}{v_2})^{k-1} = (\frac{P_2}{P_1})^{\frac{k-1}{k}}$
- 절대일 : ${}_1w_2 = C_V(T_1 - T_2)$
- 공업일 : $w_t = C_P(T_1 - T_2) = k_1 w_2$

폴리트로픽변화

- 폴리트로픽지수관계 : $\frac{T_2}{T_1} = (\frac{v_1}{v_2})^{n-1} = (\frac{P_2}{P_1})^{\frac{n-1}{n}}$
- 절대일 : ${}_1w_2 = \frac{R}{n-1}(T_1 - T_2)$
- 공업일 : $w_t = \frac{nR}{n-1}(T_1 - T_2) = n_1 w_2$
- 열량 : ${}_1q_2 = C_n(T_2 - T_1)$
- 폴리트로픽비열 : $C_n = (\frac{n-k}{n-1})C_v$

달톤(Dalton)의 법칙

혼합기체의 전체압력은 혼합전의 각 기체의 분압의 합과 같다.

CHAPTER 03

완전가스

실/력/평/가

01 실체기체가 이상기체의 상태방정식을 가장 근사하게 만족시키는 경우는?

① 압력과 온도가 높을 때
② 압력은 낮고 온도가 높을 때
③ 압력이 높고 온도가 낮을 때
④ 압력과 온도가 낮을 때

02 이상기체의 내부에너지에 대한 Joule의 법칙에 맞는 것은?

① 내부에너지는 체적만의 함수이다.
② 내부에너지는 압력만의 함수이다.
③ 내부에너지는 엔탈피만의 함수이다.
④ 내부에너지는 온도만의 함수이다.

03 보일-샤를의 법칙에 관계없는 것은?

① 기체의 체적은 압력에 반비례하고 온도에 비례한다.
② 체적이 일정할 때 온도가 상승하면 압력은 하강한다.
③ 압력이 일정할 때 온도가 상승하면 체적이 팽창한다.
④ 온도가 일정할 때 압축하면 압력이 상승한다.

풀이

$\frac{PV}{T} = C$에서 체적이 일정할 때 온도가 상승하면 압력은 상승한다.

04 공기 1kg이 압력 101234N/m^2, 체적 0.85m^3인 상태에서 온도 300℃인 상태로 변화하였다. 이 동안의 온도상승은 얼마인가? (단, 공기의 가스상수는 0.287kJ/kg·K이다.)

① 273℃ ② 300℃
③ 600℃ ④ 40℃

풀이

$PV = mRT$ 상태방정식에서

$$T_1 = \frac{PV}{mR} = \frac{10.1234 \times 10^4 \times 0.85}{1 \times 287} = 300\text{K} = 27℃$$

$$\Delta t = t_2 - t_1 = 300 - 27 = 273℃$$

05 평균분자량이 28.5인 완전가스의 압력이 $19.6 \times 10^4\text{N/m}^2$이다. 온도 10℃에서의 단위 질량당의 체적은 어느 것인가?

① $0.32\text{m}^3/\text{kg}$ ② $0.42\text{m}^3/\text{kg}$
③ $0.52\text{m}^3/\text{kg}$ ④ $0.62\text{m}^3/\text{kg}$

풀이

$$v = \frac{RT}{P} = \frac{(\frac{8314}{28.5}) \times (273 + 10)}{19.6 \times 10^4} = 0.42\text{m}^3/\text{kg}$$

| 정 | 답 | 01 ② 02 ④ 03 ② 04 ① 05 ②

06 분자량 28.5, 완전가스의 압력 2bar, 온도 100℃에 있어서 비체적 v 의 값은?

① $0.027m^3/kg$ ② $0.037m^3/kg$
③ $0.047m^3/kg$ ④ $0.544m^3/kg$

풀이

상태방정식 $Pv = RT$

$$\therefore v = \frac{RT}{P} = \frac{\left(\frac{8314}{28.5}\right)\times(273+100)}{2\times10^5}$$

$$= 0.544m^3/kg$$

07 탱크 속에 $2.94\times10^5 N/m^2$, 0℃의 완전가스가 들어 있다. 이것을 100℃까지 가열하였을 때 압력상승은 얼마인가?

① $3.01692\times10^5 N/m^2$
② $4.01692\times10^5 N/m^2$
③ $5.01692\times10^5 N/m^2$
④ $6.01692\times10^5 N/m^2$

풀이

$\frac{P_2}{P_1} = \frac{T_2}{T_1}$ 에서

$$\therefore P_2 = P_1\frac{T_2}{T_1} = 2.94\times10^5\times\frac{(273+100)}{273}$$

$$= 4.01692\times10^5 N/m^2$$

08 체적 $20m^3$일 때 표준대기압인 물체의 압력이 수은주 380mmHg로 변하였다면, 체적은 얼마나 되겠는가? (단, 온도는 일정하다.)

① $10m^3$ ② $20m^3$
③ $30m^3$ ④ $40m^3$

풀이

$T = C$ 이므로 $P_1V_1 = P_2V_2$ 에서

$$V_2 = \frac{P_1}{P_2}\times V_1 = \frac{760}{380}\times20 = 40m^3$$

09 분자량이 28인 질소의 기체상수는 몇 J/kg·K인가?

① 232.7J/kg·K ② 157.6J/kg·K
③ 178.6J/kg·K ④ 296.9J/kg·K

풀이

$MR = 8314$ 에서

$$R = \frac{8314}{M} = \frac{8314}{28} \fallingdotseq 296.9J/kg\cdot K$$

10 완전가스의 정압비열 C_p, 정적비열 C_v 와의 관계는 다음에서 어느 것이 옳은가? (단, R 는 가스 상수, A 는 일의 열당량이다.)

① $C_p - C_v = AR$ ② $C_p / C_v = AR$
③ $C_p + C_v = AR$ ④ $C_v / C_p = AR$

11 일반 가스정수는 몇 kJ/kmol.K인가?

① 287kJ/kmol.K
② 8314kJ/kmol.K
③ 8.314kJ/kmol.K
④ 848kJ/kmol.K

풀이

기체 1kmol은 표준상태에서 $22.4m^3$이므로

일반 가스정수는 $PV = \overline{R}T$ 에서(표준상태 ; 0℃, $1atm = 101325N/m^2 = 1.0332kg_f/cm^2$)

- SI단위

$$\overline{R} = \frac{101325\times22.4}{273} \fallingdotseq 8.314kJ.m/kmol.K$$

- 공학단위

$$\overline{R} = \frac{1.0332\times10^4\times22.4}{273} \fallingdotseq 848kg_f.m/kmol.K$$

06 ④ 07 ② 08 ④ 09 ④ 10 ① 11 ③ | 정 | 답 |

12 가스의 비열비 k의 값은?

① 언제나 1보다 작다.
② 언제나 1보다 크다.
③ 0이다.
④ 1보다 크기도 하고 작가도 하다.

13 탄산가스(CO_2)의 기체상수는 몇 J/kg·K인가?

① 188.95 ② 288.95
③ 388.95 ④ 488.95

풀이

$MR = 848$에서

$$R = \frac{8314}{M} = \frac{8314}{44} \fallingdotseq 188.95\text{J/kg}\cdot\text{K}$$

14 공기 5kg과 수증기 8kg를 혼합하여 15m³의 압력용기 속에 넣었다. 혼합된 상태의 온도가 60℃라고 하면 이 때의 압력은 얼마인가? (단, 혼합된 기체의 가스정수는 0.257 kg·m/kg·K이다.)

① 64170N/m² ② 74170N/m²
③ 84170N/m² ④ 94170N/m²

풀이

$$P = \frac{mRT}{V} = \frac{(m_{air} + m_v) \cdot R \cdot T}{V}$$
$$= \frac{(5+8)\times 257 \times (273+60)}{15} = 74170\text{N/m}^2$$

15 등압비열 C_p = 1.009kJ/kg·K 가스정수 R = 0.297kJ/kg·K인 일산화탄소의 등적비열(C_v)은?

① 약 0.612kJ/kg·K
② 약 0.712kJ/kg·K
③ 약 0.812kJ/kg·K
④ 약 0.912kJ/kg·K

풀이

$C_p - C_v = AR$에서

$C_v = C_p - R = 1.009 - 0.297 = 0.712\text{kJ/kg}\cdot\text{K}$

16 분자량 M = 40인 2원자 가스가 있다. 이 기체를 완전가스라 한다면 등압비열은 몇 kJ/kg·K인가?

① 0.07kJ/kg·K ② 0.17kJ/kg·K
③ 0.27kJ/kg·K ④ 0.37kJ/kg·K

풀이

$$R = \frac{8.314}{40} = 0.208\text{kJ/kg}\cdot\text{K}$$

$$C_p = \frac{k}{k-1} = \frac{1.4\times 0.208}{(1.4-1)} = 0.738\text{kJ/kg}\cdot\text{K}$$

17 가역등적과정에서 한 열에 대한 설명 중 옳은 것은?

① 이동 일량과 같다.
② 내부에너지의 감소량과 같다.
③ 엔탈피의 감소량과 같다.
④ 0이다.

| 정 | 답 | 12 ② 13 ① 14 ② 15 ② 16 ③ 17 ②

18 완전가스의 등온변화를 설명한 것 중 옳은 것은?

① 엔탈피 변화가 없다.
② 엔트로피 변화가 없다.
③ 열 이동이 없다.
④ 동작물질은 외부에 대하여 일을 하지 못한다.

19 순수한 물질로 된 밀폐계가 가역단열과정 동안 수행한 일의 양은?

① 엔탈피의 변화량과 같다.
② 내부에너지의 변화량과 같다.
③ 정압과정에서 이루어진 일의 양과 같다.
④ 가역단열과정에서 일의 수행은 있을 수 없다.

20 이상기체의 엔트로피가 변하지 않는 과정은?

① 가역단열과정 ② 비가역 단열과정
③ 교축과정 ④ 등온과정

21 이상기체의 엔탈피가 변하지 않는 과정은?

① 가역단열과정 ② 비가역 단열과정
③ 교축과정 ④ 등온과정

22 폴리트로픽 비열이 무한대($C_n = \infty$)인 변화는?

① 단열변화 ② 등압변화
③ 등온변화 ④ 등적변화

풀이

$C_n = \dfrac{n-k}{n-1}C_v$, $Pv^n = C$에서

- $n=0$, $C_n = kC_v = C_p$: 등압변화
- $n=k$, $C_n = 0$: 단열변화
- $n=1$, $C_n = \infty$: 등온변화
- $n=\infty$, $C_n = C_v$: 등적변화

23 폴리트로픽 비열을 옳게 설명한 것은?

① $C_n = \dfrac{n-k}{k-1}C_v$ ② $C_n = \dfrac{k-n}{k-1}C_v$

③ $C_n = \dfrac{n-k}{1-n}C_v$ ④ $C_n = \dfrac{n-k}{n-1}C_v$

24 체적 $10m^3$인 탱크가 있다. 이 속에 채워질 완전가스는 온도가 27℃, 압력이 2atm이다. 이 가스의 온도를 50℃ 올리는데 필요한 열량을 얼마인가? (단, 가스상수와 등적비열은 각각 0.196kJ/kg·K, 0.837kJ/kg·℃이다.)

① 371.73kJ ② 381.73kJ
③ 351.73kJ ④ 663.39kJ

풀이

$$m = \frac{P_1 V}{RT_1} = \frac{101325 \times 2 \times 10}{196 \times (273+27)} = 34.46\text{kg}$$

$$Q = 34.46 \times 0.837 \times (50-27) = 663.39\text{kJ}$$

18 ① 19 ② 20 ① 21 ③ 22 ④ 23 ④ 24 ④ | 정 | 답 |

25 어느 가스 20kg를 300℃만큼 온도 상승시키는데 필요한 열량을 압력 일정 일 경우와 체적 일정일 경우일 때 565kJ의 차가 있다. 이 가스의 가스 정수를 구하여라.

① 0.019kJ/kg·K ② 0.029kJ/kg·K
③ 0.039kJ/kg·K ④ 0.049kJ/kg·K

풀이

$Q_1 - Q_2 = m(C_p - C_v)\Delta t = 565\text{kJ}$

$\therefore\ C_p - C_v = \dfrac{565}{m\Delta t} = \dfrac{565}{20\times(300+273)}$

$= 0.049\text{kJ/kg}\cdot\text{K}$

26 기체의 초기압력은 2kg/cm^2, 체적은 0.1m^3이다. $PV = C$인 과정으로 체적이 0.3m^3로 변했을 때 kg·m로 계산한 일량에 가장 가까운 것은?

① 2200kg·m ② 954kg·m
③ 3200kg·m ④ 4000kg·m

풀이

${}_1W_2 = \int_1^2 PdV = P(V_2 - V_1)$

$= 2\times10^4\text{kg/m}^2\times(0.3-0.1)\text{m}^3$

$= 4{,}000\text{kg}\cdot\text{m}$

27 8kg/cm^2인 압력을 일정하게 유지하면서 0.6m^3의 공기가 팽창하여 그 체적이 2배로 되었다. 외부에 대한 일량은 얼마인가?

① 35,000kg·m ② 48,000kg·m
③ 42,000kg·m ④ 36,000kg·m

풀이

${}_1W_2 = \int_1^2 PdV = P(V_2 - V_1)$

$= 8\times10^4\times(2\times0.6-0.6)$

$= 48{,}000\text{kg}\cdot\text{m}$

28 압력 1atm, 20℃의 공기 1m^3를 일정한 체적 하에 100℃까지 가열할 때 내부에너지 변화는 얼마인가? (단, 공기의 등적비열은 711.38kJ/kg·K이다.)

① 369.84kJ ② 469.84kJ
③ 569.84kJ ④ 669.84kJ

풀이

등적과정의 내부에너지 변화량은

$\Delta U = mC_v(T_2 - T_1)$

공기의 중량은

$m = \dfrac{PV}{RT} = \dfrac{101325\times1}{287\times(273+20)} = 1.2\text{kg}$

$\therefore\ \Delta U = 1.2\times711.38\times80 = 68292.48\text{kJ}$

29 공기 15kg을 30℃에서 900℃로 일정한 압력으로 가할 때 필요한 열량은 몇 kJ인가? (단, 공기의 정압비열은 1.004kJ/kg·℃이다.)

① 10102.2kJ ② 11102.2kJ
③ 12102.2kJ ④ 13102.2kJ

풀이

$Q = \Delta H = mC_p\Delta t$

$= 15\times1.004\times(900-30) = 13102.2\text{kJ}$

| 정 | 답 | 25 ④ 26 ④ 27 ② 28 ④ 29 ④

30 어느 용기의 압력이 $(\frac{50}{V}+10)$bar, 체적이 $2m^3$으로부터 $6m^3$까지 변화하는 경우 일은 몇 kJ인가?

① 9493.06kJ　② 9795.7kJ
③ 8921.4kJ　④ 7327.5kJ

풀이

$$_1W_2 = \int_{V_1}^{V_2} PdV$$
$$= \int_2^6 \left(\frac{50}{V}+10\right)\times 10^5 dV$$
$$= \left[50\ln\frac{6}{2}+10(6-2)\right]\times 10^5 \times 10^{-3}$$
$$\fallingdotseq 9493.06\text{kJ}$$

31 내부에너지가 418.6kJ 증가하면서 일정 압력하에서 외부에 418.6kJ의 일을 하는 어느 완전 가스가 있다. 이 사이의 엔탈피 변화는 얼마인가?

① 737.2kJ　② 837.2kJ
③ 937.2kJ　④ 1037.2kJ

풀이

$$H = U + PV = 418.6 + 418.6 = 837.2\text{kJ}$$

32 온도 154℃인 공기 1kg을 1atm로부터 4atm까지 등온압축할 때, 이 공기로부터 제거해야 할 열량은 얼마인가?

① 168.5kJ　② 167.5kJ
③ 169.5kJ　④ 166.5kJ

풀이

$$Q = P_1V_1\ln\left(\frac{P_1}{P_2}\right) = mRT\ln\left(\frac{P_1}{P_2}\right)$$
$$= 1\times 0.287\times(273+154)\ln\left(\frac{1}{4}\right)$$
$$= -169.89\text{kJ}$$

33 58.8N/cm^2, 0.5m^3의 공기 1kg이 등온팽창하여 압력이 29.4N/cm^2로 되었다. 외부에 한 일은 얼마인가?

① $1.0379\times10^5\text{N}\cdot\text{m}$　② $2.0379\times10^5\text{N}\cdot\text{m}$
③ $3.0379\times10^5\text{N}\cdot\text{m}$　④ $4.0379\times10^5\text{N}\cdot\text{m}$

풀이

등온과정의 일

$$_1W_2 = W_t = P_1V_1\ln\left(\frac{P_1}{P_2}\right)$$
$$= 5.88\times10^5\times0.5\ln\left(\frac{58.8}{29.4}\right)$$
$$= 2.0379\times10^5\text{N}\cdot\text{m}$$

34 효율이 90%인 터빈이 있다. 입구증기의 엔탈피가 3400kJ/Kg이고 가역 단열과정의 팽창에 의해 출구에서의 엔탈피가 2000 kJ/kg이 된다고 한다. 운동에너지의 변화를 무시할 경우 이 터빈의 실제일은 몇 kJ/kg인가?

① 1260　② 1255
③ 1067　④ 1906

풀이

$$\eta_T\Delta h = 0.9\times(3400-2000) = 1260\text{kJ/kg}$$

30 ① 31 ② 32 ③ 33 ② 34 ① | 정 | 답 |

35 4.312×10^5N/m², 1.14m³인 공기가 단열팽창하여 4.53×10^4N/m², 체적은 5배로 되었으면 외부에 대한 일은 얼마인가? (단, 공기의 비열비는 1.4이다.)

① 383.395N·m ② 483.395N·m
③ 583.395N·m ④ 683.395N·m

풀이

단열팽창과정의 외부의 열량

$$_1W_2 = \frac{1}{k-1}(P_1V_1 - P_2V_2)$$
$$= \frac{1}{1.4-1}\times(4.312\times10^5\times1.14 - 4.53\times10^4\times5\times1.14)$$
$$= 583395\text{N}\cdot\text{m}$$

36 압력이 19.6N/cm², 온도가 20℃의 공기를 압력이 196N/cm²로 될 때까지 가역 단열압축했을 때의 온도는 다음 중 어느 것에 가장 가까운가?

① 273.5℃ ② 225.7℃
③ 292.7℃ ④ 385.2℃

풀이

단열식에서 $\frac{T_2}{T_1} = \left(\frac{P_2}{P_1}\right)^{\frac{k-1}{k}}$

$$\therefore T_2 = (273+20)\times\left(\frac{196}{19.6}\right)^{\frac{0.4}{1.4}}$$
$$= 565.7 - 273 = 292.7℃$$

37 P_1 = 9.8N/cm², t_1 = 15℃의 공기를 압축비가 10에 도달할 때까지 단열압축하였다. 압축 후의 온도는 몇 ℃가 되겠는가?

① 450℃ ② 723℃
③ 550℃ ④ 623℃

풀이

단열과정이므로

$T_1V_1^{k-1} = T_2V_2^{k-1}$에서

$$\therefore T_2 = T_1\left(\frac{V_1}{V_2}\right)^{k-1} = T_1\cdot\epsilon^{k-1}$$
$$= 288\times10^{1.4-1} = 723 - 273\text{K}$$
$$= 450℃$$

38 온도 300℃인 공기 2kg이 단열팽창하여 50℃로 되었다. 이 공기의 팽창일은 얼마인가? (단, 공기의 비열비 k = 1.4, 기체상수 R = 287J/kg·K이다.)

① 458.8kJ ② 558.8kJ
③ 358.8kJ ④ 395.8kJ

풀이

단열팽창일(절대일)

$$_1W_2 = \frac{1}{k-1}(P_1V_1 - P_2V_2)$$
$$= \frac{1}{k-1}mR(T_1 - T_2)$$
$$= \frac{2}{1.4-1}\times287\times(300-50)$$
$$\fallingdotseq 358750\text{J} = 358.8\text{kJ}$$

| 정 | 답 | 35 ③ 36 ③ 37 ① 38 ③

39 질량 2kg, 온도 100℃, 체적 $2m^3$인 공기가 단열팽창하여 나중체적이 $8m^3$로 되었다. 이 공기의 절대일은 얼마인가? (단, 공기의 비열비 k = 1.4, 기체상수 R = 287J/kg·K이다.)

① 127.8kJ ② 198.8kJ
③ 227.8kJ ④ 280.2kJ

풀이

단열팽창일(절대일)

$$_1W_2 = \frac{1}{k-1}mR(T_1 - T_2)$$
$$= \frac{1}{k-1}mRT_1\left[1-\left(\frac{V_1}{V_2}\right)^{k-1}\right]$$
$$≒ \frac{2}{1.4-1}\times 287\times(273+100)\left[1-\left(\frac{2}{8}\right)^{k-1}\right]$$
$$= 227831\text{J} = 227.87\text{kJ}$$

40 압력 2atm, 체적 $5m^3$인 10℃의 공기를 단열압축하였더니 나중 체적이 처음 체적의 1/3로 감소하였다. 이 때 압축일은 얼마인가? (단, 공기의 비열비 k = 1.4, 기체상수 R = 0.287kg/kg_f·K이다.)

① -0.956kJ ② -1.956kJ
③ -2.956kJ ④ -3.956kJ

풀이

- 변화 후 공기의 온도

$$T_2 = T_1\left(\frac{V_1}{V_2}\right)^{k-1} = (273+10)\times(3)^{1.4-1}$$
$$= 439\,°\text{K} = 166℃$$

- 공기의 정량

$$m = \frac{P_1V_1}{RT_1} = \frac{2\times 101325\times 5}{287\times 283} = 12.48\text{kg}$$

∴ 압축일(공업일)

$$W_t = \frac{k}{k-1}mR(T_1 - T_2)$$
$$= \frac{1.4}{1.4-1}\times 12.48\times 287\times(10-166)$$
$$≒ -1,955,640.96\text{J} = -1,956\text{kJ}$$

41 폴리트로픽 변화의 상태식 $PV^n = C$에서 지수 n가 0이 되면 다음 중 어느 변화로 되는가?

① 등적변화 ② 등온변화
③ 등압변화 ④ 단열변화

42 무게 10kg인 공기가 압력 3atm, 체적 $2m^3$, 온도 350℃ 상태에서 단열팽창하여 체적이 6배로 증가하였다. 이 공기의 체적 팽창일은 얼마인가? (단, 공기의 비열비 k = 1.4, 기체상수 R = 287J/kg·K이다.)

① 1287.0×10^3N·m
② 1158.0×10^3N·m
③ 2287.0×10^3N·m
④ 2937.0×10^3N·m

풀이

단열과정이므로 체적팽창 후의 온도

$$T_2 = T_1\left(\frac{V_1}{V_2}\right)^{k-1} = (273+350)\times\left(\frac{1}{6}\right)^{1.4-1}$$
$$= 304.25\text{K} = 31.25℃$$

∴ 팽창일(절대일)

$$_1W_2 = \frac{1}{k-1}mR(T_1 - T_2)$$
$$= \frac{1}{1.4-1}\times 10\times 287\times(350-31.25)$$
$$≒ 2,287,031.25\text{N}\cdot\text{m}$$
$$= 2287.0\times10^3\text{N}\cdot\text{m}$$

39 ③ 40 ② 41 ③ 42 ③ | 정 | 답 |

43 마찰이 없는 피스톤에 12℃ 150kPa의 공기 1.2kg이 들어있다. 이 공기가 600kPa로 압축되는 동안 외부로 열이 전달되어 온도는 일정하게 유지되었다. 이 과정에서 행해진 일은 약 얼마인가? (단, 공기의 기체상수는 0.287kJ/k이다.)

① 0kJ　② -136kJ
③ -1.36kJ　④ -13.6kJ

풀이

등온과정의 일

$$W = -W = -\int_1^2 Vdp = mRT \cdot \ln\left(\frac{P_1}{P_2}\right)$$
$$= 1.2 \times 0.287 \times (273.15 + 12) \times \ln\left(\frac{150}{600}\right)$$
$$= -136\text{kJ}$$

44 폴리트로픽 변화에 관한 다음 사항 중 옳은 것은?

① 폴리트로픽 비열은 등적비열의 $\frac{k-n}{n-1}$배이다.
② 엔트로피변화는 내부에너지의 변화의 n배이다.
③ 공업일 양은 절대일의 k이다.
④ 외부로부터 공급하는 열량은 내부에너지 변화량의 $\frac{n-k}{n-1}$배이다.

45 정적비열이 0.72kJ/kg·K인 완전가스가 n = 1.5인 폴리트로픽 변화할 때 C_p/C_v = 1.4이면 폴리트로픽 비열은 몇 kJ/kg℃인가?

① 0.124kJ/kg·K　② 0.134kJ/kg·K
③ 0.144kJ/kg·K　④ 0.154kJ/kg·K

풀이

폴리트로픽 비열

$$C_n = \frac{n-k}{n-1} C_v = \frac{1.5-1.4}{1.5-1} \times 0.72$$
$$= 0.144\text{kJ/kg} \cdot \text{K}$$

46 단열지수, 폴리트로픽 지수가 각각 1.4, 1.3일 때 정적비열이 0.653kJ/kgK이면 이 가스의 폴리트로픽 비열은 몇 kJ/kgK인가?

① -0.018kJ/kg·K　② -0.118kJ/kg·K
③ -0.218kJ/kg·K　④ -0.318kJ/kg·K

풀이

$$C_n = \frac{n-k}{n-1} C_v = \frac{1.3-1.4}{1.3-1} \times 0.653 = -0.218$$

47 어떤 가스가 압력 2bar, 온도가 40℃인 상태에서 폴리트로픽 변화하여 압력이 8bar인 상태로 변화하였다. 변화 후의 온도는 얼마인가? (단, 폴리트로픽 지수 n은 1.35이다.)

① 138.6℃　② 152.3℃
③ 175.4℃　④ 192.6℃

풀이

$Pv^n = C$에서

$$\frac{T_2}{T_1} = \left(\frac{v_1}{v_2}\right)^{n-1} = \left(\frac{P_2}{P_1}\right)^{\frac{n-1}{n}}$$ 이므로

$$\therefore T_2 = T_1\left(\frac{P_2}{P_1}\right)^{\frac{n-1}{n}} = (273+40)\left(\frac{8}{2}\right)^{\frac{1.35-1}{1.35}}$$
$$\fallingdotseq 448.4\,°\text{K} = 175.4℃$$

| 정 | 답 | 43 ② 44 ④ 45 ③ 46 ③ 47 ③

48 압력 1bar, 온도 15℃, 비체적 $0.2m^3/kg$인 공기 1kg이 $Pv^{1.2} = C$ 상태하에 팽창하여 비체적이 $1.2m^3/kg$로 되었다. 팽창 후의 압력은 몇 bar인가?

① 116bar ② 11.6bar
③ 1.16bar ④ 0.116bar

풀이

$$\frac{T_2}{T_1} = \left(\frac{v_1}{v_2}\right)^{n-1} = \left(\frac{P_2}{P_1}\right)^{\frac{n-1}{n}}$$ 에서

$$\therefore P_2 = P_1\left(\frac{v_1}{v_2}\right)^n = 1\times\left(\frac{0.2}{1.2}\right)^{1.2} = 0.116\text{bar}$$

49 압력 $29.4\times10^4N/m^2$, 온도 100℃인 공기 1.5kg을 $Pv^{1.35} = C$ 상태하에 팽창시켰더니 압력이 $4.9\times10^4N/m^2$로 되었다. 이 공기의 팽창일은 얼마인가?

① $1.7\times10^5N/m^2$ ② $2.7\times10^5N/m^2$
③ $3.7\times10^5N/m^2$ ④ $4.7\times10^5N/m^2$

풀이

$$_1W_2 = \frac{1}{n-1}mRT_1\left[1-\left(\frac{P_2}{P_1}\right)^{\frac{n-1}{n}}\right]$$
$$= \frac{1}{1.35-1}\times1.5\times287\times373\times\left[1-\left(\frac{1}{6}\right)^{\frac{1.35-1}{1.35}}\right] \fallingdotseq 1.7\times10^5\ \text{N}\cdot\text{m}$$

50 상온의 $Pv^{1.3} = C$에 따라 압축하였더니 공업일이 19600N·m로 소비되었다. 절대일은 얼마인가?

① -13076.92N·m ② -14076.92N·m
③ -15076.92N·m ④ -16076.92N·m

풀이

폴리트로픽 변화에서 공업일은 절대일에 n배 크므로
즉 $W_t = n\,_1W_2$에서

$$\therefore\ _1W_2 = \frac{W_t}{n} = \frac{-19600}{1.3} = -15076.92\text{N}\cdot\text{m}$$

51 온도 80℃인 공기 2kg이 폴리트로픽 변화로 압축하여 나중 압력이 처음압력의 2배로 되었다. 상태변화하는 동안에 공기에 가해진 일량은 얼마나 되겠는가? (단, 폴리트로픽 지수 n = 1.36이다.)

① -114,450.74N·m
② -113,350.74N·m
③ -116,450.74N·m
④ -117,450.74N·m

풀이

$$W_t = \frac{n}{n-1}mRT_1\left[1-\left(\frac{P_2}{P_1}\right)^{\frac{n-1}{n}}\right]$$
$$= \frac{1}{1.36-1}\times2\times287\times(273+80)\times\left[1-\left(\frac{2}{1}\right)^{\frac{1.36-1}{1.36}}\right]$$
$$\fallingdotseq -113,350.74\text{N}\cdot\text{m}$$

48 ④ 49 ① 50 ③ 51 ② | 정 | 답 |

52 공기 2kg이 온도 200℃에서 $PV^{1.3} = C$ 상태로 팽창하여 온도가 50℃로 되었다. 공기의 정적비열은 0.717kJ/kg·K일 때 방출되는 열량은 얼마인가?

① -15.6kJ ② -16.52kJ
③ -19.3kJ ④ -27.21kJ

풀이

$$_1Q_2 = \frac{n-k}{n-1} mC_v(T_2 - T_1)$$
$$= \frac{1.3-1.4}{1.3} \times 2 \times 0.716 \times (200-50)$$
$$= -16.52\text{kJ}$$

53 온도 30℃인 어떤 가스 3kg이 폴리트로픽 상태하에서 흡열하여 온도가 120℃로 되었다. 이 가스가 가해진 열량은 얼마인가? (단, 폴리트로픽 비열은 0.569kJ/kg·K이다.)

① 123kJ ② 133kJ
③ 143kJ ④ 153kJ

풀이

$$_1Q_2 = mC_n(T_2 - T_1) = 3 \times 0.569 \times (120-30)$$
$$= 153\text{kJ}$$

54 20℃의 공기 2kg이 폴리트로픽 상태하에서 가열하였더니 온도가 80℃로 되었다. 공기의 내부에너지 증가량은 얼마인가? (단, 공기의 가스정수 R = 0.287kJ/kg·K, 정적비열 C_v = 0.717kJ/kg·K이다.)

① 66.1kJ ② 76.1kJ
③ 86.1kJ ④ 96.1kJ

풀이

$$U_2 - U_1 = mC_v(T_2 - T_1) = \frac{mR}{k-1}(T_2 - T_1)$$
$$= 2 \times \frac{0.287}{(1.4-1)} \times (353-293)$$
$$= 86.1\text{kJ}$$

55 공기 1kg을 폴리트로픽 압축하였더니 내부에너지가 209kJ/kg만큼 증가하였다. 엔탈피의 증가량은 얼마인가?

① 192.6kJ/kg ② 292.6kJ/kg
③ 392.6kJ/kg ④ 492.6kJ/kg

풀이

$$h_2 - h_1 = C_p(T_2 - T_1) = k(u_2 - u_1)$$
$$= 1.4 \times 209 = 292.6\text{kJ/kg}$$

56 완전가스가 관로 내를 흐를 때 밸브, 콕크 등에 의해 유로의 일부가 협소하게 되면 유동방향으로 압력강하되는 현상은 어떤 과정인가?

① 교축과정 ② 등온과정
③ 등적과정 ④ 단열과정

| 정 | 답 | 52 ② 53 ④ 54 ③ 55 ② 56 ①

57 다음 중 이상기체의 교축과정에 대한 사항으로 틀린 것은?

① 엔탈피 변화가 없다.
② 온도변화가 없다.
③ 엔트로피 변화가 없다.
④ 비가역 단열과정이다.

58 혼합기체에 관한 달톤(Dalton)의 법칙을 가장 올바르게 설명한 것은?

① 혼합기체의 온도는 일정하다.
② 혼합기체의 체적은 각 성분의 체적의 합과 같다.
③ 혼합기체의 압력은 각 성분의 분압의 합과 같다.
④ 혼합기체의 비중량은 각 성분의 비중량과 그 분압을 곱하여 합한 값과 같다.

59 체적비가 N_2 = 80%, O_2 = 20%인 혼합기체의 중량비는 각각 몇 %인가?

① N_2=77.8%, O_2=22.2%
② N_2=80%, O_2=20%
③ N_2=20%, O_2=80%
④ N_2=22.2%, O_2=77.8%

풀이

$G = \Sigma\gamma_h M_h = 0.8\times28 + 0.2\times32 = 28.8$

• 중량비

$$g_1(N_2) = \frac{0.8\times28}{28.8} = 77.8\%$$

$$g_2(O_2) = \frac{0.2\times32}{28.8} = 22.2\%$$

60 10atm, 100℃인 기체 혼합물의 성분이 20kg의 질소(분자량 28)와 15kg의 산소(분자량 32)이다. 질소의 분압은 얼마인가?

① 3.96atm ② 10atm
③ 6.02atm ④ 4.78atm

풀이

전압력 $P = 10\,\text{atm} = P_{N_2} + P_{O_2}$

분압 $P_i = P\frac{V_i}{V} = P\frac{n_i}{n}$

여기서 전체 몰수

$n = n_{N_2} + n_{O_2} = \Sigma\frac{G}{M} = \frac{20}{28} + \frac{15}{32} \fallingdotseq 0.71 + 0.47$

$\fallingdotseq 1.18$이다.

∴ 질소의 분압

$$P_{N_2} = P\frac{n_{N_2}}{n} = 10\times\frac{0.71}{1.18} \fallingdotseq 6.02\text{atm}$$

61 "혼합가스의 압력은 각 기체가 단독으로 확대할 때 분압의 합은 같다."라는 법칙은 어느 법칙이 맞는가?

① 보일샤를의 법칙
② 열역학 제1법칙
③ 열역학 제2법칙
④ 달톤의 법칙

57 ③ 58 ③ 59 ① 60 ③ 61 ④ | 정 | 답 |

62 중량비가 N_2 = 70%, O_2 = 30%인 혼합기체의 체적비는 각각 몇 %인가?

① N_2=70%, O_2=30%
② N_2=72.7%, O_2=27.3%
③ N_2=30%, O_2=70%
④ N_2=27.2%, O_2=77.8%

풀이

체적비 $\gamma_h = \dfrac{g_h/M_h}{\Sigma g_h/M_h}$ 에서

$\Sigma g_h/M_h = \dfrac{70}{28}+\dfrac{30}{32} = 3.4375$이므로

• 체적비

$\gamma_1(N_2)= \dfrac{70\times28}{3.4375}\times100 = 72.7\%$

$\gamma_2(O_2)= \dfrac{30\times32}{3.4375}\times100 = 27.3\%$

• $N_2 = \dfrac{0.8\times28}{28.8} = 77.8\%$

• $O_2 = \dfrac{0.2\times32}{28.8} = 22.2\%\%$

63 대기 1kg의 성분을 산소(R = 0.2596kJ/kg°K) 0.232kg, 질소(R = 0.2965kJ/kg°K) 0.768kg이라고 가정할 때 이 대기의 기체상수(kJ/kg°K)는?

① 188 ② 288
③ 388 ④ 488

풀이

혼합기체의 기체상수는

$$R = \frac{G_1R_1+G_2R_2}{G_1+G_2}$$

$$= \frac{0.232\times259.6+0.768\times296.5}{0.232+0.768}$$

$$= 287.94\text{kJ/kg}\cdot\text{K}$$

64 대기의 온도가 낮아져 습공기가 노점온도에 이를 때까지이면 어떤 현상이 일어나는가?

① 수분의 부분압이 낮아진다.
② 절대습도가 낮아진다.
③ 절대습도가 높아진다.
④ 상대습도가 높아진다.

65 50℃의 습공기의 노점온도가 30℃이였다. 이때의 포화압력이 55.6mmHg, 수증기분압이 24.5 mmHg이라면 상대습도는 얼마인가?

① 0.65 ② 0.67
③ 0.44 ④ 0.55

풀이

상대습도

$$\varnothing = \frac{P_w}{P_s} = \frac{24.5}{55.6} = 0.44$$

| 정 | 답 | 62 ② 63 ② 64 ④ 65 ③

memo

04

CHAPTER

열역학 제2법칙

CHAPTER 04

열역학 제2법칙

4-1 열역학 제2법칙

열역학 제1법칙은 계 내부 에너지의 양적인 변화 관계로서 일과 열의 변환 관계만을 다루는 학문이다. 열역학 제2법칙은 고립계의 총 엔트로피(무질서한 정도) 변화는 절대감소하지 않고 증가하거나 일정하다는 법칙이다. 이때 에너지 전달의 경우는 방향성의 법칙이 적용된다. 이는 자연계에서 일어나는 현상은 비가역적(irreversible)이며, 일정한 방향으로 진행 한다는 것을 의미한다. 에너지 소멸과 흐름 방향에 대한 이론이다. 간단히 생각하면 물은 높은 곳에서 낮은 곳으로 흐르듯이 열량도 고온에서 저온으로 흐른다는 개념으로 취급하면 된다.

이러한 추상적이고 위압적인 열역학 제2법칙(the second law of thermodynamics)의 서술적 표현은 1850년 독일의 이론 물리학자 클라우시우스(R. J. E. Clausius)가 처음 수학적으로 나태내고, 1851년 영국의 캘빈(L. Kelvin 또는 W. Thomson)이 뒤이어 설명하였다.

4-1-1 클라우시우스(Clausius) 표현

클라우시우스는 "열은 그 자체만으로 저온의 물체에서 고온의 물체로 이동할 수 없다", 즉 저열원에서 고열원으로의 열이동은 자발적으로 생성되지 않는다는 것을 표현했다.

다시 말해 주위의 어떤 영향도 없이 열전달 사이클이 적용되는 기계장치를 구성하는 것은 불가능하다고 하였다. 이 이론에 근거하여 냉동기의 원리, 고립되지 않은 계에 대해 서술했으며 열을 저온에서 고온으로 흐르게 하기 위해서는 이에 상응한 일량이 필요하다는 가장 기본적인 개념을 나타내었다. 클라우시우스의 부등식은 다음과 같다.

$$\oint \frac{\delta Q}{T} \leqq 0(\oint : \text{사이클을 겪는 경우의 적분 형태})$$

이는 일정한 온도 T[K]에서 주고받은 열량이 합(사이클을 겪는 경우)은 항상 0보다 작거나 같아 비가역적이며 어디론가 열손실을 초래한다는 것을 나타낸 부등식이다. 반면에 가역적인 경우는 이론적으로 생각하는 경우에 해당되며 주고받은 열량의 합은 0이 되는 경우를 말한다.

4-1-2 캘빈(Kelvin) – 플랭크(Plank) 표현

캘빈과 플랭크의 열효율 이론은 열효율이 100[%]인 열기관은 존재하지 않는다는 것이다. 일은 유용한 열량과 무용한 열량으로 전부 변환이 가능하다. 하지만 열은 유용한 일량과 무용한 열량으로 변환은 될 뿐 완벽하게 일량으로 변환하지 못하다는 의미이다. 일은 열량으로 변환이 가능하지만 열은 일량으로 모두 변환 불가능 하다는 것을 서술한 것이다.

4-1-3 제2종 영구기관

제2종 영구기관(perpetual engine of the second type)은 열효율이 100[%]인 열기관을 의미한다. 이는 열역학 제2법칙에 위배되어 실현 불가능한 기관이다. 하나의 열원으로부터 열을 받아 이것이 일로 전환 될 때 열의 소모 등 어떤 변화도 남기지 않고 전부 영구적으로 작동하는 기관은 있을 수 없다는 것이다.

4-2 열효율과 성적(성능)계수

사이클(cycle)이란 계(system) 내의 작동유체가 한 상태로부터 여러 상태변화를 거쳐 다시 처음 상태로 되돌아오는 과정을 말한다. [그림 4-1]은 이러한 폐곡선을 표시한다. 여기에서 사이클 선도가 1 → a → 2 → b → 1로 사이클을 이룰 때 열기관 사이클이 된다.

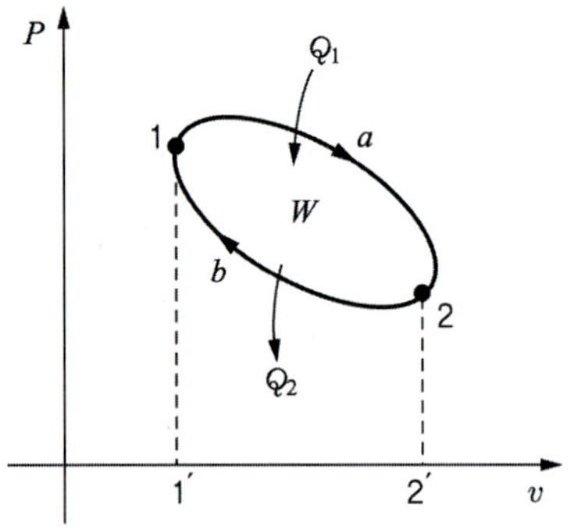

(a) 열기관 사이클

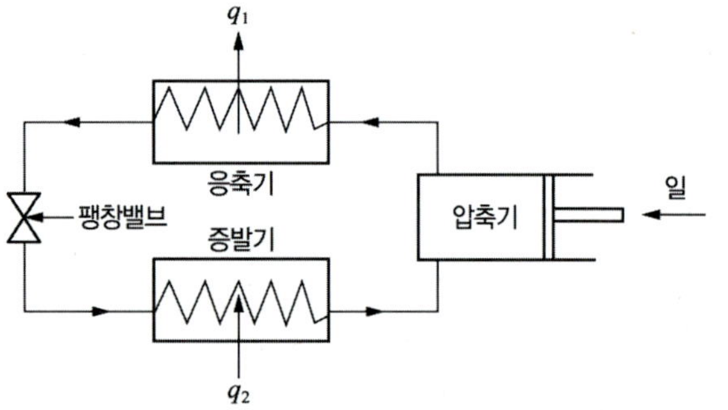

(b) 냉동 사이클

[그림 4-1] 사이클 선도

1 → a → 2과정에서 Q_1의 열량이 공급되고,

$$Q_1 = (U_2 - U_1) + \int_{1\to a}^{2} PdV \tag{4-1}$$

2 → b → 1과정에서 Q_2의 열량이 방출되므로

$$-Q_2 = (U_1 - U_2) + \int_{2\to b}^{1} PdV \tag{4-2}$$

과 같이 된다. 식 (4-1)과 식 (4-2)으로부터 다음 식을 구할 수 있다.

$$Q_1 - Q_2 = \int_{1\to a}^{2} PdV + \int_{2\to b}^{1} PdV = \oint PdV \tag{4-3}$$

식 (4-3)에서 $\oint PdV$는 면적 1 → a → 2 → b → 1이 되며, 이 사이클의 유효일로 정의되고 다음과 같이 표현된다.

$$Q_1 - Q_2 = W \qquad (4\text{-}4)$$

Q_1 : 한 사이클 중에 작동유체가 외부의 고열원에서 받은 열량
Q_2 : 외부의 저열원으로 버리는 열량
W : 외부에 대해 한 일(유효일량)

4-2-1 열기관(Heat engine)의 열효율

열기관은 작동유체가 고열원에서 열을 받아 저열원으로 열을 전달하면서 열에너지를 기계적인 일로 변환하는 기구이다.

$$\eta = \frac{W}{Q_1} = \frac{Q_1 - Q_2}{Q_1} = 1 - \frac{Q_2}{Q_1} \qquad (4\text{-}5)$$

4-2-2 냉동기(Refrigerator)의 성적계수

냉동기는 작동유체에 압축기의 일을 가하여 열이 저온에서 고온으로 흐르도록 하여 온도가 낮은 저온 룸을 얻는 장치를 구성하는 기구이다. 냉동기의 경우는 효율이라는 표현 대신에 성적(성능)계수를 사용한다.

성적계수는 다음과 같다.

$$\epsilon_R = \frac{\text{저열원에서 흡수한 열량}}{\text{유효에너지}} = \frac{Q_2}{W} = \frac{Q_2}{Q_1 - Q_2} \qquad (4\text{-}6)$$

4-2-3 열펌프(Heat pump)의 성적계수

열펌프는 냉동기와 그 구성장치가 유사하나 목적이 난방장치로서 난방 룸을 얻는 것이 목적으로서 성적계수는 다음과 같다.

$$\epsilon_H = \frac{\text{고열원에서 방출한 열량}}{\text{유효에너지}} = \frac{Q_1}{W} = \frac{Q_1}{Q_1 - Q_2} \qquad (4\text{-}7)$$

또한, 냉동기와 열펌프의 성적계수를 비교하기 위해 식을 변형하면

$$\epsilon_H = 1 + \frac{Q_2}{Q_1 - Q_2} = \frac{Q_1 - Q_2 + Q_2}{Q_1 - Q_2} = 1 + \epsilon_R \quad \cdots\cdots (4\text{-}8)$$

이 되므로 항상 $\epsilon_H > \epsilon_R$이 된다. 따라서 위 식에서 나타난 바와 같이 열펌프의 성적계수는 냉동기의 성적계수보다 1만큼 더 크다.

4-3 카르노 사이클(Carnot cycle)

카르노 사이클은 1824년 프랑스의 Nicolas Leonard Sadi Carnot가 제안한 것으로 고저의 두 열원 사이에 작동하는 가역사이클로 완전가스를 작동유체로 하는 가장 효율이 좋은 이상적인 사이클이다. 2개의 등온변화와 2개의 단열변화로 구성된다.

[그림 4-3]과 같은 사이클 선도를 나타낸다.

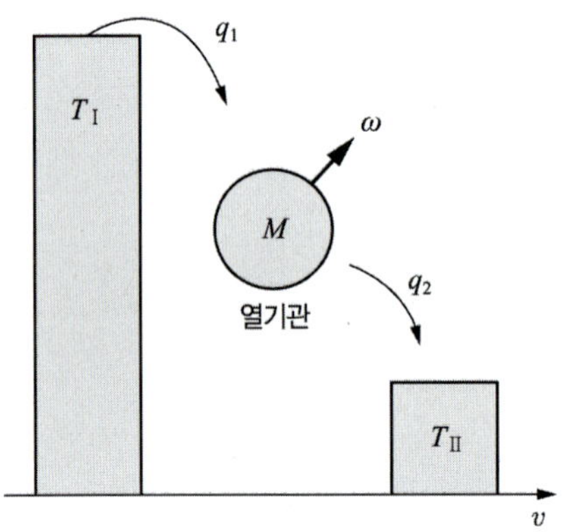

[그림 4-2] 열기관

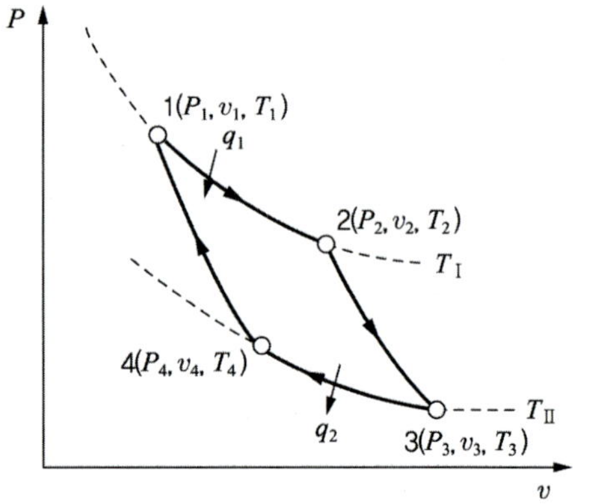

[그림 4-3] 카르노 사이클

4-3-1 변화과정

고열원의 온도를 T_{I}, 저열원의 온도 T_{II}라 하고 작동유체를 피스톤이 있는 실린더 속에 상태변화를 시킨다고 생각한다.

① 등온팽창(1 → 2과정)

실린더 상부를 온도 T_{I}인 고열원에 접촉시켜 열량 q_1을 받아 상태 1에서 상태 2까지 팽창하는데 고열원 T_{I}은 무한한 열량을 가지므로 아무리 열량을 빼앗겨도 온도 T_{I}은 변하지 않으므로 등온팽창을 한다.

② 단열팽창(2 → 3과정)

고열원의 온도 T_{I}으로부터 저열원의 온도 T_{II}까지 외부와 열의 출입이 없이 팽창하며, 이 때는 내부에너지를 소비하여 일(w)를 하고 온도는 T_{I}에서 T_{II}까지 내려간다.

③ 등온압축(3 → 4과정)

온도 T_{II}인 저열원에 실린더 상부를 접촉시키고 외부에서 작동유체에 압축일을 주면 상태 3에서 상태 4까지 압축되어 그 사이에 열량 q_2를 T_{II}에서 방출한다. T_{II}는 무한한 열량을 가지므로 열을 받아도 그 온도는 변하지 않는다.

④ 단열압축(4 → 1과정)

상태 4에서 열의 출입이 없이 압축을 시키면 열이 밖으로 나가지 않으므로 압축일은 작동유체의 내부에너지 증가로 전환되며 온도는 T_{II}에서 T_{I}까지 상승하여 처음 상태로 되돌아간다.

4-3-2 이론열효율

열역학 제1법칙으로 내부에너지의 변화는 없으므로

$$q_1 - q_2 = 0 + w,\ q_1 - q_2 = w \qquad \cdots\cdots (4\text{-}9)$$

가 된다. 따라서 카르노사이클의 열효율은 다음과 같다.

$$\eta_C = \frac{W}{q_1} = \frac{q_1 - q_2}{q_1} = 1 - \frac{q_2}{q_1} \qquad \cdots\cdots (4\text{-}10)$$

여기서, 등온 팽창사이의 공급열량 q_1은

$$q_1 = RT_{\mathrm{I}} \ln \frac{v_2}{v_1} = RT_{\mathrm{I}} \ln \frac{P_1}{P_2} \quad \cdots\cdots (4\text{-}11)$$

등온 압축 사이의 방출열량 q_2은

$$q_2 = RT_{\mathrm{II}} \ln \frac{v_3}{v_4} = RT_{\mathrm{II}} \ln \frac{P_4}{P_3} \quad \cdots\cdots (4\text{-}12)$$

다음에 2 → 3과정과 4 → 1과정은 단열변화이므로

$$T_2 v_2^{k-1} = T_3 v_3^{k-1}\ , \quad \therefore \ \frac{T_2}{T_3} = \left(\frac{v_3}{v_2}\right)^{k-1} = \frac{T_{\mathrm{I}}}{T_{\mathrm{II}}}$$

$$T_4 v_4^{k-1} = T_1 v_1^{k-1}\ , \quad \therefore \ \frac{T_1}{T_4} = \left(\frac{v_4}{v_1}\right)^{k-1} = \frac{T_{\mathrm{I}}}{T_{\mathrm{II}}}$$

또는

$$\frac{T_{\mathrm{I}}}{T_{\mathrm{II}}} = \left(\frac{v_3}{v_2}\right)^{k-1} = \left(\frac{v_4}{v_1}\right)^{k-1} \text{이므로}$$

$$\therefore \ \frac{v_2}{v_1} = \frac{v_3}{v_4}, \quad \frac{T_1}{T_4} = \left(\frac{v_4}{v_1}\right)^{k-1} = \frac{T_{\mathrm{I}}}{T_{\mathrm{II}}} \quad \cdots\cdots (4\text{-}13)$$

따라서 카르노 사이클의 열효율은 다음과 같다.

$$\therefore \ \eta_C = \frac{W}{q_1} = \frac{q_1 - q_2}{q_1} = 1 - \frac{q_2}{q_1}$$

$$= 1 - \frac{RT_{\mathrm{II}} \ln \frac{v_3}{v_4}}{RT_{\mathrm{I}} \ln \frac{v_2}{v_1}} = 1 - \frac{T_{\mathrm{II}}}{T_{\mathrm{I}}} \quad \cdots\cdots (4\text{-}14)$$

4-3-3 카르노 사이클의 특징

① 같은 온도의 열 저장소 사이에서 작동하는 기관 중에서는 가역사이클로 작동되는 카르노사이클 기관의 효율이 가장 좋다.

② 임의의 두 개의 온도의 열 저장소 사이에서 가역사이클인 카르노사이클로 작동되는 기관은 모두 같은 열효율을 갖는다.

③ 같은 두 열 저장소 사이에서 작동되는 가역사이클인 카르노사이클의 열효율은 작동유체에 관계없이 두 열 저장소의 온도에만 관계된다.

Example

01 700℃의 열원에서 매 사이클 당 3.35kJ의 열을 공급받고 30℃의 열원에 열을 방출하면서 작동되는 카르노기관의 열효율은 몇 %인가?

풀이 ⊙ 카르노사이클의 열효율 식 (4-14)에서

$$\eta_c = 1 - \frac{T_{\mathrm{II}}}{T_{\mathrm{I}}} = 1 - \frac{(30+273)}{(700+273)} = 68.9\%$$

02 고온 500℃, 저온 20℃의 온도범위에서 작용하는 카르노사이클의 열효율을 구하고, 또 사이클 당 105kJ이면 사이클 당 일은 얼마인가?

풀이 ⊙ 카르노사이클의 열효율 식 (4-14)에서

(1) 열효율 $\eta_c = 1 - \dfrac{T_{\mathrm{II}}}{T_{\mathrm{I}}} = 1 - \dfrac{(20+273)}{(500+273)} = 0.621 = 62.1\%$

(2) 사이클당 공급열량이 105kJ이므로 $W = Q_1 - Q_2$에서

사이클당 유효일은

$$\therefore\ W = Q_1 - Q_2 = Q_1\left(1 - \frac{Q_2}{Q_1}\right) = Q_1\eta_C = 105 \times 0.621 = 65.21\,\mathrm{kJ}$$

03 카르노(Carnot) 사이클로 작동되는 열기관의 고열원 및 저열원의 온도가 800℃, 20℃이고, 저열원에 버리는 열량이 20kJ/s이다. 열효율 및 유효일을 구하라.

풀이 ⊙ 카르노 사이클의 열효율 식(4-14)에서

(1) 열효율

$$\eta_c = 1 - \frac{Q_2}{Q_1} = 1 - \frac{T_{\mathrm{II}}}{T_{\mathrm{I}}} = 1 - \frac{(20+273)}{(800+273)} = 0.727 = 72.7\ \%$$

(2) 공급열량 $Q_1 = \dfrac{Q_2}{1-\eta_c} = \dfrac{20}{(1-0.727)} = 73.26\,\mathrm{kJ/s}$

∴ 유효일 $W = Q_1 - Q_2 = (73.26 - 20) = 53.26\,\mathrm{kJ/s}$

04 어떤 냉동기가 1kW의 동력을 소모하여 압축기를 작동하였다. 1시간 동안 1.3228×10^4kJ의 열을 저온체 열원에서 흡수하면, 이 냉동기의 성능계수는 얼마인가? 또 열펌프의 성능계수는 얼마인가?

풀이 식 (4-6)과 식 (4-8)에서

(1) 냉동기의 성능계수

$$\epsilon_R = \frac{Q_1}{W} = \frac{Q_1}{Q_2 - Q_1} = \frac{1.3228 \times 10^4}{3600} = 3.67 (\because\ 1\,\mathrm{kW} = 3600\,\mathrm{kJ/h})$$

(2) 열펌프의 성능계수

$$\epsilon_H = \epsilon_R + 1 = 3.67 + 1 = 4.67$$

4-4 열역학적 절대온도

일반적으로 온도계는 물질의 물리적 성질 즉 열팽창, 기전력, 전기저항, 상태변화 등에 이용하여 측정하는 것이므로 온도에 따라 온도계에 사용되는 물질의 물리적 성질이 다르기 때문에 물질의 종류에 따라 측정하는 온도가 약간씩 다르다. 따라서 물질의 종류에 관계없이 항상 일정한 온도눈금을 정의할 필요가 있다.

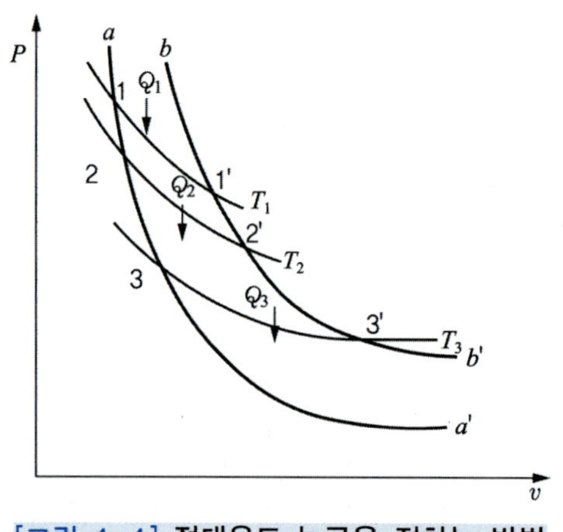

[그림 4-4] 절대온도 눈금을 정하는 방법

[그림 4-4]에서 aa', bb'는 임의의 단열곡선이고, $11'$, $22'$, $33'$…… 와 같이 온도 T_1, T_2, T_3…… 의 등온선을 그으면 $11'2'2$, $22'3'3$ …… 는 각각 카르노사이클이다. 지금변화 $1 \rightarrow 1'$, $2 \rightarrow 2'$, $3 \rightarrow 3'$…… 에 따라서 출입하는 열량을 각각 Q_1, Q_2, Q_3…… 라고 한다. 가령 카르노사이클 $11'22'$는 변화 $1 \rightarrow 1'$에서 열량 Q_1을 받아 변화 $2' \rightarrow 2$에 열량 Q_2를 버린다고 생각한다.

각 등온선을 적당히 정하여 면적 $11'2'2$, $22'3'3$ …… 등을 모두 같게 만들면 각 사이클이 하는 일량이 같게 되어

$$Q_1 - Q_2 = Q_2 - Q_3 = \cdots\cdots = W \qquad (4\text{-}15)$$

$$W = Q_1 - Q_2 = Q_1\left(1 - \frac{Q_2}{Q_1}\right)$$

$$= Q_1\left(1 - \frac{T_2}{T_1}\right) = \frac{Q_1}{T_1}(T_1 - T_2) \qquad (4\text{-}16)$$

동일하게

$$W = \frac{Q_2}{T_2}(T_2 - T_3) = \frac{Q_3}{T_3}(T_3 - T_4)$$

$$= \cdots\cdots = \frac{Q_n}{T_n}(T_n - T_{n+1}) \qquad (4\text{-}17)$$

앞에서 설명한 바와 같이

$$\frac{Q_1}{T_1} = \frac{Q_2}{T_2} = \frac{Q_3}{T_3} = \cdots\cdots = \frac{Q_n}{T_n} \qquad (4\text{-}18)$$

이므로

$$T_1 - T_2 = T_2 - T_3 = \cdots\cdots = T_{n-1} - T_n \qquad (4\text{-}19)$$

이와 같이 등간격의 온도눈금이 만들어진다. 이와 같은 방법으로 정해진 온도를 열역학적 절대온도 또는 캘빈의 절대온도라 한다. 따라서 식 (4-18)에서와 같이 완전가스 온도계의 절대온도와 열역학적 절대온도와는 서로 비례함을 알 수 있다.

4-5 클라우시우스(Clausius)의 적분

클라우시우스는 "계가 사이클을 이룰 때 한 사이클 동안의 $\frac{\delta q}{T}$의 적분은 0보다 작거나 같다"라고 주장하였다.

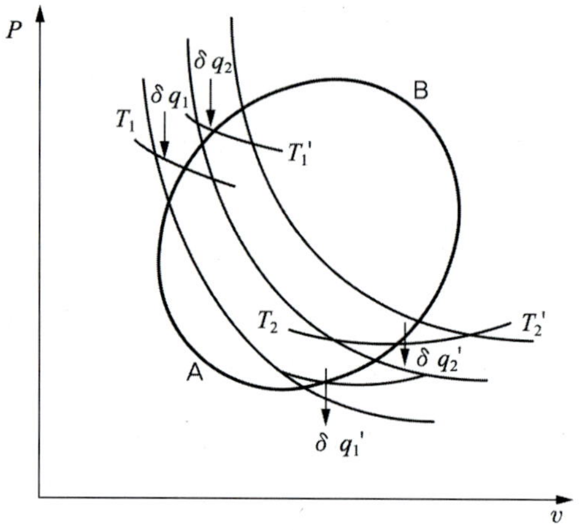

[그림 4-5] 클라우시우스의 적분

[그림 4-5]에서 가역사이클 AB를 수없이 많은 카르노사이클로 만들어 각 사이클에서의 고열원의 온도를 T_1, T_1', T_1'' …… 고열원에서의 공급열량 δq_1, $\delta q_1'$, $\delta q_1''$ ……이라고 하고, 저열원의 온도를 T_2, T_2', T_2'' …… 저열원에서의 방출열량을 δq_2, $\delta q_2'$, $\delta q_2''$ ……이라고 하자.

이 경우 카르노사이클의 열효율 식으로부터

$$\frac{\delta q_1}{T_1} - \frac{\delta q_2}{T_2} = 0 \quad \text{(4-20)}$$

되고, 제2, 제3의 카르노사이클에 대해서도 같은 꼴로 나타내면

$$\frac{\delta q_1'}{T_1'} - \frac{\delta q_2'}{T_2'} = 0, \quad \frac{\delta q_1''}{T_1''} - \frac{\delta q_2''}{T_2''} = 0 \quad \text{(4-21)}$$

되므로 모든 사이클을 합하면 다음과 같은 식으로 된다.

$$\sum \frac{\delta q_1}{T_1} - \sum \frac{\delta q_2}{T_2} = 0 \qquad \text{(4-22)}$$

따라서 공급받은 열량의 부호를 (+), 방출된 열량을 (−)로 고려하면

$$\frac{\delta q_1}{T_1} + \frac{\delta q_2}{T_2} = \sum \frac{\delta q}{T} = 0 \qquad \text{(4-23)}$$

으로 되고, 이것을 적분꼴로 바꾸어 생각하면 다음과 같다.

$$\oint \frac{\delta q}{T} = 0 \qquad \text{(4-24)}$$

따라서 모든 가역사이클만 구성되는 사이클에 대해서는 $\oint \frac{\delta q}{T}$는 항상 0이 됨을 알 수 있고, 비 가역사이클에서는 $\oint \frac{\delta q}{T}$가 0이 되지 않는다. 이것을 클라우시우스의 부등식이라 한다.

$$\oint \frac{\delta q}{T} \leq 0 \qquad \text{(4-25)}$$

이는 일정한 온도 T[K]에서 주고받은 열량의 합은 항상 0보다 작거나 같으며 열손실을 초래한다는 것을 나타낸다. 즉 열은 항상 높은 온도에서 낮은 온도로 흐르며 외부의 일의 작용이 없이는 낮은 온도에서 높은 온도로 올릴 수 없다.

4-6 엔트로피(Entropy)

엔트로피란 단위질량당 가열량 δq[kJ/kg]를 그 때의 절대온도 T[K]로 나눈 값으로 식 (4-26)으로 정의한다. 기호는 S, s를 사용하며, 단위는 kJ/K, kJ/kg·K로 나타낸다. 보통 가역사이클과 비가역 사이클을 판별하는 상태량을 엔트로피(entropy)로 해석한다. 열역학 제2법칙은 엔트로피증가의 원리를 이용한 법칙이다.

$$ds = \frac{\delta q}{T}, \; dS = \frac{\delta Q}{T} \qquad \text{(4-26)}$$

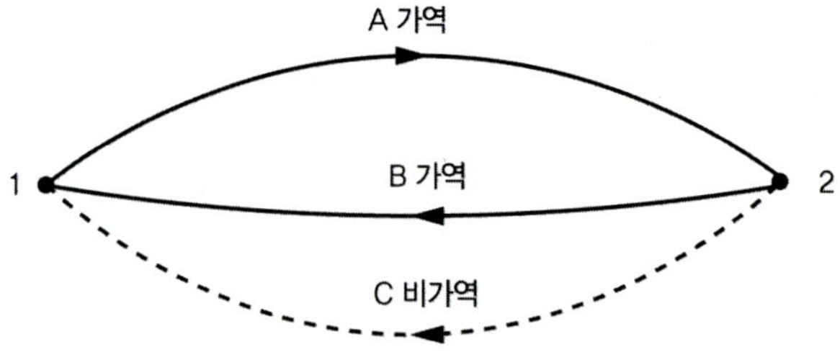

[그림 4-6] 가역 및 비가역 사이클

[그림 4-6]의 사이클은 상태 1에서 상태 2까지 경로 A를 따라 과정 1 → A → 2를 이룬 후 경로 B를 따르는 과정 2 → B → 1 또는 경로 C를 따르는 2 → C → 1로서 사이클을 완성한다.

4-6-1 가역과정의 엔트로피

경로 A와 B로 이루어지는 가역사이클에서 다음과 같다.

$$\oint \frac{\delta Q}{T} = \int_{1(A)}^{2} \frac{\delta Q}{T} + \int_{2(B)}^{1} \frac{\delta Q}{T} = 0 \quad \text{(4-27)}$$

4-6-2 비가역과정의 엔트로피

경로 A와 C로 이루어지는 비가역사이클에서 다음과 같다.

$$\oint \frac{\delta Q}{T} = \int_{1(A)}^{2} \frac{\delta Q}{T} + \int_{2(C)}^{1} \frac{\delta Q}{T} < 0 \quad \text{(4-28)}$$

식 (4–28)에서 식 (4–27)을 빼서 정리하면

$$\int_{2(B)}^{1} \frac{\delta Q}{T} > \int_{2(C)}^{1} \frac{\delta Q}{T} \quad \text{(4-29)}$$

로 쓸 수 있다.

위의 식에서 경로 B는 가역과정이므로 엔트로피의 정의와 엔트로피가 상태함수라는 성질을 이용하면

$$\int_{2(B)}^{1} \frac{\delta Q}{T} = \int_{2(B)}^{1} dS > \int_{2(C)}^{1} dS \quad \text{(4-30)}$$

이므로

$$\int_{2(B)}^{1} dS > \int_{2(C)}^{1} \frac{\delta Q}{T} \quad \cdots\cdots \quad (4\text{-}31)$$

이며, 일반적으로 식 (4−31)을 다음과 같이 쓸 수 있다.

$$S_2 - S_1 \geq \int_{1}^{2} \frac{\delta Q}{T} \quad \cdots\cdots \quad (4\text{-}32)$$

위 식에서 등호는 가역과정인 경우 성립하고, 부등호는 비가역과정인 경우 성립한다. 여기서 비가역 상태변화의 요인을 예로 들어보자.

① 열 이동의 경우

고온의 물체가 T_1과 저온의 물체 T_2를 접촉시키면 고온의 물체에서 저온의 물체로의 열이동이 일어난다. 이 때 고온물체에서 저온물체로 ΔQ 만큼의 열이 이동했다면 고온물체에서 잃은 열과 저온물체에서 얻은 열량은 같으므로 고온물체에서 잃은 엔트로피 ΔS_1, 저온물체에서 얻은 엔트로피 ΔS_2라 하면

$$\Delta S_1 = \frac{\Delta Q}{T_1},\ \Delta S_2 = \frac{\Delta Q}{T_2} \quad \cdots\cdots \quad (4\text{-}33)$$

이다. 이 때 $T_1 > T_2$이므로 다음과 같이 열이동 후 엔트로피는 증가한다.

$$\Delta S = \Delta S_2 - \Delta S_1 > 0 \quad \cdots\cdots \quad (4\text{-}34)$$

② 유체유동의 경우

유체가 유로를 따라 관속을 흐르게 되면 관 내부의 조도 및 형상에 따라 마찰과 와류가 형성되어 열이 발생된다.

이 때 유체에서 발생한 열을 ΔQ라 하고 유체의 온도를 T라면

$$\Delta S = \frac{\Delta Q}{T} \quad \cdots\cdots \quad (4\text{-}35)$$

로 되어 $\Delta S > 0$ 즉, 엔트로피는 증가한다.

위에서 열거한 외에도 가스의 혼합, 커피의 냉각과정, 물체의 마찰 등과 같은 비가역변화에

서도 항상 엔트로피는 증가한다. 이상과 같은 개념을 엔트로피증가의 원리라 한다.

Example

05 0℃의 물 1kg이 100℃의 포화액으로 변화하는 동안에 엔트로피의 변화량은 몇 kJ/kg·K인가? (단, 물의 비열은 4.2kJ/kg·K이다.)

풀이 식 (4-26)에서 $ds = \frac{\delta q}{T} = \frac{CdT}{T}$ 이므로

$$\therefore\ s_2 - s_1 = C\ln\left(\frac{T_2}{T_1}\right) = 4.2 \times \ln\left(\frac{373}{273}\right) = 1.31\,\text{kJ/kg}\cdot\text{K}$$

06 터빈을 지나는 유체가 물이며, 터빈 내 마찰에 의해 물의 온도가 15℃에서 19℃로 상승하였다. 터빈으로부터 외부로의 열전달은 없는 것으로 보고 물의 엔트로피 변화량은 몇 kJ/kg·K인가?

풀이 식 (4-26)에서 $ds = \frac{\delta q}{T} = \frac{CdT}{T}$ 이므로

$$\therefore\ s_2 - s_1 = C\ln\left(\frac{T_2}{T_1}\right) = 4.2 \times \ln\left(\frac{292}{288}\right) = 0.0579\,\text{kJ/kg}\cdot\text{K}$$

4-7 완전가스의 엔트로피변화

$ds = \frac{\delta q}{T}$에 열역학 제1법칙의 제1기초식 $\delta q = du + Pdv$의 관계식을 대입하면

$$ds = \frac{\delta q}{T} = C_v \frac{dT}{T} + R\frac{dv}{v} \quad \cdots\cdots (4\text{-}36)$$

가 되고, 이를 적분하면 다음과 같다.

$$s_2 - s_1 = C_v \ln\frac{T_2}{T_1} + R\ln\frac{v_2}{v_1} \quad \cdots\cdots (4\text{-}37)$$

$ds = \frac{\delta q}{T}$에 열역학 제1법칙의 제2기초식 $\delta q = dh - vdP$의 관계식을 대입하면

$$ds = \frac{\delta q}{T} = C_p \frac{dT}{T} - R\frac{dP}{P} \quad \cdots\cdots (4\text{-}38)$$

가 되고, 이를 적분하면 다음과 같다.

$$s_2 - s_1 = C_p \ln\frac{T_2}{T_1} - R\ln\frac{P_2}{P_1} \quad \cdots\cdots (4\text{-}39)$$

Example

07 20℃의 표준공기 5kg이 상태변화를 하여 온도 130℃, 체적 1.5배로 감소하였다. 엔트로피의 변화량을 구하라? (단, C_v = 0.715kJ/kg·K, R = 0.287kJ/kg·K이다.)

풀이 식 (4-37)을 이용하여

$$\therefore\ S_2 - S_1 = mC_v \ln\frac{T_2}{T_1} + mR\ln\frac{V_2}{V_1} = 5\left(0.715\times\ln\frac{403}{293} + 0.287\times\ln\frac{1}{1.5}\right) = 0.558\,\text{kJ/K}$$

08 산소 20kg이 압력 1bar, 온도 0℃로부터 2bar, 온도 100℃로 변할 때 엔트로피의 변화량을 구하라? (단, C_p = 0.922kJ/kg·K, R = 0.260kJ/kg·K이다.)

풀이 식 (4-39)을 이용하여

$$\therefore\ S_2 - S_1 = mC_p \ln\frac{T_2}{T_1} - mR\ln\frac{P_2}{P_1} = 20\left(0.922\times\ln\frac{373}{273} - 0.260\times\ln\frac{2}{1}\right)\ 2.151\,\text{kJ/ K}$$

4-7-1 정적변화

정적과정의 경우, 일과 열량선도로 나타내면 [그림 4-7]과 같다. 정적과정에서 열량의 변화량은 내부에너지 변화량과 같으므로 미분형태로 나타내면 식 (4- 36)으로부터 $dv = 0$이므로 다음과 같이 엔트로피 변화량을 구할 수 있다.

$$s_2 - s_1 = C_v \ln \frac{T_2}{T_1} = C_v \ln \frac{P_2}{P_1} \quad \cdots\cdots (4\text{-}40)$$

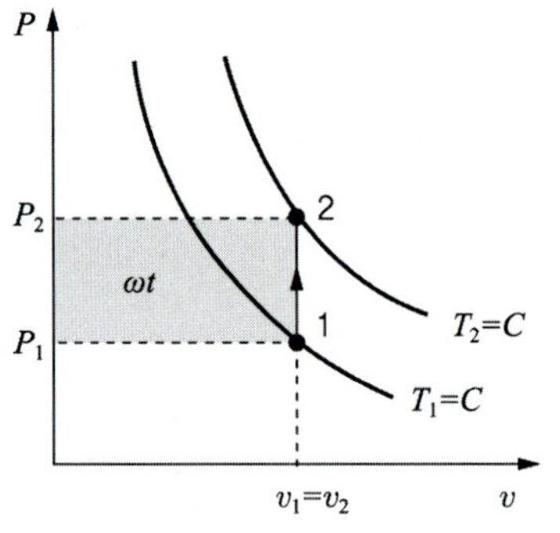

(a) $P-v$선도

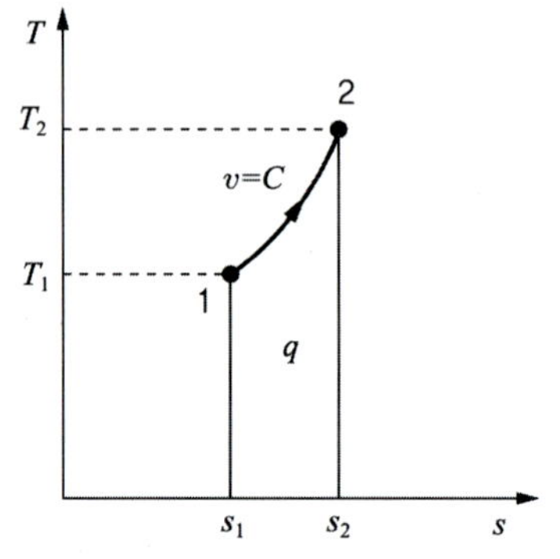

(b) $T-s$선도

[그림 4-7] 정적변화

Example

09 산소가 일정한 체적하에서 온도 15℃로부터 -3℃로 강하시켰을 때 엔트로피의 변화량은 몇 kJ/kg·K인가? (단, 산소의 C_v = 0.65385kJ/kg·K이다.)

풀이 ⊘ 정적변화이므로 식 (4-40)으로부터

$$\therefore\ s_2 - s_1 = C_v \ln \frac{T_2}{T_1} = 0.65385 \times \ln \frac{270}{288} = -0.042\,\text{kJ/kg}\cdot\text{K}$$

4-7-2 정압변화

정압과정의 경우, 일과 열량선도를 나타내면 [그림 4-8]과 같다. 정압과정에서의 열량의 변화량은 엔탈피의 변화량과 같으므로 미분형태로 나타내면 식 (4-38)로부터 $dP=0$이므로 다음과 같이 엔트로피 변화량을 구할 수 있다.

$$s_2 - s_1 = C_p \ln \frac{T_2}{T_1} = C_p \ln \frac{v_2}{v_1} \quad \cdots\cdots (4\text{-}41)$$

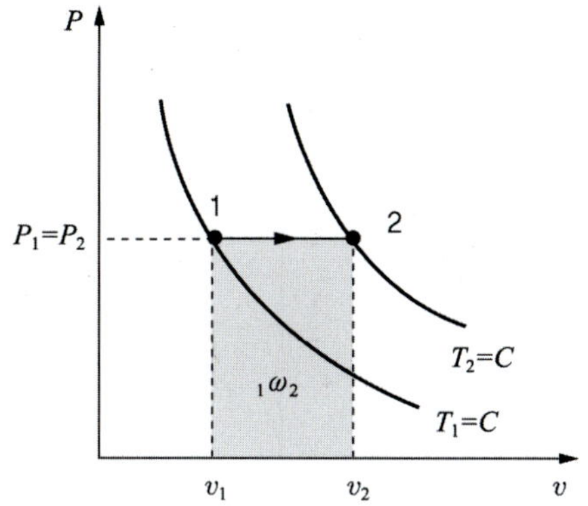

(a) $P-v$선도

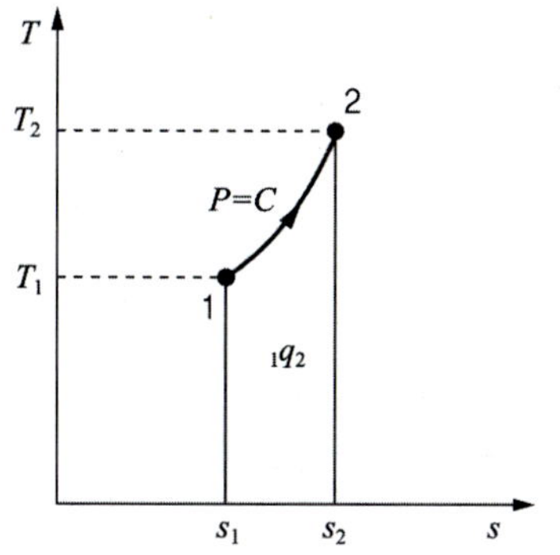

(b) $T-s$선도

[그림 4-8] 정압변화

Example

10 공기가 정압과정으로 변화하여 엔트로피가 −4.2kJ/K만큼 변하였다. 이 때 체적이 $1m^3$에서 $0.35m^3$로 되었다면 공기의 중량은 얼마인가? (단, 공기의 정압비열 C_p = 1.005kJ/kg·K이다.)

풀이 정압변화이므로 식 (4-41)의

$$\Delta S = S_2 - S_1 = GC_p \ln\left(\frac{T_2}{T_1}\right) = GC_p \ln\left(\frac{V_2}{V_1}\right) \text{에서}$$

$$\therefore m = \frac{\Delta S}{C_p \ln\left(\frac{V_2}{V_1}\right)} = \frac{-4.2}{1.005 \times \ln(0.35/1)} \fallingdotseq 4.0\text{kg}$$

4-7-3 등온변화

등온과정의 경우, 일과 열량선도를 나타내면 [그림 4-9]와 같다. $dT=0$이므로 식 (4-37)과 식 (4-39)을 이용하여 엔트로피의 변화량을 구하면 다음과 같다.

$$s_2 - s_1 = R\ln\frac{v_2}{v_1} = R\ln\frac{P_1}{P_2}$$

$$= C_p\ln\frac{P_1}{P_2} + C_v\ln\frac{v_1}{v_2} \quad \cdots\cdots \text{(4-42)}$$

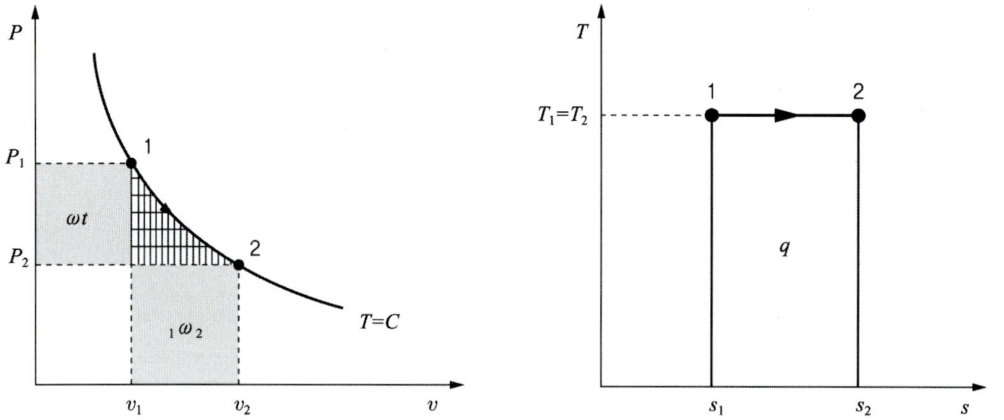

(a) $P-v$선도 (b) $T-s$선도

[그림 4-9] 등온변화

Example

11 공기 1kg가 온도 15℃ 상태하에서 등온변화하여 나중체적이 최초체적의 2배로 증가하였다면 엔트로피의 변화량은 몇 kJ/kg·K인가?

풀이 ⊙ 등온변화이므로 식 (4-42)에서

$$\therefore\ s_2 - s_1 = R\ln\frac{v_2}{v_1} = R\ln\frac{P_1}{P_2} = 0.287\times\ln 2 = 0.199\,\text{kJ/kg}\cdot\text{K}$$

4-7-4 단열변화

단열변화는 외부와 열의 출입이 없으므로 $q = C$, $\delta q = 0$이다. 따라서 엔트로피의 변화량이 0이 된다. 등 엔트로피변화이다.

$$ds = \frac{\delta q}{T} = 0$$

$$\therefore \; s_2 - s_1 = 0 \quad \cdots\cdots (4\text{-}43)$$

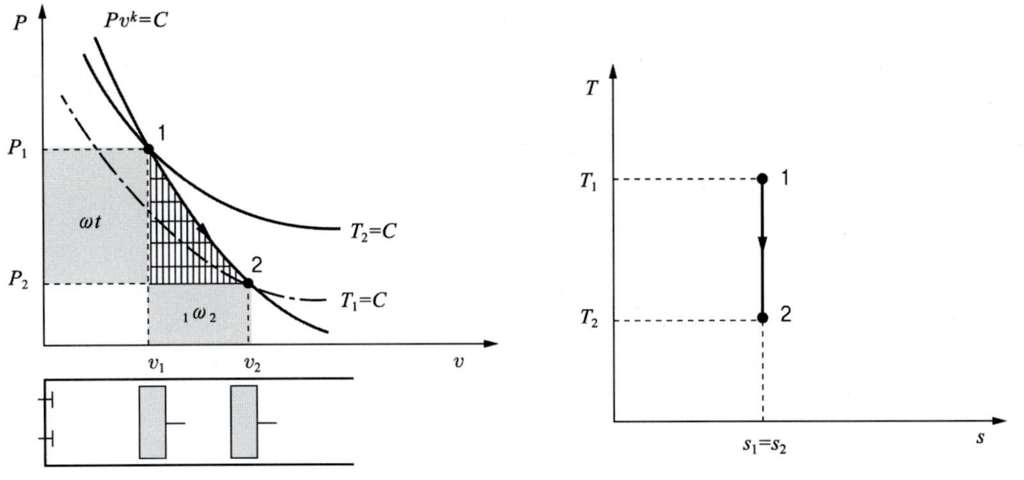

(a) $P-v$선도 (b) $T-s$선도

[그림 4-10] 단열변화

4-7-5 폴리트로픽 변화

폴리트로픽 변화는 지금까지 배운 모든 상태변화를 일반적으로 표현할 수 있는 변화로서 P, v, T 관계는 다음과 같고, 일과 열량선도를 나타내면 [그림 4-11]과 같다.

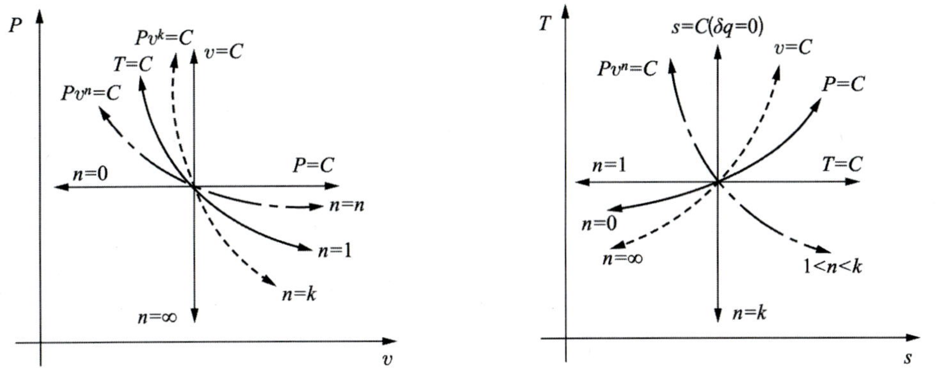

(a) $P-v$선도 (b) $T-s$선도

[그림 4-11] 폴리트로픽 변화

$$\frac{T_2}{T_1} = \left(\frac{v_1}{v_2}\right)^{n-1} = \left(\frac{P_2}{P_1}\right)^{\frac{n-1}{n}}$$

따라서, 폴리트로픽 변화시 엔트로피의 변화량은 다음과 같다.

$$ds = \frac{\delta q}{T} = \frac{C_n}{T} dT \quad (\delta q = C_n dT)$$

$$\therefore \; s_2 - s_1 = C_n \ln\frac{T_2}{T_1} = \frac{n-k}{n-1} C_v \ln\frac{T_2}{T_1}$$

$$= (n-k) C_v \ln\frac{v_1}{v_2} = \frac{n-k}{n} C_v \ln\frac{P_2}{P_1} \quad \cdots\cdots \text{(4-44)}$$

$$(\because \; C_n = \frac{n-k}{n-1} C_v)$$

여기서, C_n을 폴리트로픽 비열이라 한다.

Example

12 질소가스 1kg을 가역적으로 압축하여 100kPa를 20℃에서 500kPa으로 압축하였다. 압축과정 동안 $Pv^{1.3} = C$의 관계를 유지되었다면 과정 중의 엔트로피의 변화량을 구하라. (단, 질소의 정적비열 C_v = 0.7448kJ/kg·K, k = 1.4이다.)

풀이 ⊘ 폴리트로픽변화에서 $\frac{T_2}{T_1} = \left(\frac{v_1}{v_2}\right)^{n-1} = \left(\frac{P_2}{P_1}\right)^{\frac{n}{n-1}}$ 이므로

압축 후의 온도 $T_2 = T_1\left(\frac{P_2}{P_1}\right)^{\frac{n}{n-1}} = (20+273) \times 5^{\frac{0.3}{1.3}} ≒ 425\,\text{K}$

$$\therefore \; s_2 - s_1 = C_n \ln\frac{T_2}{T_1} = \frac{n-k}{n-1} C_v \ln\frac{T_2}{T_1}$$

$$= \frac{1.3-1.4}{1.3-1} \times 0.7448 \times \ln\frac{425}{293} ≒ -0.092\,\text{kJ/kg}\cdot\text{K}$$

4-8 유효에너지와 무효에너지

[그림 4-12]는 카르노사이클의 $P-v$선도 및 $T-s$선도이다. 이 사이클에서 단위중량당 작동유체가 고온 T_I 의 고열원에서 열량 q_1을 공급받아도 일로 변환되는 것은 그 일부 q_a 이고, 나머지 부분 $q_0 = q - q_a$ 는 저열원(온도 T_0)에 방출해야만 된다는 사실을 열역학 제2법칙에서 설명하였다.

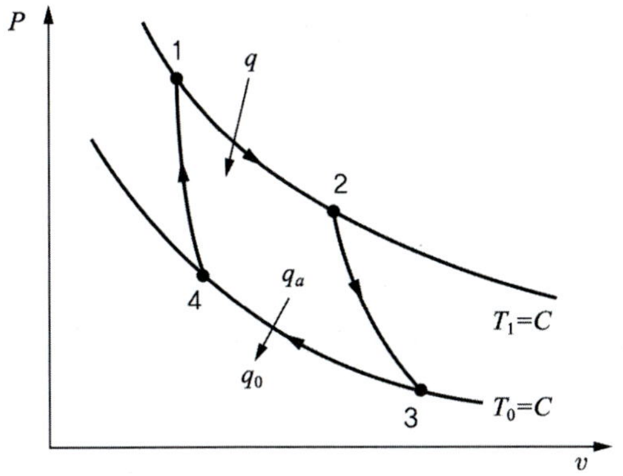

(a) $P-v$선도

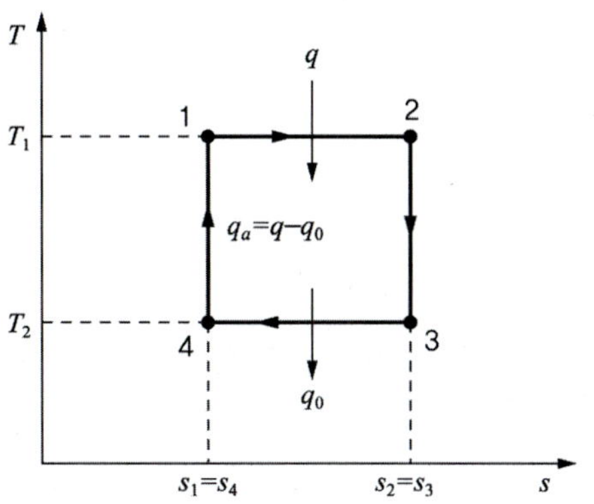

(b) $T-s$선도

[그림 4-12] 유효에너지와 무효에너지

이때 q_a를 유효에너지(available energy), q_0를 무효에너지(unavailable energy)라고 부른다. 고열원의 온도 T_I 이 일정한 경우에는 저열원의 T_0 도 일정하므로 가역사이클에서 작동유체가 양 열원과 열교환할 때의 엔트로피의 변화 Δs 는

$$\Delta s = \frac{q_0}{T_0} = \frac{q}{T_1} \quad \text{(4-45)}$$

따라서, 무효에너지는

$$q_0 = T_0 \Delta s = \frac{T_0}{T_1} q \quad \text{(4-46)}$$

유효에너지는

$$q_a = q - q_0 = q - T_0 \Delta s = q\left(1 - \frac{T_0}{T_1}\right) \quad \text{(4-47)}$$

다음에 고열원의 온도가 열량 q를 받는 사이에 T_1에서 T_2로 변하였을 경우 저열원의 온도가 T_0는 일정하므로

$$\Delta s = \frac{q_0}{T_0} = \int_{T_1}^{T_2} \frac{\delta q}{T} = \int_1^2 C\frac{dT}{T} = C\ln\frac{T_2}{T_1} \quad \text{(4-48)}$$

이 되고, 이 때 작동유체가 고열원에서 받는 열량 q는

$$q = \int_1^2 CdT = C(T_2 - T_1) \quad \text{(4-49)}$$

이므로 유효에너지 q_a는 다음과 같다.

$$q_a = q - q_0 = q - T_0\Delta s = \int_1^2 CdT - T_0\Delta s \quad \text{(4-50)}$$

이상과 같은 사실로 작동유체가 고열원에서 열량 q를 받을 때 엔트로피의 증가 Δs는 무효에너지 q_0에 비례하고, 유효에너지 q_a에 반비례한다.

Example

13 물 1kg을 0℃에서 100℃까지 가열하고, 0℃를 저열원의 온도로 할 경우 무효에너지와 유효에너지를 구하라.

풀이 0℃의 물 1kg을 100℃까지 가열하는 데 필요한 열량

$q = C(T_2 - T_1) = 4.2\times(100-0) = 420\,\text{kJ/kg}$

엔트로피의 증가량 $\Delta s = C\ln\frac{T_2}{T_1} = 4.2\times\ln\frac{373}{273} = 1.311\,\text{kJ/kg}\cdot\text{K}$

(1) 무효에너지

$q_0 = T_0\Delta s = 273\times1.311 \fallingdotseq 357.9\,\text{kJ/kg}$

(2) 유효에너지

$q_a = q - q_0 = 420 - 357.9 = 62.1\,\text{kJ/kg}$

14 물 1kg이 표준대기압 상태에서 10℃에서 90℃까지 가열시키고, -10℃를 최저온도로 할 경우 무효에너지와 유효에너지를 구하라.

풀이 $q = C(T_2 - T_1) = 4.2\times(90-10) = 336\,\text{kJ/kg}$

엔트로피의 증가량 $\Delta s = C\ln\frac{T_2}{T_1} = 4.2\times\ln\frac{363}{283} = 1.046\,\text{kJ/kg}\cdot\text{K}$

(1) 무효에너지

$q_0 = T_0 \Delta s = (273 - 10) \times 1.046 ≒ 275.098\,\text{kJ/kg}$

(2) 유효에너지

$q_a = q - q_0 = 336 - 275.098 ≒ 60.9\,\text{kJ/kg}$

15 어떤 계에 온도 30℃, 중량 4kg인 물에 837kJ의 열이 가해져 물의 엔트로피가 1.73kJ/K만큼 증가하였다. 대기의 온도가 27℃일 때 물에 가해진 837kJ 중에서 유효에너지는 몇 kJ인가?

풀이 ⊙ 유효에너지

$Q_a = Q - T_0 \Delta S = 837 - (273 + 27) \times 1.73 = 318\,\text{kJ}$

16 공기 1kg를 정적변화하에서 10℃에서 100℃까지 가열하고 다음에 정압변화하에서 250℃까지 가열한다. 저열원의 온도를 빙점으로 했을 때 무효에너지는 몇 kJ/kg인가? (단, C_v, C_p은 각각 0.717, 1.004kJ/kg·℃이다.)

풀이 ⊙ 무효에너지 $q_0 = q - q_a = T_0 ds$ 이므로

엔트로피의 증가량 $ds = C_v \ln \dfrac{T_2}{T_1} + C_p \dfrac{T_3}{T_2}$

$= 0.717 \ln \dfrac{373}{283} + 1.004 \ln \dfrac{523}{373} ≒ 0.537\,\text{kJ/kg}\cdot\text{K}$

∴ 무효에너지 $q_0 = T_0 \Delta s = 273 \times 0.537 ≒ 146\,\text{kJ/kg}$

4-9 열역학 제3법칙

독일의 물리학자 W. Nernst는 실험의 결과에 의해 "어떠한 방법으로도 물체의 온도를 절대 영도(0 K)까지 내릴 수 없다"고 설명하였다. 즉 "모든 완전 결정체의 엔트로피는 절대 영도에서 0이다."

여기서 완전 결정체란 열역학적으로 평형상태에 있는 것을 말하며 위의 말은 다음과 같이 바꾸어 쓸 수 있다.

"열역학적으로 평형상태에 있는 모든 순수물질의 엔트로피는 절대영도에 접근함에 따라 0에 가까워진다." 이상과 같은 두 가지 표현을 Nernst의 열정리 또는 열역학 제3법칙(3rd law of thermodynamics)라 한다.

열기관에서 저열원의 온도가 절대영도라면 $T_2=0[\mathrm{K}]$이므로

$$\Delta Q = T_2 dS = 0 \quad \cdots\cdots (4\text{-}51)$$

으로 되어 저열원으로 버리는 열량이 없으므로 이것은 고열원만으로 작동하는 열기관이 되어 열역학 제2법칙에 위배된다. 따라서 열역학 제3법칙에 의하여 절대영도에서의 엔트로피를 0으로 하여 이것을 기준으로 모든 열현상의 엔트로피를 표현할 수 있게 되었다.

열기관의 열효율

$$\eta = \frac{\text{유효열량}}{\text{공급열량}} = \frac{AW}{Q_1} = \frac{Q_1 - Q_2}{Q_1} = 1 - \frac{Q_2}{Q_1}\left(\text{SI단위일 때} = \frac{W}{Q_1}\right)$$

냉동기의 성적 계수

$$\epsilon_R = \frac{Q_2}{AW} = \frac{Q_2}{Q_1 - Q_2}\left(\text{SI단위일 때} = \frac{Q_2}{W}\right)$$

열펌프의 성적계수

$$\epsilon_H = \frac{Q_1}{AW} = \frac{Q_1}{Q_1 - Q_2}\left(\text{SI단위일 때} = \frac{Q_1}{W}\right)$$

카르노 사이클

- 2개의 등온과정, 2개의 단열과정으로 구성
- 순서 : 등온팽창 → 단열팽창 → 등온압축 → 단열압축
- 열효율 : $\eta_c = \frac{AW}{q_1} = \frac{q_1 - q_2}{q_1} = 1 - \frac{q_2}{q_1} = 1 - \frac{T_{\text{II}}}{T_{\text{I}}}$

클라우지우스의 적분값

- 가역사이클 : $\oint \frac{\delta q}{T} = 0$
- 비가역사이클 : $\oint \frac{\delta q}{T} < 0$ → 일반적 공식 $\oint \frac{\delta q}{T} \le 0$

엔트로피의 변화

$$dS = \frac{\delta Q}{T} = \frac{CdT}{T} \rightarrow \Delta S = C\ln\frac{T_2}{T_1} \text{ 또는 } \Delta S = \frac{\Delta Q}{T}$$

이상기체의 엔트로피 일반식

$$\Delta S = C_v \ln\frac{T_2}{T_1} + R\ln\frac{v_2}{v_1} = C_P\ln\frac{T_2}{T_1} - R\ln\frac{P_2}{P_1}$$

폴리트로픽의 엔트로피변화

$$\Delta S = C_n \ln\frac{T_2}{T_1}\left(\text{단, } C_n = \left(\frac{n-k}{n-1}\right)C_v\right)$$

Reference

무효에너지

$$q_0 = T_0 \Delta s = \frac{T_0}{T_1} q$$

유효에너지

$$q_a = q - q_0 = q - T_0 \Delta s$$

CHAPTER 04

열역학 제2법칙

실/력/평/가

01 열역학 제2법칙에 관한 다음 사항 중 옳지 않는 것은?

① 외부에서 일이 가해지지 않으면 열이 낮은 곳에서 높은 곳으로 흐를 수 없다.
② 같은 온도 사이에서는 가역 사이클로 작동하는 기관의 열효율이 가장 크다.
③ 에너지 전환에 대한 가역성을 설명하는 법칙이다.
④ 이 법칙을 위반하면서 작동하는 기관을 제2종 영구기관이라고 한다.

풀이

열역학 제2법칙은 에너지변환의 실현 가능성을 밝혀주는 경험식이다.

02 열역학 제2법칙은 다음 중 어떤 역할을 하는가?

① 에너지의 보존원리를 제시한다.
② 온도계의 원리를 제공한다.
③ 절대온도에서의 엔트로피 값을 제공한다.
④ 어떤 과정이 일어날 수 있는가를 제시해 준다.

풀이

Clausius의 표현은 열의 이동 방향성을 제시한 표현한 것으로 열은 고열원에서 저열원으로 어떤 에너지의 공급 없이 이동하지만 그 반대는 성립하지 않는다는 것이다.

03 열역학 제2법칙으로부터 정의되는 상태량은?

① 내부에너지 ② 열과 일
③ 엔트로피 ④ 저장에너지

풀이

엔트로피는 에너지도 아니고 온도처럼 감각으로 느낄 수도 없으며 측정할 수도 없는 상태량으로 가역과정에서 정의된다.

04 다음 중 열역학적 제2법칙에 포함되지 않는 것은?

① 제2종 영구기관의 부정
② 비가역과정의 엔트로피 증가
③ 열은 고온에서 저온으로 흐른다.
④ 열과 일은 성질이 같다.

05 다음 중 열역학적 제2법칙에 관한 설명 중 틀린 것은?

① 성능계수가 무한대인 냉동기 제작이 불가능하다.
② 열효율이 100%인 열기관을 만들 수 없다.
③ 제2종 영구기관은 존재한다.
④ 열역학 제1법칙의 성립방향에 제한을 가하는 법칙이다.

| 정 | 답 | 01 ③ 02 ② 03 ③ 04 ④ 05 ③

06 냉동기의 성적계수를 바르게 표시한 것은? (단, Q_1 : 냉동효과, Q_2 : 응축기에서의 방열량, W : 압축기의 소요일이다.)

① $\frac{Q_1}{W}$ ② $\frac{Q_2}{W}$

③ $\frac{Q_1 - Q_2}{Q_1}$ ④ $\frac{W}{Q_2}$

풀이

냉동기의 성능계수$(\epsilon_R) = \frac{Q_1}{Q_2 - Q_2} = \frac{Q_1}{W}$

07 온도 T_1인 저온체에서 열량 Q_1를 흡수하여 온도가 T_2인 고온체로 열량 Q_2를 방출할 때 냉동기의 성능계수는?

① $\frac{Q_1 - Q_2}{Q_1}$ ② $\frac{Q_1}{Q_2 - Q_1}$

③ $\frac{T_2}{T_2 - T_1}$ ④ $\frac{T_2 - T_1}{T_1}$

08 카르노 사이클의 원리를 요약한 것에 중에서 가장 관계가 적은 것은?

① 카르노사이클의 열효율은 동작물질의 종류에 무관하다.
② 냉동기의 이상적 사이클은 역카르 노사이클이다.
③ 같은 두 온도구간에서 작동하는 모든 비가역사이클의 열효율은 크기가 같다.
④ 카르노사이클은 열기관의 이상사이클로서 열효율이 가장 크다.

09 고온도(T_1), 저온도(T_2)인 카르노사이클 기관의 열효율은?

① $\eta_c = \frac{T_2 - T_1}{T_1}$ ② $\eta_c = \frac{T_1 - T_2}{T_1}$

③ $\eta_c = \frac{T_2}{T_1 - T_2}$ ④ $\eta_c = \frac{T_1 - T_2}{T_2}$

10 카르노사이클(Carnot cycle)은 다음 어느 과정으로 형성되는가?

① 등온과정 2개, 등적과정 2개
② 단열과정 2개, 등압과정 2개
③ 등온과정 2개, 단열과정 2개
④ 등온과정 2개, 등압과정 2개

풀이

카르노 사이클은 완전가스를 작동유체로 하는 이상적인 사이클로서 2개 등온 변화와 2개의 단열변화로 구성된다.

11 사이클의 효율을 높이기 위한 방법이 아닌 것은?

① 방열온도를 낮게 한다.
② 작동유체의 양을 많게 한다.
③ 카르노사이클에 가깝게 한다.
④ 급열온도를 높게 한다.

06 ① 07 ② 08 ③ 09 ② 10 ③ 11 ② | 정 | 답 |

12 카르노사이클로 작동되는 기관이 300 ℃에서 837kJ의 열을 받아들이고 25℃에서 방출한다면 일은 몇 kJ 정도인가?

① 501.76kJ ② 301.76kJ
③ 601.76kJ ④ 401.76kJ

풀이

$\eta_c = \frac{W}{Q} = 1 - \frac{T_2}{T_1}$ 에서

$\therefore W = \left(1 - \frac{T_2}{T_1}\right)Q = 837\left(1 - \frac{298}{573}\right) = 401.76\text{kJ}$

13 29℃와 227℃사이에서 작동하는 카르노 사이클의 열효율은?

① 60.4% ② 39.6%
③ 0.604% ④ 0.396%

풀이

$\eta_c = 1 - \frac{T_2}{T_1} = 1 - \frac{273+29}{273+227}$

$= 1 - \frac{302}{500} = 0.396 = 39.6\%$

14 카르노 사이클에 대한 설명 중 틀린 것은?

① 열효율은 압축비의 함수로 구성된다.
② 사이클 중 열효율이 가장 좋다.
③ 2개의 등온변화와 2개의 단열변화 과정으로 구성된다.
④ 열효율은 함수를 온도의 함수로 치환될 수 있다.

15 온도 500℃상태에서 외부로부터 열량 400kJ의 열을 공급받고, 30℃상태에서 외부로 열을 버리면서 작동하는 카르노사이클의 열기관이 있다. 이 기관의 유효일과 열효율은 얼마인가?

① $W = 186.2\text{kJ}$, $\eta = 40.2\%$
② $W = 243.2\text{kJ}$, $\eta = 60.8\%$
③ $W = 327.2\text{kJ}$, $\eta = 50.6\%$
④ $W = 462.8\text{kJ}$, $\eta = 40.8\%$

풀이

$\eta_c = 1 - \frac{T_2}{T_1} = 1 - \frac{273+30}{273+500} = 0.608$

$\eta_c = \frac{W}{Q_1}$ 에서

$W = Q_1 \cdot \eta = 400 \times 0.608 = 243.2\text{kJ}$

16 20 ℃와 120℃사이에 작동하는 카르노사이클과 450℃와 550℃사이에 작동하는 카르노사이클이 있을 때 전자의 열효율은 후자의 열효율보다 몇 배나 크겠는가?

① 0.12배 ② 0.25배
③ 1.42배 ④ 2.08배

풀이

$\eta_{c1} = 1 - \frac{T_2}{T_1} = 1 - \frac{273+20}{273+120} \fallingdotseq 0.25(25\%)$

$\eta_{c2} = 1 - \frac{T_2}{T_1} = 1 - \frac{273+450}{273+550} \fallingdotseq 0.12(25\%)$

$\therefore$ 효율비 $= \frac{\eta_{c1}}{\eta_{c2}} = \frac{0.25}{0.12} = 2.08$

| 정 | 답 | 12 ④ 13 ② 14 ① 15 ② 16 ④

17 어느 열기관이 53000kJ/h의 동력을 얻기 위하여 한 시간당 167440kJ의 열량을 공급한다면 이 열기관의 열효율은 얼마인가?

① 15% ② 28%
③ 32% ④ 48%

풀이

일의 열상당량 $W=53000\text{kJ/h}$
공급열량 $Q_1=167440\text{kJ}$

$$\eta_c=\frac{W}{Q_1}=\frac{53000}{167440}\fallingdotseq 0.32(32\%)$$

18 어느 열기관에서 1700kJ/kg의 열량을 받아서 425kJ/kg의 열량으로 방출을 하였다면 이 기관의 열효율은 몇 %인가?

① 80% ② 66.7%
③ 33.3% ④ 75%

풀이

$$\eta=1-\frac{Q_2}{Q_1}=1-\frac{425}{1700}=0.75\times100=75\%$$

19 다음 그림과 같이 작동하는 열기관은 어떤 열기관인가?

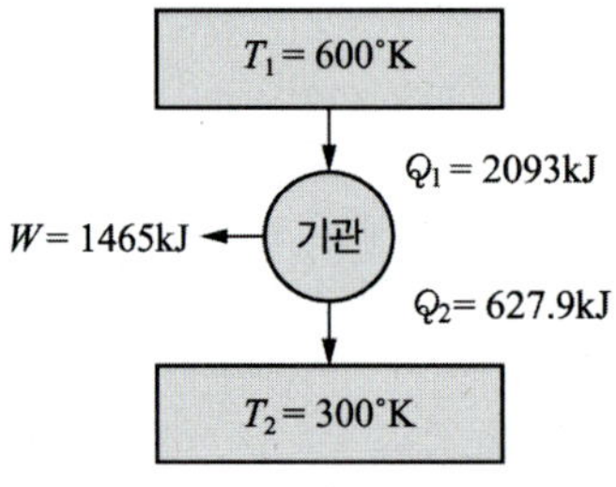

① 디젤 열기관 ② 가역 열기관
③ 비가역 열기관 ④ 불가능한 열기관

풀이

카르노사이클의 열기관이라면,

$$\eta_c=1-\frac{T_2}{T_1}=1-\frac{300}{600}\fallingdotseq 0.50(50.0\%)$$

열기관 사이클이라면,

$$\eta=1-\frac{Q_2}{Q_1}=1-\frac{627.9}{2093}=0.7(70.0\%)$$

∴ 열기관 사이클이 카르노사이클보다 열효율이 더 크므로 불가능한 열기관이다.

20 가역 밀폐사이클에서 열역학적 성질을 W라 할 때 옳게 표시한 것은? (단, $\int_1^2 dW$는 상태 1 → 2의 적분이며, $\oint dW$는 1사이클당 적분이다.)

① $\int_1^2 dW=0$ ② $\int_1^2 dW>0$
③ $\oint dW<0$ ④ $\oint dW=0$

21 비가역사이클에서의 클라우시우스의 부등식은 어느 것인가? (단, $\int_1^2 dW$는 상태 1 → 2의 적분이며, $\oint dW$는 1사이클당 적분이다.)

① $\oint \frac{dQ}{T}>0$ ② $\oint \frac{dQ}{T}<0$
③ $\oint TdQ>0$ ④ $\oint TdQ<0$

17 ③ 18 ④ 19 ④ 20 ④ 21 ② | 정 | 답 |

22 엔트로피로 정의하는 식으로 옳은 것은? (단, S : 엔트로피, T : 절대온도, Q : 열량이다.)

① $dS=\dfrac{T}{dQ}$　　② $dS=\dfrac{dT}{dQ}$

③ $dS=\dfrac{Q}{dT}$　　④ $dS=\dfrac{dQ}{T}$

23 다음 중 설명이 틀린 것은?

① 모든 가역사이클에 대한 $\oint\dfrac{dQ}{T}$는 항상 0이 된다.

② 모든 비가역 사이클에 대한 $\oint\dfrac{dQ}{T}$는 항상 0보다 작다.

③ 가역사이클의 열효율은 비가역 사이클의 열효율보다 항상 크다.

④ 클라이시우스의 부등식은 $\oint\dfrac{dQ}{T}=0$은 항상 0이 된다.

24 다음 엔트로피를 설명한 것 중 틀린 것은?

① 열을 일로 전환하는 과정의 불완전도를 표시하는 상태량이다.

② 가역변화가 없는 자연계에서는 엔트로피는 항상 일정하게 유지된다.

③ 온도 1°K를 높이는데 필요한 열량이며 상태함수이다.

④ 비가역 과정에는 보통 엔트로피가 증가한다.

25 엔트로피-온도 선도의 장점을 설명한 것 중 관계가 먼 것은?

① 면적이 열량을 나타내므로 열량을 쉽게 알 수 있다.

② 등온 및 단열변화를 표시하기에 용이하다.

③ 증기사이클에서도 쉽게 표시할 수 있다.

④ 일량을 쉽게 표시할 수 있다.

26 물 50kg을 50℃로부터 100℃까지 가열하면 엔트로피의 증가는 몇 kJ/K인가?

① 10.12kJ/K　　② 40.12kJ/K

③ 20.12kJ/K　　④ 30.12kJ/K

풀이

$$S_2-S_1=mC\ln\frac{T_2}{T_1}=50\times4.186\times\ln\frac{273+100}{273+50}$$
$$=30.12\text{kJ/K}$$

27 고립계(isolated system)에서 엔트로피는 항상 증가하거나 불변이다. 이 사실에서 엔트로피가 증가한다는 것은 논리적으로 어떤 현상이 일어나게 되는 것인가?

① 계가 열적으로 역학적으로 불안정하게 된다.

② 계가 열적으로 평형상태가 되나 역학적으로 불안하게 된다.

③ 계가 역학적으로 평형상태가 되나 열적으로는 불안정하게 된다.

④ 계가 열적으로 역학적으로 평형상태에 가까워진다.

| 정 | 답 | 22 ④　23 ④　24 ②　25 ④　26 ④　27 ③

28 얼음의 융해열은 330kJ/kg이다. 같은 온도에서 물 10kg이 0℃의 얼음으로 변할 때 엔트로피의 변화량은 얼마인가?

① 11.09kJ/K ② 12.09kJ/K
③ 13.09kJ/K ④ 14.09kJ/K

풀이

$dS=\frac{\delta Q}{T}$에서

$S_2-S_1=\frac{\Delta Q}{T}=\frac{10\times 330}{273+0}=12.09\text{kJ/K}$

29 정적하에 공기 10kg를 50℃ 상태에서 가열하여 350℃로 만들었다. 엔트로피의 변화량은 얼마인가? (단, 공기의 정적비열 C_v = 0.717kJ/kg·K이다.)

① 4.61kJ/K ② 4.71kJ/K
③ 4.81kJ/K ④ 4.91kJ/K

풀이

$S_2-S_1=mC_v\ln\frac{T_2}{T_1}=10\times 0.717\times\ln\frac{273+350}{273+50}$
$=4.71\text{kJ/K}$

30 압력 3atm, 온도 27℃인 3kg의 공기를 일정한 압력하에서 가역적으로 127℃까지 가열할 때 엔트로피의 변화량는 몇 kJ/K인가? (단, C_p = 1.004J/kg·K이다.)

① 0.567kJ/K ② 0.667kJ/K
③ 0.767kJ/K ④ 0.867kJ/K]

풀이

$\Delta S=mC_p\ln\frac{T_2}{T_1}=3\times 1.004\times\ln\frac{400}{300}$
$=0.866\text{kJ/K}$

31 터빈을 지나는 유체가 물이며, 터빈 내 마찰에 의해 물의 온도가 15℃에서 19 ℃로 상승하였다. 터빈으로부터 외부로의 열전달은 없는 것으로 보고 물의 엔트로피의 변화량은 얼마인가?

① 0.04777kJ/kg·K
② 0.05774kJ/kg·K
③ 0.06774kJ/kg·K
④ 0.07774kJ/kg·K

풀이

$S_2-S_1=C\ln\frac{T_2}{T_1}=4.186\times\ln\frac{273+19}{273+15}$
$=0.05774\text{kJ/kg}\cdot\text{K}$

32 그림과 같은 체적 0.5m^{3}의 단열적으로 둘러싸인 용기 내에 21atm의 압력상태에서 수소(H_2)가 들어 있다. 이 수소를 수조차(paddle wheel)로서 교란시켰더니 압력은 26atm로 상승되었다. 내부에너지와 비엔트로피의 변화를 구하라. (단, R = 4.12kJ/kg·k, 10.118kJ/kg·K이다.)

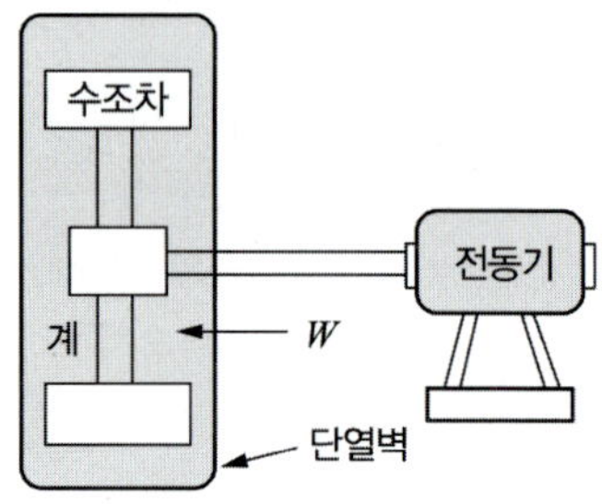

① ΔU=-722.09, ΔS=-2.261
② ΔU=622.09, ΔS=2.161
③ ΔU=822.09, ΔS=3.261
④ ΔU=-733.09, ΔS=4.381

28 ② 29 ② 30 ④ 31 ② 32 ② | 정 | 답 |

풀이

$du = C_v dT$ 에서

$$\Delta U = GC_v(T_2 - T_1) = \frac{C_v V}{R}(P_2 - P_1)$$

$$= \frac{10.118 \times 0.5}{4.12} \times (26-21) \times 101.325$$

$$\fallingdotseq 622.09\text{kJ}$$

$$\Delta s = C_v \ln\frac{P_2}{P_1} = 10.118 \times \ln\frac{26}{21} = 2.161\text{kJ/kg}\cdot\text{K}$$

33 공기 2kg이 50℃의 등온하에서 팽창하여 체적이 3배로 증가하였다. 엔트로피의 변화량은 얼마인가? (단, 공기 R = 0.287kJ /kg · K이다.)

① 0.53kJ/K ② 0.63kJ/K
③ 0.73kJ/K ④ 0.83kJ/K

풀이

등온변화이므로

$$S_2 - S_1 = mR\ln\frac{V_2}{V_1} = 2 \times 0.287 \times \ln 3$$

$$\fallingdotseq 0.6306\text{kJ/K},$$

34 공기 1kg이 온도 100℃ 하에서 열량 104.65kJ를 공급받고 등온팽창하였다. 공기에 가해진 열량 중 엔트로피의 변화량은 얼마인가?

① 0.43kJ/kg·K ② 0.57kJ/kg·K
③ 0.67kJ/kg·K ④ 0.28kJ/kg·K

풀이

$$\Delta s = \frac{q}{T} = \frac{104.65}{273+100} \fallingdotseq 0.28\text{kJ/kg}\cdot\text{K}$$

35 이상기체에서 엔트로피가 변화하지 않은 과정은?

① 가역 등압과정 ② 가역 단열과정
③ 비가역 단열과정 ④ 가역 등적과정

풀이

$dq = 0$이므로 $ds = \frac{dq}{T} = 0,\ s = C$

(가역 단열과정 = 등엔트로피 과정)

36 공기 4kg이 온도 20℃ 상태에서 $PV^{1.3} = C$로 상태변화하여 100℃로 되었다. 엔트로피의 변화량은 얼마인가? (단, 공기의 C_n = 1.49kJ/kg · K이다.)

① 1.439kJ/K ② 2.439kJ/K
③ 3.444kJ/K ④ 4.444kJ/K

풀이

폴리트로픽 변화에서

$$\Delta S = mC_n \ln\frac{T_2}{T_1} = 4 \times 1.49 \times \ln\left(\frac{373}{293}\right)$$

$$\fallingdotseq 1.439\text{kJ/K}$$

37 공기 2kg이 n = 1.3인 폴리트로픽 변화를 하여 체적이 2배로 팽창하였다. 엔트로피의 변화량은 얼마인가? (단, 공기의 정적비열 C_v = 0.717kJ/kg · K이다.)

① 0.1kJ/K ② 0.2kJ/K
③ 0.3kJ/K ④ 0.4kJ/K

풀이

폴리트로픽 변화에서

$$\Delta S = m\frac{n-k}{n-1}C_v \ln\frac{T_2}{T_1} = m(n-k)C_v \ln\frac{v_1}{v_2}$$

$$= 2 \times (1.3 - 1.4) \times 0.717 \times \ln\frac{1}{2} \fallingdotseq 0.1\text{kJ/K}$$

| 정 | 답 | 33 ② 34 ④ 35 ② 36 ① 37 ①

38 압력과 온도가 동일한 2가지의 기체를 혼합하면 혼합기체의 엔트로피는 어떻게 되는가?

① 단열과정이므로 변하지 않는다.
② 증가할 수도, 감소할 수도 있다.
③ 등온 비가역과정으로 증가한다.
④ 등온과정으로 변하지 않는다.

39 두 개의 정지계가 서로 열교환을 할 경우에 한쪽 계는 수열에 의한 엔트로피 증가가 있고, 다른 계는 방열에 의한 엔트로피 감소가 있다. 이 들 두 계를 합하여 한 계로 생각하면 이 합성계의 엔트로피는 $ds = ds_1 + ds_2$ 이다. 이 합성계가 비가역 단열변화를 하면 이 합성계의 엔트로피 변화 ds 는?

① $ds < 0$　② $ds > 0$
③ $ds = 0$　④ $ds \leq 0$

40 작동유체가 가역변화시에 418.6kJ/kg의 열량을 각각 아래온도에서 받아들였다. 이 작동유체의 엔트로피의 변화가 가장 큰 것은?

① 40℃　② 0℃
③ 0℃　④ 1000℃

풀이

$ds = \frac{dq}{T}$ 에서 절대온도(T)가 적을수록 엔트로피의 변화는 크다.

41 유효에너지와 무효에너지에 대한 다음 사항 중 옳은 것은? (단, Q_1는 열량, T_1는 온도이다.)

① $\frac{Q_1}{T_1}$이 클수록 무효에너지는 유효에너지로 전환된다.
② $\frac{Q_1}{T_1}$이 클수록 무효에너지는 적게 된다.
③ $\frac{Q_1}{T_1}$이 적을수록 무효에너지는 적게 된다.
④ $\frac{Q_1}{T_1}$이 적을수록 유효에너지는 적게 된다.

42 표준대기압의 공기 1kg를 절대압력 15atm까지 가역단열적으로 압축할 때의 엔트로피의 변화는?

① 증가한다.
② 감소한다.
③ 증가후 감소한다.
④ 변화가 없다.

풀이

$ds = \frac{dq}{T}$ 에서 단열변화이므로 $ds = 0$이다.

38 ④　39 ②　40 ①　41 ③　42 ④　| 정 | 답 |

43 다음 $P-v$ 선도를 $T-s$ 선도로 알맞게 나타낸 것은?

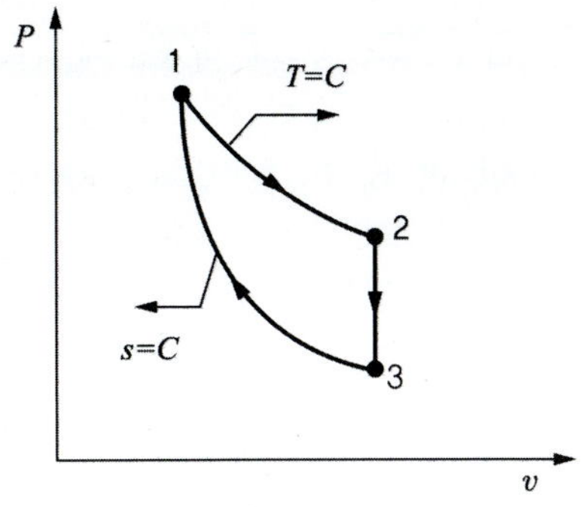

①
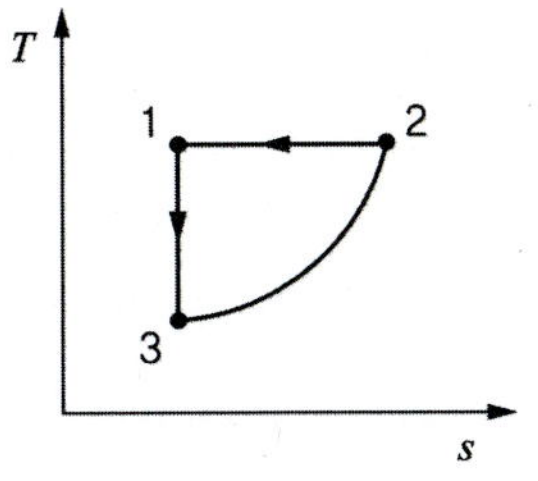

②
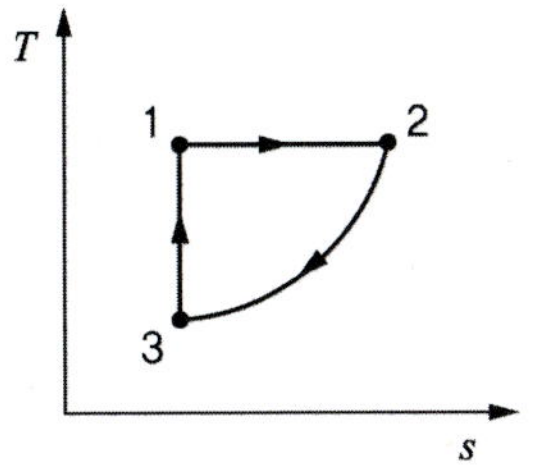

③
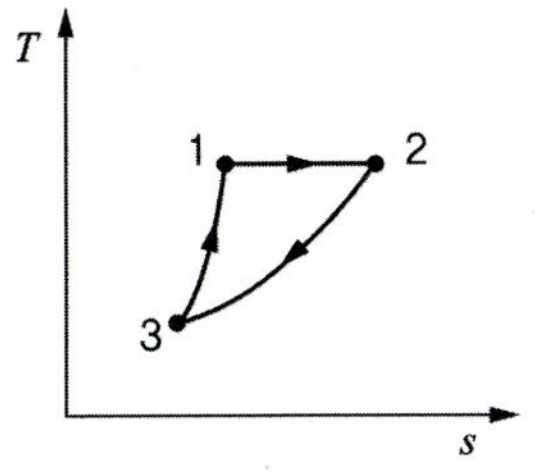

④
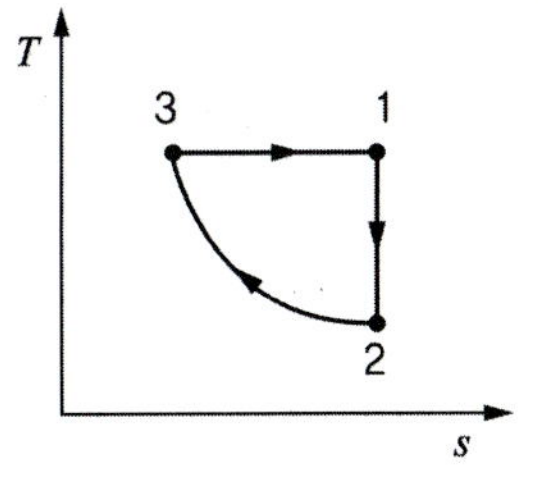

44 열역학에서 유용일은?

① 계가 한 일 중에서 대기에 대해서 한 일을 제외한 일량으로 정의된다.
② 계가 한 일 중에서 마찰일을 제외한 일로 정의된다.
③ 전력으로 바꿀 수 있는 일량으로 정의된다.
④ 사이클간의 계가 한 일로 정의된다.

풀이

$W_{use} = W - P_o(V_2 - V_1)$

45 1kg의 공기가 등적상태에서 20℃로부터 100℃까지 가열한 후 저열원의 온도 0℃에서 열을 방출하였다. 이 때 무효에너지는 얼마인가? (단, 공기의 등적비열 C_v = 0.717kJ/kg·K이다.)

① 45.854kJ/kg ② 47.23kJ/kg
③ 47.854kJ/kg ④ 48.854kJ/kg

풀이

- 엔트로피의 증가

$$\Delta s = C_v \ln\frac{T_2}{T_1} = 0.717 \times \ln\left(\frac{373}{293}\right)$$
$$≒ 0.173\text{kJ/kg}\cdot\text{K}$$

- 무효에너지

$$q_0 = T_0 \Delta s = (0+273) \times 0.173 = 47.23\text{kJ/kg}$$

| 정 | 답 | 43 ② 44 ① 45 ②

46 1kg의 공기가 등압상태에서 50℃로부터 150℃까지 가열한 후 저열원의 온도 10℃에서 열을 방출하였다. 이 때 유효에너지는 얼마인가? (단, 공기의 등압비열 C_p = 1.004kJ/kg·K이다.)

① 21.8kJ/kg ② 23.7kJ/kg
③ 42.5kJ/kg ④ 15.6kJ/kg

풀이

- 엔트로피의 증가

$$\Delta s = C_p \ln\frac{T_2}{T_1} = 1.004 \times \ln\left(\frac{423}{323}\right)$$
$$\fallingdotseq 0.271\text{kJ/kg}\cdot\text{K}$$

- 무효에너지

$$q_0 = T_0 \Delta s = (10+273) \times 0.271 = 76.7\text{kJ/kg}$$

- 유효에너지

$$q_a = q - q_0 = C_p(T_2 - T_1) - q_0$$
$$= 1.004 \times (150-50) - 76.7$$
$$= 23.7\text{kJ/kg}$$

47 1kg의 공기가 등적상태에서 20℃로부터 100℃까지 가열한 다음 다시 등압상태에서 100℃로부터 200℃까지 가열하였다. 저열원의 온도를 0℃로 하였을 때 유효에너지는 얼마인가? (단, 공기의 정적비열 C_v = 0.717 kJl/kg·K, C_p = 1.004kJ/kg_f·K이다.)

① 45.3kJ/kg ② 35.7kJ/kg
③ 58.9kJ/kg ④ 86.9kJ/kg

풀이

- 엔트로피의 증가

$$\Delta s = C_v \ln\frac{T_2}{T_1} + C_p \ln\frac{T_4}{T_3}$$
$$= 0.717 \times \ln\left(\frac{373}{293}\right) + 1.004 \times \ln\left(\frac{473}{373}\right)$$
$$\fallingdotseq 0.412\text{kJ/kg}\cdot\text{K}$$

- 무효에너지

$$q_0 = T_0 \Delta s = (0+273) \times 0.412 = 112.48\text{kJ/kg}$$

- 유효에너지

$$q_a = q - q_0 = \{C_v(T_2 - T_1) + C_p(T_4 - T_3)\} - q_0$$
$$= 0.717 \times (100-20) + 1.004 \times (200-100)$$
$$- 112.48$$
$$\fallingdotseq 45.28\text{kJ/kg}$$

46 ② 47 ① | 정 | 답 |

05

CHAPTER

가스 사이클

CHAPTER

05 가스 사이클

가스 사이클은 열기관이 열 또는 연료의 연소에너지를 일로 변환시키는 장치로 되어있다. 작동물질은 유체이다. 이 작동유체는 상변화를 하지 않고 항상 기체인 가스 상태만으로 이루어진 물체로서 사이클 중에 사용한다. 이 가스 사이클은 작동유체가 기체인 공기로 간주하여 완전가스로 생각한다. 기관의 공급과정은 열량 연소과정이며, 배기과정은 열량 방출 과정으로 간주한 사이클이다.

가스 사이클은 자동차용 기관으로서는 피스톤의 왕복운동에 의해 동력을 얻는 내연기관이 있으며, 비행기용 기관으로서는 연속적으로 터빈의 회전에 의해 동력을 얻는 가스터빈 등이 있다.

5-1 이론공기 사이클

이론공기 사이클은 자동차용 내연기관 사이클에 해당되며, 2개의 단열과정과 1개의 등적 배기과정은 동일하고, 연소과정만 다른 오토와 디젤 및 사바테 사이클이 있다.

내연기관의 작동유체는, 연소 전에는 공기와 연료의 혼합물로서 잔류가스와의 혼합가스이며 연소 후에는 연소 생성가스로 구성되어 있다. 이들은 복잡한 변화를 일으키지만 여기서는 열역학적 기본성질을 파악하는 것이 목적이므로, 작동유체를 공기로 생각 완전가스로 취급한 단순 사이클을 의미한다.

이러한 이론공기 사이클은 다음과 같은 가정 하에 해석한다.

① 작동유체는 완전가스로 취급하는 공기로서 비열은 일정하다.

② 연소과정은 고열원에서 열을 공급받는 과정이며, 배기과정은 저열원으로 열을 방출하는 과정으로서 밀폐 사이클을 형성한다.

③ 각 과정은 모두 가역과정이다.

④ 압축 및 팽창은 등엔트로피(단열)과정이다.

⑤ 연소 중 열해리 및 기체유동 중 와류현상이나 열손실이 없는 것으로 가정한다.

5-2 오토 사이클(Otto cycle)

오토사이클은 가솔린기관 또는 정적 사이클 이라고도 한다. 전기점화기관의 이상적인 사이클로서 주 연료로 가솔린을 사용한다. 이 사이클은 [그림 5-1]에 표시된 $P-v$선도와 $T-s$선도와 같이 에너지공급은 등적과정에서 행해진다. 2개의 등적과정과 2개의 단열(등엔트로피)과정으로 구성된 사이클이다.

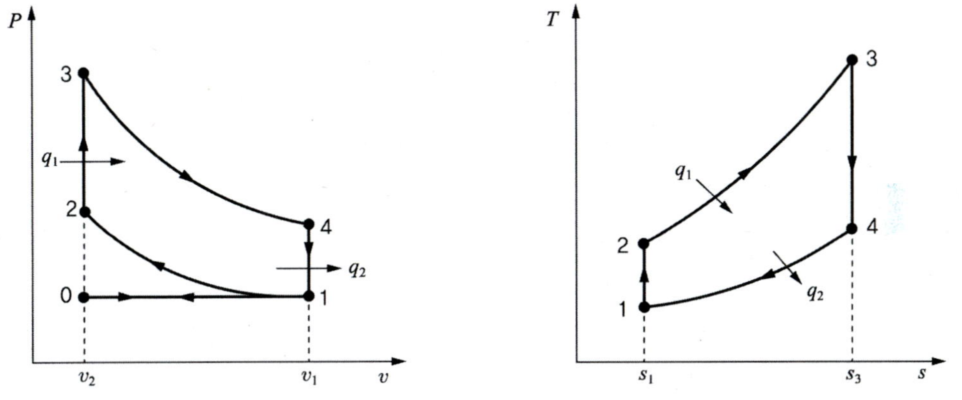

(a) $P-v$선도 (b) $T-s$선도

[그림 5-1] 오토사이클

5-2-1 이론열효율

1[kg]의 혼합가스가 등압변화 0 → 1과정에서 실린더 속으로 흡입되며, 다음은 단열변화 1 → 2로 압축한 다음, 일정한 체적하인 2 → 3과정으로 압력이 상승되어 점화 폭발된다.

곧이어 단열팽창 3 → 4과정을 거친 다음 변화 4 → 1 → 0에 걸쳐 배기된다. 이 중에서 변화 0 → 1, 1 → 0의 흡입 및 배기는 $T-s$선도 상에는 나타나지 않으며 기본 사이클에서는 무시해도 관계없다. 즉, 일정량의 가스가 사이클 1 → 2 → 3 → 4 → 1을 반복한다고 생각해도 된다는 것이다.

오토사이클에서는 가스 1[kg]에 대해 변화 2 → 3과정에서 열량 q_1이 공급되며, 변화 4 → 1과정에서 열량 q_2가 방출된다고 생각할 수 있다. 이 때 각각의 열량을 공급열량 q_1, 방출열량 q_2이며 구하는 식은 다음과 같다.

$$q_1 = C_v(T_3 - T_2),\ q_2 = C_v(T_4 - T_1) \quad \cdots\cdots (5\text{-}1)$$

유효일에 해당하는 일량은 $w = q_1 - q_2$이므로 이론열효율은

$$\eta_{tho} = \frac{w}{q_1} = 1 - \frac{q_2}{q_1} = 1 - \frac{T_4 - T_1}{T_3 - T_2} \quad \cdots\cdots (5\text{-}2)$$

로 된다. 여기서 1 → 2 및 3 → 4과정은 단열변화이므로

$$T_2 = T_1\left(\frac{v_1}{v_2}\right)^{k-1},\quad T_3 = T_4\left(\frac{v_4}{v_3}\right)^{k-1} \quad \cdots\cdots (5\text{-}3)$$

이 되며, 여기서 압축비 ϵ라면 $\epsilon = \dfrac{v_1}{v_2} = \dfrac{v_4}{v_3}$가 된다. 식 (5-3)을 식 (5-2)에 대입하면 다음과 같이 이론열효율을 구할 수 있다.

$$\eta_{tho} = 1 - \frac{T_4 - T_1}{T_4\epsilon^{k-1} - T_1\epsilon^{k-1}} = 1 - \frac{1}{\epsilon^{k-1}} \quad \cdots\cdots (5\text{-}4)$$

따라서 오토 사이클의 열효율은 압축비만의 함수이며, 압축비가 커질수록 열효율은 증가한다. 실제기관에서는 압축비를 크게 하여 열효율을 증가시킬 수 있으나 노킹(knocking)이라는 이상폭발현상이 일어나므로 기관의 정상운전이 어렵게 되어 압축비를 제한한다.

보통 가솔린기관의 경우 압축비는 5~10 정도로 한다.

실제기관의 열효율이 이론공기 사이클에 비해 낮은 이유는 다음과 같다.

① 실제 기체의 비열은 온도가 상승함에 따라 증가와

② 실린더 벽을 통한 열전달 손실

③ 불완전한 연소 및 불꽃 전파기간 손실

④ 흡·배기 밸브에서의 유체유동에 따르는 압력강하로 소요일 감소

⑤ 압력 및 온도구배로 인한 비가역과정 때문이다.

5-2-2 평균 유효압력

평균 유효압력(mean effective pressure)은 1사이클 과정에서 압력변화의 평균치를 의미한다. 1사이클 중에 이루어지는 일을 행정체적으로 나눈 값으로 P_{mo}로 표시한다.

P_{mo}는 유효일 w(면적 1234에 해당함)을 $v_1 - v_2$로 나눈 값이다.

$$P_{mo} = \frac{w}{v_1 - v_2} = \frac{q_1 - q_2}{A(v_1 - v_2)} = \frac{C_v[(T_3 - T_2) - (T_4 - T_1)]}{Av_1(1 - 1/\epsilon)}$$

$$= P_1 \frac{(\alpha - 1)(\epsilon^k - \epsilon)}{(k-1)(\epsilon - 1)} \quad \cdots\cdots (5\text{-}5)$$

여기서 $\alpha = \dfrac{P_3}{P_2} = \dfrac{T_3}{T_2}$로 압력상승비 또는 폭발비라 한다.

Example

01 오토 사이클 기관에서 이론열효율을 65%로 유지하려면 압축비는 얼마가 되어야 하는가? (단, k = 1.4이다.)

풀이 ⊘ 오토사이클의 이론열효율 식 (5−4)

$\eta_{tho} = 1 - \left(\dfrac{1}{\epsilon}\right)^{k-1}$에서

$\therefore$ 압축비 $\epsilon = \left(\dfrac{1}{1-\eta_{tho}}\right)^{\frac{1}{k-1}} = \left(\dfrac{1}{1-0.65}\right)^{\frac{1}{1.4-1}} = 13.79$

Example

02 오토 사이클 기관에서 압축초의 압력이 0.1MPa, 온도 300K이다. 압축비가 8, 최고폭발온도가 1200K일 때 각 과정 끝에서 온도와 압력을 구하고, 이론열효율을 계산하여라. (단, k = 1.4이다.)

풀이 ⊙ 1 → 2과정은 단열압축과정이므로

(1) $\dfrac{T_2}{T_1} = \left(\dfrac{v_1}{v_2}\right)^{k-1} = 8^{0.4}, \ T_2 ≒ 689.2\text{K}$

(2) $\dfrac{P_2}{P_1} = \left(\dfrac{v_1}{v_2}\right)^{k} = 8^{1.4}, \ P_2 ≒ 1.838\text{MPa}$

2 → 3과정은 정적과정이므로

(3) $P_3 = P_2\left(\dfrac{T_3}{T_2}\right) = 1.838\left(\dfrac{1200}{689.2}\right) ≒ 3.2\text{MPa}$

3 → 4과정은 단열팽창과정이므로

(4) $\dfrac{T_3}{T_4} = \left(\dfrac{v_4}{v_3}\right)^{k-1} = 8^{0.4}, \ T_4 ≒ 522.33\text{K}$

(5) $\dfrac{P_3}{P_4} = \left(\dfrac{v_4}{v_3}\right)^{k} = 8^{1.4}, \ P_4 ≒ 0.174\text{MPa}$

(6) 이론열효율 $\eta_{tho} = 1 - \left(\dfrac{1}{\epsilon}\right)^{k-1} = 1 - \left(\dfrac{1}{8}\right)^{0.4} ≒ 0.565(56.5\%)$

5-3 디젤 사이클(Diesel cycle)

디젤 사이클은 디젤기관 사이클 또는 정압 사이클 이라고도 한다. 가솔린기관과 달리 처음에 공기만을 흡입하고 압축되면 공기온도가 600[℃] 정도가 된다. 여기에 경유나 중유를 분사하면 자연 발화하여 연소한다. 이 사이클은 [그림 5-2]에 표시된 $P-v$선도와 $T-s$선도와 같이 정압과정에서 에너지 공급이 행해진다. 2개의 단열(등엔트로피)과정, 1개의 등압과정, 1개의 등적과정으로 이루어진 사이클이다. 이 사이클은 주로 저속 디젤기관에 적용한다.

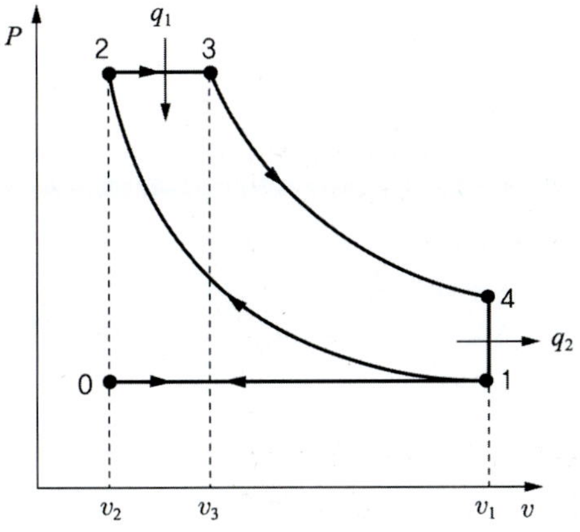

(a) $P-v$선도

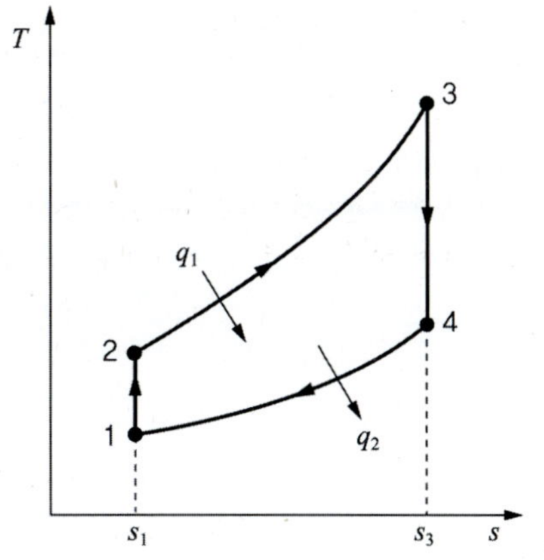

(b) $T-s$선도

[그림 5-2] 디젤 사이클

5-3-1 이론열효율

디젤 사이클이 오토사이클과 다른 점은 2 → 3과정 중에 연료가 분사되어 압력이 일정한 상태가 되면 연소가 되는 것으로서 이론상 압력이 일정한 상태인 과정에서 공급열량 q_1을 얻고 방출열량 q_2를 배출하는 정적 사이클과 같은 방식으로 행해진다고 생각한다.

이 때 각각의 열량을 공급열량, 방출열량이라 하면 구하는 식은 다음과 같다.

$$q_1 = C_p(T_3 - T_2),\ q_2 = C_v(T_4 - T_1) \quad \cdots\cdots (5\text{-}6)$$

유효일에 해당하는 일량은 $w = q_1 - q_2$이므로 이론열효율은

$$\eta_{thd} = \frac{w}{q_1} = 1 - \frac{q_2}{q_1} = 1 - \frac{C_v(T_4 - T_1)}{C_p(T_3 - T_2)}$$

$$= 1 - \frac{(T_4 - T_1)}{k(T_3 - T_2)} \quad \cdots\cdots (5\text{-}7)$$

이 되며, 단열변화 1 → 2과정에서

$$T_2 = T_1\left(\frac{v_1}{v_2}\right)^{k-1} = T_1\epsilon^{k-1} \quad \cdots\cdots (5\text{-}8)$$

이 되며, 정압변화 2 → 3과정에서

$$T_3 = T_2 \frac{v_3}{v_2} = T_1 \epsilon^{k-1} \sigma \quad \text{(5-9)}$$

여기서, v_3/v_2를 차단비(단절비, 팽창비) σ라 하며, 연료의 분사계속시간을 나타내고 있다. 단열변화 3 → 4과정에서 다음과 같이 나타낼 수 있다.

$$T_4 = T_3 \left(\frac{v_3}{v_4}\right)^{k-1} = T_3 \left(\frac{v_3}{v_2} \cdot \frac{v_2}{v_4}\right)^{k-1}$$

$$= T_1 \epsilon^{k-1} \sigma \left(\sigma \cdot \frac{1}{\epsilon}\right)^{k-1} = T_1 \sigma^k \quad \text{(5-10)}$$

식 (5-8), 식 (5-9) 및 식 (5-10)을 식 (5-7)에 대입하면 다음과 같이 이론열효율을 구할 수 있다.

$$\eta_{thd} = 1 - \frac{\sigma^k T_1 - T_1}{k\left(\sigma \epsilon^{k-1} T_1 - \epsilon^{k-1} T_1\right)}$$

$$= 1 - \frac{1}{\epsilon^{k-1}} \cdot \frac{\sigma^k - 1}{k(\sigma - 1)} \quad \text{(5-11)}$$

디젤 사이클의 이론열효율은 비열비, 압축비 및 차단비의 함수이며, 보통 $\sigma > 1$임으로 $\frac{\sigma^k - 1}{k(\sigma - 1)} > 1$로 되어 압축비가 같을 때 오토사이클의 열효율에 비해 떨어진다. 그러나 연료 특성상 노킹이 일어날 염려가 없으므로 열효율을 크게 할 수 있는 장점이 있다. 실제의 디젤기관은 압축비가 16~20 정도로서 열효율이 가솔린기관에 비해 높다.

5-3-2 평균 유효압력

디젤 사이클의 평균 유효압력을 P_{md}로 표시하면 다음과 같이 계산된다.

$$P_{md} = \frac{w}{v_1 - v_2} = \frac{q_1 - q_2}{v_1(1 - 1/\epsilon)}$$

$$= P_1 \frac{\epsilon^k k(\sigma - 1) - \epsilon(\sigma^k - 1)}{(k-1)(\epsilon - 1)} \quad \text{(5-12)}$$

Example

03 압축비가 16, 차단비가 2인 디젤 사이클의 이론열효율은 얼마인가? (단, k = 1.4이다.)

풀이 디젤 사이클의 이론열효율은 식 (5-11)으로부터

$$\eta_{thd} = 1 - \frac{1}{\epsilon^{k-1}} \frac{\sigma^k - 1}{k(\sigma - 1)} = 1 - \left(\frac{1}{16}\right)^{1.4-1} \frac{2^{1.4} - 1}{1.4(2-1)} = 0.6138(61.38\%)$$

04 공기를 작동유체로 하는 디젤 사이클의 최고온도가 2500K, 최저온도가 300K, 최고압력이 4MPa, 최저압력이 0.1MPa라 할 때, (1) 압축비, (2) 차단비, (3) 이론열효율을 구하여라. (단, k = 1.4이다.)

풀이 주어진 조건에 의해서

$T_1 = 300\,\text{K}$, $T_3 = 2500\ \text{K}$, $P_1 = 0.1\,\text{MPa}$, $P_2 = P_3 = 4\,\text{MPa}$

(1) 압축비

$$\left(\frac{v_1}{v_2}\right)^{k-1} = \left(\frac{P_2}{P_1}\right)^{\frac{k-1}{k}} \text{에서}$$

$$\therefore\ \epsilon = \left(\frac{P_2}{P_1}\right)^{\frac{1}{k}} = \left(\frac{4}{0.1}\right)^{\frac{1}{1.4}} \fallingdotseq 13.94$$

(2) 차단비

$$T_2 = T_1\left(\frac{v_1}{v_2}\right)^{k-1} = 300(13.94)^{0.4} \fallingdotseq 860.65\,\text{K}\text{에서}$$

$$\therefore\ \sigma = \frac{v_3}{v_2} = \frac{T_3}{T_2} = \frac{2500}{860.65} \fallingdotseq 2.9$$

(3) 이론열효율

$\eta_{thd} = 0.55(55\%)$

5-4 사바테 사이클(Sabathe cycle)

사바테 사이클은 디젤기관이 운전 중에 실제 발생되는 정적 및 정압 폭발과정을 고려하여 에너지 수수기간에 정압과정과 정적과정을 합성한 사이클로서 중고속 디젤기관의 기본 사이클이다.

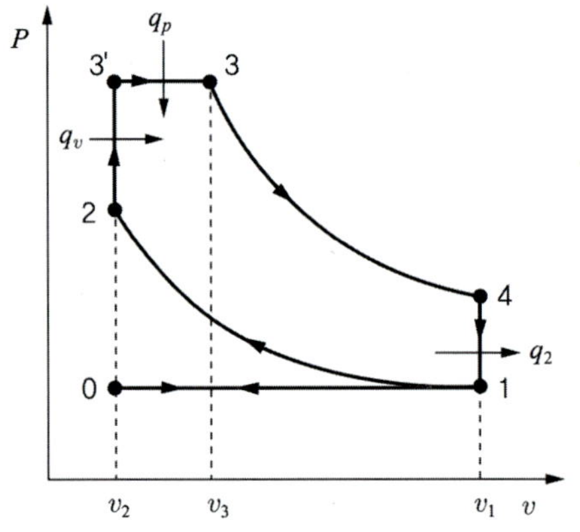

(a) $P-v$선도

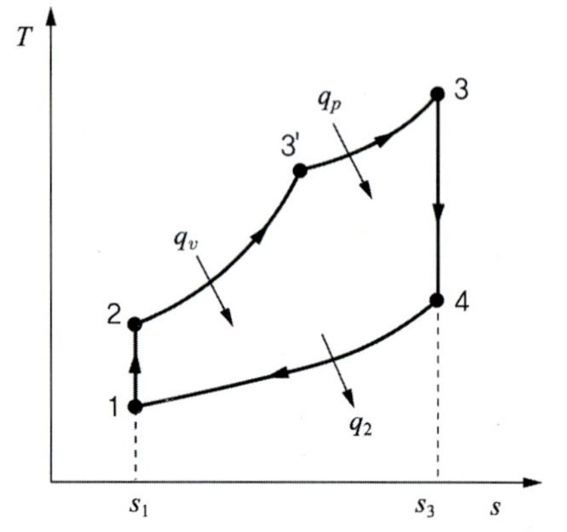

(b) $T-s$선도

[그림 5-3] 사바테 사이클

5-4-1 이론열효율

[그림 5-3]에 표시된 $P-v$선도와 $T-s$선도와 같이 열은 정적과정 2 → 3′에서 q_v가, 정압과정 3′ → 3에서 q_p가 공급되어, 정적과정 4 → 1에서 열량 q_2를 방출한다.

이 때 각각의 열량을 공급열량, 방출열량이라면 구하는 식은 다음과 같다.

$$q_1 = q_v + q_p = C_v(T_3' - T_2) + C_p(T_3 - T_3')$$

$$q_2 = C_v(T_4 - T_1) \qquad \cdots\cdots (5\text{-}13)$$

유효일에 해당하는 일량은 $w = q_1 - q_2$이므로 이론열효율은

$$\eta_{thd} = \frac{w}{q_1} = 1 - \frac{q_2}{q_1} = 1 - \frac{C_v(T_4 - T_1)}{C_v(T_3' - T_2) + C_p(T_3 - T_3')}$$

$$= 1 - \frac{(T_4 - T_1)}{(T_3' - T_2) + k(T_3 - T_3')} \qquad \cdots\cdots (5\text{-}14)$$

이 되며, 단열변화 1 → 2과정에서

$$T_2 = T_1\left(\frac{v_1}{v_2}\right)^{k-1} = T_1\epsilon^{k-1} \quad \cdots\cdots (5\text{-}15)$$

이 되며, 정적변화 2 → 3′과정에서

$$T_3' = T_2\left(\frac{P_3'}{P_2}\right) = T_2\alpha = T_1\epsilon^{k-1}\alpha \quad \cdots\cdots (5\text{-}16)$$

여기서, P_3'/P_2를 압력상승비(폭발비) α라 한다.

정압변화 3′ → 3과정에서

$$T_3 = T_3'\left(\frac{v_3}{v_3'}\right) = T_1\alpha\epsilon^{k-1}\sigma \quad \cdots\cdots (5\text{-}17)$$

단열변화 3 → 4과정에서

$$T_4 = T_3\left(\frac{v_3}{v_4}\right)^{k-1} = T_3\left(\frac{v_3}{v_3'} \cdot \frac{v_2}{v_1}\right)^{k-1}$$

$$= T_1\alpha\epsilon^{k-1}\sigma\left(\sigma \cdot \frac{1}{\epsilon}\right)^{k-1} = T_1\alpha\sigma^k \quad \cdots\cdots (5\text{-}18)$$

이 되며, 식 (5−15), 식 (5−16), 식 (5−17) 및 식 (5−18)을 식 (5−14)에 대입하면 다음과 같이 이론열효율을 구할 수 있다.

$$\eta_{ths} = 1 - \frac{1}{\epsilon^{k-1}} \cdot \frac{\alpha\sigma^k - 1}{(\alpha - 1) + k\alpha(\sigma - 1)} \quad \cdots\cdots (5\text{-}19)$$

따라서 사바테 사이클의 열효율은 압축비, 차단비, 압력비, 비열비의 함수로 비열비가 일정할 때 ϵ과 α가 크고 σ가 작을수록 열효율이 높다. 그리고 $\sigma = 1$이면 오토사이클, $\alpha = 1$이면 디젤 사이클과 같다.

5-4-2 평균 유효압력

사바테 사이클의 평균 유효압력을 P_{ms}로 표시하면 다음과 같이 계산된다.

$$P_{ms} = \frac{w}{v_1 - v_2} = \frac{q_1 - q_2}{Av_1(1 - 1/\epsilon)}$$

$$= P_1 \frac{\epsilon^k[(\alpha - 1) + k\alpha(\sigma - 1) - \epsilon(\alpha\sigma^k - 1)]}{(k-1)(\epsilon - 1)} \quad \cdots\cdots (5\text{-}20)$$

Example

05 압축비가 15, 차단비가 2, 압력상승비가 1.5인 사바테 사이클의 이론열효율은 얼마인가? (단, k = 1.4이다.)

풀이 사바테 사이클의 이론열효율은 식 (5−19)으로부터

$$\therefore\ \eta_{ths} = 1 - \left(\frac{1}{\epsilon}\right)^{k-1} \frac{\alpha\sigma^k - 1}{(\alpha - 1) + k\alpha(\sigma - 1)}$$

$$= 1 - \left(\frac{1}{15}\right)^{0.4} \frac{1.5 \times 2^{1.4} - 1}{(1.5 - 1) + 1.4 \times 1.5 \times (2 - 1)} \fallingdotseq 0.615(61.5\%)$$

06 사바테 사이클에서 최고온도 2500K, 최저온도 300K이다. 최고압력이 4MPa, 최저압력 0.1MPa, 압축비 10, 비열비 1.4일 때 폭발비(압력상승비), 차단비 및 이론열효율을 구하라.

풀이 (1) 압력상승비

$$P_2 = P_1\left(\frac{v_1}{v_2}\right)^k = P_1\epsilon^k = 0.1 \times 10^{1.4} \fallingdotseq 2.511\,\text{MPa}$$

$$\therefore\ \alpha = \frac{P_3'}{P_2} = \frac{4}{2.511} \fallingdotseq 1.593$$

(2) 차단비

$$\therefore\ \sigma = \frac{v_3}{v_3'} = \frac{T_3}{T_3'} = \frac{T_3}{\alpha\epsilon^{k-1}T_1} = \frac{2500}{1.593 \times 10^{0.4} \times 300} \fallingdotseq 2.08$$

(3) 이론열효율

$$\eta_{ths} = 1 - \frac{1}{\epsilon^{k-1}} \cdot \frac{\alpha\sigma^k - 1}{(\alpha - 1) + k\alpha(\sigma - 1)} \fallingdotseq 0.5436(54.36\%)$$

5-5 각 사이클의 비교

현재 사용되고 있는 내연기관은 앞에서 소개한 오토, 디젤, 사바테 사이클 중 어느 하나에 해당된다. 그러나 이들 사이클 사이에는 각각의 장단점이 있다. 이러한 세 가지 사이클을 다음과 같은 동일조건 하에서 비교하여 본다.

5-5-1 초온, 초압, 압축비, 가열량이 일정한 경우

[그림 5-4]의 $T-s$선도에서 오토 사이클는 $1 \to 2 \to 3_O \to 4_O \to 1$, 디젤사이클은 $1 \to 2 \to 3_D \to 4_D \to 1$, 사바테 사이클은 $1 \to 2 \to 3' \to 3_S \to 4_S \to 1$이라면, 가정에서 공급열량은 q_1은 어느 사이클에서나 같으므로

$$q_1 = \text{면적 A} - 2 - 3_O - O - A = \text{면적 A} - 2 - 3_D - D - A$$
$$= \text{면적 A} - 2 - 3' - 3_S - S - A$$

이다. 또한 사이클 당 방출열량 q_2는 s축과 $1-4_O$, $1-4_D$ 또는 $1-4_S$로 둘러싼 면적으로, 그 크기는 디젤 사이클 > 사바테 사이클 > 오토 사이클 순서이다.

따라서 유효일은 $w = q_1 - q_2$이므로 각 사이클의 열효율 순서는 다음과 같다.

$$\eta_{tho} > \eta_{ths} > \eta_{thd} \quad \cdots\cdots (5\text{-}21)$$

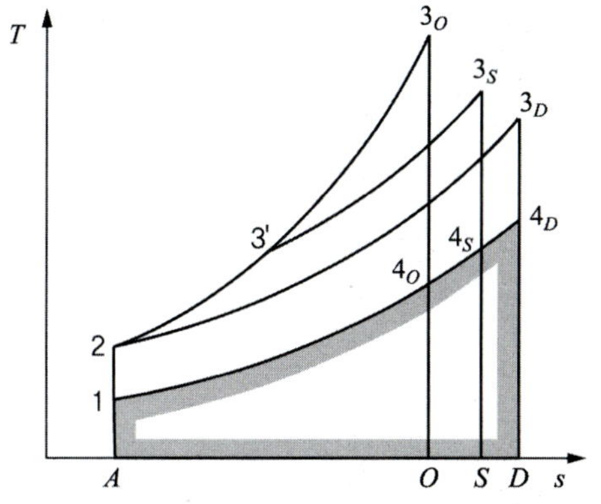

[그림 5-4] 동일한 압축비의 각 사이클 비교

5-5-2 초온, 초압, 최고압력, 가열량이 일정한 경우

[그림 5-5]의 $T-s$선도에서 오토 사이클는 1 → 2_O → 3_O → 4_O → 1, 디젤 사이클은 1 → 2_D → 3_D → 4_D → 1, 사바테 사이클은 1 → 2_S → 3' → 3_S → 4_S → 1이라면, 가정에서 공급열량은 q_1은 어느 사이클에서나 같으므로

$$q_1 = \text{면적 } A - 2_O - 3_O - O - A = \text{면적 } A - 2_D - 3_D - D - A$$
$$= \text{면적 } A - 2_S - 3' - 3_S - S - A$$

이다.

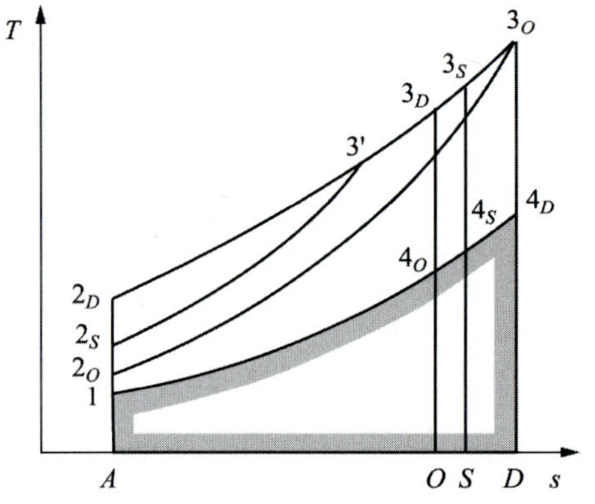

[그림 5-5] 동일한 최고압력의 각 사이클 비교

또한 사이클 당 방출열량 q_2는 s축과 $1-4_O$, $1-4_D$ 또는 $1-4_S$로 둘러싼 면적으로 그 크기는 오토사이클 > 사바테 사이클 > 디젤 사이클 순서이다.

각 사이클의 열효율은 방출열량의 크기와 반대임으로 각 사이클의 열효율 순서는 다음과 같다.

$$\eta_{thd} > \eta_{ths} > \eta_{tho} \quad \cdots\cdots (5\text{-}22)$$

5-6 가스터빈 사이클

속도형 압축기는 고속으로 회전하여 대용량의 가스를 취급하는데 적합하다.

이와 같은 압축기로 공기를 압축하고 연료를 분사하여 연소시켜서 여기서 생성된 가스로 터빈을 구동하여 동력을 얻는 열기관을 가스터빈이라 한다. 즉, 왕복형 내연기관은 연소가스의 열에너지를 피스톤의 왕복운동을 통하여 기계적 에너지로 변환시키지만, 가스터빈은 터빈 날개에 고온, 고속의 연소가스를 직접 분사시켜 회전에너지를 얻어 동력을 발생시킨 열기관을 이용한 사이클을 가스터빈 사이클이라 한다. 자동차, 제트기관, 선박, 발전소 등에 사용된다.

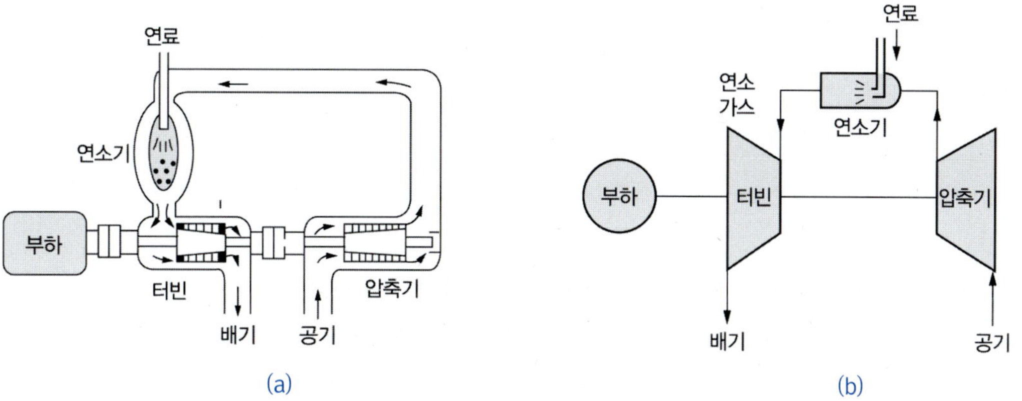

[그림 5-6] 가스터빈의 개요도

가스터빈은 [그림 5-6]과 같이 기본적으로 압축기(compressor), 연소기(combustor), 터빈으로 구성되어 있다.

이러한 터빈의 경우, 공기는 압축기에 흡입되어 단열압축 되어 연소실로 공급되고 이곳에서 연료가 분사되어 연소가스를 얻게 된다. 이로 인해 만들어진 연소가스는 터빈에서 단열팽창하여 동력을 발생한다. 이 동력은 대부분 압축기를 구동하는데 이용되고 일부는 실제의 출력으로 쓰인다.

5-6-1 브레이톤 사이클(Brayton cycle)

가스 터빈 즉 정압연소터빈의 기본 사이클이다. 미국의 브레이톤(Brayton)에 의해 제창되어 브레이톤 사이클이라 한다. [그림 5-7]과 같이 2개의 등압과정과 2개의 단열과정으로 형성되어 있다.

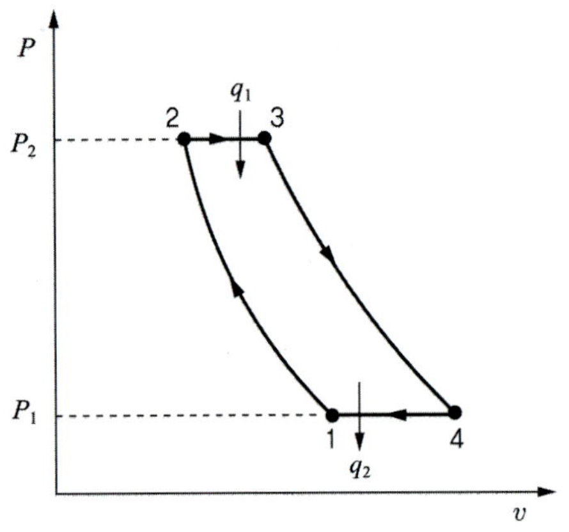

(a) $P-v$선도

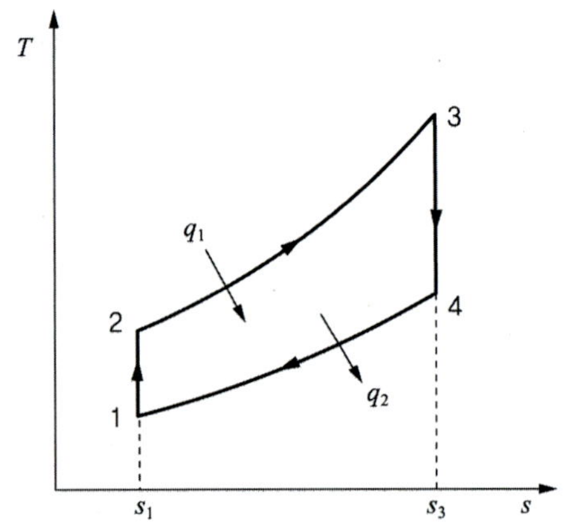

(b) $T-s$선도

[그림 5-7] 브레이톤 사이클

① 사이클 과정

- 1 → 2과정은 압축기에 의해 흡입되는 공기가 단열압축 된다.
- 2 → 3과정은 연소기에 의해 압축된 고온공기는 정압 하에서 연료가 공급되어 자기착화 연소시킨다.
- 3 → 4과정은 연소 가스는 터빈에 의해 단열 팽창시킨다.
- 4 → 1과정은 팽창된 연소 가스는 정압하에서 배기관을 통해 배출된다.

② 이론열효율

[그림 5-7]에 표시된 $P-v$선도와 $T-s$선도와 같이 열은 정압과정 2 → 3에서 q_1이 공급되어 정압과정 4 → 1에서 열량 q_2를 방출한다. 이때 각각의 열량을 공급열량, 방출열량이라면 구하는 식은 다음과 같다.

$$q_1 = C_p(T_3 - T_2),\ \ q_2 = C_p(T_4 - T_1) \qquad \cdots\cdots (5\text{-}23)$$

유효일에 해당하는 일량은 $w = q_1 - q_2$에서

$$\begin{aligned} w &= q_1 - q_2 = C_p(T_3 - T_2) - C_p(T_4 - T_1) \\ &= C_p(T_3 - T_4) - C_p(T_2 - T_1) = w_T - w_C \qquad \cdots\cdots (5\text{-}24) \end{aligned}$$

이 되므로 터빈일 w_T에서 압축기일 w_C의 차와 같다.

이론열효율은

$$\eta_{thb} = \frac{W}{q_1} = 1 - \frac{q_2}{q_1} = 1 - \frac{C_p(T_4 - T_1)}{C_p(T_3 - T_2)}$$

$$= 1 - \frac{(T_4 - T_1)}{(T_3 - T_2)} \quad \cdots\cdots (5\text{-}25)$$

가 되며, 1 → 2과정과 3 → 4과정은 단열변화이므로

$$T_2 = T_1\left(\frac{P_2}{P_1}\right)^{\frac{k-1}{k}}, \quad T_3 = T_4\left(\frac{P_3}{P_4}\right)^{\frac{k-1}{k}} \quad \cdots\cdots (5\text{-}26)$$

이 되며, 여기서 압력비 $\varnothing$ 라면 $\varnothing = \dfrac{P_2}{P_1} = \dfrac{P_3}{P_4}$가 된다. 식 (5−26)을 식 (5−25)에 대입하면 다음과 같이 이론열효율을 구할 수 있다.

$$\eta_{thB} = 1 - \frac{T_4 - T_1}{T_4 \varnothing^{\frac{k-1}{k}} - T_1 \varnothing^{\frac{k-1}{k}}} = 1 - \frac{1}{\varnothing^{\frac{k-1}{k}}} \quad \cdots\cdots (5\text{-}27)$$

이론열효율은 공급열량이나 방출열량, 사이클 중의 최고온도, 압축압력의 고저에 관계없이 비열비 k와 압력비 $\varnothing$만의 함수가 되고, 오토사이클의 이론열효율이 k와 압축비 ϵ만의 함수라는 것과 흡사하다.

Example

07 **브레이톤 사이클에서 압축기로 흡입되는 공기는 온도 300K, 압력은 0.1MPa이다. 압축기에서 공기는 0.6MPa로 압축되고, 이 사이클에서 최고온도는 1100K이다. 사이클에서 각 상태의 압력과 온도, 압축일, 터빈일, 유효일, 공급열량 및 이론열효율을 구하라. (단, k = 1.4이고, C_p = 1.0035kJ/kg·K이다.)**

풀이 ⊘ $T_2 = T_1\left(\dfrac{P_2}{P_1}\right)^{\frac{k-1}{k}} = 300 \times \left(\dfrac{6.12}{1.02}\right)^{\frac{0.4}{1.4}} ≒ 500.6\,\text{K}$

$T_4 = T_3\left(\dfrac{P_1}{P_2}\right)^{\frac{k-1}{k}} = 1100 \times \left(\dfrac{1.02}{6.12}\right)^{\frac{0.4}{1.4}} ≒ 659.3\,\text{K}$

(1) 압축기일

$w_C = C_p(T_2 - T_1) = 1.0035 \times (500.6 - 300) = 201.3\,\text{kJ/kg}$

(2) 터빈일

$$w_T = C_p(T_3 - T_4) = 1.0035 \times (1100 - 659.3) = 442.2\,\text{kJ/kg}$$

(3) 유효일

$$w = w_T - w_C = 442.2 - 201.3 = 240.9\,\text{kJ/kg}$$

(4) 공급열량

$$q_1 = C_p(T_3 - T_2) = 1.0035 \times (1100 - 500.6) = 601.5\,\text{kJ/kg}$$

(5) 이론열효율

$$\eta_{thb} = \frac{w}{q_1} = \frac{240.9}{601.5} \fallingdotseq 0.401\,(40.1\,\%)$$

5-7 기타 사이클

5-7-1 에릭슨 사이클(Ericsson cycle)

에릭슨 사이클은 브레이톤 사이클의 단열압축과 단열팽창을 등온압축과 등온팽창으로 각각 바꾸어 놓은 사이클로서 가스터빈의 이상적인 사이클이다. 하지만 등온과정 중 에너지 전달이 어려워 실현되기 힘든 사이클이다.

[그림 5-8]은 이 사이클의 $P-v$선도 및 $T-s$선도이다.

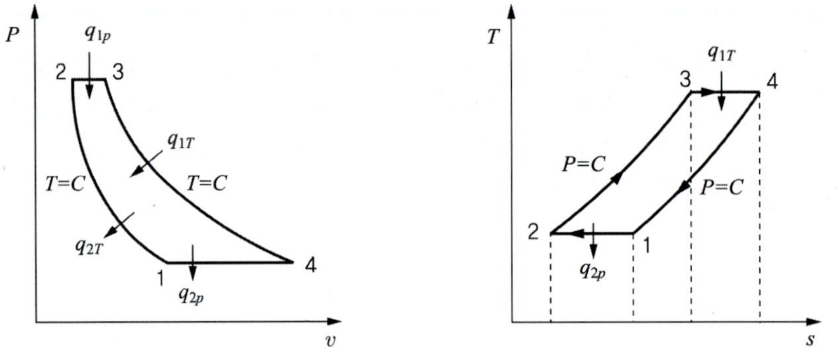

(a) $P-v$선도 (b) $T-s$선도

[그림 5-8] 에릭슨 사이클

5-7-2 스털링 사이클(Stirling cycle)

스털링 사이클은 2개의 정적과정과 2개의 등온과정으로 구성된 밀폐형 재생사이클이다. [그림 5-9]는 이 사이클의 $P-v$선도 및 $T-s$선도이다.

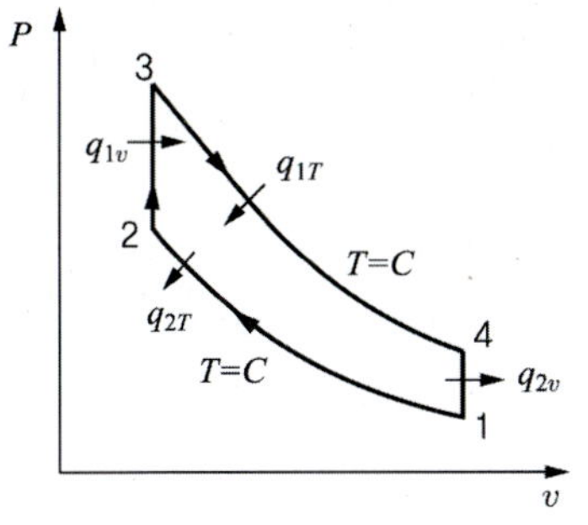

(a) $P-v$선도

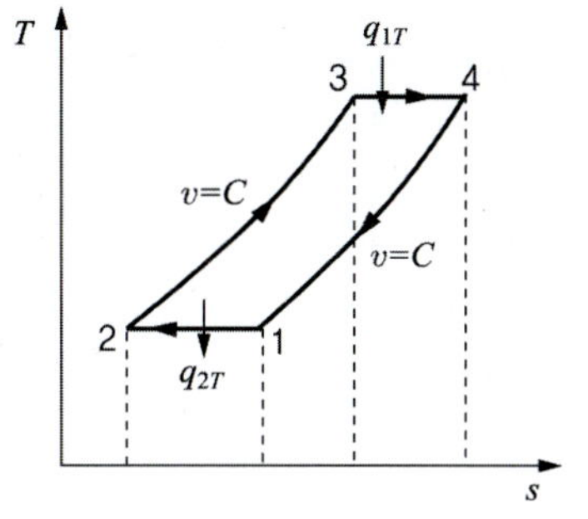

(b) $T-s$선도

[그림 5-9] 스털링 사이클

5-7-3 아트킨슨 사이클(Atkinson cycle)

아트킨슨 사이클은 정적가스터빈 사이클 이라고도 한다. 오토사이클의 등압방열과정만 다르며 오토사이클의 배기가스의 열량을 이용하여 운전되는 가스터빈의 이상 사이클이다. 1개의 등적과정과 등압과정 및 2개의 단열과정으로 구성되어 있다.

[그림 5-10]은 이 사이클의 $P-v$ 선도 및 $T-s$ 선도이다.

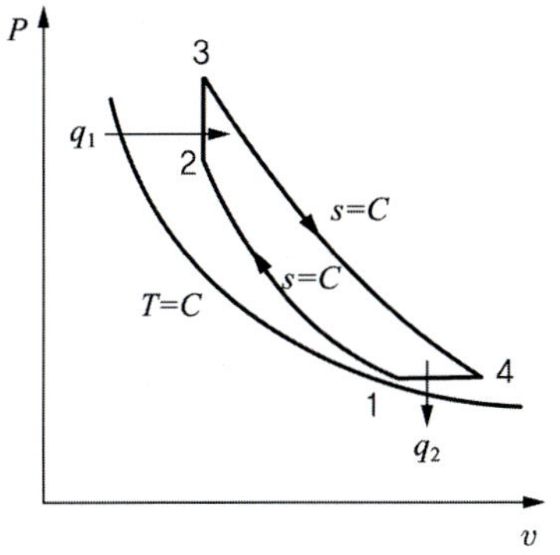

(a) $P-v$선도

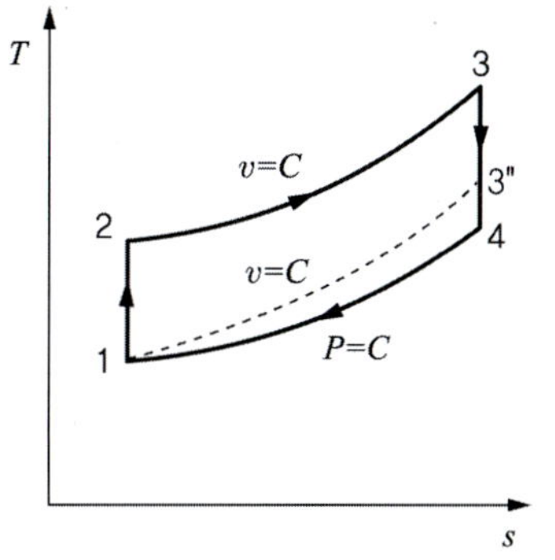

(b) $T-s$선도

[그림 5-10] 아트킨슨 사이클

5-7-4 르노아 사이클(Lenior cycle)

르노아 사이클은 작동유체의 압축과정이 없으며, 정적하에서 급열되어 압력이 상승한 후 기체가 팽창하면서 일을 하고 정압하에서 방출된다. [그림 5-11]은 이 사이클의 $P-v$선도 및 $T-s$선도이다.

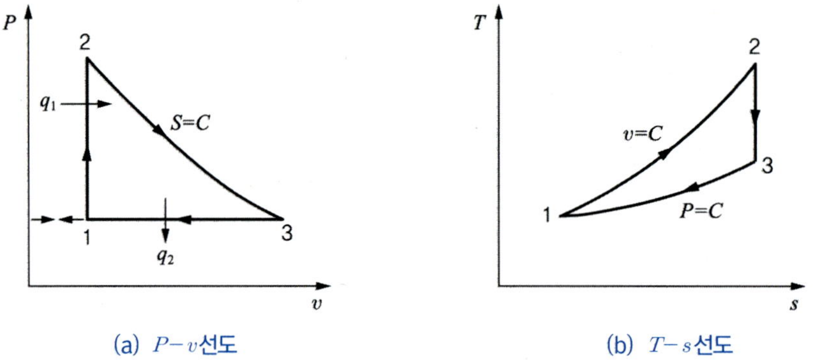

[그림 5-11] 르노아 사이클

Reference

오토 사이클의 이론열효율

$$\eta_{tho} = \frac{w}{q_1} = 1 - \frac{q_2}{q_1} = 1 - \frac{T_4 - T_1}{T_3 - T_2} = 1 - \left(\frac{1}{\epsilon}\right)^{k-1} \text{ (압축비 : } \epsilon = \frac{v_1}{v_2} = \frac{v_4}{v_3}\text{)}$$

디젤 사이클의 이론열효율

$$\eta_{thd} = \frac{w}{q_1} = 1 - \frac{q_2}{q_1} = 1 - \frac{C_v(T_4 - T_1)}{C_p(T_3 - T_2)} = 1 - \frac{(T_4 - T_1)}{k(T_3 - T_2)}$$

$$= 1 - \frac{1}{\epsilon^{k-1}} \cdot \frac{\sigma^k - 1}{k(\sigma - 1)} \text{ (차단비 : } \sigma = \frac{v_3}{v_3'}\text{)}$$

사바테 사이클의 이론열효율 :

$$\eta_{ths} = 1 - \frac{1}{\epsilon^{k-1}} \cdot \frac{\alpha\sigma^k - 1}{(\alpha - 1) + k\alpha(\sigma - 1)} \text{ (압력상승비 : } \alpha = \frac{P_3'}{P_2}\text{)}$$

내연기관 사이클 비교

- 열효율 : $\eta_{tho} > \eta_{ths} > \eta_{thd}$ (가열량 및 압축비가 일정한 경우)
- 압축비 : $\epsilon_d > \epsilon_s > \epsilon_o$

브레이톤 사이클(가스터빈 기본 사이클)의 열효율

$$\eta_{thB} = 1 - \frac{T_4 - T_1}{T_4 \varnothing^{\frac{k-1}{k}} - T_1 \varnothing^{\frac{k-1}{k}}} = 1 - \frac{1}{\varnothing^{\frac{k-1}{k}}} \text{ (압력비 : } \varnothing = \frac{P_2}{P_1} = \frac{P_3}{P_4}\text{)}$$

CHAPTER 05

가스 사이클

실/력/평/가

01 압축비 6인 오토사이클 기관의 이론열효율을 구하여라? (단, k = 1.3이다.)

① 41.6% ② 48.4%
③ 51.4% ④ 54.4%

풀이

$$\eta_o = 1-\left(\frac{1}{\epsilon}\right)^{k-1} = 1-\left(\frac{1}{6}\right)^{1.3-1} = 41.6\%$$

02 실린더의 통극비가 행정체적의 20%일 때 오토사이클의 열효율은 몇 % 인가? (단, k = 1.4이다.)

① 60.4% ② 51.2%
③ 49.3% ④ 45.3%

풀이

$$\epsilon = \frac{\text{통극체적 + 행정체적}}{\text{통극체적}} = 1+\frac{1}{0.2} = 6$$

$$\eta_o = 1-\left(\frac{1}{\epsilon}\right)^{k-1} = 1-\left(\frac{1}{6}\right)^{0.4} = 51.2\%$$

03 오토사이클 기관에서 통극비가 20%일 때 이론열효율은? (단, k = 1.4이다.)

① 49.8% ② 51.2%
③ 59.8% ④ 63.3%

풀이

$$\text{압축비}(\epsilon) = \frac{1+\lambda}{\lambda} = \frac{1+0.2}{0.2} = 6$$

$$\eta_o = 1-\left(\frac{1}{\epsilon}\right)^{k-1} = 1-\left(\frac{1}{6}\right)^{0.4} = 51.2\%$$

04 내연기관에서 실린더의 극간체적(clearance volume)을 증가시키면 효율은 어떻게 되겠는가?

① 증가한다.
② 감소한다.
③ 변화가 없다.
④ 출력은 증가하나 효율은 감소한다.

풀이

극간체적을 증가시키면 압축비가 감소함으로 열효율도 감소한다.

01 ① 02 ② 03 ② 04 ② | 정 | 답 |

05 다음 열기관 사이클 중에서 2개의 등적과정과 2개의 단열과정으로 구성된 사이클은 어느 것인가?

① 카르노 사이클 ② 디젤 사이클
③ 오토 사이클 ④ 브레이톤 사이클

풀이

오토사이클은 2개의 등적과정과 2개의 단열과정으로 이룬 사이클이다.

06 오토사이클에서 열의 공급과 방출이 되는 과정은?

① 등압과정 ② 단열과정
③ 등온과정 ④ 등적과정

07 출력 36,775W를 발생하는 어떤 기관의 행정체적이 3.5m³/min이다. 이 기관의 평균 유효압력은 몇 atm인가?

① 4.52 ② 5.43
③ 6.22 ④ 7.28

풀이

평균 유효압력

$$P_{me} = \frac{\text{유효일}}{\text{행정체적}} = \frac{36775}{\frac{3.5}{60}}$$

$$= 6.30429 \times 10^5 \text{N/m}^2 = 6.22\text{atm}$$

08 오토사이클 기관에서 작동가스의 온도가 가열전후에는 각각 200℃, 1100℃이고, 방열전후에는 각각 400℃, 100℃라면 이 기관의 열효율은 얼마인가?

① 60.5% ② 62.8%
③ 66.7% ④ 70.2%

풀이

$$\eta_o = 1 - \frac{Q_2}{Q_1} = 1 - \frac{C_v(T_4 - T_1)}{C_v(T_3 - T_2)}$$

$$= 1 - \frac{(273+400)-(273+100)}{(273+1100)-(273+200)}$$

$$= 0.667(66.7\%)$$

09 오토사이클 기관에서 압축비는 8이다. 압축행정 초에 있어서 압력은 0.1MPa이고, 온도는 15℃일 때 단열압축후의 온도와 압력은 얼마인가?

① 598K, 1.15MPa
② 612K, 2.15MPa
③ 632K, 2.56MPa
④ 662K, 1.84MPa

풀이

• 압축 후 온도

$$T_2 = T_1\left(\frac{v_1}{v_2}\right)^{k-1} = 288(8)^{0.4} \fallingdotseq 662\text{K}$$

• 압축 후 압력

$$P_2 = P_1\left(\frac{v_1}{v_2}\right)^{k} = 0.1 \times 8^{1.4} \fallingdotseq 1.84\text{MPa}$$

| 정 | 답 | 05 ③ 06 ④ 07 ③ 08 ③ 09 ④

10 오토(Otto) 사이클에 관한 설명 중 틀린 것은?

① 가솔린 기관의 공기 표준 사이클이다.
② 연소과정은 등적 가열과정으로 간주한다.
③ 압축비가 클수록 효율이 높다.
④ 열효율은 작업 기체의 종류와 무관하다.

풀이

- 전기(불꽃) 점화 기관(가솔린 기관)의 이상 사이클이다.
- 연소과정은 등적가열과정으로 가정하며, 흡열과정이 정적이므로 정적 사이클(constant voulme cycle)이라고도 한다.
- 단열압축에서 정적가열로 그리고 단열팽창에서 정적방열로 구성된다.
- 열효율은 $n_{tho} = 1-(\frac{1}{\epsilon})^{k-1}$이다. 압축비만의 함수로서 압축비가 클수록 열효율은 증가하는 사이클이다.

11 디젤 사이클에 대한 설명으로 틀린 것은?

① 일정한 압력하에서 열이 공급된다.
② 일정한 체적하에서 열이 방출된다.
③ 저·중속 디젤기관의 공기 표준 사이클이다.
④ 사이클의 이론열효율은 단절비만의 함수이다.

풀이

디젤 사이클의 이론열효율은 비열비, 압축비와 단절비의 함수관계를 갖는다.

12 정적 사이클에서 열효율 52%로 하기 위해서는 압축비를 얼마로 하면 되는가?

① 5.25 ② 4.25
③ 6.25 ④ 7.25

풀이

$\eta_o = 1-\left(\frac{1}{\epsilon}\right)^{k-1}$ 에서

$$\therefore \epsilon = \left(\frac{1}{1-\eta_o}\right)^{\frac{1}{k-1}} = \left(\frac{1}{1-0.52}\right)^{\frac{1}{1.4-1}}$$

$$= \left(\frac{1}{0.48}\right)^{\frac{1}{0.4}} = 6.25$$

13 다음 그림은 디젤 사이클의 $T-s$ 선도이다. 사이클당 한 일의 열상당량은 어떠한 면적으로 표시되는가?

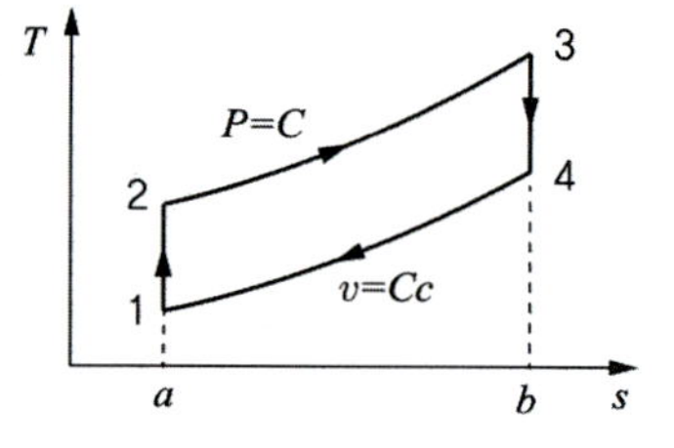

① 면적 12341
② 면적 23ba2
③ 면적 14ba2
④ 면적 23ba2 - 면적 14ba1

풀이

유효일은 면적 12341에 상당한다.

10 ④ 11 ④ 12 ③ 13 ① | 정 | 답 |

14 압축비 16, 단절비(차단비) 2.0일 때 디젤 사이클의 열효율은 얼마인가? (단, k = 1.4이다.)

① 48.72% ② 57.36%
③ 61.38% ④ 72.25%

풀이

$$\eta_d = 1-\left(\frac{1}{\epsilon}\right)^{k-1}\cdot\frac{\sigma^k-1}{k(\sigma-1)}$$
$$=1-\left(\frac{1}{16}\right)^{1.4-1}\cdot\frac{2^{1.4}-1}{1.4(2-1)}$$
$$=0.6138\,(61.38\%)$$

15 디젤 사이클의 열효율에 대한 설명으로 옳은 것은?

① 분사 단절비가 클수록 효율이 증가한다.
② 압축비가 적으면 효율은 증가한다.
③ 부분부하 운전을 할 때는 열효율이 나빠진다.
④ 분사 단절비와 압축비만을 나타낼 수 있다.

16 압축비를 ϵ, 차단비(단,절비)를 σ라 할 때 디젤 사이클의 열효율은?

① ϵ와 σ가 클수록 효율이 좋다.
② ϵ가 크고, σ가 작을수록 효율이 좋다.
③ ϵ와 σ가 작을수록 효율이 좋다.
④ ϵ가 작고 σ가 클수록 효율이 좋다.

풀이

디젤 사이클의 열효율은 압축비 ϵ이 높아질수록, 체절비(차단비)가 작을수록 열효율이 좋게 된다.

17 디젤 사이클에서 T_1 = 300K, 단절비 2, 압축비 10일 때 최고온도는 몇 ℃인가? (단, k = 1.4이다.)

① 1234℃ ② 1324℃
③ 1424℃ ④ 1534℃

풀이

1 → 2과정은 단열압축과정임으로

$$T_2 = T_1\epsilon^{k-1}$$

2 → 3과정은 등압가열과정임으로

$$T_3 = T_2\cdot\left(\frac{v_3}{v_2}\right) = T_2\cdot\sigma = T_1\cdot\sigma\cdot\epsilon^{k-1}$$
$$=300\times2\times(10)^{1.4-1}=1507\,°\text{K}=1234\,℃$$

18 압축비가 15인 오토사이클의 열효율(η_o)과 압축비 15, 차단비(단절비) 2.0인 디젤 사이클의 열효율(η_d)와의 효율비(η_d/η_o)는 얼마인가? (단, k = 1.4이다.)

① 0.78 ② 0.86
③ 0.91 ④ 0.94

풀이

$$\eta_o = 1-\left(\frac{1}{\epsilon}\right)^{k-1} = 1-\left(\frac{1}{15}\right)^{1.4-1} = 0.66$$
$$\eta_d = 1-\left(\frac{1}{\epsilon}\right)^{k-1}\cdot\frac{\sigma^k-1}{k(\sigma-1)}$$
$$=1-\left(\frac{1}{15}\right)^{1.4-1}\cdot\frac{2^{1.4}-1}{1.4(2-1)}=0.60$$
$$\therefore\ \eta_d/\eta_o = \frac{0.60}{0.66}=0.91$$

| 정 | 답 | 14 ③ 15 ④ 16 ② 17 ① 18 ③

19 디젤 사이클의 이론적 해석에서 공기가 열을 공급받는 과정은 어떤 과정으로 해석하겠는가? (단, q는 공급된 열량, h는 엔탈피, u는 내부에너지이다.)

① 정적과정, $q=\Delta u$
② 등 엔트로피 과정, $q=\Delta u$
③ 등온과정, $q=\Delta h$
④ 정압과정, $q=\Delta h$

풀이

디젤 사이클은 정압상태에서 연소하므로 정압 사이클이라고도 한다.

20 디젤 사이클 엔진이 초온 300K, 초압 1atm이고, 최고온도 2500K, 최고압력 이 30 atm로 작동할 때 열효율은 몇 %인가? (단, k = 1.4이다.)

① 20% ② 30%
③ 40% ④ 50%

풀이

• 압축비

$$\epsilon=\frac{v_2}{v_1}=\left(\frac{P_2}{P_1}\right)^{\frac{1}{k}}=\left(\frac{30}{1}\right)^{\frac{1}{1.4}}=11.35$$

• 단절비

$$\sigma=\frac{v_3}{v_2}=\frac{T_3}{T_2}=\frac{T_3}{T_1\cdot\epsilon^{k-1}}$$

$$=\frac{2500}{300\times(11.35)^{1.4-1}}=3.15$$

$$\therefore \eta_d=1-\left(\frac{1}{\epsilon}\right)^{k-1}\cdot\frac{\sigma^k-1}{k(\sigma-1)}$$

$$=1-\left(\frac{1}{11.35}\right)^{1.4-1}\cdot\frac{3.15^{1.4}-1}{1.4(3.15-1)}$$

$$\fallingdotseq 0.50(50\%)$$

21 작동유체를 단열 압축하여 고온, 고압으로 하면 점화하지 않아도 분사된 연료는 착화되며 일정한 압력 하에서 연소하는 사이클은 어느 것인가?

① 디젤 사이클 ② 오토 사이클
③ 사바테 사이클 ④ 브레이톤 사이클

22 다음은 사바테 사이클에 대한 설명이다. 틀린 것은?

① 정적, 정압하에 열이 공급된다.
② 단열압축 후 정적하의 열공급 과정이 연속된다.
③ 정압하에 열방출을 한다.
④ 정적과정과 정압과정에서 열을 공급한다.

23 초압, 초온, 압축비, 가열량을 일정하게 하였을 경우 열효율의 크기는?

① 오토 사이클 > 사바테 사이클 > 디젤 사이클
② 디젤 사이클 > 사바테 사이클 > 오토 사이클
③ 디젤 사이클 > 오토 사이클 > 사바테 사이클
④ 오토 사이클 > 디젤 사이클 > 사바테 사이클

24 아래 사이클 중에서 열효율이 압축비, 단절비 및 폭발비에 의해서 결정되는 사이클은? (단, 비열비는 일정하다.)

① 오토 사이클 ② 디젤 사이클
③ 브레이톤 사이클 ④ 사바테 사이클

19 ④ 20 ④ 21 ① 22 ③ 23 ① 24 ④ | 정 | 답 |

25 왕복식 내연기관의 공기표준 사이클에서 가열량, 시작점의 최저온도, 압력 그리고 압축비 등이 같을 경우 다음 중 옳은 것은?

① 오토사이클의 열효율이 가장 높다.
② 디젤사이클의 열효율이 가장 높다.
③ 복합사이클의 열효율이 가장 높다.
④ 서로 비교할 수 없다.

26 사바테 사이클에서 압축비 15, 단절비(차단비) 2.0, 압력상승비가 1.5일 때 이론열효율은? (단, k = 1.4이다.)

① 38.2% ② 46.7%
③ 54.3% ④ 61.5%

풀이

$$\eta_s = 1 - \left(\frac{1}{\epsilon}\right)^{k-1} \cdot \frac{\alpha \cdot \sigma^k - 1}{(\alpha - 1) + k\alpha(\sigma - 1)}$$
$$= 1 - \left(\frac{1}{15}\right)^{1.4-1} \cdot \frac{1.5 \times 2^{1.4} - 1}{(1.5-1) + 1.4 \times 1.5(2-1)}$$
$$\fallingdotseq 0.615(61.5\%)$$

27 사바테 사이클의 열효율식에서 어느 항이 1이 되면 오토 사이클의 열효율과 같아지는가?

① 온도비 ② 압력비
③ 압축비 ④ 단절비

풀이

단절비(σ)가 1일 때 오토 사이클, 압력비(α)가 1일 때 디젤 사이클과 같다.

28 초압, 초온, 가열량 및 최고압력을 일정하게 했을 때 열효율의 크기는?

① 오토 사이클 > 사바테 사이클 > 디젤 사이클
② 디젤 사이클 > 사바테 사이클 > 오토 사이클
③ 디젤 사이클 > 오토 사이클 > 사바테 사이클
④ 오토 사이클 > 디젤 사이클 > 사바테 사이클

풀이

초압, 초온, 가열량 및 최고압력(또는 최고온도)을 일정하게 하였을 경우 열효율의 크기는 디젤 사이클 > 사바테 사이클 > 오토 사이클이다.

29 압축비를 ϵ, 체적비를 σ, 폭발비를 α라 할 때 사바테 사이클에서 연소후의 최고온도는 어떻게 표시되나? (단, T_1 = 흡입온도, k = 비열비이다.)

① $T_1\epsilon^{k-1}$ ② $T_1\alpha\epsilon^{k-1}$
③ $T_1\alpha\sigma\epsilon^{k-1}$ ④ $T_1\sigma\epsilon\alpha^{k-1}$

풀이

[식 5-17] 참고

| 정 | 답 | 25 ① 26 ④ 27 ④ 28 ② 29 ③

30 압축비 14인 사바테 사이클 기관에서 압축 전의 온도와 압력은 300K와 0.1MPa이고, 압축후의 온도는 800K이며, 폭발 후 최고압력은 7.0MPa일 때 압력상승비(α)는 얼마인가? (단, k = 1.4이다.)

① 1.85 ② 1.96
③ 2.03 ④ 2.26

풀이

$$P_2 = P_1\left(\frac{T_2}{T_1}\right)^{\frac{k}{k-1}} = 0.1\times\left(\frac{800}{300}\right)^{\frac{1.4}{1.4-1}}$$
$$= 3.10\text{MPa}$$
$$\therefore \alpha = \frac{P_3}{P_2} = \frac{7.0}{3.10} = 2.26$$

31 사바테 사이클에서 최저온도 27℃, 압축비 14, 폭발비 2, 차단비 1.8일 때 최고온도는 몇 도인가? (단, k = 1.4이다.)

① 3054K ② 3104K
③ 3206K ④ 3254K

풀이

$$T_3 = T_1\alpha\sigma\epsilon^{k-1} = (27+273)\times2\times1.8\times(14)^{1.4-1}$$
$$≒ 3104\text{K}$$

32 압축비 15인 사바테 사이클 기관에서 공기 압축 전의 압력과 온도는 1bar, 40℃이고, 최고압력 70bar일 때 압축 후의 온도와 압력은 얼마인가? (단, k = 1.35이다.)

① 534℃, 26.7bar ② 625℃, 38.7bar
③ 534℃, 38.7bar ④ 625℃, 42,7bar

풀이

$$T_2 = T_1\epsilon^{k-1} = (40+273)\times15^{1.35-1}$$
$$= 807.5\text{K} ≒ 534℃$$
$$P_2 = P_1\epsilon^k = 1\times15^{1.35} ≒ 38.7\text{bar}$$

33 다음은 브레이톤 사이클에 관한 표현이다. 틀린 것은?

① 2개의 단열과정과 2개의 등압과정으로 성립되어 있다.
② 압력비가 클수록 열효율이 증가된다.
③ 압력비가 클수록 출력이 증가된다.
④ 가스터빈의 이상 사이클이다.

풀이

압력비가 클수록 항상 출력이 증가한다고 할 수 없다.

34 다음 중 브레이톤 사이클의 이론열효율은?

① 온도비만의 함수이다.
② 압축비만의 함수이다.
③ 압축압력비만의 함수이다.
④ 압축비와 차단비만의 함수이다.

35 다음 그림은 브레이톤 사이클의 $T-s$ 선도이고, 점선은 압축기와 터빈에 있어서의 비가역 단열과정을 표시한 것이다. 압축기의 단열 효율식?

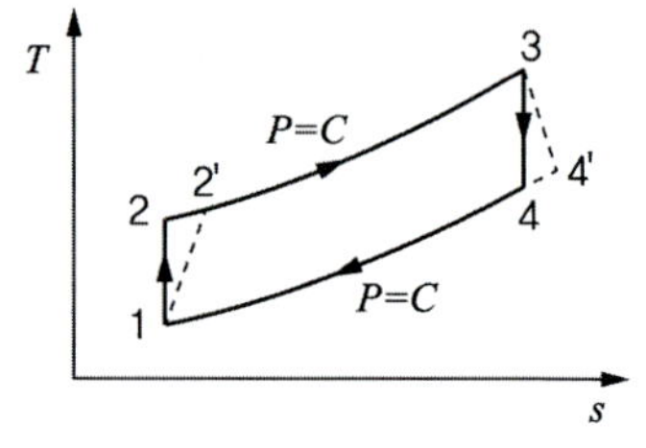

① $(T_2' - T_1)/(T_2 - T_1)$
② $(T_2 - T_1)/(T_2' - T_1)$
③ $(T_3 - T_4')/(T_3 - T_4)$
④ $(T_3 - T_4)/(T_3 - T_4')$

풀이

$$\eta_C = \frac{h_2 - h_1}{h_2' - h_1} = \frac{(T_2 - T_1)}{(T_2' - T_1)}$$

30 ④ 31 ② 32 ③ 33 ③ 34 ③ 35 ② | 정 | 답 |

36 다음 그림은 무엇의 사이클을 표시한 것인가?

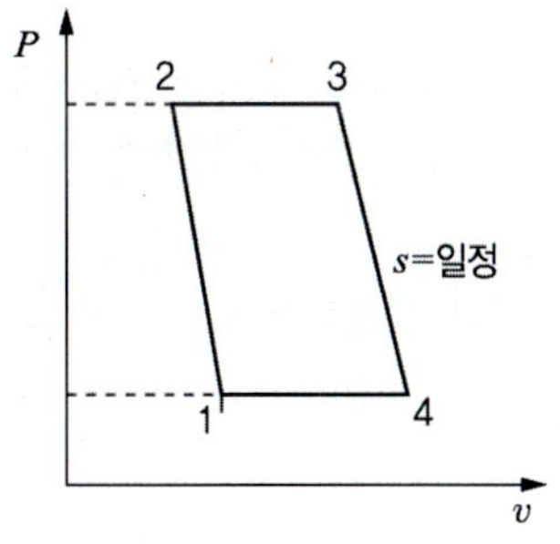

① 가솔린기관의 기본 사이클
② 디젤기관의 기본 사이클
③ 공기압축기의 기본 사이클
④ 등압연소 가스터빈 사이클

37 등적과정이 없는 사이클은 어느 것인가?

① 오토 사이클 ② 디젤 사이클
③ 사바테 사이클 ④ 브레이톤 사이클

풀이

브레이톤 사이클은 2개 정압과정과 2개의 단열과정으로 구성된다.

38 압력비가 12인 브레이톤 사이클의 이론열효율은 몇 %인가? (단, k = 1.4이다.)

① 36.6% ② 46.7%
③ 50.8% ④ 53.6%

풀이

$$\eta_b = 1 - \left(\frac{1}{\phi}\right)^{\frac{k-1}{k}} = 1 - \left(\frac{1}{12}\right)^{\frac{1.4-1}{1.4}}$$
$$= 0.508(50.8\%)$$

39 작동유체로 공기를 사용하는 브레이톤 사이클에서 최고압력이 6atm, 초압이 1atm, 최고온도가 700℃, 초온이 20℃인 경우 이론 열효율은 몇 %인가? (단, k = 1.4이다.)

① 30% ② 40%
③ 50% ④ 60%

풀이

$$\eta_b = 1 - \left(\frac{P_2}{P_1}\right)^{\frac{k-1}{k}} = 1 - \left(\frac{1}{6}\right)^{\frac{1.4-1}{1.4}} = 0.40(40\%)$$

40 다음 중 2개의 정적과정과 2개의 등온과정으로 구성된 사이클은?

① 브레이톤 사이클 ② 에릭슨 사이클
③ 스털링 사이클 ④ 디젤 사이클

풀이

2개 등온과 2개 정적은 스털링 사이클이다.

41 다음 중 스털링 사이클(stirling cycle)의 과정을 올바르게 나타낸 것은?

① 등온압축 → 등적가열 → 등온팽창 → 등적냉각
② 등온압축 → 등압가열 → 등온팽창 → 등압냉각
③ 단열압축 → 등온가열 → 단열팽창 → 등온냉각
④ 단열압축 → 등압가열 → 단열팽창 → 등압냉각

42 다음 중 에릭슨 사이클(ericsson cycle)의 과정을 올바르게 나타낸 것은?

① 등온압축 → 등적가열 → 등온팽창 → 등적냉각
② 등온압축 → 등압가열 → 등온팽창 → 등압냉각
③ 단열압축 → 등온가열 → 단열팽창 → 등온냉각
④ 단열압축 → 등압가열 → 단열팽창 → 등압냉각

43 다음 중 아트킨슨 사이클(atkinson cycle)의 과정을 올바르게 나타낸 것은?

① 단열압축 → 등적가열 → 단열팽창 → 등압방열
② 단열압축 → 등압가열 → 단열팽창 → 등적방열
③ 등온압축 → 등적가열 → 등온팽창 → 등압방열
④ 등온압축 → 등압가열 → 등온팽창 → 등적방열

44 실제의 열기관에서 상태변화 때 만들기 곤란한 상태변화과정에 해당하는 것은?

① 등적변화 ② 등압변화
③ 등온변화 ④ 단열변화

45 다음 중 에릭슨 사이클(ericsson cycle)에 대한 설명 중 틀린 것은?

① 2개의 등온 및 등압과정으로 된 사이클이다.
② 가스터빈의 이상적인 사이클이다.
③ 이론상 카르노사이클의 열효율과 일치하며 실현하기 불가능한 사이클이다.
④ 등온하에 급열되는 사이클이다.

46 다음 중 아트킨슨 사이클(atkinson cycle)에 대한 설명 중 틀린 것은?

① 오토사이클의 배기로 운전되는 가스터빈의 이상적인 사이클이다.
② 2개의 단열, 1개의 등적 및 등압과정으로 구성된 사이클이다.
③ 오토사이클과 차이는 등적방열과정에 있다.
④ 등적 가스터빈 사이클이라 한다.

47 다음 중 르노아 사이클(Lenior Cycle)에 대한 설명 중 틀린 것은?

① 작동유체의 압축과정이 없다.
② 등적하에 급열하여 압력을 상승시키고 단열팽창시켜 일을 얻는다.
③ 등압하에 방열한다.
④ 전기점화기관의 이상적인 사이클이다.

42 ② 43 ① 44 ③ 45 ④ 46 ③ 47 ④ | 정 | 답 |

06

CHAPTER

증기의 성질

CHAPTER

06 증기의 성질

6-1 증기의 성질

열역학에서 다루는 가스와 증기는 기체와 연관이 있다. 가스는 기체만을 의미하고 증기는 기체와 액체의 혼합 상태를 말한다. 차이점은 가스는 쉽게 상변화(액화)되지 않고 증기는 쉽게 상변화 된다는 것이다. 예를 들면 산 위에 올라가서 물을 가열시킨다고 할 때 산 위는 대기압이 낮으므로 저지대보다 쉽게 끓거나 증발 상변화하는 것을 알 수 있다.

상변화 되는 과정 중에는 액체상태나 기체상태 단독으로 구성되어진 경우와 액체와 기체가 같이 공존하는 구역이 있다. 액체+기체의 공유 영역을 습증기상태 구간이라 한다. 이들에 대한 현상을 살펴보고 새로운 용어 등을 파악해 본다. 물의 증발은 압력에 따라 다르다.

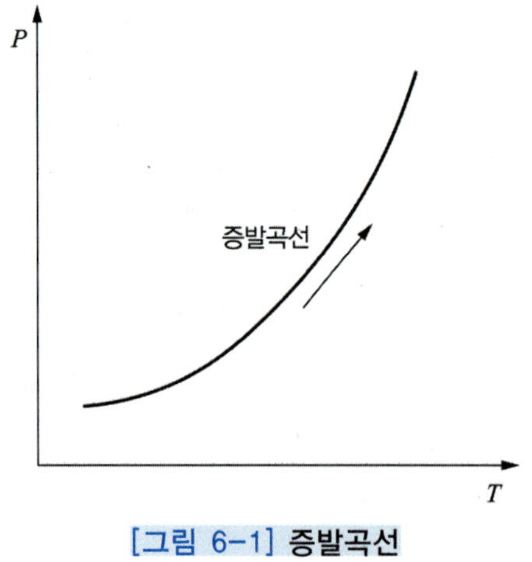

[그림 6-1] 증발곡선

[그림 6-1]에서는 모든 액체의 증발곡선이 압력증가에 따라 물의 증발온도도 증가함을 보여준다. 자동차의 엔진 냉각수가 비등하게 되면 기포가 발생한다. 이 기포발생이 엔진 실린더블록 내에 분포하면 그 부분의 냉각이 쉽지 않다. 물의 비등으로 생긴 기포발생을 억제하기 위해 라디에이터 압력 캡으로 대기압 이상이 되게 가압함으로써 냉각수의 비등점을 높이는 경우가 또 다른 예이다.

6-1-1 정압과정에서 증발

[그림 6-2]에서와 같이 실린더 내에 물을 넣고 일정한 압력상태로 유지시킨 다음 피스톤에 추를 올려놓고 가열하면서 그 현상을 살펴보자. 표준 대기압 760[mmHg], 20[℃](임의의 온도)의 물을 가열하면 물은 상변화되지 않고 액체 상태로 존재한다. 계속적으로 가열하여 온도 100[℃]일 때 물은 증발하기 시작한다. 이 때 압력을 가하지 않는다면 100[℃]가 되기 전부터 수증기가 발생하기 시작한다.

이와 같이 물(액체)이 증발하기 시작하는 온도를 포화온도(saturated temperature) t_s라고 하고, 이 포화온도에 대응하는 압력을 포화압력(saturated pressure) P_s라 한다.

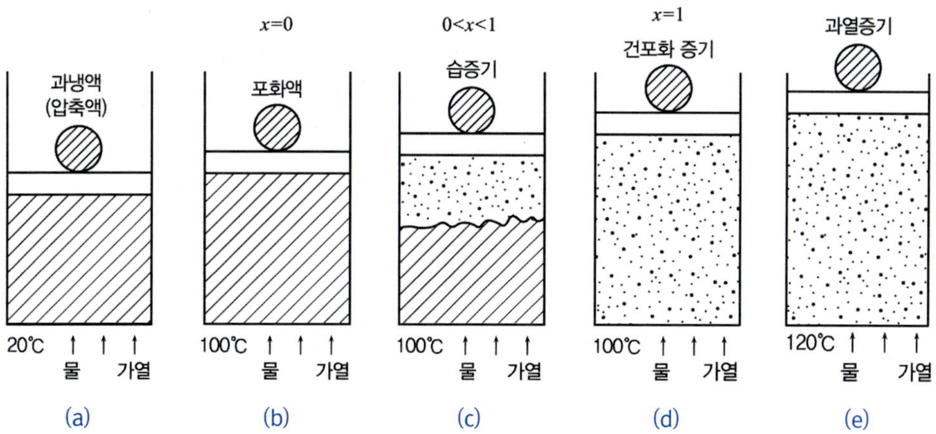

[그림 6-2] 정압과정에서 물의 가열상태

물의 가열과정을 분석해 보면 다음과 같다.

① 압축액

[그림 6-2(a)]와 같이 아직 내부에너지가 포화상태에 이르지 못한 물을 불포화수 또는 불포화액이라 한다. 이때 공급된 열은 대부분 내부에너지의 증가에 이용되고 약간의 열량으로 체적증가에 의한 외부일을 한다.

② 포화액

[그림 6−2(b)]와 같이 압축액을 계속 가열하게 되면 온도상승은 멈추게 되고 증기발생(증발) 직전의 상태에 도달한다. 이 상태 즉 건도가 $x=0$이면 포화수 또는 포화액이라 한다. 포화액상태의 압력과 온도를 포화압력, 포화온도라 하며 포화압력은 760[mmHg](1atm)이고 포화온도는 100[℃] 상태이다.

③ 습포화 증기

[그림 6−2(c)]와 같이 포화액에 열을 계속 공급하면 증발상태에 들어가며 증발이 완료될 때까지 온도는 포화온도로 일정하게 유지된다. 이 과정에서 액체가 기체로 점점 바뀌면 체적은 급격히 증가한다. 이때 실린더 내부에는 증기와 액체가 동시에 존재하는데 이 경우를 습포화 증기 또는 습증기라 한다.

이 습포화증기의 상태를 나타내기 위해서는 압력, 온도 외에도 증기와 액체의 혼합관계를 표시할 필요가 있다. 1[kg]의 습포화증기 중에 x[kg]이 증기라면 $(1-x)$은 액체이다. 이 때 증기의 양 x를 건도(건조도) 또는 질이라 한다. 습증기는 $0 < x < 1$ 사이의 값을 갖는다.

④ 건포화 증기

[그림 6−2(d)]와 같이 증발이 거의 끝나고서 계속 열을 공급하면 증기의 상태로 존재한다. 거의 기체로만 구성된 상태로서 이를 건포화 증기 또는 건증기라 한다. 증기의 건도 $x=1$이며, 포화수 1[kg]가 전부 증기로 되는데 흡수한 열을 증발의 잠열(증발열)이라 한다.

⑤ 과열증기

[그림 6−2(e)]와 같이 건포화 증기를 계속 가열하면 증기의 온도는 포화온도보다 높게 된다. 이와 같은 증기를 과열증기라 한다. 과열증기의 온도에서 같은 압력의 포화온도를 뺀 값을 과열도라 하며 과열도가 높게 되면 이상기체의 성질에 가까워진다.

액체의 증발과정을 $P-v$선도와 $T-s$선도로 나타내면 [그림 6−3]과 [그림 6−4]와 같다. 초기의 온도 0[℃]의 물 1[kg]을 압력 P_1하에서 가열한다고 하면 그림에서 점 A는 처음상태인 불포화액을 나타내며, 점 B는 포화액, 선분 BCD는 습증기의 범위로서 등압선과 등온선이 일치하게 된다.

그리고 점 D는 건포화증기로 표시하고, 점 E는 압력 P_1과 온도 T_E의 과열증기 상태를 표시한다. A, B, C, D, E 각 점의 비체적은 각각 v_o, v', v_x, v'', v_h로 나타내며 액체의 가열, 증발, 증기의 과열에 따라 팽창하는 양을 정한다.

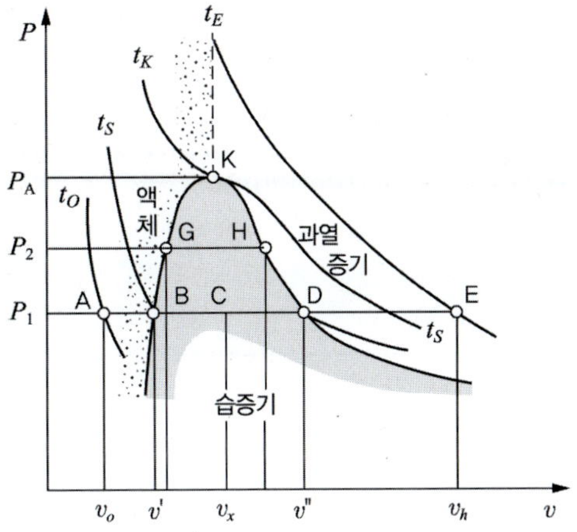

[그림 6-3] 증기의 $P-v$ 선도

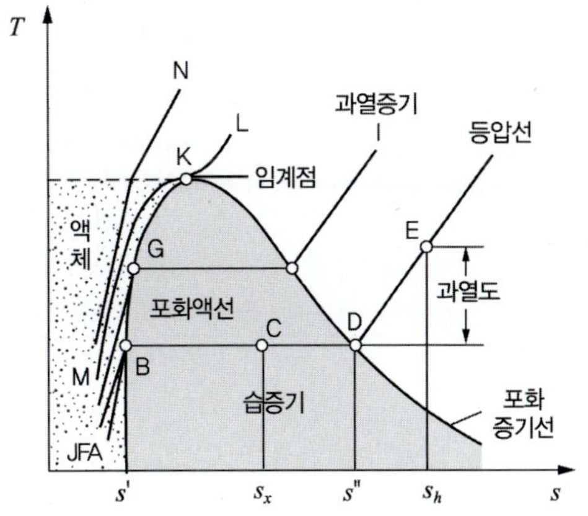

[그림 6-4] 증기의 $T-s$ 선도

위의 조건에서 다시 압력을 높여서 물을 등압가열하면 습증기로서 체적팽창의 범위는 0이 되고, 증발이 시작하는 점과 끝나는 점은 점 K에서 일치하게 되는데 이 점을 임계점이라 한다. 이 점에 해당하는 압력, 체적, 온도를 각각 임계압력, 임계체적, 임계온도라 한다.

온도가 임계온도 이상의 경우에는 압축해도 액화되지 않는다. [그림 6-3]에서 BGK를 연결한 곡선을 포화액선이라 하며, DHK를 연결한 곡선을 건포화증기선이라 하며, 포화액선과 건포화증기선을 포화한계선 또는 포화선이라 한다. 〈표 6-1〉은 참고로 몇 가지 물질의 임계점을 나타내고 있다.

표 6-1 물질의 임계치

물 질	임계온도 [℃]	임계압력[kg_f/cm^2]		임계비체적 [m^3/kg]
		[kg_f/cm^2]	[MPa]	
물(H_2O)	374.14	225.6	22.105	0.00318
이산화탄소(CO_2)	31.05	75.8	7.389	0.00216
산소(O_2)	-118.35	51.4	5.027	0.00233
수소(H_2)	-239.85	13.2	1.294	0.0323
공기	-140.7	38.5	3.773	0.0032

6-1-2 습증기의 건도

습증기 1[kg]의 속에 x[kg]이 증기이고 $(1-x)$[kg]이 액체일 때 x를 습증기의 건도(dryness fraction) 또는 질(quailty)라 하고, $(1-x)$를 습도(wetness fraction)라 한다.

따라서 습증기의 건도는 다음과 같이 정의된다.

$$x = \frac{\text{습증기 1[kg] 중에 포함되어 있는 건포화증기량}}{\text{1[kg]의 습증기량}} \quad \cdots\cdots (6\text{-}1)$$

[그림 6-5]에서 중량 G[kg]인 습증기 속의 포화액을 G', 건포화증기량을 G''라 하고 이 습증기의 건도를 x라 하면

$$\text{건포화 증기량} : G'' = Gx$$
$$\text{포화액량} : G' = (1-x)G \quad \cdots\cdots (6\text{-}2)$$

가 된다.

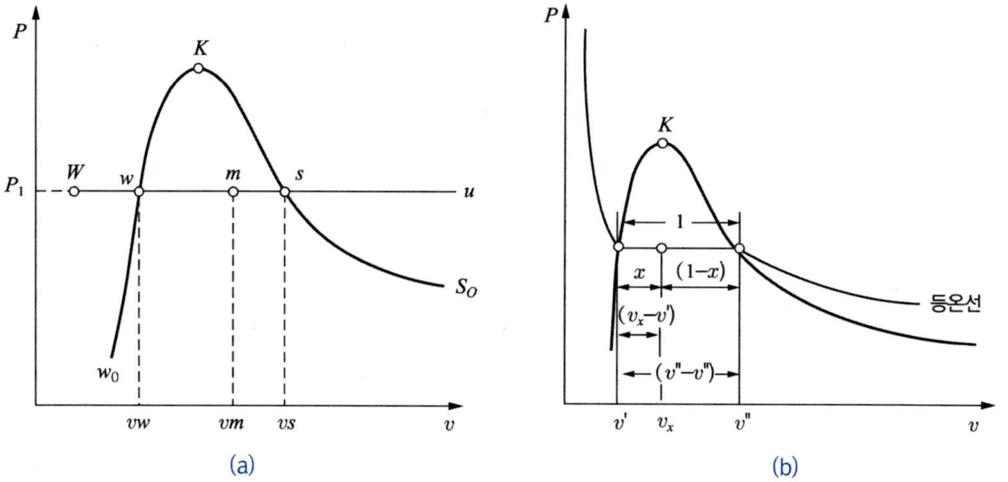

[그림 6-5] 증발과정의 $P-v$ 선도

또 동일한 압력하에서 건도 x인 습증기 및 포화액의 체적 및 비체적, 건포화증기의 체적 및 비체적을 각각 V_m, v_x, V_w, v' 및 V_s, v''라고 할 때에는 $V_m = Gv_x$, $V_w = G'v'$, $V_s = G''v''$가 되며, $V_m = V_w + V_s$이므로

$$Gv_x = G'v' + G''v'' = (1-x)Gv' + xGv''$$
$$\therefore\ v_x = v' + x(v'' - v') \quad \cdots\cdots (6\text{-}3)$$

식 (6-3)으로부터 건도 x는 다음과 같다.

$$x = \frac{(v_x - v')}{(v'' - v')} \quad \cdots\cdots \text{(6-4)}$$

따라서, 건도는 0에서 1까지의 값을 가지며 $x = 1$일 때의 점 s를 건포화 증기, $x = 0$일 때의 점 w를 포화액으로 표시하며, $0 < x < 1$인 경우를 습증기로 나타낸다.

6-2 증기의 상태식

실제 가스는 분자간의 인력 및 분자자신의 체적 때문에 $Pv \neq RT$가 된다. 실제가스의 상태식은 반데르 왈스(van der waals)식을 적용하는데 아래와 같다.

실제 가스도 증기의 온도가 매우 높거나 압력이 아주 낮으면 완전가스의 상태식 $Pv = RT$를 적용해도 무방하다.

$$\left(P + \frac{a}{v^2}\right)(v - b) = RT \quad \cdots\cdots \text{(6-5)}$$

a, b : 기체의 종류에 따라 각각 정해지는 상수

$\frac{a}{v^2}$: 분자간의 인력이 압력에 미치는 영향을 수정하는 항

v : 1[kg]의 기체가 차지하는 체적

$v - b$: 분자가 자유로이 운동할 때의 체적

6-3 증기표와 증기선도

물질에 대한 증발과정에서 생기는 각 상태의 열역학적 상태량을 계측하고, 기초 유도식의 계산을 종합하여 도표화한 것이 증기표이다. 증기표에는 포화 증기표와 과열증기표가 있다.

6-3-1 증기표

① 포화 증기표

포화액과 건포화증기의 포화온도 및 포화압력에 대한 비체적(v), 엔탈피(h), 증발열(r), 엔트로피(s) 등의 값을 나타내고 있다.

습증기의 값은 주어지지 않으므로 $v_x = v' + x(v'' - v')$, $h_x = h' + x(h'' - h')$, $u_x = u' + x(u'' - u')$, $s_x = s' + x(s'' - s')$의 식으로 구할 수 있다. 만일 증기표에 없는 온도나 압력에 대해서는 보간법 등에 의해 구할 수 있다.

② 과열 증기표

각각의 압력에 대한 온도를 기준으로 과열증기의 성질을 표시하고 있다. 증기표에는 내부에너지의 값이 주어지지 않으므로 $u = h - Pdv$의 식으로 구할 수 있다.

6-3-2 증기선도

증기원동소나 냉동기에 대한 설계 및 기타 계산을 할 때에는 증기의 성질을 알아둘 필요가 있다. 이 때 증기표와 더불어 유효하게 쓰이는 것이 증기선도이다. 다시 말하면, 지금까지 증기의 성질 P, v, T, h, s 등에 대해서 익혀 왔는데, 이들 중 두 가지 성질을 직교좌표로 하고, 각 성질의 변화를 선도에 나타낸 것이 증기선도이다. 이것을 이용하면 임의의 상태에 대한 각 성질의 변화를 간단히 측정할 수 있으며, 실제 공학상 복잡한 계산이 번거로움을 생략할 수 있다.

여러 가지 선도 중에 $P-v$선도, $T-s$선도, $h-s$선도 및 $P-h$선도 등이 자주 사용되고 있다. 특히 증기기관에는 $P-v$선도, $T-s$선도를, 증기터빈에는 $h-s$선도를 그리고 냉동기에는 $P-h$선도와 $T-s$선도가 많이 쓰인다. 이들 중 $h-s$선도와 $P-h$선도는 작성자의 이름을 따서 각각 수증기의 몰리에선도(Mollier chart)와 냉매의 몰리에선도라 한다.

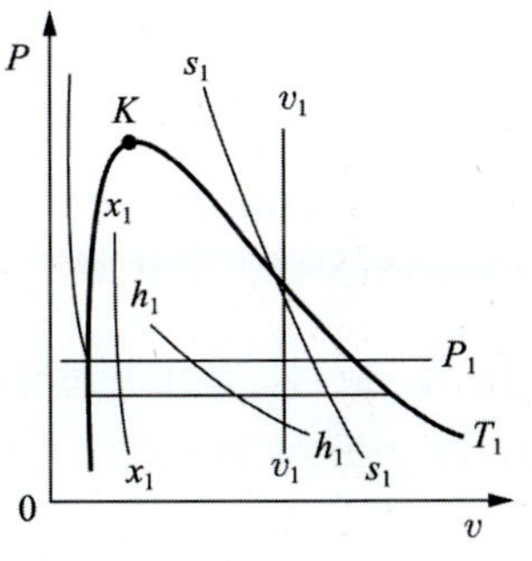

(a) $P-v$선도

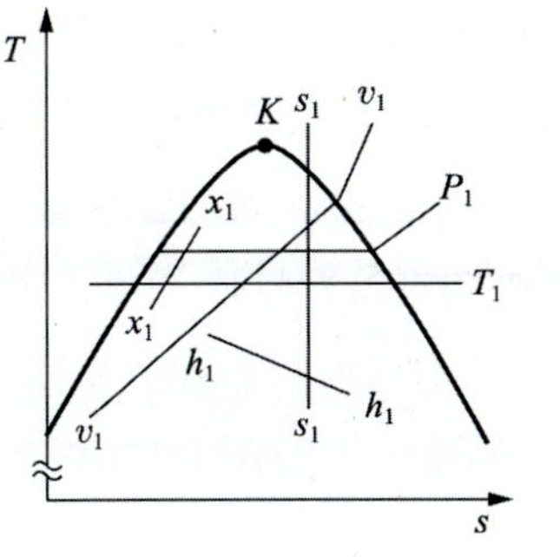

(b) $T-s$선도

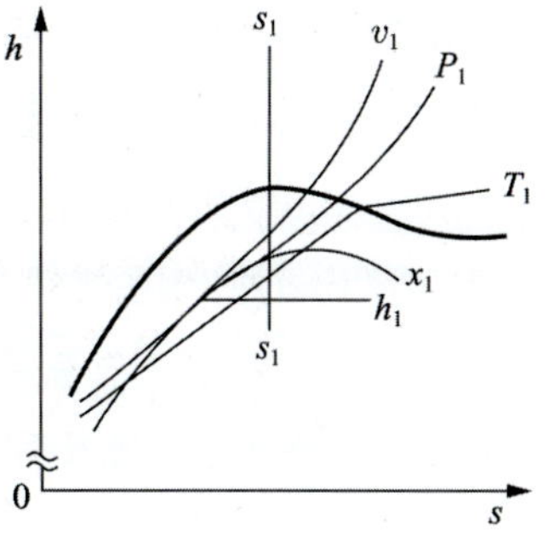

(c) $h-s$선도

[그림 6-6] 증기선도

$P-h$선도는 냉동사이클에서 알아보기로 하고, 나머지 $P-v$선도, $T-s$선도, $h-s$선도는 [그림 6-6]과 같다. [그림 6-6]에서는 $dP=0$, $dv=0$, $dT=0$, $dh=0$, $ds=0$ 및 $dx=0$에 대한 변화를 첨가하였다. 몰리에선도는 부록을 참고하기 바란다.

6-3-3 삼중점(Triple point)

[그림 6-7]은 물질의 고체, 액체, 기체 사이의 평형관계를 나타낸 $P-T$선도이다. 액체와 증기는 평형을 유지하다가 열을 빼앗아 온도를 내리게 되면 액체는 응고하기 시작하는 온도에 도달하며, 마침내 증기와 액체 와 고체의 상태가 동시에 존재해서 서로 평형을 유지한 상태에 도달할 때가 있다. 이때의 압력과 온도에 의해서 결정되는 상태점 T를 삼중점이라 한다.

삼중점에 도달한 후 다시 열을 빼앗아도 액체가 모두 응고되기까지 온도는 내려가지 않는다. 이때의 열을 응고의 잠열이라 한다.

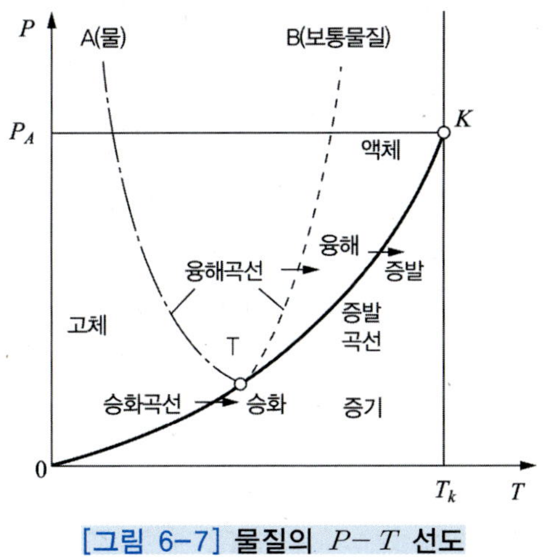

[그림 6-7] 물질의 $P-T$ 선도

삼중점 이하의 압력과 온도에서는 고체와 기체 증기가 공존해서 평형을 유지한다. 액체는 존재하지 않고 고체의 일부가 직접 증기로 변하는 과정이 된다. 이 같은 현상을 승화(sublimation)라고 한다. 이때 고체의 경우 증기압은 높고 기초압력은 극히 낮다.

[그림 6-7]은 저온에서 차례로 각각의 온도를 정해 고체의 증기압을 측정하고 삼중점에 도달한 후의 액체 증기압을 측정해서 임계온도에 도달한 결과를 선도에 표시한 것이다. 만일 이 물질을 삼중점에서 증기가 없어질 때까지 압축시키고(열을 제거하여 체적을 감소시키는 것을 의미), 이어서 고체 및 액체의 두 상태의 혼합물에 압력을 가하면 융해곡선상의 점이 된다. 이 두 상태가 평형이 되기 위해서는 온도를 적당히 변화시킬 필요가 있다.

[그림 6-7]의 TK는 증발곡선이고 TA 또는 TB는 융해곡선이다. 각각의 증기와 액체 그리고 액체와 고체가 평형을 유지하는 압력과 온도의 관계를 나타낸 것이다. OT는 승화곡선이다.

〈표 6-2〉는 몇 가지 물질의 삼중점을 나타내고 있다.

표 6-2 물질의 삼중점

물질	온도[℃]	압력[N/m^2]
물(H_2O)	0.01	610
이산화탄소(CO_2)	-56.6	517.314
산소(O_2)	-218.4	266.75
수소(H_2)	-259.1	6855.02
질소(N_2)	-209.8	12856.85

6-4 증기의 열적 상태량

증기의 열적 상태량이란 P, v, T를 제외한 u, h 및 s를 말한다. 엔탈피 및 엔트로피는 일반적으로 증기의 성질을 표시하는 경우 0[℃]에서의 포화압력 0.00603[atm]에 있는 물의 엔탈피를 0이라고 할 때 동시에 엔트로피도 0이 된다.

그러나 내부에너지는 정확하게 0이 되지 않는다. 즉, $h = u + Pv$에서 v를 구해 보면 건도에서도 설명한 바와 같이 포화액의 상태량을 h', u', s', 건포화증기의 상태량을 h'', u'', s''로 표시한다.

따라서 압력 0.00603[atm]에서의 물의 내부에너지 u_0'는 $h_0' = u_0' + P_0 v_0'$로부터 $h_0' = 0$이므로

$$u_0' = -P_0 v_0' = -0.00603 \times 10^4 \times 0.001 = -0.0606[\text{kJ/kg}]$$

$$u_0' \fallingdotseq 0(\text{물})$$

가 된다.

6-4-1 포화액의 상태량

어느 압력하에서 0[℃]인 물을 그 압력에 해당하는 포화온도 t_s[℃]까지 높이는데 필요한 열량을 액체열이라고 한다. 이들과의 관계식은 다음과 같다.

$$q = \text{액체열} = \int_0^{t_s} C dt \quad \cdots\cdots (6\text{-}6)$$

여기서 비열 C는 0[℃]에서 40[℃] 정도까지는 대개 1에 가깝고, 300[℃]까지는 다음 식으로 표시된다.

$$C = 0.9983 - 0.0001037t + 0.000002073t^2 \quad \cdots\cdots (6\text{-}7)$$

또 압력 P에서의 0[℃]의 물의 비체적은 v_0, 내부에너지는 u_0, 포화액을 각각 v', u'라 하면 다음식이 된다.

$$q = u' - u_0 + P(v' - v_0)[\text{kJ/kg}] \quad \cdots\cdots (6\text{-}8)$$

여기서 $h_0 = u_0 + Pv_0$는 $P = 9800[\text{kPa}]$ 정도까지는 $u_0 \fallingdotseq 0$이므로 $h_0 \fallingdotseq Pv_0$이다.

따라서 임의의 압력 P에서 포화액의 엔탈피는

$$h' = u' + Pv' = h_0 + \int_0^{t_s} Cdt = Pv_0 + q \qquad \text{(6-9)}$$

압력이 그다지 높지 않으므로 $h \fallingdotseq q$이다.

내부에너지는

$$u' = h' - Pv' = q - P(v' - v_0) \qquad \text{(6-10)}$$

이고, 일반적으로 액체의 압축성은 극히 작으므로 $v_0 = v_0{}'$로 두면 $u' \fallingdotseq q$이다.

0[℃]의 포화액의 엔트로피를 0이라 하면, 임의의 포화온도 t_s에서의 포화액의 엔트로피는 외부일을 무시하면

$$s' = \int_{273}^{T_s} \frac{dq}{T} = \int_{273}^{T_s} \frac{CdT}{T} = C\ln\frac{T_s}{273} \qquad \text{(6-11)}$$

이 된다.

Example

01 물의 100℃와 200℃에서의 비열을 구하라.

풀이 식 (6-7)에서

(1) 100℃경우 비열

$$C_1 = 0.9983 - 0.0001037t + 0.000002073t^2$$
$$= 0.9983 - 0.0001037 \times 100 + 0.000002073 \times 100^2$$
$$= 1.00866\,\text{kcal/kg}\cdot℃ = 4.22\,\text{kJ/kg}\cdot\text{K}$$

(2) 200℃경우 비열

$$C_2 = 0.9983 - 0.0001037 \times 200 + 0.000002073 \times 200^2$$
$$= 1.06048\,\text{kcal/kg}\cdot℃ = 4.44\,\text{kJ/kg}\cdot\text{K}$$

02 표준대기압에서 1kg 포화수의 내부에너지를 구하라. (단, 포화수의 엔탈피는 418.77kJ/kg, 비체적은 0.0010435m^3/kg이다.)

풀이 식 (6-9) $h' = u' + Pv'$에서

$$\therefore\ u' = h' - Pv' = 418.77 - 101325 \times 0.0010435 \times 10^{-3} = 418.77 - 0.11 = 418.66\,\text{kJ}$$

03 60℃ 포화수 3kg이 갖는 엔트로피를 구하여라. (단, 물의 비열은 C = 4.2kJ/kg·K이다.)

풀이 ⊙ 식 (6-11)에서 엔트로피는

$$S' = mC\ln\frac{T_s}{273} = 3\times4.2\times\ln\frac{333}{273} = 2.503\,\text{kJ/K}$$

6-4-2 습포화증기의 상태량

0[℃]의 불포화수가 일정한 압력 P상태에서 가열되어 그 압력에 대응하는 포화온도에 이르면 포화수가 되고 다시 가열되어 증발이 시작되면 습증기가 발생한다.

건도 x인 습포화증기의 비체적은 식 (6-4)로부터 구할 수 있다.

$$v = v' + x(v'' - v') \quad \cdots\cdots (6\text{-}12)$$

내부에너지, 엔탈피 및 엔트로피는 동일한 방법으로

$$u = u' + x(u'' - u')$$
$$h = h' + x(h'' - h')$$
$$s = s' + x(s'' - s') \quad \cdots\cdots (6\text{-}13)$$

이 된다.

Example

04 체적 400l 의 탱크 속에 50kg의 습증기가 들어 있다면 건도는 얼마인가? (단, 포화수의 비체적 v'는 0.0017468m^3/kg이고, 포화증기의 비체적 v''는 0.008811m^3/kg이다.)

풀이 ⊙ 습증기의 비체적 $v_x = \dfrac{V}{m} = \dfrac{0.4}{50} = 0.008\,\text{m}^3/\text{kg}$이다.

건도는 $v_x = v' + x(v'' - v')$이므로

$$\therefore\ x = \frac{v_x - v'}{v'' - v'} = \frac{0.008 - 0.0017468}{0.008811 - 0.0017468} = 0.885\,(88.5\%)$$

Example

05 압력 30atm, 건도 85%인 습증기의 비체적, 엔탈피, 엔트로피 및 내부에너지를 구하라. (단, 증기표에서 $v' = 0.0012141\text{m}^3/\text{kg}$ $v'' = 0.06800\text{m}^3/\text{kg}$, $h' = 1002.59\text{kJ/kg}$, $h'' = 2803.36\text{kJ/kg}$, $r = 1800.82\text{kJ/kg}$, $s' = 2.6338\text{kJ/kg}\cdot\text{K}$, $s'' = 6.1932\text{kJ/kg}\cdot\text{K}$이다.)

풀이 ⊙ (1) 비체적

$$v = v' + x(v'' - v') = 0.0012141 + 0.85(0.068 - 0.0012141) = 0.05798\,\text{m}^3/\text{kg}$$

(2) 엔탈피

$$h = h' + x(h'' - h') = 1002.59 + 0.85 \times (2803.36 - 1002.59) = 2533.24\,\text{kJ/kg}$$

(3) 엔트로피

$$s = s' + x(s'' - s') = 2.6338 + 0.85(6.1932 - 2.6338) = 5.65929\,\text{kJ/kg}\cdot\text{K}$$

(4) 내부에너지

$$u = h - Pv = 2533.24 - 30 \times 101.325 \times 0.05798 = 2357\,\text{kJ/kg}$$

6-4-3 건포화증기의 상태량

포화액을 정압하에 가열하여 건포화 증기를 발생시키는 데 필요한 열량 r를 증발열이라고 한다. 이 정압하의 증발과정에서 열역학 제1법칙을 적용하면 증발열은 다음과 같다.

$$(h'' - h') = r = (u'' - u') + P(v'' - v') = \rho + \phi \quad \cdots\cdots \text{(6-14)}$$

즉, 증발열은 액체에서 기체로 만들기 위해 필요한 내부에너지의 증가와 외부에 대해서 하는 일량에 상당하는 열량으로 구분되며, 다음과 같은 식으로 정리된다.

$$\rho = u'' - u' \text{(내부증발열, 내부에너지의 증가)} \quad \cdots\cdots \text{(6-15)}$$

$$\phi = P(v'' - v') \text{(외부증발열, 체적팽창으로 인한 외부일)} \quad \cdots\cdots \text{(6-16)}$$

증발에 의한 엔트로피의 증가량은 포화온도를 T_s라면

$$s'' - s' = \frac{\text{증발열}}{\text{포화온도}} = \frac{r}{T_s} \quad \cdots\cdots \text{(6-17)}$$

이 된다.

Example

06 압력 50atm인 건포화증기의 포화온도는 262.7℃일 때 이 증기의 증발열, 외부증발열, 내부증발열, 내부에너지, 엔트로피의 증가량을 구하라. (단, 증기표에서 $v' = 0.0012826\text{m}^3/\text{kg}$, $v'' = 0.04026\ \text{m}^3/\text{kg}$, $h' = 1147.59\text{kJ/kg}$, $h'' = 2794.57\text{kJ/kg}$이다.)

풀이 (1) 증발열

$$r = h'' - h' = 2794.57 - 1147.59 = 1646.98\,\text{kJ/kg}$$

(2) 외부증발열

$$\phi = P(v'' - v') = 50 \times 101.325(0.04026 - 0.0012826) \fallingdotseq 197.47\,\text{kJ/kg}$$

(3) 내부증발열

$r = \rho + \phi$에서

$$\rho = r - \phi = 1646.98 - 197.47 \fallingdotseq 1449.51\,\text{kJ/kg}$$

(4) 내부에너지

$h'' = u'' + Pv''$ 에서

$$u'' = h'' - Pv'' = 2794.57 - 50 \times 101.325 \times 0.04026 \fallingdotseq 2590.60\,\text{kJ/kg}$$

(5) 엔트로피의 증가량

$$s'' - s' = \frac{\text{증발열}}{\text{포화온도}} = \frac{r}{T_s} = \frac{1646.98}{(262.7 + 273)} \fallingdotseq 3.075\,\text{kJ/kg}\cdot\text{K}$$

07 포화온도 100℃, 포화액 1kg이 일정한 압력상태에서 가열되어 건포화증기로 되었다. 이때 엔트로피의 증가량을 구하라. (단, $h' = 419.04\text{kJ/kg}$, $h'' = 2676.1\text{kJ/kg}$이다.)

풀이 식 (6-17)에서 엔트로피의 증가량은

$$\Delta s = \frac{r}{T_s} = \frac{2676.1 - 419.04}{373} \fallingdotseq 6.051\,\text{kJ/kg}\cdot\text{K}$$

6-4-4 과열증기의 상태량

임의의 압력 P인 포화증기를 포화온도 T_s로부터 임의의 온도 T까지 등압가열하면 압력 P와 온도 T인 상태의 과열증기가 된다.

따라서 과열증기의 엔탈피 h는

$$h = h'' + \int_{T_s}^{T} C_p\,dT = h'' + q_s \quad \cdots\cdots (6\text{-}18)$$

$$q_s = \int_{T_s}^{T} C_p\,dT \quad \cdots\cdots (6\text{-}19)$$

여기서, q_s는 포화증기를 등압하에 포화온도에서 임의의 온도까지 과열시키는 데 필요한 열량으로 이것을 과열의 열이라 한다.

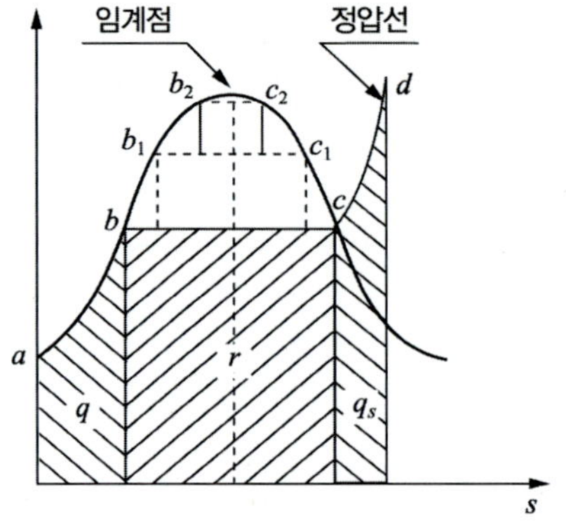

[그림 6-8] 증발과정의 $T-s$선도

같은 방법으로 과열증기의 엔트로피 s는

$$s = s'' + \int_{T_s}^{T} C_p \frac{dT}{T} \quad \cdots\cdots (6\text{-}20)$$

이와 같이 구한 액체열 q, 증발열 r, 과열의 열 q_s는 $T-s$선도에서 등압선 아래의 면적으로 [그림 6-8]과 같이 표시된다.

Example

08 압력 5atm하에서 포화온도 150℃인 증기를 가열하여 300℃의 과열증기로 만들었다. 이때 엔트로피의 변화량을 구하라. (단, 증기의 등압비열 C_p = 2.344kJ/kg·K이다.)

풀이 식 (6–20)에서 엔트로피의 변화량은

$$\Delta s = s - s'' = C_p \ln \frac{T}{T_s} = 2.344 \times \ln \frac{573}{423} = 0.712\,\text{kJ/kg}\cdot\text{K}$$

09 압력 2MPa인 건포화증기의 상태량은 다음과 같다. 포화온도 212.42℃, v' = 0.001177m³/kg, v'' = 0.09963m³/kg, h' = 908.79kJ/kg, h'' = 2799.5kJ/kg이다. 이 증기를 정압상태에서 400℃까지 가열하면 비체적은 0.15210m³/kg, 엔탈피는 3247.6kJ/kg으로 된다. 다음 값을 구하라.

(1) 과열도
(2) 증기의 정압비열 C_p = 2.394kJ/kg·K일 때의 과열의 열량
(3) 내부에너지의 증가량
(4) 과열증기의 엔트로피

풀이 (1) 과열도 $t_s = 400 - 212.42 = 187.58$ ℃

(2) 과열의 열량은 식 (6–19)에서

$$q_s = \int_{T_s}^{T} C_p dT = C_p(T - T_s) = 2.394(400 - 212.42) \fallingdotseq 449.1\,\text{kJ/kg}$$

(3) 내부에너지의 증가량 $\Delta u = u - u''$ 에서

$$u = h - Pv = 3247.6 - 2 \times 10^3 \times 0.15210 = 2943.4\,\text{kJ/kg}$$

$$u'' = h'' - Pv'' = 2799.5 - 2 \times 10^3 \times 0.09963 = 2600.24\,\text{kJ/kg}$$

$$\therefore\ \Delta u = u - u'' = 2943.4 - 2600.24 = 343.16\,\text{kJ/kg}$$

(4) 엔트로피 s는 식 (6–20)에서

$$s = s'' + \int_{T_s}^{T} C_p \frac{dT}{T} = s' + \frac{r}{T_s} + \int_{T_s}^{T} C_p \frac{dT}{T}$$

$$s' = \int_{T_0}^{T_s} C \frac{dT}{T} = C \ln \frac{T_s}{T_0} = 4.2 \times \ln \frac{273 + 212.42}{273} \fallingdotseq 2.417\,\text{kJ/kg}\cdot\text{K}$$

$$\frac{r}{T_s} = \frac{h'' - h'}{T_s} = \frac{2799.5 - 908.79}{273 + 212.42} \fallingdotseq 3.895\,\text{kJ/kg}\cdot\text{K}$$

$$\int_{T_s}^{T} C_p \frac{dT}{T} = C_p \ln \frac{T}{T_s} = 2.394 \times \ln \frac{273 + 400}{273 + 212.42} \fallingdotseq 0.782\,\text{kJ/kg}\cdot\text{K}$$

$$\therefore\ s = s' + \frac{r}{T_s} + \int_{T_s}^{T} C_p \frac{dT}{T} = 2.417 + 3.895 + 0.782 = 7.094\,\text{kJ/kg}\cdot\text{K}$$

6-5 증기의 상태변화

6-5-1 정적변화

밀폐된 일정한 체적의 용기에 습증기를 넣고 가열할 때의 상태변화로서 [그림 6-9와] 같은 과정을 갖는다.

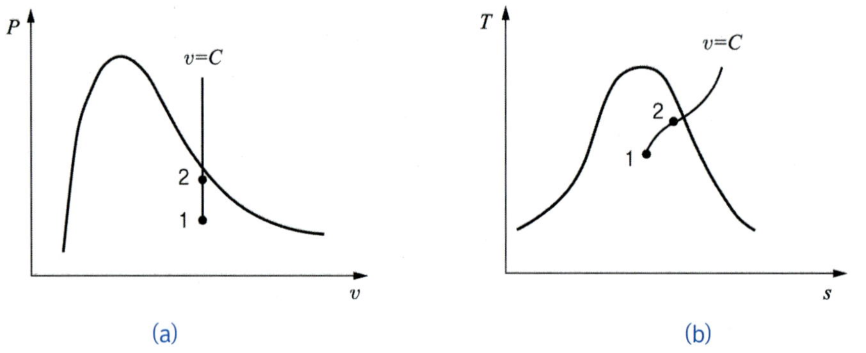

[그림 6-9] 정적변화

변화 후 건도 x_2는 습증기의 관계식에서

$$v_1 = v_1{'} + x_1(v_1{''} - v_1{'})$$

$$v_2 = v_2{'} + x_2(v_2{''} - v_2{'}) \quad \cdots\cdots (6\text{-}21)$$

이 되고, 포화상태에서 $v_1{'} = v_2{'}$이므로

$$x_2 = x_1\frac{v_1{''} - v_1{'}}{v_2{''} - v_2{'}} + \frac{v_1{'} - v_2{'}}{v_2{''} - v_2{'}}$$

$$= x_1\frac{v_1{''} - v_1{'}}{v_2{''} - v_2{'}} \quad \cdots\cdots (6\text{-}22)$$

이 된다.

① 가열량

$$\delta q = du + Pdv = du$$

$${}_1q_2 = u_2 - u_1 = (h_2 - h_1) - v(P_2 - P_1) \quad \cdots\cdots (6\text{-}23)$$

② 절대일

$$_1w_2 = \int_1^2 Pdv = 0 \quad \cdots\cdots (6\text{-}24)$$

③ 공업일

$$w_t = -\int_1^2 vdP = -v(P_2 - P_1) = v(P_1 - P_2) \quad \cdots\cdots (6\text{-}25)$$

Example

10 온도 280℃, 건도 95%인 습증기가 등적하에 냉각되어 온도가 180℃로 되었다. 마지막 상태의 건도 및 방출량을 구하라.

풀이 증기표에서

- 280℃의 온도기준인 경우

$P_1 = 6414.69\text{kJ/m}^2$, $v_1' = 0.0013324\text{m}^3/\text{kg}$

$v_1 = 0.03\text{m}^3/\text{kg}$, $h_1' = 1236.13\text{kJ/kg}$

$h_1 = 2279.88\text{kJ/kg}$, $r_1 = 1543.30\text{kJ/kg}$

- 180℃의 온도기준인 경우

$P_2 = 1001.95\text{kJ/m}^2$, $v_2' = 0.0011275\text{m}^3/\text{kg}$

$v_2 = 0.1940\text{m}^3/\text{kg}$, $h_2' = 762.69\text{kJ/kg}$

$h_2 = 2775.74\text{kJ/kg}$, $r_2 = 2012.75\text{kJ/kg}$

(1) 마지막 상태의 건도 x_2는 식 (6–22)에서

$$\therefore\ x_2 = x_1\frac{v_1'' - v_1'}{v_2'' - v_2'} + \frac{v_1' - v_2'}{v_2'' - v_2'}$$

$$= 0.95 \times \frac{0.03013 - 0.0013324}{0.194 - 0.0011275} + \frac{0.0013324 - 0.0011275}{0.194 - 0.0011275} \fallingdotseq 0.143$$

비체적 $v = v_1 = v_2 = v_1' + x_1(v_1'' - v_1')$

$$= 0.0013324 + 0.95(0.03013 - 0.0013324) \fallingdotseq 0.0287\text{m}^3/\text{kg}$$

엔탈피는

$h_1 = h_1' + x_1r_1 = 1236.13 + 1543.30 \times 0.95 \fallingdotseq 2702.27\text{kJ/kg}$

$h_2 = h_2' + x_2r_2 = 762.69 + 2012.75 \times 0.143 \fallingdotseq 1050.51\text{kJ/kg}$

(2) 방출되는 열량은

$$\therefore\ _1q_2 = u_2 - u_1 = (h_2 - h_1) - v(P_2 - P_1)$$

$$= (1050.51 - 2702.27) - 0.0287 \times (1001.95 - 6414.69)$$

$$\fallingdotseq -1496.41\text{kJ/kg}$$

6-5-2 정압변화

정압하에서 증기가 상태변화하는 경우로서 [그림 6-10]과 같은 과정을 갖으며, 가열량, 절대일 및 공업일은 다음과 같다.

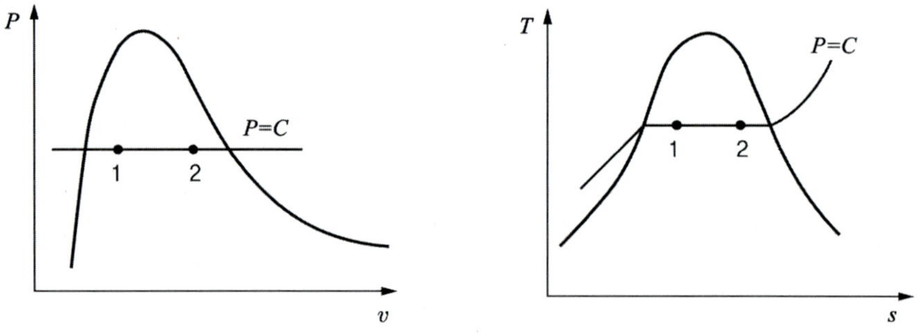

(a) (b)

[그림 6-10] 정압변화

① 가열량

$$\delta q = du + APdv = dh - AvdP$$

$$_1q_2 = (u_2 - u_1) + AP(v_2 - v_1) = (h_2 - h_1) = (x_2 - x_1)r \quad \cdots\cdots (6\text{-}26)$$

② 절대일

$$_1w_2 = \int_1^2 Pdv = P(v_2 - v_1) \quad \cdots\cdots (6\text{-}27)$$

③ 공업일

$$w_t = -\int_1^2 vdP = 0 \quad \cdots\cdots (6\text{-}28)$$

Example

11 건도 90%인 증기 1kg을 압력 8atm에서 건포화증기로 되게 하려면 공급열량은 얼마인가?

풀이 Mollier $h-s$ 선도에서 $h_1 = 2561.832\text{kJ/kg}$, $h_2 = 2766.946\text{kJ/kg}$이므로

$\therefore\ _1q_2 = r(\text{증발열}) = h_2 - h_1 = 2766.946 - 2561.832 = 205.11\text{kJ/kg}$

• 다른 방법으로 계산하면 증기표에서 $r = 2050.303\text{kJ/kg}$이므로

$\therefore\ _1q_2 = r(x_2 - x_1) = 2050.303 \times (1 - 0.9) = 205.03\text{kJ/kg}$

6-5-3 등온변화

등온하에서 증기가 상태변화하는 경우로서 습증기영역에서는 정압변화와 동일하고, [그림 6-11]과 같은 과정을 갖으며, 가열량, 절대일 및 공업일은 다음과 같다.

① 가열량

$\delta q = du + Pdv = dh - vdP$

$$ {}_1q_2 = (u_2 - u_1) + P(v_2 - v_1) = (h_2 - h_1) $$

$$ = (x_2 - x_1)r = T(s_2 - s_1) \quad \cdots\cdots (6\text{-}29) $$

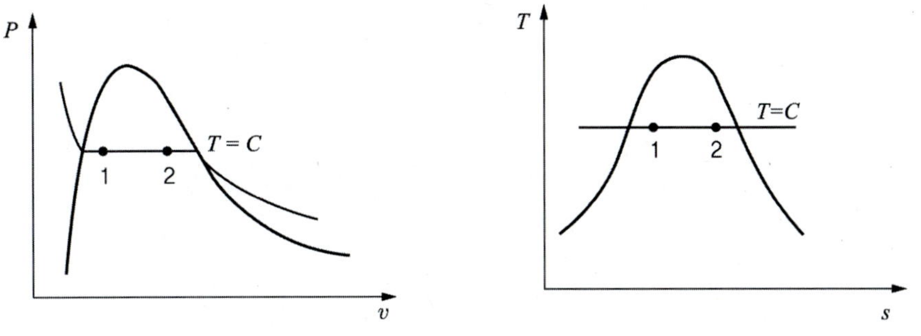

(a) (b)

[그림 6-11] 등온변화

② 절대일

$$ {}_1w_2 = \int_1^2 Pdv = P(v_2 - v_1) = P(x_2 - x_1)(v'' - v') \quad \cdots\cdots (6\text{-}30) $$

6-5-4 단열변화

과열증기를 단열팽창시키면 포화증기로 되고 계속 팽창시키면 습증기로 된다.

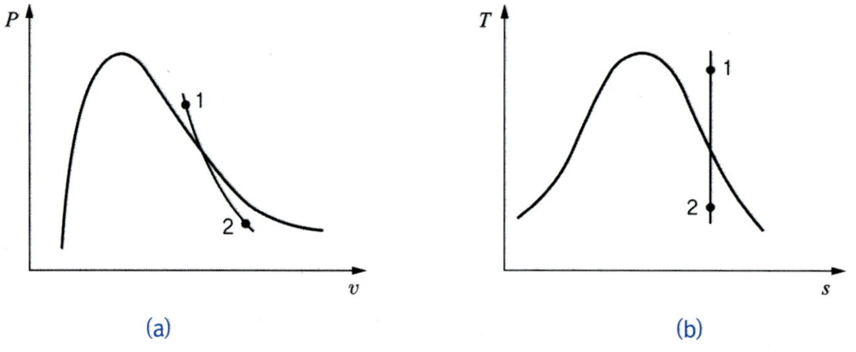

[그림 6-12] 단열변화

[그림 6-12]와 같이 습증기가 상태 1에서 2까지 단열변화할 때는

$$s_1 = s_1{}' + x_1(s_1{}'' - s_1{}') = s_1{}' + \frac{x_1 r_1}{T_1}$$

$$s_2 = s_2{}' + x_2(s_2{}'' - s_2{}') = s_2{}' + \frac{x_2 r_2}{T_2}$$

$s_1 = s_2$이므로 변화 후 건도 x_2는 다음과 같이 유도된다.

$$x_2 = x_1 \frac{(s_1{}'' - s_1{}')}{(s_2{}'' - s_2{}')} + \frac{(s_1{}' - s_2{}')}{(s_2{}'' - s_2{}')} = \frac{\frac{x_1 r_1}{T_1} + s_1{}' - s_2{}'}{\frac{r_2}{T_2}} \quad \cdots\cdots \text{(6-31)}$$

그리고 단열변화이므로 $_1q_2 = 0$이고, 외부에 한 일은 다음과 같다.

$$_1w_2 = u_1 - u_2 = u_1{}' - u_2{}' + x_1\rho_1 - x_2\rho_2 \quad \cdots\cdots \text{(6-32)}$$

Example

12 압력 7atm, 온도 220℃인 과열증기가 단열팽창하여 압력이 0.2atm로 되었다. 팽창일을 구하라.

풀이 Mollier $h-s$ 선도에서 $h_1 = 2888.34\,\text{kJ/kg},\ v_1 = 0.3225\,\text{m}^3/\text{kg}$

$h_2 = 2302.3\,\text{kJ/kg},\ v_2 = 6.5\,\text{m}^3/\text{kg}$이므로

$$\therefore\ {}_1w_2 = (u_1 - u_2) = (h_1 - h_2) - (P_1v_1 - P_2v_2)$$
$$= (2888.34 - 2302.3) - (7 \times 0.3225 - 0.2 \times 6.5) \times 101.325$$
$$= 489.02\,\text{kJ/kg}$$

13 8MPa, 500℃의 과열증기 1kg을 0.1MPa까지 단열 팽창시킬 때 변화후의 건도 및 팽창에 의한 외부일을 구하라.

풀이 증기표에서 8MPa, 500℃ 과열증기의 상태는

$v_1 = 0.04174\,\text{m}^3/\text{kg},\ h_1 = 3398.3\,\text{kJ/kg}$

$u_1 = 3064.3\,\text{kJ/kg},\ s_1 = 6.7240\,\text{kJ/kg}\cdot\text{K}$

• 증기표에서 0.1MPa의 포화액 및 건포화 증기는

$t_2 = 99.63\,℃,\ v_2' = 0.001043\,\text{m}^3/\text{kg}$

$v_2'' = 1.6940\,\text{m}^3/\text{kg},\ u_2' = 417.36\,\text{kJ/kg}$

$u_2'' = 2506.1\,\text{kJ/kg},\ h_2' = 417.46\,\text{kJ/kg}$

$h_2'' = 2675.5\,\text{kJ/kg},\ s_2' = 1.3026\,\text{kJ/kg}\cdot\text{K}$

$s_2'' = 7.3594\,\text{kJ/kg}\cdot\text{K}$

(1) 최종 변화후의 건도 x_2는 $s_1 = s_2$이므로

$$\therefore\ x_2 = \frac{s_x - s'}{s'' - s'} = \frac{6.7240 - 1.3026}{7.3594 - 1.3026} = 0.895$$

(2) 단열팽창에 의한 외부일은

$$u_2 = u_2' + x_2(u_2'' - u_2') = 417.36 + 0.895(2506.1 - 417.36) = 2286.8\,\text{kJ/kg}$$
$$\therefore\ w = u_1 - u_2 = 3064.3 - 2286.8 = 777.5\,\text{kJ/kg}$$

6-5-5 교축변화

조름팽창이라고도 한다. [그림 6-13]은 교축이 일어날 때 엔탈피 변화가 일정한 등 엔탈피 선을 나타낸 것이다. 이러한 특성을 보여주는 장치는 [그림 6-14]의 교축열량계(throttle calorimeter)라 부르는 건도 측정 장치에서 알 수 있다.

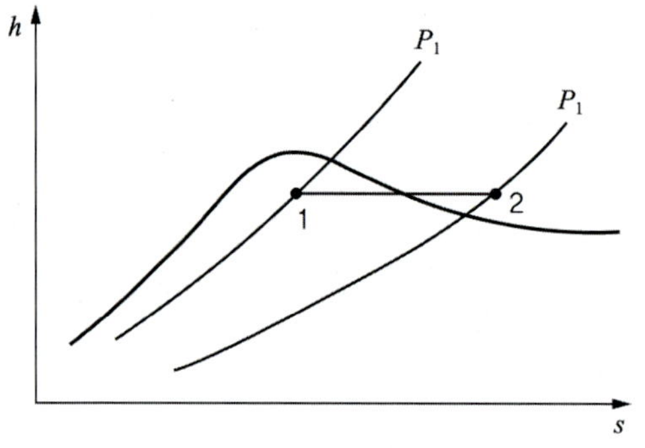

[그림 6-13] **등엔탈피 변화**

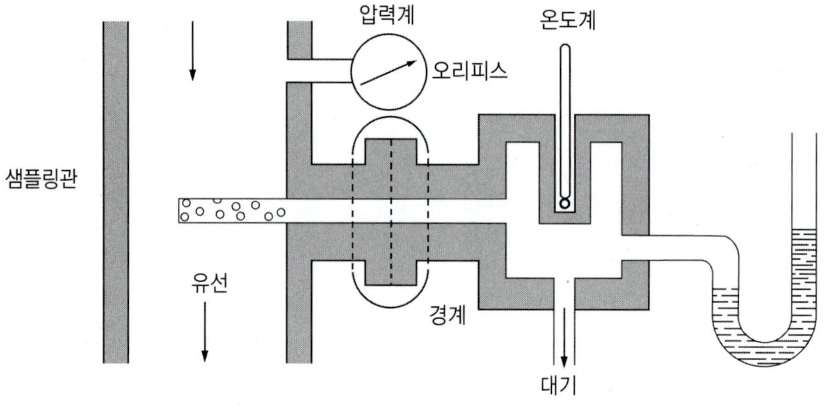

[그림 6-14] **교축열량계**

교축(throttling)은 증기가 오리피스나 밸브 내를 통과할 때 마찰과 와류가 발생하면서, 외부에 아무런 일을 하지 않고 압력저하를 일으키는 현상을 말한다. 이 과정은 비가역변화이고 엔트로피가 증가하는 방향으로 진행된다.

건도 x의 값을 구하기 위해 처음과 나중 상태의 엔탈피 값을 h_1 및 h_2라면

$$h_1 = h_1' + x_1 r_1 = h_2 = h_2' + x_2 r_2$$

$$\therefore\ x_2 = \frac{h_1' - h_2'}{r_2} + \frac{x_1 r_1}{r_2} \qquad \text{(6-33)}$$

로 구해진다. 또는 식 (6-34)로도 표시된다.

$$\therefore\ x_1 = \frac{h_2 - h_1'}{r_1} \qquad \text{(6-34)}$$

일반적으로 증기가 교축이 일어나면 압력뿐만 아니라 온도도 떨어지는데 이런 현상을 주울 – 톰슨(Joule–Thomson)의 효과라 한다. 이는 1852년부터 1862년까지 주울과 톰슨의 공동 연구로 다공질관으로 실현시킨 결과로서 이를 냉각효과라고도 한다.

Example

14 압력 8atm, 건도 0.9인 습증기 1kg을 교축하여 건포화증기로 만들었다. 변화 후 압력, 엔트로피의 증가량을 구하라.

풀이 증기표에서

$h_1{}' = 717.06\,\mathrm{kJ/kg}$, $h_2{}'' = 2766.95\,\mathrm{kJ/kg}$,

$r_1{}' = 2049.88\,\mathrm{kJ/kg}$이 얻어지므로 $h_1 = h_2$를 이용해서

$h_1 = h_2 = 717.06 + 0.9 \times 2049.88 = 2561.95\,\mathrm{kJ/kg \cdot K}$

따라서 이 엔탈피에 해당하는 압력을 증기표에서 찾으면

(1) 변화 후 압력

$P_2 = 0.06\,\mathrm{kg/cm^2}$

- 8atm(증기표)에서 $s_1{}' = 2.0369\,\mathrm{kJ/kg \cdot K}$,

  $s_1{}'' = 6.6670\,\mathrm{kJ/kg \cdot K}$

  $s_1 = s_1{}' + x(s_1{}'' - s_1{}') = 2.0369 + 0.9(6.6670 - 2.0369) = 6.204\,\mathrm{kJ/kg \cdot K}$

- 0.06atm(증기표)에서 $s_2{}'' = s_2 = 8.3318\,\mathrm{kJ/kg \cdot K}$이므로

(2) 엔트로피의 증가량은

$\therefore\ \Delta s = s_2 - s_1 = 8.3318 - 6.204 = 2.1278\,\mathrm{kJ/kg \cdot K}$

15 압력 0.8MPa의 습포화증기의 건도를 측정하기 위하여 이 증기를 압력 0.1MPa까지 교축하였더니 온도가 100℃가 되었다. 이 증기의 건도는 얼마인가?

풀이 증기표에서

- 압력 0.8MPa일 때

  $h_1{}' = 721.11\,\mathrm{kJ/kg}$

  $r_1 = 2048.0\,\mathrm{kJ/kg}$

- 압력 0.1MPa, 100℃의 증기는 과열증기이므로 과열 증기표에서

  $h_2 = 2676.2\,\mathrm{kJ/kg}$이다.

식 (6–34)에서 증기의 건도는

$$\therefore\ x_1 = \frac{h_2 - h_1{}'}{r_1} = \frac{2676.2 - 721.11}{2048.0} = 0.955$$

Reference

습증기의 건도

$$x = \frac{\text{습증기 1[kg] 중에 포함되어 있는 건포화증기량}}{\text{1[kg]의 습증기량}}$$

증기의 상태식

$$\left(P + \frac{a}{v^2}\right)(v - b) = RT$$

습증기 상태량 공식

- 비체적 : $v = v' + x(v'' - v')$
- 비 내부에너지 : $u = u' + x(u'' - u')$
- 비 엔탈피 : $h = h' + x(h'' - h')$
- 비 엔트로피 : $s = s' + x(s'' - s')$

포화수의 엔트로피

$$s' = mC\ln\frac{T_s}{273}$$

습포화증기의 엔트로피 증가량

$$s'' - s' = \frac{\text{증발열}}{\text{포화온도}} = \frac{r}{T_s}$$

과열증기의 상태량

$$q_s = \int_{T_s}^{T} C_p dT$$

CHAPTER 06

증기의 성질

실/력/평/가

01 용기 속에 액체를 넣고 가열할 때 상태변화의 진행순서가 바르게 표시한 것은?

① 압축액 → 포화액 → 습포화 증기 → 건포화 증기 → 과열증기
② 압축액 → 포화액 → 과열증기 → 포화증기 → 건포화 증기
③ 압축액 → 포화액 → 건포화 증기 → 포화증기 → 과열증기
④ 압축액 → 포화액 → 건포화 증기 → 습포화 증기 → 과열증기

02 건조도가 0이면 다음 중 어느 것에 해당하는가?

① 습증기 ② 건포화 증기
③ 과열증기 ④ 포화수

03 건포화증기의 건도 x 값을 바르게 나타낸 것은?

① $x = 1$ ② $x = 0$
③ $0 < x < 1$ ④ $x > 1$

04 액체를 가열하여 포화온도에서 모두 증기로 변화된 경우의 증기를 무엇이라고 하는가?

① 습포화 증기 ② 건포화 증기
③ 과포화증기 ④ 과열증기

05 포화액의 포화온도를 그대로 두고 압력을 높이면 어떤 상태가 되는가?

① 액축(과냉)액 ② 포화액
③ 습증기 ④ 과열 증기

풀이

포화액의 압력을 증가시키면 압축(과냉)액이 된다.

06 다음 설명 중 틀린 것은?

① 포화증기는 액체가 모두 증기로 바뀐 상태의 증기이다.
② 증기는 과열도가 작을수록 완전가스로 취급한다.
③ 내부에너지가 포화상태에 도달한 물은 포화수이다.
④ 증발이 완료되기 직전까지의 상태가 습증기이다.

풀이

증기는 과열도가 클수록 완전가스에 가깝다.

| 정 | 답 | 01 ① 02 ④ 03 ① 04 ② 05 ① 06 ②

07 다음은 과열도가 대단히 높은 과열증기에 대한 설명이다. 틀린 것은?

① 이 증기의 등온선은 $P-V$ 평면에서 완전가스의 등온 방정식에 맞는 직각쌍곡선이다.
② $P-V$ 평면상에서 이 상태의 증기는 임계압 이하에 있다.
③ 이 증기의 건도는 80 ~ 90%이다.
④ 이 증기의 온도는 임계온도보다 낮다.

풀이

건도가 80 ~ 90%는 습증기를 의미한다.

08 과열증기의 온도와 포화온도의 차이를 무엇이라고 하는가?

① 증발잠열　　② 과열도
③ 엔트로피　　④ 엔탈피

09 증기선도의 종류에 해당되지 않은 것은?

① $P-v$선도　　② $T-s$선도
③ $h-s$선도　　④ $P-s$선도

풀이

증기선도에서 가장 많이 쓰이는 선도는 $P-v$, $T-s$, $h-s$, $P-h$선도이다.

10 수증기의 몰리에르선도에서 다음의 값을 알아도 수증기의 상태가 결정되지 않는 것은 어느 것인가?

① $T-P$선도　　② $P-v$선도
③ $h-s$선도　　④ $h-v$선도

풀이

몰리에르선도는 $h-s$선도에서 건도 x가 70% 이상인 습증기와 과열증기구역의 값만을 찾을 수 있고, 건도가 60% 이상 이하인 습증기, 포화수, 압축수의 값은 표시되지 않고 있다.

11 증기의 $h-s$선도에서 잘 알 수 없는 것은?

① 건포화증기의 엔탈피
② 포화수(액)의 엔탈피
③ 습증기의 엔탈피
④ 과열증기의 엔탈피

풀이

$h-s$선도에서 건도가 60% 이하인 액체를 습증기, 포화수, 압축수의 상태값은 표시되지 않고 있다.

12 1kg의 액체를 등압하에서 0℃에서 포화온도까지 가열하는데 필요한 열량을 무엇이라고 하는가?

① 액체열　　② 증발열
③ 흡열량　　④ 과열량

풀이

액체를 포화온도까지 상승시키는데 필요한 열은 액체열이다.

07 ③　08 ②　09 ④　10 ③　11 ②　12 ① | 정 | 답 |

13 증발잠열에 대한 설명 중 틀린 것은?

① 증발잠열은 건포화증기의 엔탈피와 같다.
② 증발잠열은 내부증발열과 외부증발열의 합과 같다.
③ 내부증발열은 증발에 따르는 내부에너지의 증가량을 의미한다.
④ 외부증발열은 체적증가에 따른 증가하는 일의 열상당량이다.

풀이

증발잠열

$r = h'' - h' = (u'' - u') + AP(v'' - v') = \rho + \phi$

14 포화온도를 T_1, 포화수 및 건포화증기의 엔트로피를 S', S''라 할 때, S''를 구하는 식은?

① $S'' = S' - \dfrac{r}{T_1}$

② $S'' = C \ln T_1 + S'$

③ $S'' = S' + \dfrac{r}{T_1}$

④ $S'' = S' - \dfrac{T_1}{r}$

풀이

건포화 증기의 엔트로피는 포화수의 엔트로피와 포화수에서 건포화증기로 바꾸는데 필요한 엔트로피의 합이다.
포화수에서 건포화증기로 바꾸는데 필요한 엔트로피는

$\dfrac{h'' - h'}{T_{sat}} = \dfrac{\gamma}{T_{sat}}$

$\therefore s'' = s' + \dfrac{\gamma}{T_{sat}}$

15 압력 14kg/cm^2, 건조도 0.8인 습포화증기 5m^{3}의 중량을 구하여라? (단, v' = 0.0011476m^3 /kg, v'' = 0.1436m^3/kg 이다.)

① 26.58kg ② 37.45kg
③ 43.44kg ④ 49.57kg

풀이

습증기 비체적

$v_x = v' + x(v'' - v') = \dfrac{V}{G}$

$G = \dfrac{V}{v' + x(v'' - v')}$

$= \dfrac{5}{0.0011476 + 0.8(0.1436 - 0.0011476)}$

$= 43.44\text{kg}$

16 체적 400ℓ의 탱크 내에 습포화증기 64kg이 들어있다. 온도가 350℃일 경우 포화수 및 건포화증기의 비체적이 v' = 0.0017468 m^3/ kg, v'' = 0.0081m^3/kg이라면 건조도 x는 얼마인가?

① 52% ② 56%
③ 59% ④ 71%

풀이

$v_x = v' + x(v'' - v')$

$x = \dfrac{v_x - v'}{(v'' - v')} = \dfrac{(\frac{0.4}{64}) - 0.0017468}{(0.0081 - 0.0017468)} = 0.71$

$\therefore$ 71%

| 정 | 답 | 13 ① 14 ③ 15 ③ 16 ④

17 압력 $50kg/cm^2$의 건포화증기의 포화온도는 262.7℃이고, $v' = 0.0012826m^3/kg$, $v'' = 0.04026m^3/kg$, $h' = 1147.59kJ/kg$, $h'' = 2794.57kJ/kg$이다. 이 증기의 증발열은 얼마인가?

① 1916.35kJ/kg ② 1326.42kJ/kg
③ 1367.27kJ/kg ④ 1646.98kJ/kg

풀이

증발열

$r = h'' - h' = 2794.57 - 1147.59 = 1646.98\text{kJ/kg}$

18 물의 증발의 잠열은 760mmHg에 있어서 2255.42kJ/kg에서 그 비체적은 0.001435 m^3/kg부터 $1.673m^3/kg$로 변화한다. 이 증발에 있어서 내부에너지의 변화량을 구하라.

① 2142.25kJ/kg ② 2049.93kJ/kg
③ 22488.2kJ/kg ④ 2086.05kJ/kg

풀이

$$r = \Delta u + P(v'' - v')$$
$$\therefore \Delta u = r - P(v'' - v') = 2255.42 - 101.325 \times (1.673 - 0.001435) = 2086.05\text{kJ/kg}$$

19 50℃의 물의 포화액체와 포화증기의 엔트로피는 각각 $s' = 0.703kJ/kg \cdot K$, $s'' = 8.07 kJ/kg \cdot K$이다. 습증기의 엔트로피가 5.023 $kJ/kg \cdot K$일 때 이 습증기의 건도는 몇 %인가?

① 53.5% ② 58.6%
③ 62.2% ④ 68.1%

풀이

$$S_x = S' + x(S'' - S')$$
$$x = \frac{S_x - S'}{(S'' - S')} = \frac{5.023 - 0.703}{8.07 - 0.7} = 58.6\%$$

20 압력 14atm, 건도 0.8인 습증기 $10m^3$의 중량은? (단, 증기표에서 14atm에 대한 포화수의 비체적 $v' = 0.0011476m^3/kg$, 건포화증기의 비체적 $v'' = 0.1436m^3/kg$이다.)

① $76.32kg_f$ ② $86.87kg_f$
③ $66.32kg_f$ ④ $56.87kg_f$

풀이

$v_x = v' + x(v'' - v') = \frac{V}{G}$에서

$$\therefore G = \frac{V}{v' + x(v'' - v')} = \frac{10}{0.0011476 + 0.8(0.1436 - 0.0011476)} = 86.87\text{kg}_f$$

21 물 1kg이 압력 196.3kPa상태에서 증발할 때 $0.9m^3$의 체적이 증가하였다. 이때의 증발열이 2.177MJ, 포화온도 120℃이다. 외부증발열, 내부증발열, 엔트로피의 증가량을 구하라.

① $\varnothing = 176.7kJ$, $\rho = 2.0MJ$, $s''-s' = 5.539kJ/kg \cdot K$
② $\varnothing = 186.7kJ$, $\rho = 2.3MJ$, $s''-s' = 5.387kJ/kg \cdot K$
③ $\varnothing = 176.7kJ$, $\rho = 2.5MJ$, $s''-s' = 6.387kJ/kg \cdot K$
④ $\varnothing = 186.7kJ$, $\rho = 2.0MJ$, $s''-s' = 6.387kJ/kg \cdot K$

풀이

- 외부증발열
  $\phi = P(v'' - v') = 196.3 \times 0.9 \fallingdotseq 176.7\text{kJ}$
- 내부증발열
  $\rho = r - \phi = 2.177 \times 10^3 - 176.7 = 2000.33\text{kJ} \fallingdotseq 2.0\text{MJ}$
- 엔트로피의 증가량
  $s'' - s' = \frac{r}{T_s} = \frac{2.177 \times 10^3}{120 + 273} \fallingdotseq 5.539\text{kJ/kg} \cdot \text{K}$

17 ④ 18 ④ 19 ② 20 ② 21 ① | 정 | 답 |

22 건포화 증기를 등적하에서 압력을 낮추면 건도는 어떻게 되는가?

① 증가한다.
② 감소한다.
③ 불변한다.
④ 증가할 수도 감소할 수도 있다.

풀이

등적하에서 냉각시키면 압력이 떨어지고, 건포화 증기가 습증기로 변화되어 건도가 감소한다.

23 건포화 증기를 등적하에서 압력을 높이면?

① 과열 증기 ② 습증기
③ 과냉 액체 ④ 포화액

풀이

건포화 증기를 압력상승시키면 과열 증기가 된다.

24 습증기를 단열압축시키면?

① 압력과 온도가 올라가면 과열 증기가 된다.
② 압력은 올라가고 온도는 떨어져서 압축 액체가 된다.
③ 온도는 변하지 않는다.
④ 압력과 온도는 변하지 않는다.

풀이

습증기를 단열 압축시키면 압력과 온도가 상승하고, 과열증기로 변한다.

25 습증기 구역에서 등온변화와 일치하는 것은?

① 등압변화 ② 등적변화
③ 단열변화 ④ 습포화 증기

풀이

등온변화와 등압변화는 습증기 영역에서 일치한다.

26 포화증기를 등적하에서 압력을 높이면 어떻게 되며, 압력 일정하에서 온도를 높이면 어떻게 되겠는가?

① 모두 포화증기 그대로 이다.
② 모두 과열증기로 변화한다.
③ 등적하에서 압력을 가하면 포화증기가 되나 압력 일정하에 온도를 높이면 과열증기가 된다.
④ 등적하에서 압력을 가하면 과열 증기가 되나 압력 일정하에 온도를 높이면 포화증기가 된다.

풀이

포화증기를 온도나 압력을 높이면 과열증기가 된다.

27 교축과정에서 교축 전후의 압력 및 엔탈피를 각각 P_1, h_1 및 P_2, h_2라 할 때 다음 식 중 맞는 것은? (단, 교축되는 유체는 이상기체라 한다.)

① $P_1 > P_2,\ h_1 > h_2$
② $P_1 > P_2,\ h_1 = h_2$
③ $P_1 > P_2,\ h_1 < h_2$
④ $P_1 < P_2,\ h_1 = h_2$

풀이

교축과정이란 유체가 오리피스나 밸브 등의 작은 단면을 지날 때 압력은 하강하고, 엔탈피는 일정, 엔트로피는 항상 증가하는 것이다.

| 정 | 답 | 22 ② 23 ① 24 ① 25 ① 26 ② 27 ②

28 다음 중 이상기체의 교축과정에 대한 사항으로 틀린 것은?

① 엔탈피 변화가 없다.
② 온도변화가 없다.
③ 엔트로피 변화가 없다.
④ 비가역 단열과정이다.

29 포화증기를 교축 팽창시키면 어떻게 되는가?

① 포화액이 된다.
② 과열증기가 된다.
③ 압축액이 된다.
④ 건조도는 변하지 않고, 압력만 감소한다.

30 압력 2MPa, 건도 0.8인 습포화증기 10kg을 압력이 일정한 상태에서 400℃의 과열증기로 만들 경우 가열량은 얼마인가? (단, 포화증기의 2MPa에서 h' = 908.59kJ/kg, h'' = 2797.20kJ/kg이고, 과열증기의 400℃에서 h_2 = 3248.70kJ/kg이다.)

① 8092.2kJ ② 8192.2kJ
③ 8292.2kJ ④ 8392.2kJ

풀이

습포화 증기에서 엔탈피는

$h_1 = h' + x(h'' - h')$

$= 908.59 + 0.8(2797.20 - 908.59)$

$\fallingdotseq 2419.48\text{kJ/kg}$

∴ 가열량

$Q = m(h_2 - h_1) = 10 \times (3248.70 - 2419.48)$

$= 8292.2\text{kJ}$

31 압력 0.9MPa상태에서 습도가 0.2인 습증기 2kg을 건포화증기로 만드는데 필요한 열량은 얼마인가? (단, 포화증기의 0.9MPa에서 h' = 742.83kJ/kg, h'' = 2773.90kJ/kg이다.)

① 802.43kJ ② 805.43kJ
③ 812.43kJ ④ 815.43kJ

풀이

습포화 증기에서 엔탈피는

$h_1 = h' + x(h'' - h')$

$= 742.83 + 0.8(2773.9 - 742.83)$

$= 2367.68\text{kJ/kg}$

∴ 가열량

$Q = m(h_2 - h_1) = 2 \times (2773.9 - 2367.686)$

$= 812.428\text{kJ}$

32 온도 280℃, 건도 90%인 습포화 증기 1kg이 등적상태에서 냉각되어 180℃로 냉각되었다. 마지막 상태의 건도는 얼마인가? (단, 포화증기의 280℃에서 v_1' = 0.001332 m^3/kg, v_1'' = 0.03017m^3/kg이고, 180℃에서 v_2' = 0.001127m^3/kg, v_2'' = 0.19405 m^3/kg이다.)

① $x_2 = 0.44$ ② $x_2 = 0.34$
③ $x_2 = 0.23$ ④ $x_2 = 0.14$

풀이

변화전후의 증기의 건도를 x_1, x_2라면 상태 1, 2의 비체적

$v_1 = v_1' + x_1(v_1'' - v_1')$, $v_2 = v_2' + x_2(v_2'' - v_2')$

에서 등적변화임으로 $v_1 = v_2$이다.

따라서 변화후의 건도

$$x_2 = \frac{v_1' - v_2' + x_1(v_1'' - v_1')}{v_2'' - v_2'}$$

$$= \frac{0.001332 - 0.001127 + 0.9(0.03017 - 0.001332)}{0.19405 - 0.001127}$$

$\fallingdotseq 0.14$

28 ③ 29 ② 30 ③ 31 ③ 32 ④ | 정 | 답 |

33 압력 0.3MPa, 건도 x_1 = 0.5인 습포화 증기 1kg이 등온상태에서 x_2 = 0.95로 팽창하였다. 이때 팽창일은 얼마인가? (단, 포화증기의 0.3MPa에서 v' = 0.001073m³/kg, v'' = 0.6058m³/kg이다.)

① 79.64kJ/kg ② 80.34kJ/kg
③ 81.64kJ/kg ④ 82.34kJ/kg

풀이

등온변화는 등압변화와 같으므로 팽창일은

$w = P(v_2 - v_1) = P(x_2 - x_1)(v'' - v')$

$= 300 \times (0.95 - 0.5) \times (0.6058 - 0.001073)$

$= 81.638$kJ/kg

34 압력 50bar, 온도 500℃의 과열증기가 단열적으로 1bar까지 팽창하였을 때 팽창 후의 건도와 엔탈피의 변화는 얼마인가? (단, 과열증기 50bar, 500℃에서 s_1 = 6.957 kJ/kg·K, h_1 = 3433kJ/kg이고, 포화증기 1bar에서 s_2' = 1.303 kJ/kg·K, s_2'' = 7.359kJ/kg·K, h_2' = 417kJ /kg, h_2'' = 2675kJ/kg이다.)

① x_2=0.937, Δh=-900.3kJ/kg
② x_2=0.905, Δh=879.3kJ/kg
③ x_2=0.875, Δh=-879.3kJ/kg
④ x_2=0.875, Δh=900.3kJ/kg

풀이

- 단열변화에서
  $s = s_1 = s_2 + x_2(s_2'' - s_1')$이므로
  건도 $x_2 = \dfrac{s - s_2'}{s_2'' - s_2'} = \dfrac{6.975 - 1.303}{6.056} = 0.937$
- 엔탈피의 변화
  $\Delta h = h_2 - h_1 = h_2 + x_2(h_2'' - h_2') - h_1$
  $= 417 + 0.937 \times 2258 - 3433$
  $= -900.3$kJ/kg

35 관내에 압력이 20bar의 증기가 흐르고 있다. 이 증기의 일부를 교축시켜 압력 1bar, 온도 150℃를 얻었다. 이 증기의 건도는 얼마인가? (단, 포화증기의 20bar에서 h_1' = 908.59kJ/kg, h_1'' = 2797.2kJ/kg, r_1 = 1888.6kJ/kg, 과열증기의 1bar, 온도 150℃에서 h_2 = 2776.3kJ/kg이다.)

① x_1=0.90 ② x_1=0.93
③ x_1=0.96 ④ x_1=0.99

풀이

교축변화는 등 엔탈피변화이므로

$h_1 = h_1' + x_1 r_1 = h_2 = h_2' + x_2 r_2$에서

$\therefore x_1 = \dfrac{h_2 - h_1}{r_1} = \dfrac{2776.3 - 908.59}{1888.6} = 0.99$

memo

07

CHAPTER

증기 동력 사이클

CHAPTER

07 증기 동력 사이클

증기동력 사이클은 수증기가 증기원동소 내에서 몇 가지의 과정을 거쳐 원래의 상태로 되돌아가는 밀폐 사이클이다. 보통 화력발전소나 원자력 발전소에서 이용되며, 증기 원동소의 보일러에서 생성된 고온·고압의 수증기를 이용하여 증기터빈을 돌려 동력을 얻어 발전기를 구동하도록 하고 있다.

증기 동력 사이클은 작동유체가 기체와 액체 상태로 상호 상변화하면서 동력을 얻는 것이 목적인 사이클로서 외부의 연소열에 의해 작동유체를 가열하여 유효일량을 얻는 외연기관(external combustion engine)이다. [그림 7-1]은 화력발전소의 증기원동소에 대한 장치개요도를 나타낸 것이다.

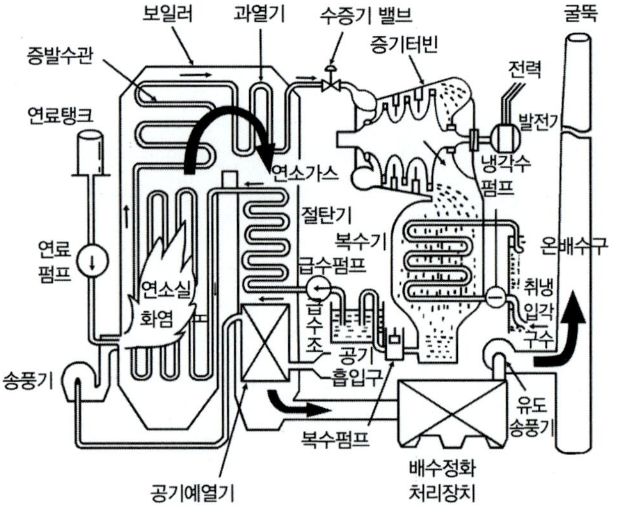

[그림 7-1] 증기원동소의 개요도

증기원동기의 연료가 가진 화학적 에너지를 기계적 에너지로 변환시키는데 필요한 전체의 장치가 증기원동소로서 주요 구성요소로는 중유, 미분탄 등의 연료를 연소시켜서 물을 고온·고압의 증기로 바꾸는 기능과 다시 이것을 가열해서 과열증기로 만드는 보일러와 과열기의 팽창에 의해 동력을 발생시키는 증기터빈이 있고, 일을 끝내고 증기터빈에서 나온 저압증기를 냉각시켜 물이 되게 하는 복수기가 있다. 이 외에도 복수된 물을 다시 보일러로 돌려 보내주는 급수펌프 등으로 구성되어 있다.

증기 동력 사이클의 기본 사이클은 랭킨사이클이다. 이 랭킨사이클을 보완 한 것으로 재열사이클, 재생사이클, 재열·재생사이클, 2유체 사이클 등이 있다.

7-1 랭킨 사이클(Rankine cycle)

랭킨사이클은 증기 동력 사이클의 기본이 되는 밀폐 사이클이다. 1854년 영국의 공학자 윌리암 랭킨(william john macquorn rankine)에 의해서 제안 되었다. 이 사이클은 열효율이 좋은 카르노사이클에서 실현 불가능한 등온과정을 등압과정으로 바꾸어 2개의 등압변화와 2개의 단열변화로 실현 가능하게 만든 사이클이다.

[그림 7-2]는 랭킨사이클의 계통도이다. 구성요소로는 보일러와 과열기, 증기터빈, 복수기, 급수펌프로 되어 있다.

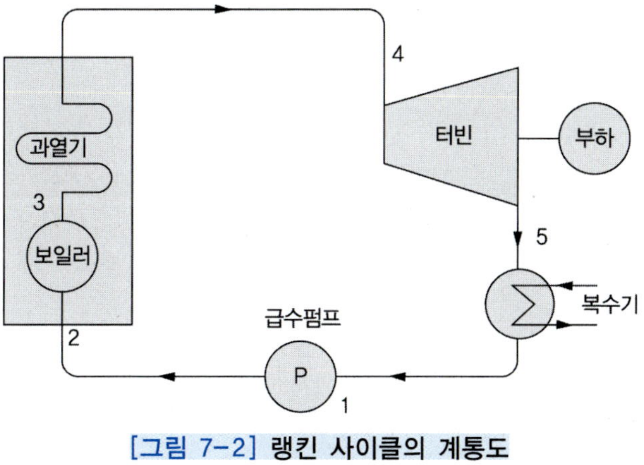

[그림 7-2] 랭킨 사이클의 계통도

7-1-1 변화과정

[그림 7-3]은 각과정의 사이클 변화를 선도로 나타낸 것이다.

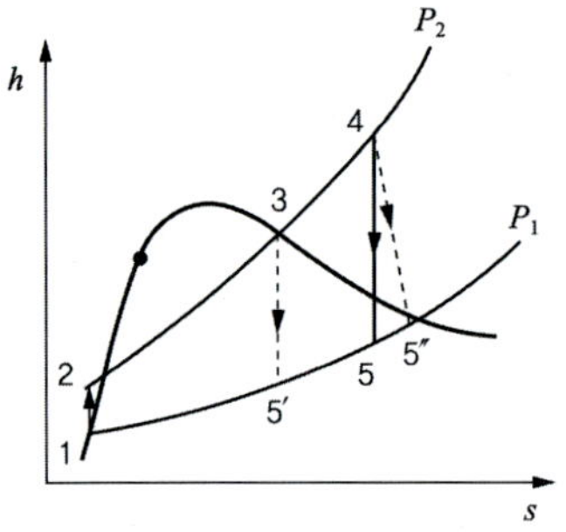

(a) $h-s$ 선도

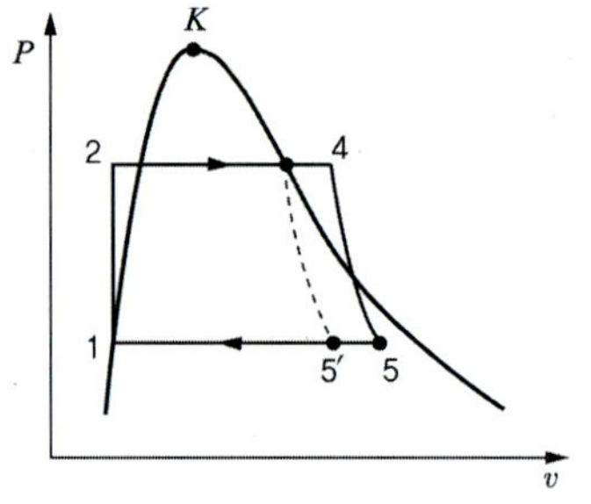

(b) $P-v$ 선도

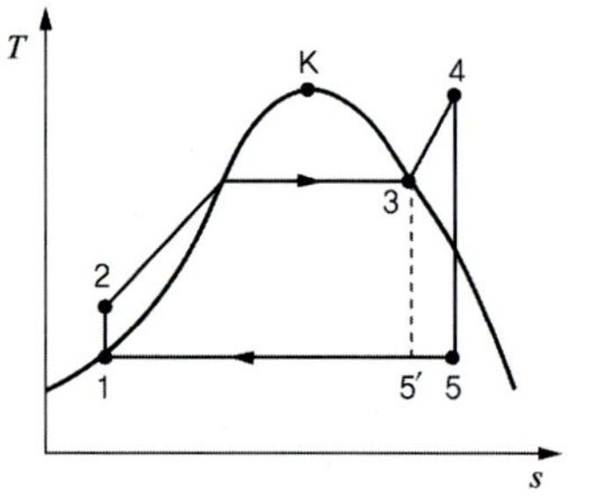

(c) $T-s$ 선도

[그림 7-3] 랭킨 사이클의 선도

① 단열압축(1 → 2과정)

복수기에서 응축된 포화수 1을 급수펌프로 이용하여 보일러에 급수하는 과정이다. 이 때 물은 급수펌프에 의해 단열 압축되어 불포화수인 고압수 2로 되어 보일러에 보내진다.

② 정압가열(2 → 3 → 4과정)

이 과정은 보일러에서 열을 공급하고 다시 과열기에 의해 포화증기를 가열하는 정압가열과정이다. 급수펌프에서 공급된 압축수는 포화수를 거쳐 증발시켜 포화증기 3으로 되고, 다시 과열기로 가열하여 과열증기 4를 만든다.

③ 단열팽창(4 → 5과정)

과열기에서 나온 과열증기가 증기터빈 내에서 단열 팽창하는 과정으로 팽창 후 증기는 습증기 5상태로 되어 복수기로 유입된다. 증기터빈은 증기의 에너지를 기계적 에너지로 전환시키며 이를 이용하여 발전기 등을 구동시킨다.

④ 정압방열(5 → 1과정)

복수기에서 나온 습증기를 정압·등온하에서 열을 방출하여 냉각·응축되는 과정이다.

7-1-2 이론열효율

이상과 같은 과정을 통하여 이루어진 1[kg]당의 에너지관계와 랭킨사이클의 이론열효율을 구하여 본다. 급수펌프가 급수 1[kg]을 압축하여 보일러에 공급하는데 소비하는 에너지, 즉 급수펌프일 w_P는 열역학 제1법칙을 적용하여 다음과 같은 식을 얻을 수 있다.

$$w_P = \int_1^2 dh = h_2 - h_1 = v_1(P_2 - P_1) \quad \cdots\cdots (7\text{-}1)$$

보일러에 유입된 물이 과열증기가 되는 동안 1[kg]당 급수에 대해서 가열된 열량을 q_1이라 하면, 이 과정은 정압과정이므로 다음과 같이 구할 수 있다.

$$\begin{aligned} q_1 &= \text{보일러에서의 가열량} + \text{과열기에서의 가열량} \\ &= (h_3 - h_2) + (h_4 - h_3) = h_4 - h_2 \quad \cdots\cdots (7\text{-}2) \end{aligned}$$

증기터빈에 의해 단열팽창 시키는데 필요한 터빈일 w_T은

$$w_T = h_4 - h_5 \quad \cdots\cdots (7\text{-}3)$$

이 되며, 복수기 내에서 습증기를 응축시키는데 방출하는 열량 q_2는

$$q_2 = h_5 - h_1 \quad \cdots\cdots (7\text{-}4)$$

이 된다.

따라서 증기 1[kg]당 얻을 수 있는 유효일 w는 위의 식에서

$$\begin{aligned} w &= q_1 - q_2 = (h_4 - h_2) - (h_5 - h_1) = (h_4 - h_5) - (h_2 - h_1) \\ &= w_T - w_p \quad \cdots\cdots (7\text{-}5) \end{aligned}$$

이므로 랭킨 사이클의 이론열효율 η_R은 다음과 같다.

$$\begin{aligned} \eta_R &= \frac{w}{q_1} = \frac{q_1 - q_2}{q_1} = \frac{w_T - w_P}{q_1} \\ &= \frac{(h_4 - h_5) - (h_2 - h_1)}{h_4 - h_2} \quad \cdots\cdots (7\text{-}6) \end{aligned}$$

보통, 펌프일 w_P는 보일러내의 압력이 극히 높지 않을 경우, 터빈일 w_T에 비하여 적으므로 펌프일을 무시할 수 있다. 펌프일을 무시한 경우 이론열효율 $\eta_R{}'$은 다음과 같다.

$$\eta_R{}' = \frac{w_T - w_P}{q_1} = \frac{(h_4 - h_5) - (h_2 - h_1)}{(h_4 - h_1) - (h_2 - h_1)}$$

$$= \frac{(h_4 - h_5) - w_P}{(h_4 - h_1) - w_P} \fallingdotseq \frac{(h_4 - h_5)}{(h_4 - h_1)} \quad \cdots\cdots (7\text{-}7)$$

7-1-3 열효율 증대방안

① 보일러의 압력과 터빈 입구압력을 증가시키거나 복수기 압력을 낮출 때 사이클 열효율을 증가시킨다.

② 터빈 입구온도가 높거나 터빈 출구온도가 낮아지면 터빈의 엔탈피의 차가 커져서 기계적 일량이 많아지고, 건도는 낮아져 열효율이 증가한다.

Example

01 랭킨 사이클에서 수증기가 4MPa, 400℃의 상태로 보일러에서 나와 증기터빈으로 들어간다. 복수기의 압력이 0.1MPa일 때 랭킨사이클의 열효율을 구하여라. (단, 펌프일은 무시한다.)

풀이 Mollier선도 및 증기표에서

$h_1 = 417.46\,\text{kJ/kg}$, $h_4 = 3213.6\,\text{kJ/kg}$, $h_5 = 2455.4\,\text{kJ/kg}$

식(7-7)로 부터

$$\therefore \eta_R{}' = \frac{h_4 - h_5}{h_4 - h_1} = \frac{3213.6 - 2455.4}{3213.6 - 417.46} \fallingdotseq 0.271\,(27.1\%)$$

02 랭킨 사이클로 작동하는 증기원동소에서 50atm, 500℃의 증기가 복수기의 압력 0.05atm, 32℃까지 작용할 때 이론열효율을 구하고, 같은 온도범위로 작동하는 카르노 사이클의 열효율을 계산해서 랭킨 사이클의 열효율과의 비율을 비교하라.

풀이 Mollier선도 및 증기표에서

$h_4 = 3435.03\,\text{kJ/kg}$, $h_5 = 2128.16\,\text{kJ/kg}$

$h_1 = 136.25\,\text{kJ/kg}$, $x = 0.825$

펌프일은 0.05atm에서 $v' = 0.001\,\text{m}^3/\text{kg}$(증기표 참조)

$w_P = v_1(P_2 - P_1) = 0.001 \times (50 - 0.05) \times 101.325 = 5.06\,\text{kJ/kg}$

(1) 랭킨 사이클의 이론열효율은

$$\therefore \eta_R = \frac{(h_4 - h_5) - w_P}{(h_4 - h_1) - w_P} = \frac{(3435.03 - 2120.16) - 5.06}{(3435.03 - 136.25) - 5.06} = 0.398(39.8\%)$$

(2) 카르노 사이클의 이론열효율은

$$\therefore \eta_C = 1 - \frac{T_2}{T_1} = 1 - \frac{305}{773} = 0.605(60.5\%)$$

(3) 랭킨 사이클과 카르노 사이클의 열효율의 비는

$$\therefore \frac{\eta_R}{\eta_C} = \frac{0.395}{0.605} = 0.653(65.3\%)$$

7-2 재열 사이클(Reheating cycle)

랭킨 사이클의 열효율 상승은 이론상으로 증기터빈 입구에서의 초기압력과 초기온도를 높이거나 터빈출구 즉 복수기 압력을 낮게 하면 증가하나, 강도상 온도(보통 650[℃])에 한계가 있고 터빈출구의 압력(배압)은 복수기의 냉각수 온도에 제한을 받기 때문에 문제가 발생한다. 이를 개선하기 위해 최고온도와 배압을 일정하게 하면 증기터빈의 초압이 상승하고 열효율은 증가 시킬 수 있다.

만약 증기터빈의 초기 증기압을 높이면 터빈출구의 증기 습도(수분)가 증가하여 터빈날개 등의 침식을 일으킨다. 따라서 증기터빈 내의 팽창과정에서 되도록이면 건증기 범위(터빈출구의 증기습도는 보통 10 ~ 12[%] 이내)에서 행해지도록 터빈 내의 팽창된 증기를 빼내어 보일러에 돌려보내 재열기(reheater)에서 적당한 온도까지 재열한 후 이것을 터빈으로 다시 보내 복수기의 압력까지 팽창시키도록 한다면 결점을 보완할 수 있다는 점을 이용한 사이클이 재열사이클이다.

사이클의 계통도는 [그림 7-4]에 나타난 바와 같이 보일러와 과열기, 증기터빈(고압, 저압터빈), 재열기, 복수기, 급수펌프로 구성되어 있다.

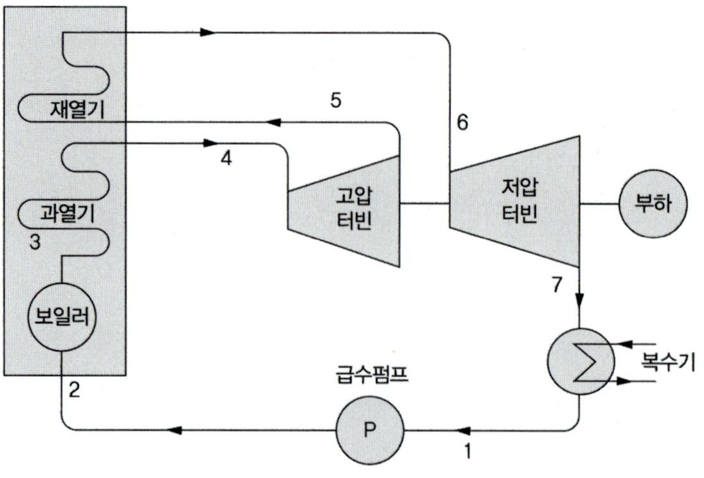

[그림 7-4] 재열 사이클의 계통도

7-2-1 변화과정

각 과정의 변화는 [그림 7-5]와 같이 사이클 변화를 행한다.

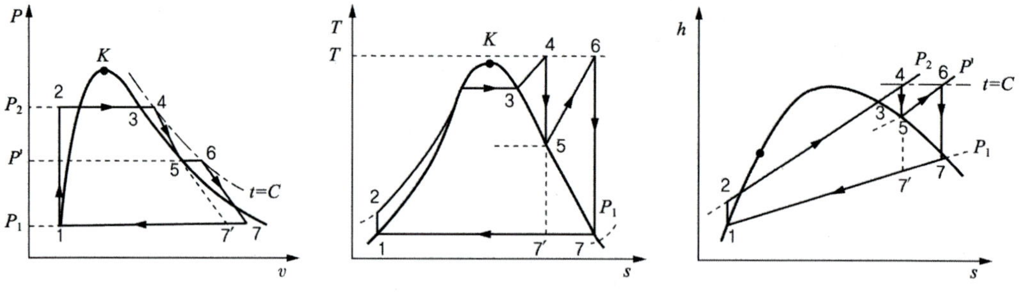

(a) $P-v$ 선도 (b) $T-s$ 선도 (c) $h-s$ 선도

[그림 7-5] 재열 사이클의 선도

① 단열압축(1 → 2과정)

급수펌프에 의한 포화수의 단열압축과정(포화수 → 압축수)이다.

② 정압가열(2 → 3 → 4과정)

보일러에서 정압 가열하여 건포화 증기를 만들고, 다시 과열기에서 정압상태에서 과열증기로 되는 과정(압축수 → 건포화 증기 → 과열증기)이다.

③ 단열팽창(4 → 5과정)

고압터빈에서 과열증기를 단열팽창 시켜 일을 얻는 과정(과열증기 → 건포화 증기)이다.

④ 정압가열(5 → 6과정)

고압터빈에서 팽창된 증기를 재열기에서 다시 정압 가열하는 과정(건포화 증기 → 과열증기)이다.

⑤ 단열팽창(6 → 7과정)

재열기에서 나온 증기를 저압터빈에서 단열팽창 시키는 과정(과열증기 → 습증기)이다.

⑥ 정압방열(7 → 1과정)

복수기에서 저압터빈을 빠져나온 증기를 정압상태에서 포화수로 응축시키는 과정(습증기 → 포화수)이다.

7-2-2 이론열효율

이상과 같은 과정을 통하여 이루어진 증기 1[kg]당의 이론열효율은 다음과 같다.
급수펌프가 1[kg]의 포화수를 압축하는데 소요되는 펌프일 w_P는

$$w_P = \int_1^2 dh = h_2 - h_1 = v_1(P_2 - P_1) \quad \cdots\cdots \text{(7-8)}$$

이며, 보일러 및 과열기에서의 공급열량 q_B는

$$q_B = h_4 - h_2 \quad \cdots\cdots \text{(7-9)}$$

이다.
고압터빈에서 증기가 하는 일량을 w_{T1}이라 하면

$$w_{T1} = h_4 - h_5 \quad \cdots\cdots \text{(7-10)}$$

이고, 재열기에서의 공급열량 q_R이라 하면

$$q_R = h_6 - h_5 \quad \cdots\cdots \text{(7-11)}$$

이며, 따라서 전체적으로 공급되는 열량 q_1은

$$q_1 = q_B + q_R = (h_4 - h_2) + (h_6 - h_5) \quad \cdots\cdots \quad (7\text{-}12)$$

이 된다.

저압터빈에서 증기가 하는 일량을 w_{T2}이라 하면

$$w_{T2} = h_6 - h_7 \quad \cdots\cdots \quad (7\text{-}13)$$

이며. 복수기 내에서 습증기를 응축시키는데 방출하는 열량 q_2는

$$q_2 = h_7 - h_1 \quad \cdots\cdots \quad (7\text{-}14)$$

이 된다.

따라서 증기 1[kg]당 얻을 수 있는 유효일 w는

$$\begin{aligned} w &= (w_{T1} + w_{T2}) - w_P \\ &= (h_4 - h_5) + (h_6 - h_7) - (h_2 - h_1) \quad \cdots\cdots \quad (7\text{-}15) \end{aligned}$$

이므로 재열사이클의 이론열효율 η_{Rh}는 다음과 같다.

$$\begin{aligned} \eta_{Rh} &= \frac{w}{q_1} = \frac{w_T - w_P}{q_1} \\ &= \frac{(h_4 - h_5) + (h_6 - h_7) - (h_2 - h_1)}{(h_4 - h_2) + (h_6 - h_5)} \quad \cdots\cdots \quad (7\text{-}16) \end{aligned}$$

펌프일을 무시한 경우 이론열효율 η_{Rh}'는 다음과 같다.

$$\eta_{Rh}' \fallingdotseq \frac{w_T}{q_1} \fallingdotseq \frac{(h_4 - h_5) + (h_6 - h_7)}{(h_4 - h_1) + (h_6 - h_5)} \quad \cdots\cdots \quad (7\text{-}17)$$

Example

03 45atm, 450℃의 증기를 고압터빈에 의해 건포화증기가 될 때까지 팽창시켜 증기 전부를 그 압력하에 최초의 온도까지 재열하고, 저압터빈에 의해 다시 0.04atm까지 팽창시키는 재열사이클에서 다음 값을 구하라. (단, 펌프일은 무시한다).

(1) 재열사이클의 이론열효율
(2) 랭킨 사이클의 이론열효율
(3) 랭킨 사이클에 대한 재열사이클의 열효율의 개선율

풀이 ⊙ Mollier($h-s$) 선도 및 증기표에서

$h_1 = 119.93\,\text{kJ/kg},\ h_4 = 3324.52\,\text{kJ/kg},\ h_5 = 2738.48\,\text{kJ/kg},$

$h_6 = 3376.43\,\text{kJ/kg},\ h_7 = 2417.42\,\text{kJ/kg},\ x = 0.945$

(1) 재열 사이클의 이론열효율

$$\therefore \eta_{Rh}' \fallingdotseq \frac{w_T}{q_1} \fallingdotseq \frac{(h_4-h_5)+(h_6-h_7)}{(h_4-h_1)+(h_6-h_5)}$$

$$= \frac{(3324.52-2738.48)+(3376.43-2417.42)}{(3324.52-119.93)+(3376.43-2738.48)} = 0.402(40.2\%)$$

(2) 랭킨 사이클의 이론열효율(선도에서 $h_5' = 2071.53\,\text{kJ/kg}$이므로)

$$\therefore \eta_R' = \frac{(h_4-h_5')}{(h_4-h_1)} = \frac{3324.52-2071.53}{3324.52-119.93} = 0.391(39.1\%)$$

(3) 열효율의 개선율

$$\therefore \frac{\eta_{Rh}'-\eta_R'}{\eta_R'} = \frac{0.402-0.391}{0.391} = 0.028(2.8\%)$$

04 4MPa, 450℃의 증기를 공급받아 고압터빈에서 건포화증기가 될 때까지 팽창시키고 그 압력 하에서 고압터빈 입구에서의 온도까지 재열하여 다시 저압터빈에서 4kPa까지 팽창시키는 재열 사이클에서 다음 값을 구하라. (단, 펌프일은 무시한다.)

(1) 재열 사이클와 랭킨 사이클의 경우, 복수기입구에서의 건도

(2) 재열 사이클의 이론열효율

(3) 랭킨 사이클의 이론열효율

(4) 랭킨 사이클에 대한 재열 사이클의 열효율의 개선율

풀이 ⊙ Mollier($h-s$)선도 및 증기표에서

$h_1 = 121.46\,\text{kJ/kg},\ h_2 = 1087.31\,\text{kJ/kg},\ h_4 = 3330.3\,\text{kJ/kg},$

$h_5 = 2734.26\,\text{kJ/kg},\ h_6 = 3373.9\,\text{kJ/kg},\ h_7 = 2444.6\,\text{kJ/kg},$

$h_5' = 2090.1\,\text{kJ/kg}$

(1) 증기선도에서 건도는 $x_7 = 0.96,\ x_7' = 0.81$

(2) 재열 사이클의 이론열효율

$$\therefore \eta_{Rh}' \fallingdotseq \frac{w_T}{q_1} \fallingdotseq \frac{(h_4-h_5)+(h_6-h_7)}{(h_4-h_1)+(h_6-h_5)}$$

$$= \frac{(3330.3-2734.2)+(3373.9-2444.6)}{(3330.3-121.46)+(3373.9-2734.2)} = 0.396(39.6\%)$$

(3) 랭킨 사이클의 이론열효율(선도에서 $h_5' = 2090.1\,\text{kJ/kg}$이므로)

$$\therefore \eta_R' = \frac{(h_4-h_5')}{(h_4-h_1)} = \frac{3330.3-2090.1}{3330.3-121.46} = 0.386(38.6\%)$$

(4) 열효율의 개선율

$$\therefore \frac{\eta_{Rh}'-\eta_R'}{\eta_R'} = \frac{0.396-0.386}{0.386} \fallingdotseq 0.026(2.6\%)$$

7-3 재생 사이클(Regenerative cycle)

랭킨 사이클에서는 보일러에서 공급된 공급열량에 비해 상당한 비율의 방출열량이 복수기에서 복수할 때 냉각수에 버리게 된다. 재생사이클은 이와 같이 사이클 밖으로 버려지는 열량의 일부를 사이클 안에서 재생함으로써 열효율의 향상을 도모하도록 한 것이다.

[그림 7-6]은 사이클의 계통도를 나타낸 것이다. 터빈 내에서 팽창하는 도중에 증기의 일부를 추기(bleeding)하여 복수기에서 보일러에 보내지는 저온의 급수를 가열하고 온도가 높아진 급수를 보일러에 들어가게 함으로써 이 목적을 달성하고 있다.

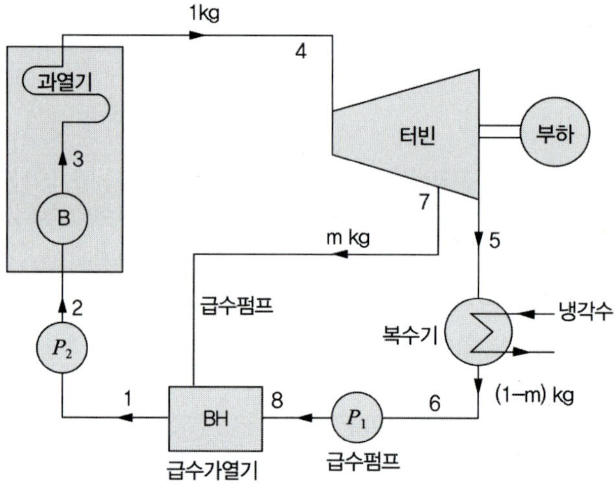

[그림 7-6] 재생 사이클의 계통도

재생 사이클은 열역학적 효율을 증대하기 위해, 터빈 중간단에서 작동유체를 일부 추출하고 외부의 보조가열기와 보조펌프에서 가압·가열함으로서 추출된 작동유체와 동일한 압력상태로 만든다. 보일러 본체에서 가열하는 열량(급수 가열량)을 줄임으로써 열효율을 개선한 사이클이다. 일반적으로 2 ~ 3개소에서 추출하면 2 ~ 3단 추기 재생사이클이라 한다.

7-3-1 변화과정

[그림 7-7]의 각 과정의 변화 선도는 급수가열을 1단으로 한 사이클 변화를 행한다.

① 단열압축(1 → 2과정)

제2급수펌프에 의한 포화수의 단열 압축과정(포화수 → 압축수)이다.

② 정압가열(2 → 3 → 4과정)

보일러에서 정압 가열하여 건포화 증기를 만들고, 다시 과열기에서 정압상태에서 과열증기로 되는 과정(압축수 → 건포화 증기 → 과열증기)이다.

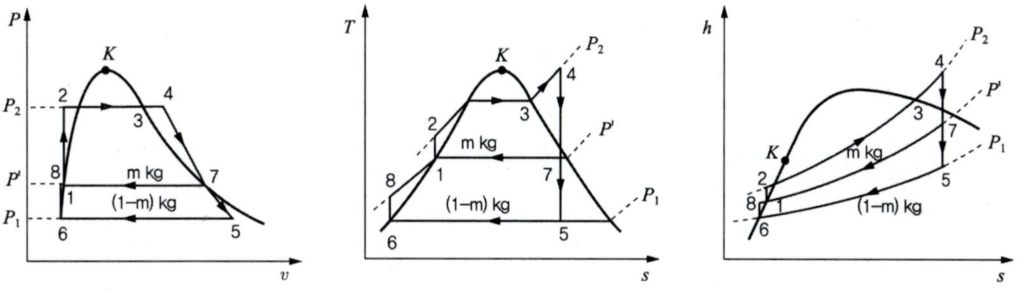

(a) $P-v$ 선도 (b) $T-s$ 선도 (c) $h-s$ 선도

[그림 7-7] 재생 사이클의 선도

③ 단열팽창(4 → 5과정)

증기터빈에서 과열증기를 단열 팽창시켜 일을 얻는 과정(과열증기 → 건포화 증기)이다.

④ 정압가열(7 → 1과정)

m[kg]의 증기를 추기하여 급수를 가열하는 과정(습증기 → 포화수)이다.

⑤ 정압방열(5 → 6과정)

1[kg]의 증기 중에서 나머지 $(1-m)$[kg]의 증기가 복수기에서 복수되는 과정(습증기 → 포화수)이다.

⑥ 단열압축(6 → 8과정)

제1급수펌프에서 압축되는 과정(포화수 → 압축수)이다.

7-3-2 이론열효율

이상과 같은 과정을 통하여 이루어진 증기 1[kg]당의 이론열효율은 다음과 같다.

m[kg]의 증기가 잃는 열량은 $(1-m)$[kg]의 증기가 얻는 열량과 같으므로 추기량 m은 다음과 같이 얻을 수 있다.

$$m(h_7 - h_1) = (1-m)(h_1 - h_8)$$

$$m = \frac{h_1 - h_8}{h_7 - h_8} \quad \cdots\cdots (7\text{-}18)$$

제1급수펌프와 제2급수펌프에서 압축하는데 소요되는 펌프일 w_{P1}, w_{P1}는

$$w_{P1} = (1-m)(h_8 - h_6) \quad \cdots\cdots (7\text{-}19)$$

$$w_{P2} = (h_2 - h_1) \quad \cdots\cdots (7\text{-}20)$$

이며, 보일러 및 과열기에서의 공급열량 q_1은

$$q_1 = h_4 - h_2 \quad \cdots\cdots (7\text{-}21)$$

이다.

또한 복수기에서의 방출열량 q_2는

$$q_2 = (1-m)(h_5 - h_6) \quad \cdots\cdots (7\text{-}22)$$

이며, 터빈일 w_T는 다음과 같다.

$$w_T = (h_4 - h_5) - m(h_7 - h_5) \quad \cdots\cdots (7\text{-}23)$$

따라서, 재생사이클의 이론열효율 η_{Rg}는 다음과 같다.

$$\eta_{Rg} = \frac{w}{q_1} = \frac{w_T - w_P}{q_1}$$

$$= \frac{(h_4 - h_5) - m(h_7 - h_5) - (1-m)(h_8 - h_6) - (h_2 - h_1)}{h_4 - h_2} \quad \cdots\cdots (7\text{-}24)$$

펌프일을 무시한 경우 이론열효율 $\eta_{Rg}{}'$는 다음과 같다.

$$m = \frac{h_1 - h_6}{h_7 - h_6}$$

$$\eta_{Rg}{}' \fallingdotseq \frac{w_T}{q_1} \fallingdotseq \frac{(h_4 - h_5) - m(h_7 - h_5)}{h_4 - h_1} \quad \cdots\cdots (7\text{-}25)$$

Example

05 증기의 초압이 $12kg/cm^2$, 최초의 온도 500℃, 배압 $0.03kg/cm^2$일 때의 재생사이클의 이론열효율은 얼마인가? (단, 추기압 1.4ata에서 추기량 0.03kg, 추기점의 엔탈피는 2804.62kJ/kg, 그 압력하의 포화수 엔탈피는 824.64kJ/kg, 500℃에서의 엔탈피는 3357.17kJ/kg이며, 0.03atm일 때 습증기의 엔탈피는 1917.19kJ/kg이다. 펌프일은 무시한다.)

풀이 식 (7-25)로부터 이론열효율은

$$\therefore \eta'_{Rg} = \frac{(h_4 - h_5) - m(h_7 - h_5)}{h_4 - h_1}$$

$$= \frac{(3357.17 - 1917.19) - 0.03 \times (2804.62 - 1917.19)}{(3357.17 - 824.64)} = 0.558(55.8\%)$$

06 35atm, 400℃의 증기를 복수기 압력을 0.04atm로 하는 증기원동소에서 1단 추기에 의한 급수가열을 한다. 급수의 최고온도를 150℃로 할 때 다음 값을 구하라. (단, 펌프일은 무시한다)

(1) 추기량
(2) 추기로 인한 일의 감소
(3) 재생 사이클의 이론열효율
(4) 랭킨사이클에 대한 재생 사이클의 열효율의 개선율

풀이 $h-s$ 선도 및 증기표를 사용하여
여기서 추기점 7은 150℃를 포화온도로 하는 등압선상에 있고, 선도에서 4.854ata, 115℃이다.
$h_1 = 631.75$ kJ/kg(증기표 150℃), $h_4 = 3223.22$ kJ/kg,
$h_5 = 2061.61$ kJ/kg, $h_6 = 119.93$ kJ/kg(0.04ata),
$h_7 = 2754.39$ kJ/kg

(1) 추기량

$$\therefore m = \frac{h_1 - h_6}{h_7 - h_6} = \frac{631.75 - 119.93}{2754.39 - 119.93} \fallingdotseq 0.194\text{kg(펌프일 무시할 때)}$$

(2) 추기로 인한 일의 감소

$$\therefore \Delta w_T = m(h_7 - h_5) = 0.194(2754.39 - 2061.61) \fallingdotseq 134.40\text{kJ/kg}$$

(3) 재생사이클의 이론열효율

$$\therefore \eta_{Rg}{}' \fallingdotseq \frac{w_T}{q_1} \fallingdotseq \frac{(h_4 - h_5) - m(h_7 - h_5)}{h_4 - h_1}$$

$$= \frac{(3223.22 - 2061.61) - 0.194(2754.39 - 2061{,}61)}{3223.22 - 631.75} \fallingdotseq 0.396(39.6\%)$$

(4) 랭킨 사이클의 이론열효율

$$\therefore \eta_R{}' = \frac{(h_4 - h_5)}{(h_4 - h_6)} = \frac{3223.22 - 2061.61}{3223.22 - 119.93} \fallingdotseq 0.374(37.4\%)$$

(5) 열효율의 개선율

$$\therefore \frac{\eta_{Rg}{}' - \eta_R{}'}{\eta_R{}'} = \frac{0.396 - 0.374}{0.374} \fallingdotseq 0.059(5.9\%)$$

7-4 재열·재생 사이클

일반적으로 재생 사이클과 재열 사이클의 복합적인 사이클을 구성하여 재열사이클의 장점인 건도 감소방지에 의한 터빈효율 증대와 재생사이클의 장점인 급수 가열량 감소로 인한 열역학적 효율증대의 복합효과를 위해 혼합하여 사용하는 사이클이다. 사이클의 계통도는 [그림 7-8]에서 나타내고 있다.

7-4-1 변화과정

각 과정의 변화는 [그림 7-9]에 나타난 바와 같이 2단 증기터빈과 1단 급수가열기를 사용한 사이클 변화를 한다.

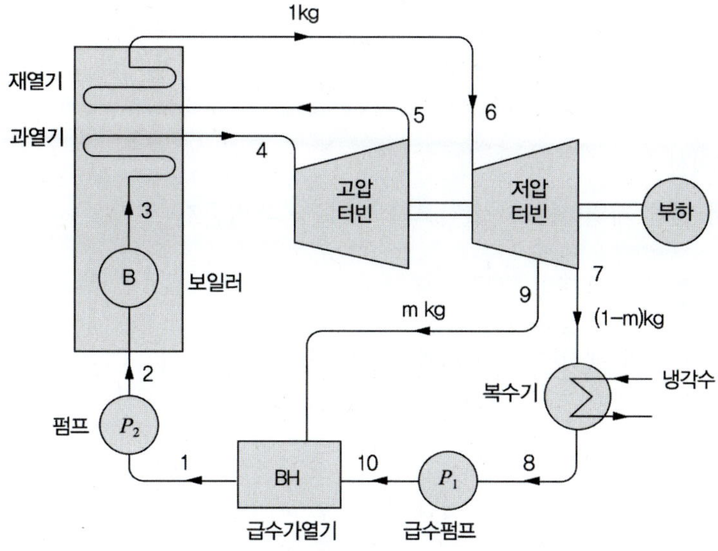

[그림 7-8] 재열·재생 사이클의 계통도

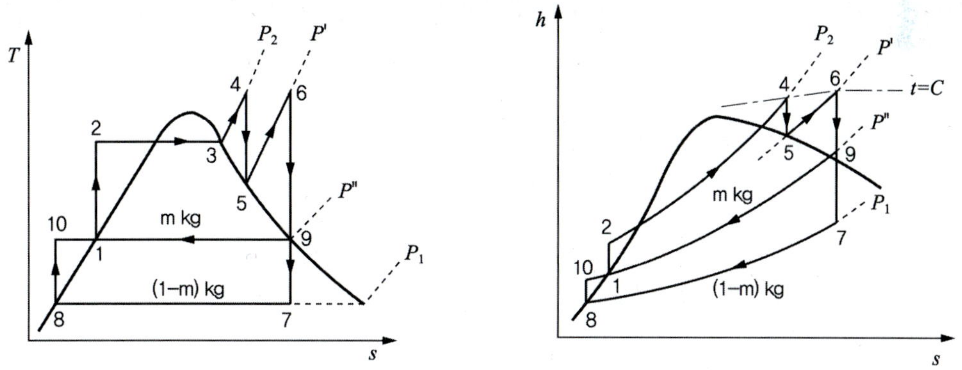

(a) $P-v$ 선도 (b) $h-s$ 선도

[그림 7-9] 재열·재생 사이클 선도

① 1 → 2과정

고압 급수펌프로 단열압축하는 과정(포화수 → 압축수)이다.

② 2 → 3 → 4과정

보일러에서 정압 가열하여 건포화 증기를 만들고, 다시 과열기에서 정압상태에서 과열증기로 되는 과정(압축수 → 건포화 증기 → 과열증기)이다.

③ 4 → 5과정

고압터빈에서 단열 팽창하는 과정(과열증기 → 건포화 증기)이다.

④ 5 → 6과정

재열기에서 정압 가열하는 과정(건포화 증기 → 과열증기)이다.

⑤ 6 → 7과정

저압터빈에서 단열 팽창하는 과정(과열증기 → 습증기)이다.

⑥ 7 → 8과정

복수기에서 증기$(1-m)$[kg]를 정압 방열하는 과정(습증기 → 포화수)이다.

⑦ 8 → 10과정

저압 급수펌프에서 단열 압축하는 과정이다.

⑧ 10 → 1과정

급수 가열기에서 정압 가열하는 과정이다.

⑨ 9 → 10과정

저압터빈에서 추기량 m[kg]를 열 교환하는 과정이다.

7-4-2 이론열효율

이상과 같은 과정을 통하여 이루어진 증기 1[kg]당의 이론열효율은 다음과 같다.

공급열량 q_1은

$$q_1 = (h_4 - h_2) + (h_6 - h_5) \quad \cdots\cdots (7\text{-}26)$$

이며, 고압 터빈일 w_{T1}과 저압 터빈일 w_{T2}는

$$\begin{aligned} w_T &= w_{T1} + w_{T2} \\ &= (h_4 - h_5) + (h_6 - h_7) - m(h_9 - h_7) \end{aligned} \quad \cdots\cdots (7\text{-}27)$$

복수기에서의 방출열량 q_2는

$$q_2 = (1-m)(h_7 - h_8) \quad \text{(7-28)}$$

이고, 급수펌프의 소요일량 w_P라면,

$$\begin{aligned} w_P &= w_{P1} + w_{P2} \\ &= (1-m)(h_{10} - h_8) + (h_2 - h_1) \quad \text{(7-29)} \end{aligned}$$

이다. 또한 추기량 m은

$$m(h_9 - h_1) = (1-m)(h_1 - h_{10})$$

$$m = \frac{h_1 - h_{10}}{h_9 - h_{10}} \quad \text{(7-30)}$$

이며, 재열·재생사이클의 이론열효율 η_{GH}는 다음과 같다.

$$\begin{aligned} \eta_{GH} &= \frac{w}{q_1} = \frac{w_T - w_P}{q_1} \\ &= \frac{(h_4-h_5)+(h_6-h_7)-m(h_9-h_7)-(1-m)(h_{10}-h_8)-(h_2-h_1)}{(h_4-h_2)+(h_6-h_5)} \quad \text{(7-31)} \end{aligned}$$

펌프일을 무시한 경우 이론열효율 η_{GH}'는 다음과 같다.

$$m = \frac{h_1 - h_8}{h_9 - h_8}$$

$$\eta_{GH}' \fallingdotseq \frac{w_T}{q_1} \fallingdotseq \frac{(h_4 - h_5) + (h_6 - h_7) - m(h_9 - h_7)}{(h_4 - h_1) + (h_6 - h_5)} \quad \text{(7-32)}$$

Example

07 50atm, 500℃의 과열증기를 복수기 압력을 0.05atm까지 단열팽창시키고, 추기 압력이 1.2atm인 1단 재생, 1단 재열사이클을 하는 경우 추기량과 이론열효율을 구하라. (단, 펌프일은 무시한다.)

풀이 ⊙ $h-s$선도 및 증기표를 사용하여

$h_1 = 529.11\,\text{kJ/kg}$(증기표 1.2atm), $h_4 = 3290.20\,\text{kJ/kg}$,

$h_5 = 2762.76\,\text{kJ/kg}$, $h_6 = 3384.38\,\text{kJ/kg}$, $h_7 = 2345.42$

$h_8 = 123.91\,\text{kJ/kg}$(증기표 0.05atm), $h_9 = 3055.78\,\text{kJ/kg}$

(1) 추기량

$$\therefore m = \frac{h_1 - h_8}{h_9 - h_8} = \frac{529.11 - 123.91}{3055.78 - 123.91} \fallingdotseq 0.138\,\text{kg}$$

(2) 재열 · 재생사이클의 이론열효율

$$\therefore \eta_{GH}' \fallingdotseq \frac{w_T}{q_1} \fallingdotseq \frac{(h_4 - h_5) + (h_6 - h_7) - m(h_9 - h_7)}{(h_4 - h_1) + (h_6 - h_5)}$$

$$= \frac{(3290.20 - 2762.76) + (3384.38 - 2345.42) - 0.138(3055.78 - 2345.42)}{(3290.20 - 529.11) + (3384.38 - 2762.76)}$$

$$\fallingdotseq 0.4341(43.41\%)$$

08 4MPa, 400℃의 과열증기를 복수기 압력을 4kPa까지 단열 팽창시키는 증기원동소가 1단 재열, 1단 재생사이클로 작동한다. 재열은 건포화 증기가 되는 압력까지 팽창한 후 최초의 온도까지 실시하면 재생 압력은 100kPa이다. 펌프일을 무시할 경우 이론열효율을 구하고, 랭킨 사이클에 비해 열효율이 얼마나 증가하였는가?

풀이 ⊙ $h-s$선도 및 증기표를 사용하여

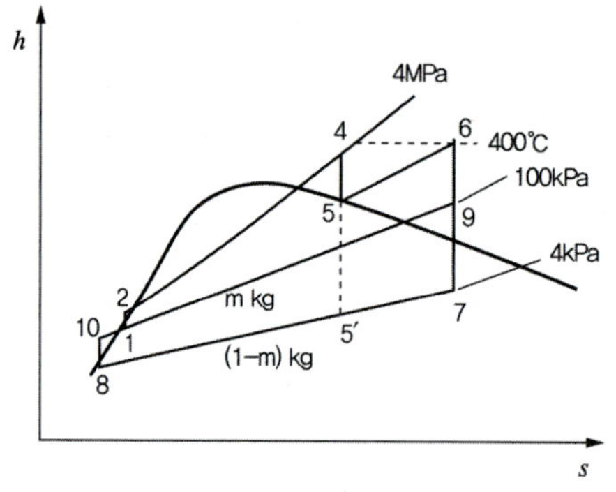

$h_1 = 417.46\,\text{kJ/kg}$, $h_2 = 1087.31\,\text{kJ/kg}$,

$h_4 = 3213.6\,\text{kJ/kg}$, $h_5 = 2755.66\,\text{kJ/kg}$,

$h_6 = 3270.54\,\text{kJ/kg}$, $h_7 = 2325.67\,\text{kJ/kg}$,

$h_8 = 121.46\,\text{kJ/kg}$, $h_5' = 2039.02\,\text{kJ/kg}$,

$h_9 = 2824.47\,\text{kJ/kg}$

(1) 재생·재열 사이클의 열효율

추기량은

$$m=\frac{h_1-h_8}{h_9-h_8}=\frac{417.46-121.46}{2824.47-121.46}=0.110\,\mathrm{kg}$$

$$\therefore\ \eta_{GH}{}' \fallingdotseq \frac{w_T}{q_1} \fallingdotseq \frac{(h_4-h_5)+(h_6-h_7)-m(h_9-h_7)}{(h_4-h_1)+(h_6-h_5)}$$

$$=\frac{(3213.6-2755.66)+(3270.54-2325.67)-0.110(2824.47-2325.67)}{(3213.6-417.46)+(3270.54-2755.66)}$$

$$\fallingdotseq 0.407(40.7\%)$$

(2) 랭킨 사이클의 열효율

$$\therefore\ \eta_R{}' \fallingdotseq \frac{w_T}{q_1} \fallingdotseq \frac{h_4-h_5{}'}{h_4-h_8}=\frac{3213.6-2039.02}{3213.6-121.46} \fallingdotseq 0.380(38.0\%)$$

(3) 열효율의 개선율

$$\therefore\ \frac{\eta_{GH}{}'-\eta_R{}'}{\eta_R{}'}=\frac{0.407-0.380}{0.380} \fallingdotseq 0.071(7.1\%)$$

7-5 2유체 사이클(Binary fluid cycle)

앞에서 논의한 바와 같이 증기 동력 사이클의 열효율을 높이기 위해서는 터빈입구의 온도를 가급적 높이고 복수기의 온도를 낮추어 주는 것이다. 수증기 증기 동력 사이클의 경우 고온부의 온도는 포화압력을 높이고 과열증기를 사용하여 평균온도를 높이고 있으나 대부분의 열량이 증발과정에서 수증기에 공급되므로 평균온도는 포화온도에 영향을 받게 된다.

그러나 물의 경우는 임계온도가 374.15[℃]로 한계가 있고 물의 포화증기압은 매우 높아져 장치를 제작하는 재료의 강도 때문에 장치의 제작에 제한이 따르게 된다. 또한, 저온부의 온도는 복수기에 유입되는 냉각수온도에 따라서 달라지게되므로 저온부의 온도 역시 제한을 받게 됨을 알 수 있다. 따라서 이러한 조건을 만족시키기 위해서는 임계온도는 매우 높고 포화압력이 낮은 유체가 있다면 이것이 이상적인 유체라 할 것이다.

수은은 임계온도가 1470[℃]로, 수증기보다 높고, 포화증기압이 1000[ata] (98MPa)로 수증기 255.65[ata](25.1MPa)의 1/4 정도로, 고온에서는 앞의 조건을 만족시키나 저온부에서는 냉각온도 30[℃]에서 증기압이 0.0377[$\mathrm{kg_f/m^2}$](0.37Pa)로 비체적이 매우 커지게 된다. 따라서 수은을 저온부까지 사용하면 복수기가 매우 커지게 되므로 비현실적이다.

이러한 점을 고려하여 고온부에는 여기에 적합한 유체로 고온 사이클을 형성하고 저온부에는 다른 유체로 사이클로 구성하여, 고온부의 복수기를 저온부의 보일러와 동시에 작동시키면 각 장점을 조합한 사이클을 만들 수 있다. 이러한 사이클을 2유체 사이클이라고 한다.

[그림 7-10]은 수은-수증기 2유체 사이클이다. 수은은 수은보일러에서 증발되고 수은터빈에서 팽창하며 일을 만들어내고 복수기에서 응축된다. 이 복수기는 수증기 사이클의 보일러로 사용되어 물을 증발시키며 여기서 생성된 수증기는 연소가스로 과열되어 과열증기로 터빈에 공급된다.

터빈에 공급된 과열증기는 수증기터빈에서 팽창되어 일을 하고 수증기 복수기에서 복수된다. 2유체 사이클은 그림에서 보는 바와 같이 카르노사이클에 가까워져 열효율이 높게 됨을 알 수 있다.

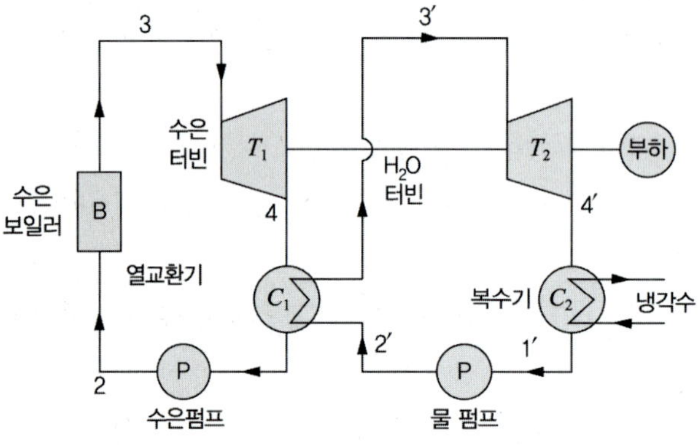

(a) 계통도

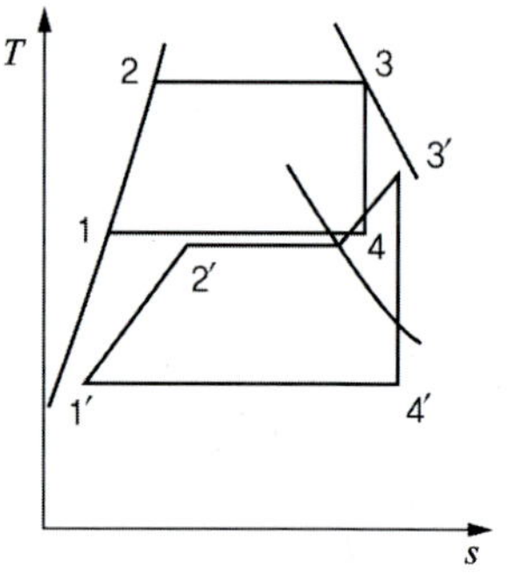

(b) $T-s$ 선도

[그림 7-10] 2유체 사이클

7-6 실제 사이클(Actual cycle)

증기 동력 사이클은 이론적으로 열량의 전열과정에서는 등압과정으로 가정하고, 일량의 전달과정에서는 단열과정으로 가정한다.

그러나 실제의 경우는 배관라인에서의 유체마찰손실에 의한 압력강하가 발생하고 복수기에서의 과냉각에 의한 온도강하로 인해 열량손실을 초래한다. 또한 펌프에서나 증기터빈에서의 열손실에 의해 펌프일량의 증가와 터빈일량의 감소를 가져와 전체적인 열효율이 떨어지게 된다.

7-6-1 마찰손실

작동유체가 배관 내를 유동할 때 배관내의 거칠기 정도에 의해 마찰손실이 생기고, 이로 인해 압력강하 및 열전달로 열을 빼앗기게 된다.

7-6-2 터빈손실

고온·고압 등의 증기가 터빈에 유입하여 단열 팽창할 때 마찰, 난류 및 잔류속도 등에 의해 생기는 비가역 단열팽창으로 인한 손실이 있다.

7-6-3 펌프손실

주로 비가역적인 유체의 유동에 의해 생기며 미소한 열전달로 인한 손실도 있다.

7-6-4 응축기(복수기) 손실

복수기 출구의 작동유체의 온도가 포화온도 이하로 되는 경우 복수기 출구온도를 포화온도까지 높이는데 필요한 열량이 복수기손실이며, 이 양은 미소함으로 실제로는 무시된다.

R/e/f/e/r/e/n/c/e

재열 사이클의 이론열효율

$$\eta_{Rh}' \fallingdotseq \frac{w_T}{q_1} \fallingdotseq \frac{(h_4 - h_5) + (h_6 - h_7)}{(h_4 - h_1) + (h_6 - h_5)}$$

랭킨 사이클(증기 동력 이상 사이클)의 이론열효율

$$\eta_R' = \frac{(h_4 - h_5')}{(h_4 - h_1)}$$

재생 사이클의 이론열효율

$$\eta_{Rg}' \fallingdotseq \frac{w_T}{q_1} \fallingdotseq \frac{(h_4 - h_5) - m(h_7 - h_5)}{h_4 - h_1}$$

재열·재생사이클의 이론열효율

$$\eta_{GH}' \fallingdotseq \frac{w_T}{q_1} \fallingdotseq \frac{(h_4 - h_5) + (h_6 - h_7) - m(h_9 - h_7)}{(h_4 - h_1) + (h_6 - h_5)}$$

증기 동력 사이클의 구조

보일러(정압가열) → 터빈(단열팽창) → 복수기(정압방열) → 펌프(단열압축)

CHAPTER 07

증기 동력 사이클

실/력/평/가

01 랭킨사이클을 옳게 표시한 것은 어느 것인가?

① 가솔린기관의 이상적인 사이클이다.
② 가스터빈의 이상적인 사이클이다.
③ 증기원동소의 이상적인 사이클이다.
④ 디젤기관의 이상적인 사이클이다.

02 랭킨사이클의 각 과정에 관한 다음 사항 중 부적당한 것은?

① 터빈에서 가역단열팽창 과정
② 보일러에서 등압가열 과정
③ 펌프에서 단열압축 과정
④ 복수기에서 등압가열 과정

03 랭킨사이클의 과정을 옳게 표현 한 것은?

① 단열압축 → 등압가열 → 단열팽창 → 등압냉각
② 단열압축 → 단열팽창 → 등압가열 → 등압냉각
③ 단열압축 → 등압가열 → 등온팽창 → 등적냉각
④ 단열압축 → 등적가열 → 단열팽창 → 등적냉각

04 증기터빈에서 터빈효율이 커지면 어떻게 되겠는가?

① 터빈 출구에서 엔트로피가 증가한다.
② 터빈 출구에서 엔탈피가 증가한다.
③ 터빈 출구에서 건조도가 작아진다.
④ 터빈 출구에서 온도가 상승한다.

05 랭킨사이클에서 터빈출구의 증기는 습증기가 되는 것이 보통이다. 효율을 증대시키기 위하여 초온이 주어졌을 때, 초압을 올리게 되면 최종 증기(터빈출구 증기)의 상태는 어떻게 되는가?

① 비체적이 커진다.
② 건도가 증대한다.
③ 건도가 감소한다.
④ 엔트로피가 증대한다.

| 정 | 답 | 01 ③ 02 ④ 03 ① 04 ③ 05 ③

06 증기터빈입구의 증기가 과열증기이고 터빈 출구의 증기는 습증기이며, 터빈에서 단열 팽창할 때 터빈의 단열효율이 커지면 어떻게 변화하겠는가?

① 터빈출구의 온도가 올라간다.
② 터빈출구의 온도가 떨어진다.
③ 터빈출구의 습증기의 건조도가 감소한다.
④ 터빈출구의 습증기의 건조도가 증가한다.

풀이

터빈의 효율을 높이기 위해서는 초온, 초압이 높아야 하며, 배압은 낮아야 한다. 터빈의 효율이 커지면 터빈 출구에서의 온도, 압력이 낮아지고, 건조도가 낮아진다.

07 증기터빈에서 20atm, 500℃의 과열증기를 0.5atm까지 단열 팽창시킬 때 터빈의 효율이 커지면 어떤 현상이 일어나는가?

① 터빈출구의 온도가 떨어진다.
② 터빈출구의 온도가 올라간다.
③ 터빈출구의 증기의 건도가 커진다.
④ 터빈출구의 증기의 건도가 감소한다.

08 랭킨사이클에서 보일러 초압과 초온이 일정한 경우 복수기의 압력이 높을수록 다음의 어느 것과 관계가 있겠는가?

① 열효율이 증가한다.
② 열효율이 감소한다.
③ 터빈효율이 증가한다.
④ 터빈효율이 감소한다.

풀이

복수기의 압력이 높을수록 배압이 커지므로 터빈의 입구와 출구의 엔탈피 차이가 작아져 효율이 감소한다.

09 증기터빈의 상태변화로서 가장 이상적인 상태변화는 어느 것인가?

① 폴리트로픽 변화($n=1.3$)
② 등적변화
③ 가역단열변화
④ 등온변화($Pv=C$)

10 랭킨 사이클(rankine cycle)로 가동하는 증기 동력에서 재 가열과정(reheat process)을 채택하는 제일 큰 목적은 어느 것인가?

① 사이클의 열효율을 높인다.
② 증기터빈 저압에서의 증기의 건도를 높인다.
③ 콘덴서에서의 열방출량을 감소시킨다.
④ 급수펌프의 열효율을 높인다.

11 증기 동력 사이클에서 재열기를 두는 주목적은?

① 터빈의 압력을 높이기 위해
② 터빈출구의 과도한 습도를 피하기 위해
③ 보일러의 압력을 높이기 위해
④ 열효율을 증대시키기 위해

12 이상적인 랭킨사이클에서 동작유체가 보일러로부터 열을 공급받는 과정은 다음 중 어떤 과정으로 해석하겠는가? (단, q는 계가 받는 열량, h는 엔탈피, u는 내부에너지, w는 축일이다.)

① 정상유동, 정압과정 $q=\Delta h$
② 정상유동, 등 엔트로피과정 $q=\Delta u$
③ 비유동, 정적과정 $q=\Delta u$
④ 비유동, 단열과정 $w=\Delta h$

06 ③ 07 ④ 08 ② 09 ③ 10 ① 11 ④ 12 ① | 정 | 답 |

13 랭킨사이클에서 상태변화의 구성으로 맞는 것은?

① 각각 2개의 등온변화와 단열변화로 구성
② 각각 2개의 단열변화와 등적변화로 구성
③ 단열, 등적, 등압, 폴리트로픽 변화로 구성
④ 2개의 등압변화와 2개의 단열변화로 구성

14 다음 Rankine cycle의 효율에 대한 설명 중 옳지 않은 것은?

① 초압 및 배압을 일정하게 할 때 초온의 상승과 더불어 열효율은 증가한다.
② 초온과 배압이 일정할 때 초압이 높아지면 열효율은 저하한다.
③ 초압 및 초온을 일정하게 할 때 배압을 저하시키면 효율은 상승한다.
④ rankin cycle의 효율은 초압, 배압, 초온의 상태에 따라서 다르다.

15 재생 랭킨사이클의 설명이 잘못된 것은?

① 고압터빈에서 추기를 이용하여 급수를 가열한다.
② 기본 랭킨사이클보다 열효율이 크다.
③ 보일러에 공급해야 할 연료를 절감시킨다.
④ 터빈출구의 습증기의 습도를 감소시킨다.

16 사이클의 고온측에서 이상적인 특성을 갖는 작동유체를 사용하여, 작동압력을 상승시키지 않고도 작동 유효온도 범위를 증가시키는 사이클은?

① 카르노 사이클　② 재열 사이클
③ 재생 사이클　④ 2유체 사이클

17 랭킨사이클 중에서 재생사이클의 설명으로 틀린 것은?

① 기본 랭킨사이클보다 열효율이 크다.
② 보일러에 공급해야 할 연료를 절감시킨다.
③ 터빈출구의 건조도를 높이기 위한 사이클이다.
④ 고압터빈에서 증기의 일부를 빼내 급수를 가열한다.

18 초압 60kg/cm^{2}의 포화증기를 배압 0.05 kg/cm^{2}까지 단열 팽창시킬 경우 보일러 내에서의 수열량은 얼마인가? (단, h_2 = 136.25 kJ/kg, h_3 = 2784.95kJ/kg, h_4 = 1799.98kJ/kg이다. 또한 급수 펌프일은 무시)

① 2648.7kJ/kg　② 3648.7kJ/kg
③ 4648.7kJ/kg　④ 5648.7kJ/kg

풀이

$q_1 = h_3 - h_2 = 2784.95 - 136.25 = 2648.7\text{kJ/kg}$

19 랭킨사이클에서 터빈 입출구에서의 증기의 엔탈피가 각각 3530.05kJ/kg, 2095.93 kJ/kg일 때 이론 증기 소비율 kg/kWh는 얼마인가?

① 2.65kg/kWh　② 2.89kg/kWh
③ 2.51kg/kWh　④ 2.77kg/kWh

풀이

1kWh = 3600kJ

$$SR = \frac{3600}{\Delta h} = \frac{3600}{3530.05 - 2095.93} = 2.51\text{kg/kWh}$$

| 정 | 답 | 13 ④　14 ②　15 ④　16 ②　17 ③　18 ①　19 ③

20 초압 30kg/cm², 복수기 압력이 0.05kg/cm²일 경우 펌프 일은 얼마인가? (단, $v_1 = 0.01\text{m}^3/\text{kg}$)

① 29.37kJ/kg ② 39.75kJ/kg
③ 13.39kJ/kg ④ 40.25kJ/kg

풀이

$$w_t = -\int vdp = -v(P_2 - P_1)$$
$$= -0.01 \times (30 - 0.05) \times \frac{101.325}{1.0332}$$
$$= 29.37\text{kJ/kg}$$

21 랭킨사이클의 각 점의 증기 엔탈피는 다음과 같다. 이론열효율은? (보일러 입구 = 290.51 kJ/kg, 터빈입구 = 3474.38kJ/kg, 터빈출구 = 2637.18 kJ/kg, 펌프입구 = 334.88 kJ/kg이다.)

① 24.6% ② 26.7%
③ 28.4% ④ 30.8%

풀이

$$\eta_R = \frac{h_2 - h_3}{h_2 - h_1} = \frac{3474.38 - 2637.18}{3474.38 - 334.88}$$
$$= 0.2667 \times 100 = 26.67\%$$

22 효율이 85%인 터빈에 들어 갈 때의 증기 엔탈피가 3135.31kJ/kg이고, 가역단열과정에 의해 팽창할 경우에 출구에서의 엔탈피가 2093kJ/kg가 된다고 한다. 이 터빈의 실제의 일은 얼마인가?

① 346.97kJ/kg ② 794.21kJ/kg
③ 650.23kJ/kg ④ 885.95kJ/kg

풀이

$$w_T = \eta_T \Delta h = 0.85(3135.31 - 2093)$$
$$= 885.96\text{kJ/kg}$$

23 다음 그림 중 증기원동소의 재열사이클을 나타낸 $h - s$ 선도이다. 사이클의 각 점에서 엔탈피가 다음과 같은 경우 이론열효율은? (펌프일은 무시하고, $h_1 = 136.46$, $h_2 = 155.72$, $h_5 = 3376.01$, $h_6 = 2839.36$, $h_7 = 3550.59$, $h_8 = 2261.28\text{kJ/kg}$이다.)

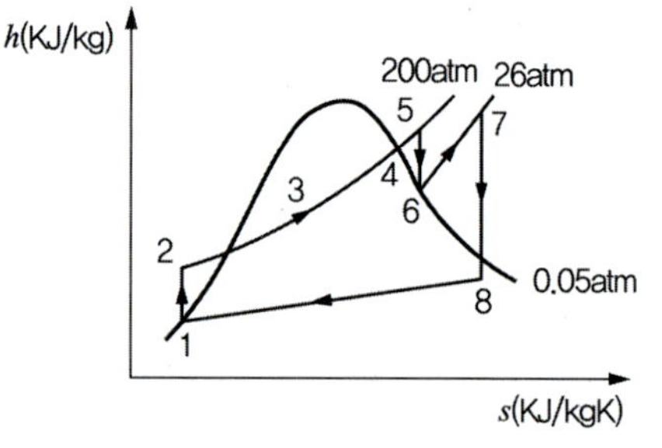

① 45.7% ② 46.2%
③ 46.9% ④ 48.6%

풀이

$$\eta_{Rh} = \frac{(h_5 - h_6) + (h_7 - h_8)}{(h_5 - h_1) + (h_7 - h_6)}$$
$$= \frac{(3376.01 - 2839.36) + (3550.59 - 2261.28)}{(3376.01 - 136.46) + (3550.59 - 12839.36)}$$
$$= 0.462(46.2\%)$$

20 ① 21 ② 22 ④ 23 ② | 정 | 답 |

24 랭킨사이클에서 수증기는 4MPa, 400℃의 보일러에서 나와 증기터빈에 들어간다. 복수기의 압력이 10MPa일 때 $h-s$ 선도를 이용하여 랭킨사이클의 열효율을 구하여라. (SI단위)

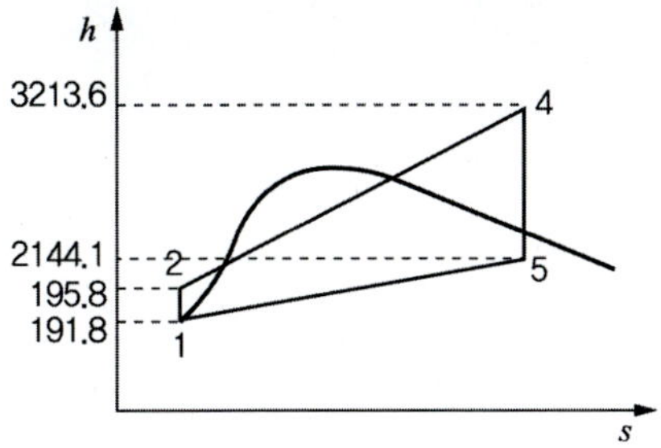

① 35.3%　② 38.7%
③ 40.2%　④ 42.3%

풀이

$$\eta_R = \frac{(h_4-h_5)-(h_2-h_1)}{(h_4-h_2)}$$
$$= \frac{(3213.6-2144.1)-(195.8-191.8)}{3213.6-195.8}$$
$$= 0.353(35.3\%)$$

25 증기발생기에 60bar, 500℃의 증기가 터빈에 들어간다. 터빈에서 4bar까지 팽창된 후 다시 550℃까지 가열되어 터빈에서 0.06bar까지 팽창한 $h-s$ 선도는 다음과 같다. 물음에 답하여라.

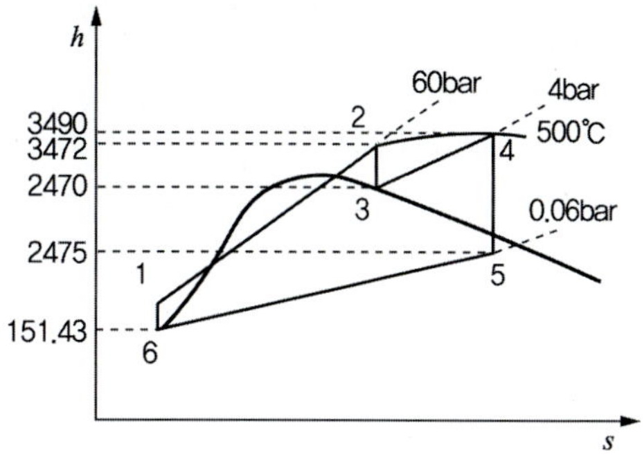

(1) 0.06bar에서 v' = 1.0331cm^3/g일 때 펌프일은 몇 kJ/kg인가?

① 5.75　② 6.19
③ 6.56　④ 6.59

풀이

$$w_P = h_1 - h_6 = v'(P_2 - P_1)$$
$$= 1.0331 \times (60 - 0.06) \times 10^2$$
$$= 6192.4\text{J/kg} = 6.192\text{kJ/kg}$$

(2) 가열량은 몇 kJ/kg인가?

① 4012.4　② 3975.5
③ 4275.2　④ 4111.3

풀이

$$q_1 = (h_2 - h_1) + (h_4 - h_3)$$
$$= (3420 - 157.6) + (3490 - 2740)$$
$$= 4012.4\text{kJ/kg}$$

(여기서, $w_P = h_1 - h_6 = 6.19$에서
$h_1 = h_6 + w_P = 151.43 + 6.19 = 157.6$이므로)

(3) 정미일(net work)는 얼마인가?

① 1669.5 ② 1688.8
③ 1641.3 ④ 1631.5

풀이

$$w_{net} = w_{T_1} + w_{T_2} - w_P$$
$$= (h_2 - h_3) + (h_4 - h_5) - (h_1 - h_6)$$
$$= (3420 - 2740) + (3490 - 2475) - 6.19$$
$$= 1688.8\text{kJ/kg}$$

(4) 열효율은 얼마인가?

① 38.0% ② 40.0%
③ 42.0% ④ 36.0%

풀이

$$\eta_{Rh} = \frac{w_{net\,T}}{q_1} = \frac{1688.8}{4012.4} = 0.4209(42.09\%)$$

26 어떤 증기원동소가 그림과 같은 압력 온도로서 운전되고 있다. 터빈 효율은 86%, 펌프 효율은 80%일 때 $h-s$선도를 이용하여 다음을 구하여라.

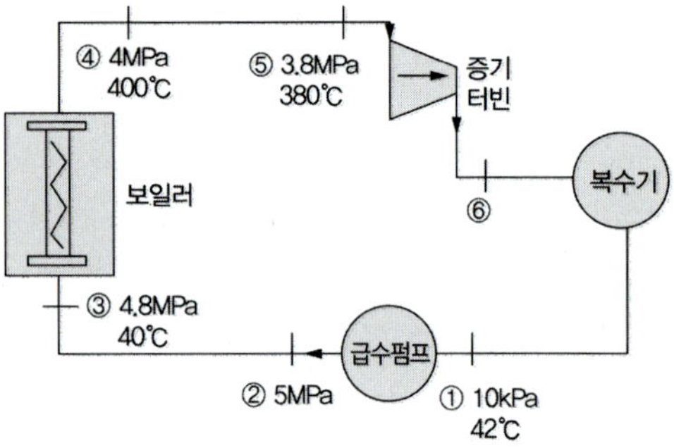

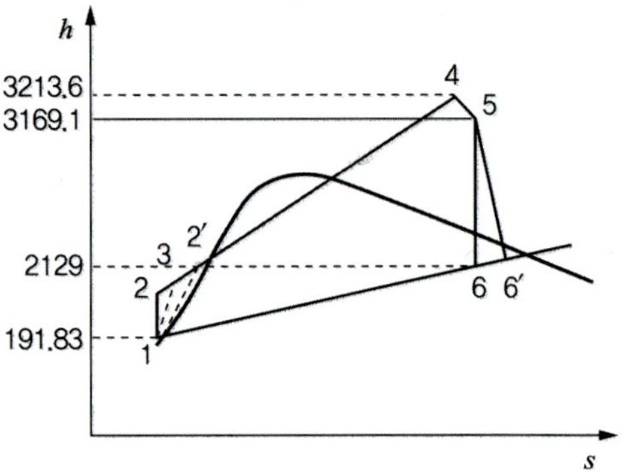

(1) 실제의 터빈일은 몇 kJ/kg인가?

① 868.4 ② 825.4
③ 894.5 ④

풀이

$$w_{T.act} = h_5 - h_6 = \eta_T(h_5 - h_6)$$
$$= 0.86(3169.1 - 2129) = 894.49\text{kJ/kg}$$

$\because \eta_T = \dfrac{h_5 - h_6}{h_5 - h_6}$에서 $h_5 - h_6 = \eta_T(h_5 - h_6)$

25 (3) ②, (4) ③ 26 (1) ③ | 정 | 답 |

(2) v' = 1.0102cm^3/g일 때 실제의 펌프일은 몇 kJ/kg인가?

① 6.0　　② 6.3
③ 5.54　　④ 5.04

풀이

$w_{P.id} = \eta_P w_{P.act}$

$\therefore w_{P.act} = \dfrac{w_{P.id}}{\eta_P} = \dfrac{5.04}{0.8} = 6.3\text{kJ/kg}$

여기서,

$w_{P.id} = h_2 - h_1 = v'(P_2 - P_1)$

$= 1.0102\text{cm}^3/\text{g} \times (50 - 0.1)\text{bar}$

$= 5.04\text{kJ/kg}$

(3) 참일(net work)은 몇 kJ/kg인가?

① 865.7　　② 888.2
③ 875.3　　④ 894.5

풀이

$w_{net} = w_{T.act} - w_{P.act}$

$= 894.5 - 6.3 = 888.2\text{kJ/kg}$

(4) 가열량은 몇 kJ/kg인가?

① 3016.7　　② 3213.6
③ 3345.7　　④ 3169.1

풀이

$q_1 = h_4 - h_2 = 3213.6 - 196.87 = 3016.73\text{kJ/kg}$

$\because w_{P.id} = h_2 - h_1 = 5.04$

$h_2 = h_1 + 5.04 = 191.83 + 5.04 = 196.87$

(5) 열효율은 몇 %인가?

① 29.2　　② 32.7
③ 27.5　　④ 34.5

풀이

$\eta_R = \dfrac{w_{net}}{q_1} = \dfrac{882.2}{3016.7} = 0.2924(29.24\%)$

| 정 | 답 | 26 (2) ②, (3) ②, (4) ①, (5) ①

memo

08

CHAPTER

냉동 사이클

CHAPTER

08 냉동 사이클

냉동 사이클은 외부의 일량에 의해 저온의 열량을 고온으로 열전달시켜 저온실을 얻는 것이 목적인 사이클로서 공기표준 냉동 사이클과 증기압축 냉동 사이클로 분류된다.

공기표준 냉동 사이클은 작동유체가 액상과 기상으로 상변환되는 실제의 냉동 사이클에 근접한 사이클로서 각각의 냉동성능과 작동형식 등을 알아본다.

8-1 냉매

냉매는 냉동장치 내를 순환하면서 저열원에서 열을 흡수하여 고열원으로 열을 운반하는 작동유체이다. 대표적인 냉매의 종류에는 암모니아(NH_3), 프레온 12(CF_2Cl_2), 메틸 클로라이드(CH_3Cl), 아황산가스(SO_2), 탄산가스(CO_2) 등이 있다. 〈표 8-1〉은 냉매의 열역학적 특징을 나타내었다.

암모니아는 열역학적 성질이 좋고 값도 저렴하나 독성 때문에 제빙 등 공업용으로 널리 이용된다. 프레온(freon)계는 열역학적 성질이 좋고 안전하기 때문에 지금까지 여러 분야의 냉동기에 이용되어 왔으나, 대기권의 오존층을 파괴하는 염소(Cl) 원소 때문에 사용이 규제되어 앞으로 사용 금지될 예정이다. 이와 같이 사용이 규제되는 CFC(염화불화탄소)라고 하는 프레온계 냉매의 대표적인 것은 HFC-134a(hydro fluro carbon, CH_2FCF_3; 자동차용 신냉매)가 있다.

냉매는 화합물로서 사이클 내에서 증발과 응축이 되풀이되며 사용되는 온도범위도 -15[℃] 이하의 저온에서 100[℃] 정도의 고온까지 반복적인 변화에 견딜 수 있어야 하므로 다음과 같은 조건이 요구된다.

① 대기온도 또는 냉각수온도에서 너무 높지 않은 압력으로도 액화될 것
② 증발온도에서는 압력이 대기압 이상일 것
③ 증발잠열이 크고, 증발가스의 비체적이 작을 것
④ 임계온도가 높을 것
⑤ 화학적으로 안정되며, 장치의 구성 재료를 부식시키거나 변질시키지 않을 것
⑥ 윤활유와 결합하거나 열화시키지 않을 것
⑦ 값이 저렴하고 구입이 용이할 것
⑧ 독성이나 가연성이 없고 잘 누설되지 않으며 누설되더라도 쉽게 발견될 수 있을 것

표 8-1 냉매의 열역학적 특성

냉매명 / 분자식	증발온도 [℃]	응축온도 [℃]	증발압력 [atm]	응축압력 [atm]	압력비	냉동능력 [kJ/kg]	성적 계수	소요마력 [PS/h]
CO_2	-15	30	24.11	75.77	3.14	158.65	3.2	1.66
SO_2	-15	30	0.85	4.87	5.72	340.36	4.9	1.08
프로판, C_3H_8	-15	30	3.05	11.39	3.74	300.97	4.8	1.09
암모니아, NH_3	-40 -15 5	10 30 45	0.75 2.49 5.43	6.48 12.30 18.77	8.57 4.94 3.45	1180.45 1126.03 1077.06	3.7 4.9 5.9	1.43 1.075 0.895
R-11, $CFCl_3$	-15 5	30 45	0.212 0.523	1.33 2.15	6.26 4.12	161.16 158.44	5.2 6.6	1.01 0.79
R-12, CF_2Cl_2	-40 -15 5	10 30 45	0.687 1.92 3.82	4.45 7.83 11.39	6.57 4.07 3.26	130.77 123.57 117.75	3.8 4.7 5.6	1.38 1.12 0.94
R-13, CF_3Cl	-100 -40	-50 10	0.35 1.112	4.43 7.22	12.63 6.56	117.25 182.76	2.6 3.9	2.02 1.37
R-22, CFH_2Cl	-15 5	30 45	3.14 6.20	12.67 18.30	4.03 2.98	168.07 155.47	4.8 5.6	1.09 0.94
메틸클로라이드 CH_3Cl	-15 5	30 45	1.54 3.20	6.88 10.19	4.47 3.18	357.61 343.46	5.0 6.2	1.04 0.85

8-2 냉동능력

냉동기의 성능표시방법은 증발기에서의 흡수 열량의 크기에 따라 달라지며 다음과 같이 4가지로 나타낸다.

① 냉동능력

1시간에 냉동기가 흡수하는 열량[kJ/h]

② 냉동효과

냉매 1[kg]이 흡수하는 열량[kJ/kg]

③ 체적 냉동효과

압축기 입구에서의 증기(건포화 증기)의 체적당 흡열량[kJ/m^3]

④ 냉동톤

1냉동톤(1RT)은 0[℃]의 물 1ton(1000[kg])을 1일간(24시간)에 0[℃]의 얼음으로 냉동시키는 능력으로 정의되며, 물 1[kg]의 융해열은 79.68[kcal/kg] 또는 334.9[kJ/kg]이므로 다음과 같이 계산된다.

$$1\text{RT} = 79.68 \times \frac{1000}{24} \fallingdotseq 3320\text{kcal/h}(\text{공학단위})$$

$$= 334.9 \times \frac{1000}{24} \fallingdotseq 13954.2\text{kJ/h}(\text{SI단위}) \quad \cdots\cdots \quad (8\text{-}1)$$

또는 A.S.R.E(American Society of Refrigerating Engineerings)에서 채용되고 있는 표준 냉동톤은 32[°F]의 얼음 1[ton](2000[lb])을 24시간에 32[°F]의 물을 융해시킴에 필요하는 열량이므로 융해열 144[Btu/lb]라고 하면

$$1\text{RT} = 144 \times 2000/24[\text{h}] = 288000\,[\text{kcal}]/24\,[\text{h}]$$

$$= 12000[\text{Btu/h}] = 0.252 \times 288000/24[\text{h}]$$

$$= 72576[\text{kcal}]/24[\text{h}] \fallingdotseq 3320\,[\text{kcal/h}]$$

$$\fallingdotseq 3.516[\text{kW}] \quad \cdots\cdots \quad (8\text{-}2)$$

8-3 역 카르노 사이클

열역학 제2법칙에 대한 Clausius의 표현은 "저열원으로부터 열을 이동시키려면 반드시 외부로부터 도움이 있어야 한다."는 것이다. 따라서 냉동 사이클에서는 사이클의 목적을 달성하기 위하여 외부의 도움인 동력을 냉매가 받아 저열원으로부터 고열원으로 열을 이동시킨다. 역 카르노 사이클은 [그림 8-1]과 같이 2개의 단열과정과 2개의 등온과정으로 구성된 이상적인 냉동 사이클을 이용한다.

역 카르노 사이클의 구성은 기본적으로 압축기(compressor), 응축기(condensor), 팽창기(expander), 증발기(evaporator)로 되어 있다.

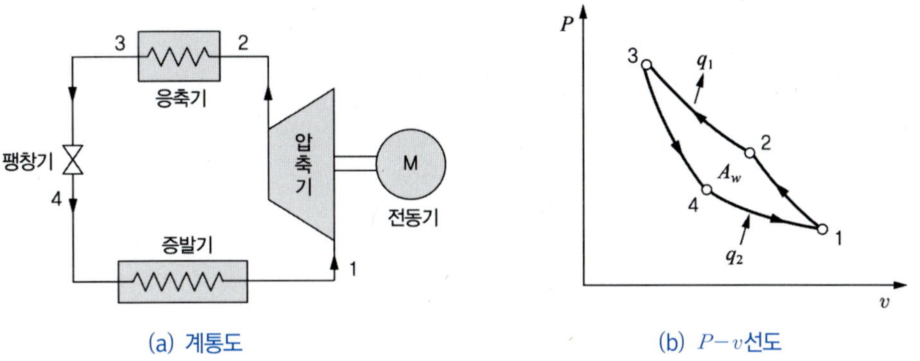

[그림 8-1] 역카르노 사이클

8-3-1 변화과정

① 단열압축(1 → 2과정)

압축기에 의해 단열 압축하는 과정이다.

② 등온압축(2 → 3과정)

응축기에 의해 등온압축(고열원으로 q_2를 방출)하는 과정이다.

③ 단열팽창(3 → 4과정)

팽창기에 의해 단열 팽창하는 과정이다.

④ 등온팽창(4 → 1과정)

증발기에 의해 등온팽창(저열원으로부터 q_1을 흡수)하는 과정이다.

8-3-2 성적계수

저열원에서 흡수한 열량을 q_2(냉동효과), 고열원으로 방출한 열량을 q_1라고 하면, 열역학 제 1법칙으로부터 유효일은 $w = q_1 - q_2$이 성립된다.

따라서 성적계수는 냉동효과 q_2에 대한 유효일 w(일의 소비량, 외부에서 받는 일)의 비로서 정의되며, 다음과 같이 구할 수 있다.

$$\epsilon_R = \frac{q_2}{w} = \frac{q_2}{q_1 - q_2}$$

$$= \frac{RT_1 \ln \frac{v_2}{v_1}}{RT_2 \ln \frac{v_3}{v_4} - RT_1 \ln \frac{v_2}{v_1}} = \frac{T_2}{T_1 - T_2} \quad \cdots\cdots (8\text{-}3)$$

열펌프(heat pump)는 고온의 열원에 방출하는 열량 q_1를 이용하는 것인데 상온 T_2에서 열량 q_2을 흡수하고, 고온 T_1가 열량 q_1를 방출해서 난방 등에 이용한다. 따라서 성적계수는 방출열량 q_1에 대한 일의 소비량 w의 비로서 정의되며, 다음과 같다.

$$\epsilon_H = \frac{q_1}{w} = \frac{q_1}{q_1 - q_2} = \frac{T_1}{T_1 - T_2} \quad \cdots\cdots (8\text{-}4)$$

그리고 냉동기의 성적계수 ϵ_R와 열펌프의 성적계수 ϵ_H의 관계식은 다음과 같이 성립된다.

$$\epsilon_H = \epsilon_R + 1 \quad \cdots\cdots (8\text{-}5)$$

Example

01 냉장고에서 매시간 70000kJ의 열을 빼앗는 냉동능력은 몇 냉동톤인가?

풀이 1RT=13954.2kJ/h이므로

$$\therefore \frac{70{,}000}{13{,}954.2} = 5\text{RT}(\text{냉동톤})$$

02 역 카르노 사이클인 냉동기가 t_1 = 35℃와 t_2 = −15℃의 온도영역에서 작동한다면 이 사이클의 성적계수는 얼마인가?

풀이 ⊙ 성적계수

$$\epsilon_c = \frac{q_2}{w} = \frac{T_2}{T_1 - T_2} = \frac{(273-15)}{(273+35)-(273-15)} = 5.16$$

03 냉동능력이 100RT인 이상적인 냉동기는 온도 −5℃와 15℃사이에서 작동하고 있다. 이 냉동기로 10℃의 물 몇 kg을 1시간 동안에 0℃ 얼음으로 만들 수 있는가? 또, 이 냉동기의 성적계수는 얼마인가?

풀이 ⊙ 100RT = 13594.2 × 100 = 1359420 kJ/h(∵ 1RT = 13594.2 kJ/h)

10℃의 물 1kg이 얼음으로 되는데 흡수해야 할 열량은 얼음의 융해열이 334.9 kJ/kg이므로

$q_2 = 4.2 \times 10 + 334.9 = 376.9\,\text{kJ/kg}$

(1) 구하는 물의 중량은

$$\therefore\ m = \frac{1395420}{q_1} = \frac{1395420}{376.9} \fallingdotseq 3702\,\text{kg/h}$$

(2) 성적계수

$$\therefore\ \epsilon_R = \frac{q_2}{w} = \frac{T_2}{T_1 - T_2} = \frac{268}{288-268} = 13.4$$

8-4 공기 냉동 사이클

공기 냉동 사이클(air refrigerating cycle)은 공기를 냉매로 사용하며 사이클 중에 액화 또는 증발이 일어나지 않으므로 가스 사이클에 속하며, 이 원리는 이상냉동 사이클의 역 카르노 사이클로 실현하기 어렵기 때문에 등온과정의 수열 및 방열을 등압과정으로 행하는 역 브레이톤(Brayton) 사이클으로써 실현시키고 있다.

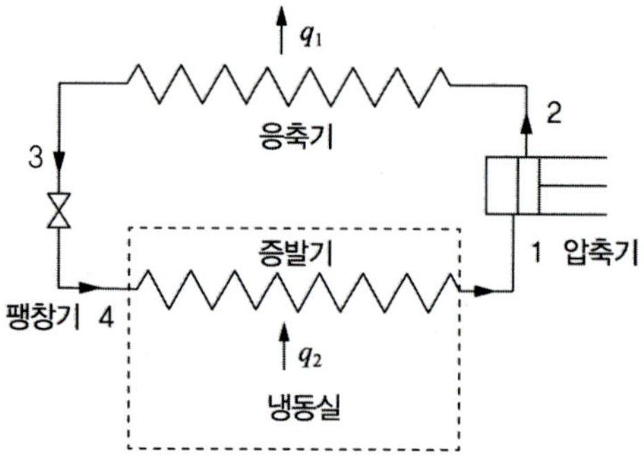

[그림 8-2] 공기 냉동 사이클의 계통도

공기 냉동 사이클의 계통도는 [그림 8-2]와 같이 기본적으로 압축기, 냉각기, 팽창기, 가열기로 구성되어 있으며, 사이클 선도는 [그림 8-3]의 $P-v$선도와 $T-s$선도와 같이 2개의 단열과정과 2개의 정압과정을 이룬다.

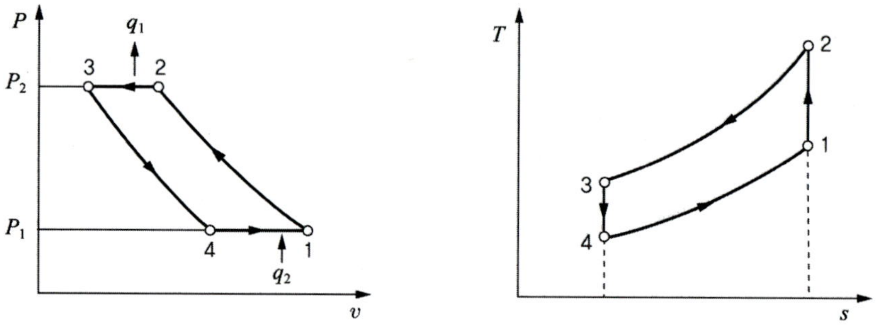

(a) $P-v$선도 (b) $T-s$ 선도

[그림 8-3] 공기 냉동 사이클의 선도

8-4-1 변화과정

① 단열압축(1 → 2과정)

압축기에 의해 단열 압축하는 과정이다.

② 정압압축(2 → 3과정)

냉각기에 의해 정압압축(고열원으로 q_1를 방출)하는 과정이다.

③ 단열팽창(3 → 4과정)

팽창기에 의해 단열 팽창하는 과정이다.

④ 정압팽창(4 → 1과정)

가열기에 의해 정압팽창(저열원으로부터 q_2를 흡수)하는 과정이다.

8-4-2 성적계수

압축기 및 팽창기는 단열변화를 한다고 보고, 냉동기가 소비하는 이론상의 일 w는 압축기에서 소비되는 일과 팽창기에서 발생하는 일의 차와 같으므로 공기의 순환량을 1[kg]라고 하면

$$w = w_C - w_T = C_p(T_2 - T_1) - C_p(T_3 - T_4)$$
$$= C_p(T_2 - T_3) - C_p(T_1 - T_4) = q_1 - q_2 \quad \cdots\cdots (8\text{-}6)$$

여기서, 냉각기로 소모되는 열량은 $q_2 = C_p(T_2 - T_3)$이고, 냉동기의 냉동효과는 $q_2 = C_p(T_1 - T_4)$에 해당한다.

따라서, 성적계수는 다음과 같이 나타낼 수 있다.

$$\epsilon_B = \frac{q_2}{w} = \frac{T_1 - T_4}{(T_2 - T_1) - (T_3 - T_4)}$$
$$= \frac{T_1}{T_2 - T_1} = \frac{T_4}{T_3 - T_4} = \frac{1}{\left(\frac{P_2}{P_1}\right)^{\frac{k-1}{k}} - 1} \quad \cdots\cdots (8\text{-}7)$$
$$\left(\because \frac{T_2}{T_1} = \frac{T_3}{T_4} = \left(\frac{P_2}{P_1}\right)^{\frac{k-1}{k}}\right)$$

Example

04 최저온도 -26℃, 최고압력 5atm, 최저압력 1atm인 공기냉동 사이클의 성적계수는 얼마인가? (단, 공기의 비열비 k = 1.4이다.)

풀이 ⊙ 공기냉동 사이클의 성적계수는 식 (8-7)으로부터

$$\therefore \epsilon_B = \frac{1}{\left(\frac{P_2}{P_1}\right)^{\frac{k-1}{k}} - 1} = \frac{1}{(5)^{\frac{1.4-1}{1.4}} - 1} \fallingdotseq 1.71$$

05 공기냉동기에서 온도가 압축기입구 −5℃, 압축기출구 105℃, 팽창기입구 10℃, 팽창기출구 −70℃일 때 다음을 구하라. (단 C_p = 1.004kJ/kg·K)

(1) 공기 1kg당 냉동효과
(2) 공기 1kg당 방출열량
(3) 성적계수

풀이 (1) $q_2 = C_p(T_1 - T_4) = 1.004(268 - 203) \fallingdotseq 65.26\,\text{kJ/kg}$

(2) $q_1 = C_p(T_2 - T_3) = 1.004(378 - 283) \fallingdotseq 95.38\,\text{kJ/kg}$

(3) $\epsilon_B = \dfrac{q_2}{w} = \dfrac{q_2}{q_1 - q_2} = \dfrac{65.26}{95.38 - 65.26} \fallingdotseq 2.17$

8-5 증기압축 냉동 사이클

증기압축 냉동 사이클은 액체와 기체의 두상으로 변화하는 물질을 냉매로 하는 냉동 사이클이다. 이 사이클은 역 카르노사이클 중에서 실현이 곤란한 단열과정 즉, 등 엔트로피 팽창과정을 교축팽창을 이용하여 실용화한 것으로 역 랭킨(Rankine) 사이클이라고도 할 수 있다. 실제의 냉동 사이클에서 가장 널리 사용된다.

[그림 8-4]는 건식 압축법을 이용한 1단 압축냉동기의 계통도이고, [그림 8-5]는 냉동 사이클 선도를 나타내고 있다.

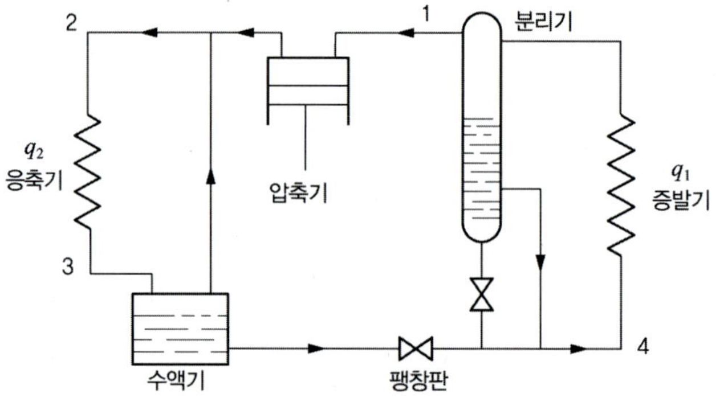

[그림 8-4] 1단 압축냉동기의 계통도

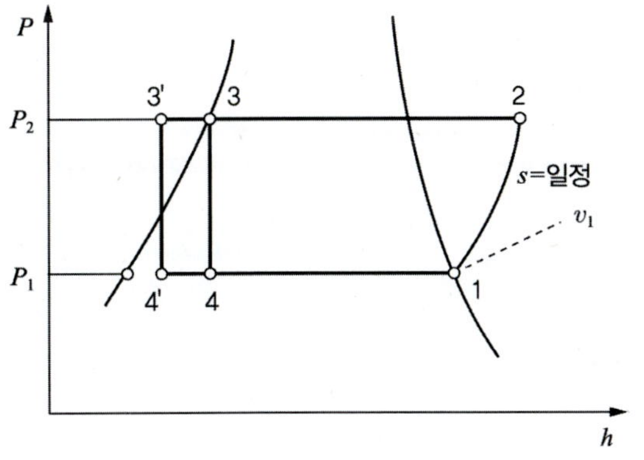

(a) $P-v$선도

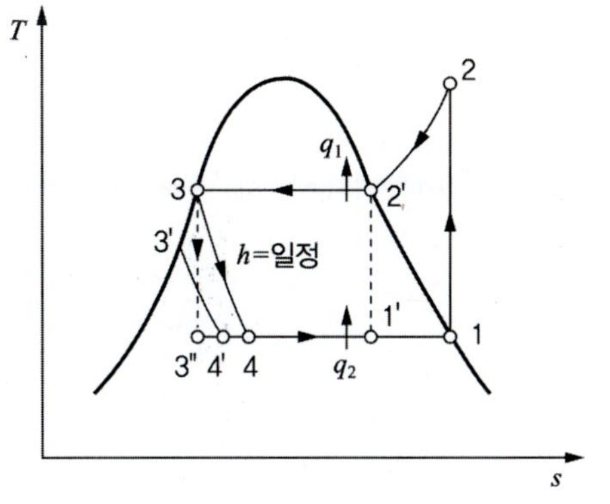

(b) $T-s$ 선도

[그림 8-5] 1단 압축 냉동 사이클의 선도

8-5-1 변화과정

① 단열압축(1 → 2과정)

압축기에 의해 단열 압축하는 과정이다.

② 정압압축(2 → 3과정)

응축기에 의해 정압압축(고열원으로 q_1를 방출)하는 과정이다.

③ 교축팽창(3 → 4과정)

팽창밸브에 의해 교축 팽창하는 과정이다.

④ 정압팽창(4 → 1과정)

증발기에 의해 정압팽창(저열원으로부터 q_2를 흡수)하는 과정이다.

8-5-2 성적계수

냉매의 순환량 1[kg]당 냉동효과 q_2은

$$q_2 = h_1 - h_4 = h_1 - h_3 \quad \cdots\cdots (8\text{-}8)$$

이며, 응축기의 방출열량 q_1는

$$q_1 = h_2 - h_3 = h_2 - h_4 \quad \cdots\cdots (8\text{-}9)$$

이다.

압축기에 필요한 일 w는

$$w = q_1 - q_2 = h_2 - h_1 = \frac{kRT_1}{k-1}\left[\left(\frac{P_2}{P_1}\right)^{\frac{k-1}{k}} - 1\right] \quad \cdots\cdots (8\text{-}10)$$

이므로 성적계수는 다음과 같다.

$$\epsilon = \frac{q_2}{w} = \frac{h_1 - h_4}{h_2 - h_1} = \frac{h_1 - h_3}{h_2 - h_1} \quad \cdots\cdots (8\text{-}11)$$

[그림 8-5]에서 포화액 3의 상태에서 과냉각시켜 3′상태에서 P_1까지 교축변화시키면 4′의 상태가 되고 성적계수는 개선된다. 이 과냉각 사이클의 경우의 성적계수는

$$\epsilon = \frac{h_1 - h_4{}'}{h_2 - h_1} = \frac{h_1 - h_3{}'}{h_2 - h_1} \quad \cdots\cdots (8\text{-}12)$$

이 된다.

Example

05 **응축기온도 30℃, 증발기온도 -30℃인 암모니아를 냉매로 하는 1단 압축 냉동기의 성적계수를 구하라. 또 같은 온도범위에 작동하는 이상 냉동 사이클의 성적계수와 비교하라.**

풀이 ⊙ 암모니아 포화증기표 및 $P-h$를 이용하여

$h_1 = 1640.49\,\text{kJ/kg}$

$h_2 = 1985.84\,\text{kJ/kg}$

$h_3 = 560.09\,\text{kJ/kg}$

(1) 압축 냉동 사이클의 성적계수

$$\epsilon = \frac{h_1 - h_3}{h_2 - h_1} = \frac{1640.49 - 560.09}{1984.84 - 1640.49} ≒ 3.13$$

(2) 역 카르노 사이클의 성적계수

$$\epsilon_C = \frac{T_1}{T_2 - T_1} = \frac{243}{303 - 243} ≒ 4.05$$

∴ 성적계수의 비율은 $\frac{\epsilon}{\epsilon_C} = \frac{3.13}{4.05} ≒ 0.773$

06 응축기온도 40℃와 증발기온도 -15℃사이에서 작동하는 R-12를 냉매로 하는 건식압축 냉동 사이클의 단위 질량당 냉매에 대한 응축기의 냉각열량, 압축기의 일, 성적계수를 구하여라.

풀이 ⊙ $R-12$의 $P-h$선도에서

- $t_1 = -15$℃의 경우

$P_1 = 0.1826\,\text{MPa}$, $h_1 = 180.846\,\text{kJ/kg}$, $s_1 = 0.7046\,\text{kJ/kg}\cdot\text{K}$

- $t_2 = 40$℃의 경우

$s_2 = s_1$, $P_1 = 0.777\,\text{MPa}$, $h_2 = 206.3\,\text{kJ/kg}$,

$P_3 = P_2$, $h_3 = 66.09\,\text{kJ/kg}$, $h_4 = h_3$, $P_4 - P_1 = 0.1826\,\text{MPa}$

(1) 응축기의 냉각열량은

$q_1 = h_2 - h_3 = 206.3 - 66.09 = 140.21\,\text{kJ/kg}$,

냉동효과는

$q_2 = h_1 - h_4 = 180.846 - 66.09 = 114.76\,\text{kJ/kg}$,

(2) 압축기의 일

$\therefore\ w = h_2 - h_1 = 206.3 - 180.846 = 25.45\,\text{kJ/kg}$,

(3) 성적계수

$$\therefore\ \epsilon = \frac{q_1}{w} = \frac{h_1 - h_3}{h_2 - h_1} = \frac{114.76}{25.45} \fallingdotseq 4.51$$

8-6 다단압축 냉동 사이클

냉동기의 온도한계의 폭이 넓어지고 냉매의 증발온도가 낮아지면 압축비가 크게 되어 압축기 출구의 증기상태의 냉매온도가 높게 된다. 이 때문에 체적효율이 저하되며 냉동효과가 감소된다. 이와 같은 경우 냉매증기의 압축조작을 2~3단으로 나누어서 행한다.

각 단에서 압축조작을 할 때 증기상태의 냉매를 중간 냉각할 경우도 있으나 중간냉각은 냉각수 혹은 저온에서 증발하는 냉매에 따라 행해진다. 각 단계에서의 압력비는 보통 7 이하로 하지만 전체의 압력비가 높을 때에는 팽창쪽도 다단으로 행하고 냉매효과를 증가시키도록 한다. 보통 암모니아 냉동기에서는 압축기의 온도가 100[℃]를 넘고 압축비가 6 이상이 되면 2단압축기를 사용하고, 압축비가 20을 넘게 되면 3단 압축기를 사용한다.

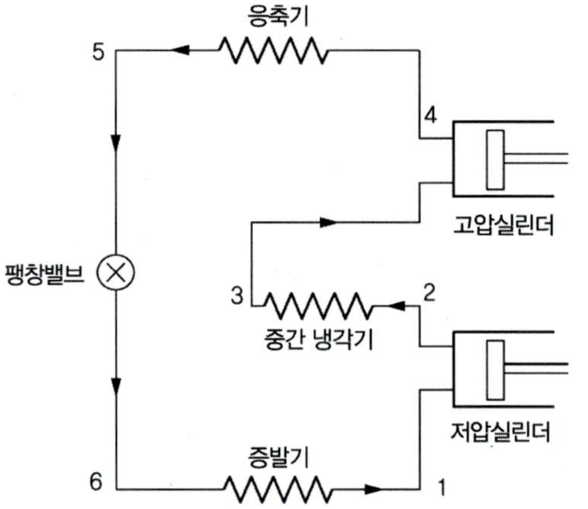

[그림 8-6] 2단 압축 1단 팽창 사이클의 계통도

[그림 8-6]은 2단 압축 1단 팽창 사이클의 계통도이고, [그림 8-7]은 2단 압축 1단 팽창 사이클의 선도이다.

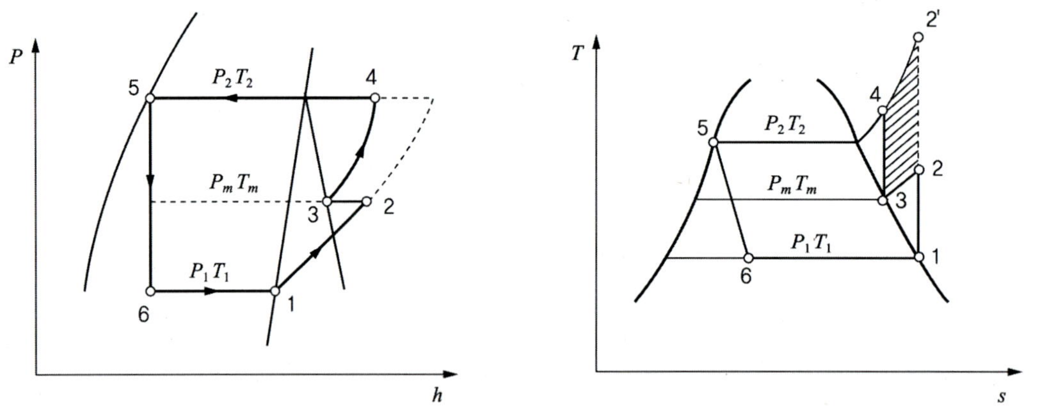

(a) $P-v$선도 (b) $T-s$ 선도

[그림 8-7] 2단 압축 1단 팽창 사이클의 선도

8-6-1 변화과정

① 단열압축(1 → 2과정)

저압 실린더에 의해 중간압력까지 단열 압축하는 과정이다.

② 정압냉각(2 → 3과정)

중간냉각기에 의해 정압 냉각하는 과정이다.

③ 단열압축(3 → 4과정)

고압실린더에 의해 단열 압축하는 과정이다.

④ 정압압축(4 → 5과정)

응축기에 의해 정압압축(고열원으로 q_1를 방출)하는 과정이다.

⑤ 교축팽창(5 → 6과정)

팽창밸브에 의해 교축 팽창하는 과정이다.

⑥ 정압팽창(6 → 1과정)

증발기에 의해 정압팽창(저열원으로부터 q_2를 흡수)하는 과정이다.

8-6-2 성적계수

냉매의 순환량 1[kg]당 냉동효과 q_2은

$$q_2 = h_1 - h_6 \quad \cdots\cdots (8\text{-}13)$$

이며, 응축기의 방출열량 q_1는

$$q_1 = h_4 - h_5 = h_4 - h_6 \quad \cdots\cdots (8\text{-}14)$$

이고, 압축기에 필요한 일 w는

$$w = w_{C1} + w_{C2} = (h_2 - h_1) + (h_4 - h_3) \quad \cdots\cdots (8\text{-}15)$$

이므로 성적계수는 다음과 같다.

$$\epsilon = \frac{q_2}{w} = \frac{h_1 - h_6}{(h_2 - h_1) + (h_4 - h_3)} \quad \cdots\cdots (8\text{-}16)$$

이 때 중간압력은 $P_m = \sqrt{P_1 \cdot P_2}$ 이다.

Example

07 암모니아를 냉매로 하는 2단 압축 1단교축의 냉동장치에서 응축기온도 30℃, 증발기온도 -30℃일 때 성적계수와 냉동열량이 420000kJ/h이라면 필요한 암모니아의 순환량을 구하라. (단, 중간냉각은 30℃로 한다.)

풀이 ⊘ 암모니아 포화증기표 및 $P-h$를 이용하면,

$t_1 = -30$℃, $t_2 = 30$℃에서 $P_1 = 0.12\,\text{MPa}$, $P_2 = 1.17\,\text{ata}$이므로

중간압력 $P_m = \sqrt{P_1 \cdot P_2} = \sqrt{0.12 \times 1.17} = 0.38\,\text{MPa}$이다.

0.38MPa에 해당하는 $P-h$선도에서

$h_1 = 1646.0\,\text{kJ/kg}$, $h_2 = 1797.6\,\text{kJ/kg}$, $h_3 = 1767.4\,\text{kJ/kg}$

$h_4 = 1953.0\,\text{kJ/kg}$, $h_5 = h_6 = 562.0\,\text{kJ/kg}$

(1) 냉동 사이클의 성적계수

$$\therefore \epsilon = \frac{q_2}{w} = \frac{h_1 - h_6}{(h_2 - h_1) + (h_4 - h_3)}$$

$$= \frac{1646.0 - 562.0}{(1797.6 - 1646.0) + (1953.0 - 1767.4)} \fallingdotseq 3.21$$

(2) 냉매의 순환량

1kg당 냉동효과가 $(h_1 - h_5)$이므로

$$\therefore m = \frac{q_2}{h_1 - h_5} = \frac{420000}{1646.0 - 562.0} \fallingdotseq 387.4\,\text{kg/h}$$

8-7 다효압축 사이클

저압과 고압인 2개의 압축기를 1대로 조립한 압축기를 다효압축기라 하며 1대의 압축기로서 2단 압축 사이클과 거의 같은 냉동효과를 얻도록 한 사이클을 다효압축 사이클(multi effect compression cycle)이라 한다. [그림 8-8]은 다효압축 사이클의 계통도이고, [그림 8-9]는 다효압축 사이클의 선도이다.

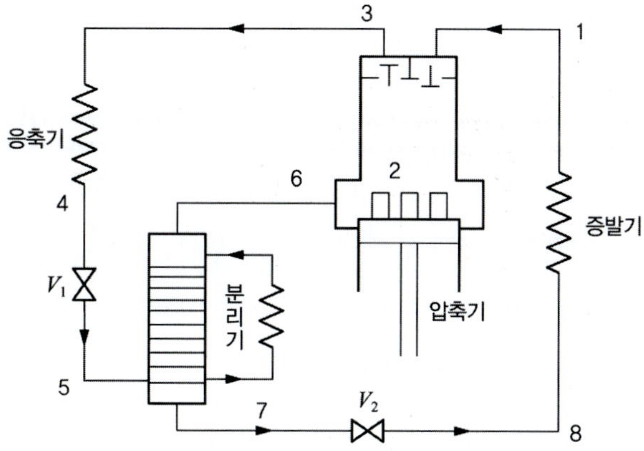

[그림 8-8] 다효압축 사이클의 계통도

간단한 구성으로 냉동효과의 증대를 도모하려고 할 때라든가 2단의 냉동온도를 얻고자 할 때에 사용된다. 다효 압축을 하는 실린더는 보통의 압축기와 같도록 실린더헤드에 흡입과 배출의 두 판이 있는 외에 실린더하부의 벽면에 흡입구가 설치되어 있어 피스톤의 작동에 따라 개폐되도록 되어 있다.

이들의 흡입판 중 실린더헤드부의 흡입판은 증발기에서 저압의 증기냉매를 흡입하고, 실린더하부의 흡입구는 분리기에서 중간압력의 증기냉매를 흡입하는 것을 담당한다. 응축기로 액화된 냉매는 포화액 4의 상태로 제 1 팽창밸브에 들어가 고압 P_3에서 중간압 P_2까지 4 → 5로 팽창한다.

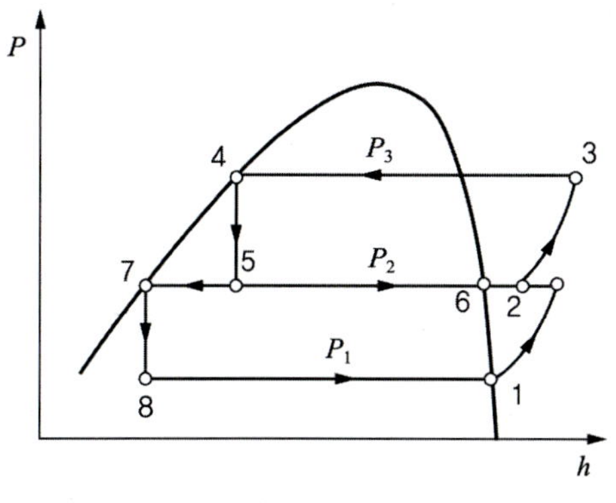

(a) $P-v$선도

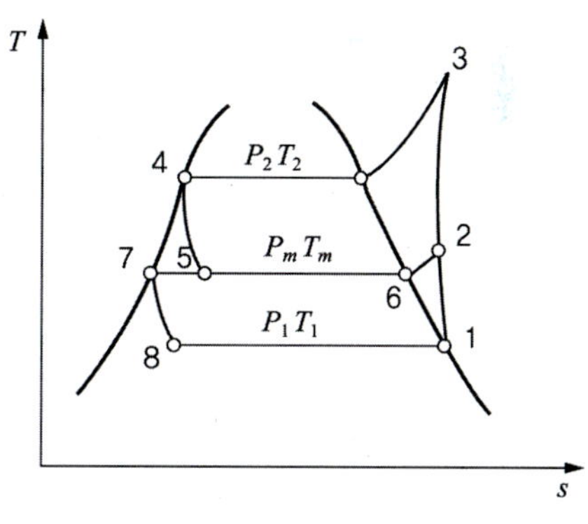

(b) $T-s$ 선도

[그림 8-9] 다효압축 사이클의 선도

여기서 액냉매의 일부는 증발하여 증기냉매가 되므로 분리기로 증기냉매와 액냉매로 분리된다. 분리된 것 중 액냉매는 제 2 팽창밸브로 보내져 저압 P_1까지 7 → 8로 팽창하고 다시 증발기로 인도되어 8 → 1로 증발하여 냉동작용을 하고 포화증기 1로 되어 압축기로 흡입된다. 또 분리기로 분리된 증기냉매는 자신의 압력 P_2로 흡입행정의 마지막 단계에 실린더하부의 흡입구에서 압축기에 들어가 증발기에서의 증기냉매와 혼합되어 중간압력 P_2의 증기냉매 2로 된다.

압축기 내에서 혼합된 증기냉매는 2 → 3과 압축기 압력 P_3까지 압축되어 응축기에 보내지고 3 → 4로 응축되어 사이클을 끝마친다.

냉동능력

1시간에 냉동기가 흡수하는 열량[kJ/h]

냉동효과

냉매 1[kg]이 흡수하는 열량 [kJ/kg]

체적 냉동효과

압축기 입구에서의 증기(건포화 증기)의 체적당 흡열량[kJ/m^3]

1냉동톤(1RT)

$$1\,\mathrm{RT} = 79.68 \times \frac{1000}{24} \fallingdotseq 3320\mathrm{kcal/h}(\text{공학단위})$$

$$= 334.9 \times \frac{1000}{24} \fallingdotseq 13954.2\mathrm{kJ/h}(\text{SI단위})$$

냉동기의 성적계수 ϵ_R와 열펌프의 성적계수 ϵ_H의 관계식

$$\epsilon_H = \epsilon_R + 1$$

냉동기의 성적계수

$$\epsilon_R = \frac{q_2}{w} = \frac{q_2}{q_1 - q_2}(\text{SI단위일 때} = \frac{q_2}{w})$$

열펌프의 성적계수

$$\epsilon_H = \frac{q_1}{w} = \frac{q_1}{q_1 - q_2}(\text{SI단위일 때} = \frac{q_1}{w})$$

CHAPTER 08

냉동 사이클 실/력/평/가

01 다음 중 냉동을 설명한 것 중 옳은 것은?

① 물체나 계의 온도를 주변의 온도보다 낮추는 조작
② 물체나 계의 온도를 주변의 온도보다 높이는 조작
③ 물체나 계의 온도를 주변의 온도와 같게 하는 조작
④ 얼음을 만드는 것

02 냉매로서 갖추어야 할 요구조건으로 적합하지 않은 것은?

① 불활성이고 안정하며 비가연성이어야 한다.
② 비체적이 커야 한다.
③ 증발온도에서 높은 잠열을 가져야 한다.
④ 열전도율이 커야 한다.

03 다음은 냉매로서 갖추어야 할 구비조건이다. 이 중 부적당한 것은?

① 증발온도에서 높은 잠열을 가져야 한다.
② 열전도율이 커야 한다.
③ 작동온도에서 포화압력이 높아야 한다.
④ 불활성이고 안전하며 비가연성이어야 한다.

04 냉매의 종류에 해당하지 않은 것은 어느 것인가?

① 암모니아　　② 탄산가스
③ 프레온가스　　④ 산소

05 다음은 냉매에 관한 표현이다. 적당한 것은?

① 할로겐화 탄화수소의 최대 결점은 안전성이 작다는 것이다.
② 암모니아 가스는 독성이 적다.
③ 프레온(Freon)계의 냉매는 보통 번호로 부른다.
④ 탄산가스는 고압이 되면 임계온도가 높아진다.

06 냉동사이클의 성능을 나타내는 용어는?

① 냉동톤　　② 냉동계수
③ 성능계수　　④ 냉동효율

풀이

성능계수는 냉동기가 외부로부터 받은 일에 대한 저열원으로부터의 흡열량의 비율이다.

01 ① 02 ② 03 ③ 04 ④ 05 ③ 06 ③ | 정 | 답 |

07 냉동기의 성능계수를 가장 옳게 설명한 것은?

① 열기관 사이클의 열효율의 역수이다.
② 절대온도만의 함수이다.
③ 고온체에 방출한 열량과 공급된 일과의 비이다.
④ 저온체에서 흡수한 열량과 공급된 일과의 비이다.

08 냉동기에 대한 설명 중 틀린 것은?

① 저온측에서 열량을 많이 빼앗는 것이 주목적이다.
② 저온측 온도를 낮추는 것이 주목적이다.
③ 동력을 소비하여 저열원의 열을 고열원으로 이동시키는 기계이다.
④ 고온측에 열량을 많이 공급해 주는 것이 주목적이다.

풀이

냉동기는 저온측의 온도를 낮추는 기계이다.

09 온도 T_1인 저온체에서 흡수한 열량을 q_1, 온도 T_2인 고온체에서 버린 열량을 q_2라 할 때 냉동기의 성능계수는?

① $\dfrac{q_2 - q_1}{q_1}$　② $\dfrac{T_1 - T_2}{T_1}$
③ $\dfrac{q_1}{q_1 - q_2}$　④ $\dfrac{T_1}{T_2 - T_1}$

10 히트펌프에 해당되지 않은 것은?

① 고온측에 온도를 높이는 것을 주목적으로 하는 기계
② 고온측에 온도를 공급하는 것을 주목적으로 하는 기계
③ 저온측에 온도를 가능한 한 낮추는 것을 주목적으로 하는 기계
④ 소비하는 동력이 작을수록 경제적인 기계

풀이

히트펌프는 고온측에 열을 공급하는 것을 목적으로 하는 기계이다.

11 다음 냉동기의 냉동능력을 표시하는 방법 중 잘못된 것은?

① 1시간에 냉동기가 흡수하는 열량
② 냉매 $1kg_f$가 흡수하는 열량
③ 압축기 입구에서의 증기 체적당 흡수량
④ 1냉동톤의 능력을 내는 냉매의 순환량

12 다음 사항 중 틀린 것은?

① 냉동사이클의 경우 저온열원으로부터 흡수한 열량이 클수록 경제성이 높다고 할 수 있다.
② 1냉동톤은 0℃의 물 1000kg를 1시간에 0℃의 얼음으로 만드는 냉동능력을 말한다.
③ 냉매에 관한 증기선도는 압력 - 엔탈피 선도를 이용하면 편리하다.
④ 냉동 사이클은 등 엔트로피 과정을 포함한다.

| 정 | 답 | 07 ④　08 ④　09 ④　10 ③　11 ④　12 ②

13 1냉동톤을 바르게 설명한 것은 어느 것인가?

① 1시간당 11954.2kJ를 흡수할 수 있는 능력
② 1시간당 12954.2kJ를 흡수할 수 있는 능력
③ 1시간당 13954.2kJ를 흡수할 수 있는 능력
④ 1시간당 14954.2kJ를 흡수할 수 있는 능력

풀이

1냉동톤은 13954.2kJ를 흡수할 수 있는 능력이다.

14 1냉동률을 바르게 설명한 것은 어느 것인가?

① 1마력당, 1시간당 발생시킬 수 있는 냉동능력
② 0℃, 물 1톤을 24시간 동안에 0℃ 얼음으로 만들 수 있는 냉동능력
③ 1시간당 3320kcal를 흡수할 수 있는 냉동능력
④ 1마력당, 1시간당 79.68kcal를 흡수할 수 있는 냉동능력

풀이

1냉동률은 1마력당 1시간당 발생시킬 수 있는 냉동능력이다.

15 역 카르노사이클은 어떤 가역과정으로 구성되는 사이클인가?

① 단열압축 → 동온압축 → 단열팽창 → 등온팽창
② 단열압축 → 동온압축 → 등온팽창 → 등압팽창
③ 단열압축 → 동온압축 → 등온팽창 → 등적팽창
④ 단열압축 → 단열팽창 → 등온압축 → 등온팽창

풀이

단열압축 → 등온압축 → 단열팽창 → 등온팽창이다.

16 어떤 냉동기가 t_1 = 30℃와 t_2 = −10℃의 온도영역에서 작동한다. 이 냉동기를 역카르노 사이클로 볼 때 성적계수는 얼마인가?

① 4.82 ② 5.33
③ 6.57 ④ 7.24

풀이

$$\epsilon_C = \frac{T_1}{T_2 - T_1} = \frac{273-10}{(273+30)-(273-10)} = 6.57$$

17 0℃와 100℃ 사이에서 역 카르노사이클로 작동하는 냉동기가 1사이클당 20kJ의 열을 흡수하였다. 이 기관의 1사이클당 일(W)과 성적계수(ϵ_C)는?

① W=7.326kJ, ϵ_C=2.73
② W=-1.832kJ, ϵ_C=3.730.
③ W=-2.832kJ, ϵ_C=1.77
④ W=-2.832kJ, ϵ_C=2.41

풀이

$$\epsilon_C = \frac{T_1}{T_2 - T_1} = \frac{273}{373-273} = 2.73$$

$$\epsilon_C = \frac{Q_1}{W}$$

$$\therefore\ W = \frac{Q_1}{\epsilon_C} = \frac{20}{2.73} = 7.326\text{kJ}$$

13 ③ 14 ① 15 ① 16 ③ 17 ① | 정 | 답 |

18 역 카르노사이클로 작동하는 냉동기가 22kW의 일을 받아서 저온체로부터 85kJ/sec의 열을 흡수한다면 고온체로 방출하는 열량은 몇 kJ/sec인가?

① 2270　② 22.7
③ 2530　④ 107

풀이

$\frac{Q_1}{W} = \frac{Q_1}{Q_2 - Q_1}$ 에서

$\therefore Q_2 = Q_1 + W = 85 + 22 = 107\text{kJ/s}$

19 냉동용량이 10냉동톤인 역카르노 냉동기의 성적계수가 3.5라면 이 냉동기를 작동하는데 필요한 동력은 몇 kW인가?

① 7　② 11
③ 38.76　④ 18

풀이

$\epsilon_C = \frac{Q_1}{W}$

$\therefore W = \frac{Q_1}{\epsilon_C} = \frac{10 \times 13954,2}{3.5 \times 3600} = 11.07\text{kW}$

20 성적계수가 2.0인 냉동기가 10톤을 냉동하기 위하여 공급해야 할 소요 동력은 몇 kW인가?

① 7.75　② 19.38
③ 22.27　④ 26.83

풀이

$\epsilon_C = \frac{Q_1}{W}$

$\therefore W = \frac{Q_1}{\epsilon_C} = \frac{10 \times 13954.2}{2.0 \times 3600} = 19.38\text{kW}$

21 어떤 냉동기에서 0℃의 물로 0℃의 얼음 5톤을 만드는데 40kWh의 일이 소비되는 냉동기가 있다. 성적계수는 얼마인가? (단, 물의 융해열은 335kW/kg이다.)

① 11.63　② 13.72
③ 15.68　④ 18.28

풀이

$\epsilon_R = \frac{Q_1}{W} = \frac{335 \times 5000}{40 \times 3600} = 11.63$

22 5000kg의 얼음을 만드는데 160kWh를 소비하는 냉동장치에 공급되는 물의 온도가 20℃이고, 0℃의 얼음을 만든다면 성능계수는 얼마인가? (단, 융해열은 335kJ/kg이다.)

① 3.63　② 4.62
③ 5.25　④ 6.47

풀이

$\epsilon_R = \frac{Q_1}{W} = \frac{Q_w + Q_f}{W}$

$= \frac{(5000 \times 20 \times 4.186) + (5000 \times 335)}{160 \times 3600}$

$= 3.63$

| 정 | 답 | 18 ④　19 ②　20 ②　21 ①　22 ①

23 온도 27℃와 -10℃사이에서 작동하는 역카르노 사이클 냉동기와 히트펌프의 성적계수는 각각 얼마인가?

① $\epsilon_C=8.11$, $\epsilon_H=7.11$
② $\epsilon_C=7.11$, $\epsilon_H=8.11$
③ $\epsilon_C=8.11$, $\epsilon_H=9.11$
④ $\epsilon_C=7.11$, $\epsilon_H=9.11$

풀이

$$\epsilon_C=\frac{Q_1}{W}=\frac{T_1}{T_2-T_1}$$
$$=\frac{(273-10)}{(273+27)-(273-10)}=7.11$$
$$\epsilon_H=\frac{Q_2}{W}=\frac{T_2}{T_2-T_1}$$
$$=\frac{(273+27)}{(273+27)-(273-10)}=8.11$$

24 다음 중 공기냉동사이클은 어떤 과정으로 구성되어 있는가?

① 2개의 등적과정, 2개의 단열과정
② 2개의 등압과정, 2개의 단열과정
③ 2개의 등온과정, 2개의 단열과정
④ 2개의 등엔탈피과정, 2개의 단열과정

풀이

공기압축 냉동사이클은 역브레이톤 사이클이며, 2개의 등압, 2개의 단열과정으로 구성된 사이클이다.

25 표준공기 냉동사이클에서 냉동효과가 일어나는 과정은?

① 등온과정 ② 단열과정
③ 등압과정 ④ 등적과정

26 공기압축 냉동기에서 응축기의 온도가 일정하게 유지되고 있을 때 증발기의 온도를 증가시킬수록 이 냉동기의 성적계수는 어떻게 되는가?

① 일정하다. ② 증가한다.
③ 감소한다. ④ 알 수 없다.

풀이

공기압축 냉동기에서 응축기온도가 일정할 때 증발기온도가 증가할수록 성적계수는 증가한다.

27 압력비 6인 상태로 작동하는 공기표준 냉동기가 있다. 성적계수는 얼마인가? (단, k = 1.4이다.)

① 1.25 ② 1.49
③ 1.68 ④ 1.87

풀이

$$\epsilon_B=\frac{Q_1}{W}=\frac{1}{\left(\frac{P_2}{P_1}\right)^{\frac{k-1}{k}}-1}=\frac{1}{6^{\frac{1.4-1}{1.4}}-1}=1.49$$

23 ② 24 ② 25 ③ 26 ② 27 ② | 정 | 답 |

28 공기냉동사이클에서 공기의 온도가 압축기 입구 −5℃, 압축기 출구 105℃, 팽창기 입구 10℃, 팽창기 출구 −70℃일 때 냉동효과(kJ/kg)와 성적계수는 얼마인가? (단, C_p = 1kJ/kg·K이다.)

① 60kJ/kg, 3.17 ② 65kJ/kg, 3.17
③ 60kJ/kg, 2.17 ④ 65kJ/kg, 2.17

풀이

- 공기 1kg당 냉동효과
  $q_1 = C_p(T_1 - T_4) = 1\times(268-203) = 65\text{kJ/kg}$
- 공기 1kg당 방출열량
  $q_2 = C_p(T_2 - T_3) = 1\times(378-283) = 95\text{kJ/kg}$

∴ 성적계수

$$\epsilon_B = \frac{q_1}{w} = \frac{q_1}{q_2 - q_1} = \frac{65}{95-65} \fallingdotseq 2.17$$

29 다음 중 증기압축 냉동사이클은 어떤 과정으로 구성되어 있는가?

① 2개의 등적과정, 1개의 교축과정, 1개의 단열과정
② 2개의 등압과정, 1개의 교축과정, 1개의 등적과정
③ 2개의 등압과정, 1개의 교축과정, 1개의 단열과정
④ 2개의 등적과정, 1개의 교축과정, 1개의 등온과정

풀이

증기압축 냉동사이클은 2개의 등압, 1개의 교축, 1개의 단열과정으로 구성된 사이클이다.

30 증기압축 냉동사이클에서 열을 흡수하는 곳은?

① 압축기 ② 증발기
③ 응축기 ④ 수액기

풀이

증기압축 냉동사이클에서 흡열되는 장치는 증발기이다.

31 증기압축 냉동사이클에서 열을 방출하는 곳은?

① 압축기 ② 증발기
③ 응축기 ④ 팽창밸브

풀이

증기압축 냉동사이클에서 방출되는 장치는 응축기이다.

32 과열과 과냉이 없는 증기압축 냉동사이클에서 응축온도가 일정하다면 증발온도가 높아질수록 성능계수는 어떻게 되나?

① 응축온도가 일정하므로 성능계수도 일정하다.
② 증발온도는 성능계수와 무관하다.
③ 감소한다.
④ 증가한다.

풀이

응축기온도가 일정하면 증발온도가 높을수록 성적계수는 증가한다.

| 정 | 답 | 28 ④ 29 ③ 30 ② 31 ③ 32 ④

33 압축 냉동 사이클에서 다음 기기 중 냉매의 엔탈피가 일정치를 유지하는 것은?

① 콤프레셔 ② 응축기
③ 팽창밸브 ④ 증발기

풀이

증기압축 냉동사이클에서의 등엔탈피과정은 교축(팽창)밸브에서 일어난다.

34 이론 증기압축 냉동사이클에서 등엔트로피 과정은 다음의 어느 곳에서 이루어지는가?

① 증발기 ② 응축기
③ 압축기 ④ 팽창밸브

풀이

증기압축 냉동사이클에서의 등엔트로피과정은(단열과정) 압축기에서 일어난다.

35 증기 냉동기에서 냉매가 순환되는 경로를 올바르게 나타낸 것은?

① 증발기 → 압축기 → 응축기 → 수액기 → 팽창밸브
② 증발기 → 응축기 → 수액기 → 팽창밸브 → 압축기
③ 압축기 → 수액기 → 응축기 → 증발기 → 팽창밸브
④ 압축기 → 증발기 → 팽창밸브 → 수액기 → 응축기

풀이

냉동사이클에서 냉매의 순환경로는 증발기 – 압축기 – 응축기 – 수액기 – 팽창밸브이다.

36 증기압축 냉동사이클에서 압력이 일정한 곳은?

① 응축기, 압축기
② 응축기, 증발기
③ 응축기, 열교환기
④ 응축기, 교축밸브

풀이

증기압축 냉동사이클에서 응축기와 증발기에서 등압하에 열이 출입한다.

37 응축기와 증발기의 열 출입량은?

① 증발기가 크다.
② 응축기가 크다.
③ 같다.
④ 압축에 따라 다르다.

풀이

증기압축 냉동사이클에서 증발기보다 응축기가 열 출입량이 크다.

38 냉장고의 증발기 코일에 성애가 생기는 주된 이유는?

① 증발기 기능장애
② 응축기 기능장애
③ 압축기 기능장애
④ 공기 중의 습분

풀이

공기 중에 습분이 있으면 온도차에 의해 성애가 생긴다.

33 ③ 34 ③ 35 ① 36 ② 37 ② 38 ④ | 정 | 답 |

39 냉동기에서 냉매의 압력이 낮아지면 냉매의 온도는 어떻게 되는가?

① 일정하다.
② 감소한다.
③ 증가한다.
④ 증가 또는 감소한다.

풀이

냉매의 압력이 감소하면 냉매의 온도는 감소한다.

40 다단 압축을 하는 목적은?

① 압축일과 체적효율 증가
② 압축일 증가와 체적효율 감소
③ 압축일 감소와 체적효율 증가
④ 압축일과 체적효율 감소

41 다음 증기압축 냉동사이클의 표현 중 틀린 것은?

① 증발기에서의 증발과정은 등압, 등온과정이다.
② 압축기에서의 과정은 단열과정이다.
③ 팽창밸브에서는 교축과정이다.
④ 응축기에서는 등압, 등온과정이다.

42 어떤 냉매액을 팽창밸브를 통과하여 분출시킬 경우 교축 후의 상태가 아닌 것은?

① 엔트로피가 감소한다.
② 온도가 강하한다.
③ 엔탈피는 일정불변이다.
④ 압력은 강하한다.

풀이

교축과정에서는 엔탈피는 일정하여, 냉매가 교축밸브를 통과할 때는 온도와 압력은 떨어진다.

43 과열과 과냉이 없는 증기압축 냉동 사이클에서 증발온도가 일정할 때 응축온도가 높아질수록 성능계수는 어떻게 되나?

① 일정하다.　　② 증가한다.
③ 감소한다.　　④ 무관하다.

풀이

증발온도가 일정하면 응축온도가 높을수록 성적계수는 감소한다.

44 냉동기에서 압축기의 기능에 가장 주된 것은?

① 냉매가스의 열을 빼앗는다.
② 냉매를 강제 순환한다.
③ 냉매를 증발시킨다.
④ 냉매의 온도를 증가시킨다.

풀이

냉동기에서 압축기의 주된 기능은 냉매를 강제 순환시키는데 있다.

45 냉매의 유량을 제어하는 장치는 어느 것인가?

① 증발기　　② 응축기
③ 교축밸브　　④ 압축기

풀이

냉동기에서 순환하는 냉매의 유량은 교축밸브에서 조절된다.

| 정 | 답 | 39 ② 40 ③ 41 ④ 42 ① 43 ③ 44 ② 45 ③

46 증기압축 냉동기에서 증발기의 역할은?

① 저열원의 열을 흡수하여 냉매를 증기로 만든다.
② 고열원으로 열을 방출하고 냉매를 액화시킨다.
③ 냉매의 엔탈피를 일정하게 유지시킨다.
④ 냉매를 강제 순환시킨다.

풀이

증기 냉동기에서 증발기는 외부의 열을 흡수하여 냉매를 증발시키는 역할을 한다.

47 그림과 같은 증기압축 냉동사이클의 각 점에 대한 엔탈피 값이 다음과 같을 때 이 냉동기의 성적계수는 얼마인가? (단, 압축기입구 h_1 = 1660kJ/kg, 응축기입구 h_2 = 1930 kJ/kg, 팽창밸브 입구 h_3 = 550kJ/kg이다.)

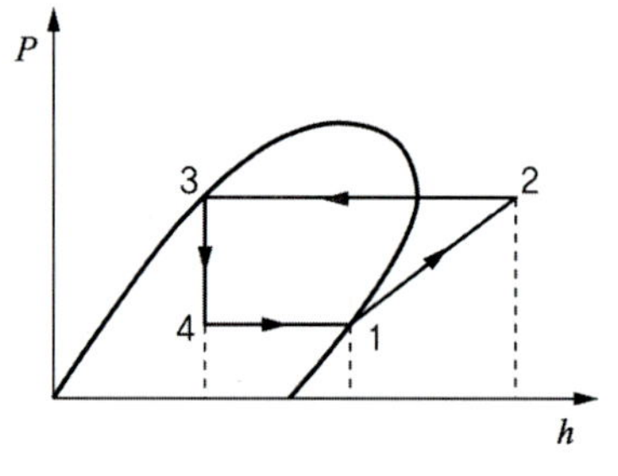

① 3.53 ② 4.11
③ 4.73 ④ 5.34

풀이

$$\epsilon_R = \frac{q_1}{w} = \frac{h_1 - h_3}{h_2 - h_1} = \frac{1660 - 550}{1930 - 1660} = 4.11$$

48 R-12(CF_2Cl_2)를 냉매로 사용하는 증기압축 냉동사이클에서 증발온도 -15℃, 응축온도가 30℃이다. $P-h$선도를 참조하여 냉동효과와 성적계수를 구하면 얼마인가?

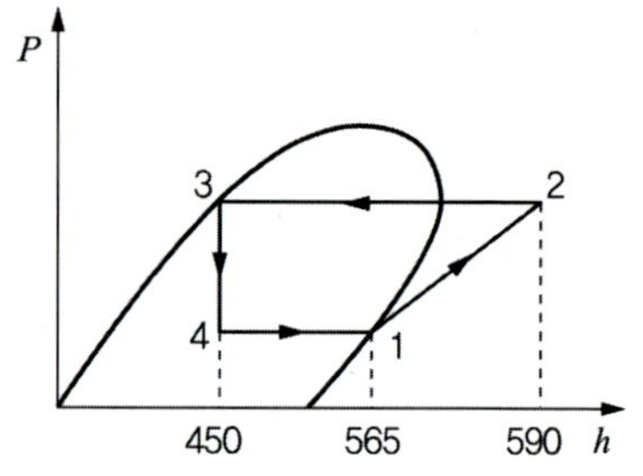

① $q_1 = 123.76\text{kJ/kg}$, $\epsilon_R = 2.67$
② $q_1 = 216.23\text{kJ/kg}$, $\epsilon_R = 3.67$
③ $q_1 = 115\text{kJ/kg}$, $\epsilon_R = 4.60$
④ $q_1 = 253.01\text{kJ/kg}$, $\epsilon_R = 5.67$

풀이

• 냉동효과

$q_1 = h_1 - h_3 = 565 - 450 = 115\text{kJ/kg}$

$$\therefore \epsilon_R = \frac{q_1}{w} = \frac{h_1 - h_3}{h_2 - h_1} = \frac{565 - 450}{590 - 565} = \frac{115}{25} = 4.60$$

49 다음 그림을 참조하여 냉동률(kJ/kWh), 냉동기가 1냉동톤의 능력을 내기 위하여 동력(kW), 냉매의 순환량(kg/h)를 구하여라.

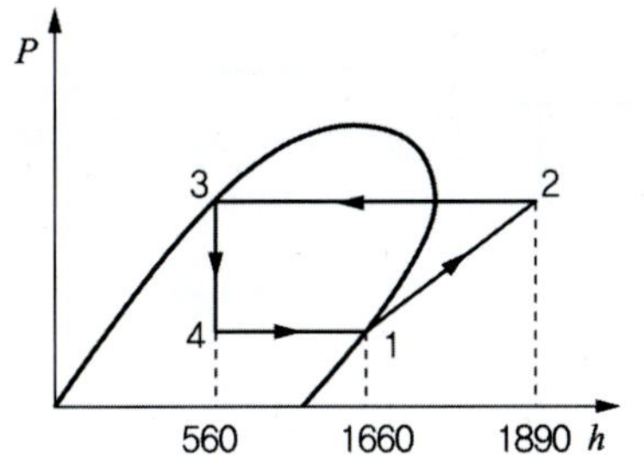

① 12032.42kJ/kWh, 2kW, 13.6kg/h
② 13403.22kJ/kWh, 2.1kW, 12.6kg/h
③ 12354.33kJ/kWh, 3.1kW, 11.6kg/h
④ 12660.60kJ/kWh, 1.1kW, 12.6kg/h

풀이

• 냉동률

$2647 \times \epsilon_R \fallingdotseq 12660.60$kJ/kWh

1PSh=2647kJ,

$\epsilon_R = \frac{q_1}{w} = \frac{h_1 - h_3}{h_2 - h_1}$

$= \frac{1660 - 560}{1890 - 1660} \fallingdotseq 4.783$

• 마력

kW$= \frac{13954.2}{\epsilon_R \times 2647} = \frac{13954.2}{12660.60} \fallingdotseq 1.1$kW

(1냉 ∵ 1RT=13954.2kJ/h)

• 냉매순환량

$G = \frac{13954.2}{h_1 - h_3} = \frac{13954.2}{1660 - 560} \fallingdotseq 12.6$kg/h

50 성적계수가 3.2인 냉동기가 시간당 20MJ의 열을 흡수한다. 이 냉동기를 작동하기 위한 동력은 몇 kW인가?

① 2.25 ② 1.74
③ 2.85 ④ 1.45

풀이

$\epsilon_R = \frac{q_1}{w_c} \rightarrow w_c = \frac{\dot{q_1}}{\epsilon_R} = \frac{20 \times 1000}{3.2 \times 3600} \fallingdotseq 1.74$kW

51 다음 그림과 같은 증기압축 냉동사이클의 $h-s$ 선도에서 성적계수를 구하는 식이 올바른 것은 어느 것인가?

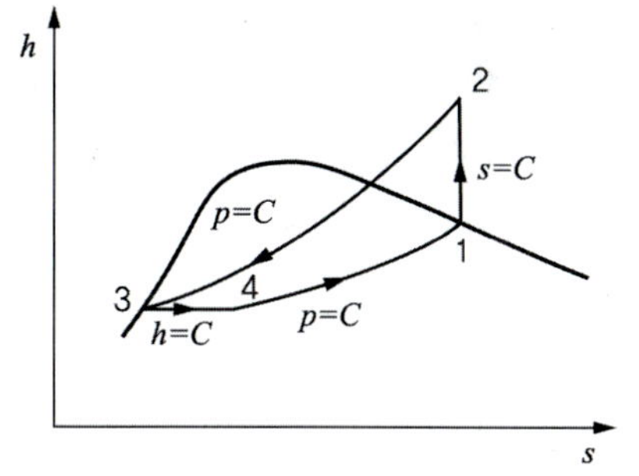

① $\frac{h_2 - h_1}{h_1 - h_3}$ ② $\frac{h_2 - h_3}{h_2 - h_1}$
③ $\frac{h_1 - h_3}{h_2 - h_1}$ ④ $\frac{h_2 - h_4}{h_2 - h_1}$

풀이

$\epsilon_R = \frac{q_1}{w} = \frac{h_1 - h_3}{h_2 - h_1} = \frac{h_1 - h_4}{h_2 - h_1}$

52 어떤 냉동기가 20℃의 물에서 -10℃의 얼음을 만드는데 1톤당 105872.3kJ의 일이 소요되었다. 물의 융해열이 334.88kJ/kg, 얼음의 비열을 2.09kJ/kg·K라 할 때 냉동기의 성적계수는?

① 3.98 ② 4.15
③ 5.67 ④ 4.57

풀이

- 20℃에서 0℃의 물이 되는 데 필요한 열량
  $q_1 = C(t_2 - t_1)$
  $= 4.186 \times (20-0) = 83.72$kJ/kg
- 0℃의 물에서 0℃의 얼음이 되는데 필요한 열량 (융해열)
  $q_2 = 334.88$kJ/kg
- 0℃의 얼음이 되는데 필요한 열량
  $q_3 = C(t_2 - t_1)$
  $= 2.09 \times [0-(-10)] = 20.9$kJ/kg

$\therefore\ q = q_1 + q_2 + q_3$
$= 83.72 + 334.88 + 20.9 = 439.5$kJ/kg

따라서, 성적계수

$$\epsilon_R = \frac{q}{w} = \frac{1000 \times 439.5}{105872.3} = 4.15$$

다음 그림과 같은 사이클을 하는 암모니아의 2단압축 냉동기의 $P-h$선도를 참조하여 다음을 구하여라. [53번~56번]

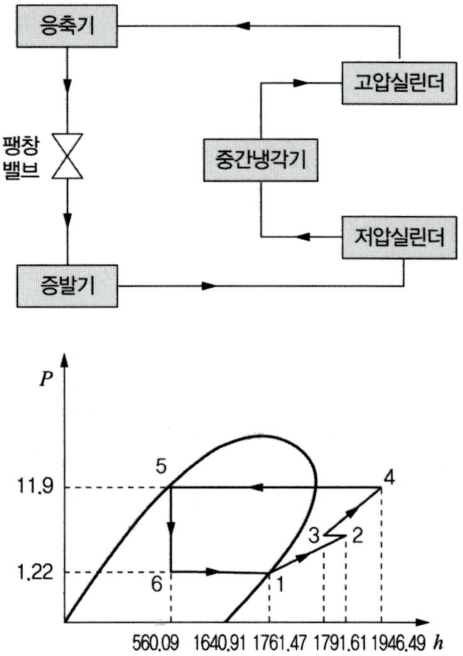

53 중간압력은 몇 kg_f/cm^2인가?

① 3.8 ② 3.5
③ 3.2 ④ 2.8

풀이

$P_2 = \sqrt{P_1 P_2} = \sqrt{1.22 \times 11.9} \fallingdotseq 3.8 kg_f/cm^2$

54 냉동효과는 몇 kJ/kg인가?

① 2670.51 ② 1080.82
③ 2322.81 ④ 2221.21

풀이

$q_1 = h_1 - h_6 = 1640.91 - 560.09 = 1080.82$kJ/kg

52 ② 53 ① 54 ② | 정 | 답 |

55 압축기의 일은 kJ/kg인가?

① 385.32　　② 394.51
③ 335.72　　④ 375.32

풀이

$$w_C = (h_2 - h_1) + (h_4 - h_3)$$
$$= (1791.61 - 1640.91) + (1946.49 - 1761.47)$$
$$= 335.72$$

56 성적계수는?

① 3.87　　② 3.00
③ 4.52　　④ 3.21

풀이

$$\epsilon_R = \frac{q_1}{w_C} = \frac{1080.82}{335.72} \fallingdotseq 3.21$$

memo

09

CHAPTER

기체의 유동

CHAPTER 09

기체의 유동

9-1 기체의 유동

9-1-1 정상유동과 비정상유동

① 정상유동(Stationary flow)

관로에 유체가 흐를 때 유동상태가 시간에 관계없이 일정한 유동을 말한다.

② 비정상 유동(Nonstationary flow)

관속에 유체가 흐를 때 시간과 측정 장소에 따라 변하는 유동을 말한다.

9-1-2 층류와 난류

① 층류(Laminar flow)

관로에 유체가 비교적 저속으로 흐를 때 유선이 관로와 나란하게 일정한 층을 유지하면서 흐르는 흐름이다.

② 난류(Turbulent flow)

관로에 유체가 고속으로 흐를 때 유선이 불규칙한 상태(이동, 변화, 회전 등)로 되는 흐름이다.

9-1-3 노즐과 디퓨저

유체가 관로에 가역 단열적으로 흐를 때 관로의 단면변화에 따라 노즐유동과 디퓨저 유동을 하게 된다.

① 노즐(Nozzle)

고속의 유체 분류를 내어 운동에너지를 증가시킬 목적으로 사용되며, 고속 분류는 고압구역의 유체를 저압구역으로 팽창시킴으로써 이루어진다.

② 디퓨저(Diffuser)

속도를 감속시켜 유체의 정압력을 증가시킬 목적으로 사용되며, 노즐과 방향이 반대인 기구로서 기능도 반대이다.

9-2 노즐목의 상태량

열역학 제1법칙의 개방계에서 정상유동의 에너지식 (2-7)으로부터

$$q=(h_2-h_1)+\frac{1}{2}(w_2^2-w_1^2)+g(z_2-z_1)+w_t \quad \cdots\cdots (9\text{-}1)$$

로 나타내며, 가역 단열팽창시의 경우는

$$0=h_2-h_1+\frac{1}{2}w_2^2 \quad \cdots\cdots (9\text{-}2)$$

이다.

따라서 노즐 출구속도 ω_2는

$$\omega_2=\sqrt{2(h_1-h_2)} \quad \cdots\cdots (9\text{-}3)$$

이고, 엔탈피의 차 h_1-h_2는

$$\begin{aligned} h_1-h_2 &= C_p(T_1-T_2)=\frac{kR}{k-1}(T_1-T_2) \\ &= \frac{kRT_1}{k-1}\left(1-\frac{T_2}{T_1}\right) \quad \cdots\cdots (9\text{-}4) \end{aligned}$$

로 나타내므로 노즐 출구속도 ω_2는

$$\omega_2 = \sqrt{\frac{2kRT_1}{k-1}\left(1-\frac{T_2}{T_1}\right)} = \sqrt{2\frac{k}{k-1}P_1v_1\left[1-\left(\frac{v_1}{v_2}\right)^{k-1}\right]}$$

$$= \sqrt{2\frac{k}{k-1}P_1v_1\left[1-\left(\frac{P_2}{P_1}\right)^{\frac{k-1}{k}}\right]} \quad \cdots\cdots (9\text{-}5)$$

로도 나타낼 수 있다.

Example

01 **압력 1MPa, 온도 100℃인 압축공기를 압력이 0.1MPa인 용기 속에 분출시킬 경우 가역 단열변화시의 분출속도와 분출온도를 구하라. (단, 초속은 무시하고, k = 1.4이다.)**

풀이 공기는 완전가스이므로

$$v_1 = \frac{RT_1}{P_1} = \frac{287\times(100+273)}{1\times10^6} \fallingdotseq 0.10705\,\mathrm{m^3/kg}$$

(1) 분출속도는 식 (9-5)으로부터

$$\omega_2 = \sqrt{2\frac{k}{k-1}P_1v_1\left[1-\left(\frac{P_2}{P_1}\right)^{\frac{k-1}{k}}\right]}$$

$$= \sqrt{\frac{2\times1.4\times1\times10^6\times0.10705}{1.4-1}\left[1-\left(\frac{0.1}{1}\right)^{\frac{1.4-1}{1.4}}\right]} \fallingdotseq 601\,\mathrm{m/sec}$$

(2) 분출 후의 온도는 단열변화의 상태식을 이용하면

$$T_2 = T_1\left(\frac{P_2}{P_1}\right)^{\frac{k-1}{k}} = 373\left(\frac{0.1}{1}\right)^{\frac{1.4-1}{1.4}} \fallingdotseq 193.2 = -79.8\,℃$$

여기서 노즐목에서의 상태량은 단열과정이므로

$$\frac{T_2}{T_1} = \left(\frac{v_1}{v_2}\right)^{k-1} = \left(\frac{P_2}{P_1}\right)^{\frac{k-1}{k}} \quad \cdots\cdots (9\text{-}6)$$

로 나타낼 수 있으며, 노즐목에서는 음속을 얻을 수 있으므로

$$M_a = \frac{V}{C} = 1\ \left(\frac{\text{유동속도}}{\text{음속}}\right) \quad \cdots\cdots (9\text{-}7)$$

이 된다.

여기서 M_a는 마하수(Mach Number)를 의미하고, $M_a > 1$는 초음속유동, $M_a < 1$은 아음속유동을 의미한다.

또한 음속(sonic velocity)은

$$C = \sqrt{\frac{dP}{d\rho}} = \sqrt{\frac{K}{\rho}} = \sqrt{\frac{1}{\beta\rho}}\ [\text{m/s}] \quad \cdots\cdots (9\text{-}8)$$

이고, K는 체적탄성계수(bulk modulus), β는 압축률($\frac{1}{K}$)을 의미한다.

이때 단열과정시의 음속은

$$C = \sqrt{kgRT} \quad \cdots\cdots (9\text{-}9)$$

로 나타낼 수 있으므로 노즐목에서의 속도는

$$\omega_2^2 = 2g\frac{kRT_2}{k-1}\left(\frac{T_1}{T_2} - 1\right) = \frac{2}{k-1}C^2\left(\frac{T_1}{T_2} - 1\right) \quad \cdots\cdots (9\text{-}10)$$

[$\because C$ (목에서 음속)$= \sqrt{kgRT_2}$ w_c(임계속도)$= \sqrt{kRT_c} = \sqrt{kP_c v_c}$ (SI단위)]

로 표현할 수 있으며, 식을 다시 정리하면

$$\frac{\omega_2^2}{C^2} = \frac{2}{k-1}\left(\frac{T_1}{T_2} - 1\right) = M_a^2 \quad \cdots\cdots (9\text{-}11)$$

이 되고,

$$\frac{T_1}{T_2} = 1 + \frac{k-1}{2}M_a^2 \quad \cdots\cdots (9\text{-}12)$$

로 표현할 수 있다.

따라서 목부분에서는 음속에 가까우므로 $M_a = 1$이 되어

$$\frac{T_1}{T_2} = 1 + \frac{k-1}{2} = \frac{k+1}{2}$$

$$\therefore \frac{T_2}{T_1} = \frac{2}{k+1} \quad \cdots\cdots (9\text{-}13)$$

로 나타낸다. 즉 목부분의 상태량은

$$\frac{T_c}{T_1} = \left(\frac{v_1}{v_c}\right)^{k-1} = \left(\frac{P_c}{P_1}\right)^{\frac{k-1}{k}} = \frac{2}{k+1} \quad \cdots\cdots (9\text{-}14)$$

가 되며, 노즐목에서의 비체적 v_c는

$$v_c = v_1\left(\frac{P_1}{P_c}\right)^{\frac{1}{k}} = v_1\left(\frac{k+1}{2}\right)^{\frac{1}{k-1}} \quad \cdots\cdots (9\text{-}15)$$

로 나타내며, 노즐목에서의 압력 P_c는 다음과 같이 나타낸다.

$$P_c = P_1\left(\frac{v_1}{v_c}\right)^{k} = P_1\left(\frac{2}{k+1}\right)^{\frac{k}{k-1}} \quad \cdots\cdots (9\text{-}16)$$

여기서 P_c를 임계압력이라 하며, 임계압력 P_c는 P_1과 관련되어 비열비 k에 따라 구하면 다음과 같다.

$k = 1.4,\quad P_c = 0.5289\,P_1$(공기)

$k = 1.3,\quad P_c = 0.546\,P_1$(과열증기)

$k = 1.135,\quad P_c = 0.577\,P_1$(건포화 증기)

임계상태에서의 분출속도를 ω_c라면, 식 (9−5)와 식 (9−16)으로부터

$$\begin{aligned}\omega_c &= \sqrt{2\frac{k}{k-1}P_1v_1\left[1-\left(\frac{P_2}{P_1}\right)^{\frac{k-1}{k}}\right]} \\ &= \sqrt{2\frac{k}{k-1}P_1v_1\left[1-\left(\frac{2}{k+1}\right)\right]} = \sqrt{2\frac{k}{k+1}P_1v_1} \quad \cdots\cdots (9\text{-}17)\end{aligned}$$

이 되며, 임계상태의 노즐목에서의 분출상태도 단열변화임으로 식 (9−15)와 식 (9−16)을 이용하여 식 (9−17)의 임계속도 ω_c를 다시 구하면 다음과 같이 구할 수 있다.

$$\begin{aligned}\omega_c &= \sqrt{2\frac{k}{k+1}P_1v_1} = \sqrt{2\frac{k}{k+1}\cdot\frac{P_1}{P_c}\cdot P_cv_1} \\ &= \sqrt{2\frac{k}{k+1}\left(\frac{k+1}{2}\right)^{\frac{k}{k-1}}v_1P_c} = \sqrt{2\frac{k}{k+1}\left(\frac{k+1}{2}\right)\left(\frac{k+1}{2}\right)^{\frac{1}{k-1}}v_1P_c} \\ &= \sqrt{kP_cv_c} \quad \cdots\cdots (9\text{-}18)\end{aligned}$$

따라서 임계속도는 음속과 같음을 알 수 있다.

Example

02 노즐출구에서 공기의 온도가 50℃일 때 음속은 얼마인가? (단, $k = 1.4$, $R = 287$J/kg·K이다.)

풀이 음속은 식 (9-9)으로부터

$$\therefore\ C = \sqrt{kRT} = \sqrt{1.4 \times 287 \times (273 + 50)} = 360\,\text{m/s}$$

03 압력과 온도가 각각 0.6MPa, 20℃의 공기를 압력 0.1MPa까지 노즐을 통하여 단열팽창 시킬 경우 입구속도를 무시한다면 마하수는 얼마인가? (단, $k = 1.4$, $R = 0.287$kJ/kg·K이다.)

풀이 출구속도는 식 (9-5)으로부터

$$\omega_2 = \sqrt{2\frac{k}{k-1}P_1 v_1\left[1-\left(\frac{P_2}{P_1}\right)^{\frac{k-1}{k}}\right]} = \sqrt{2\frac{k}{k-1}RT_1\left[1-\left(\frac{P_2}{P_1}\right)^{\frac{k-1}{k}}\right]}$$

$$= \sqrt{\frac{2 \times 1.4 \times 287 \times 293}{1.4-1}\left[1-\left(\frac{1}{6}\right)^{\frac{1.4-1}{1.4}}\right]} \fallingdotseq 485.6\,\text{m/sec}$$

단열변화이므로

$$T_2 = T_1\left(\frac{P_2}{P_1}\right)^{\frac{k-1}{k}} = 293 \times \left(\frac{0.1}{0.6}\right)^{\frac{0.4}{1.4}} \fallingdotseq 175.6\,\text{K}$$

임계속도는 식 (9-19)에서

$$\omega_c = \sqrt{kP_c v_c} = \sqrt{kRT_2} = \sqrt{1.4 \times 287 \times 175.6} \fallingdotseq 265.6\,\text{m/s}$$

$$\therefore\ \text{마하수}\ \ M_a = \frac{\omega_2}{\omega_c} = \frac{485.6}{265.6} = 1.83$$

04 노즐 입구측 압력이 4MPa, 온도 400℃ 과열증기의 임계압력과 임계속도를 구하라. (단, 비열비는 1.3으로 한다.)

풀이 과열증기이므로 $k = 1.3$으로 하여 식 (9-16)에서

(1) 임계압력

$$\therefore\ P_c = P_1\left(\frac{2}{k+1}\right)^{\frac{k}{k-1}} = 4\left(\frac{2}{1.3+1}\right)^{\frac{1.3}{1.3-1}} \fallingdotseq 2.183\,\text{MPa}$$

과열 증기표에서 $v_1 = 0.07341\,\text{m}^3/\text{kg}$이고, 식 (9-15)을 이용하여 임계비체적은

$$v_c = v_1\left(\frac{P_1}{P_c}\right)^{\frac{1}{k}} = 0.07341\left(\frac{4}{2.183}\right)^{\frac{1}{1.3}} \fallingdotseq 0.117\,\text{m}^3/\text{kg}$$

(2) 임계속도

$$\omega_c = \sqrt{kP_c v_c} = \sqrt{1.3 \times 2.183 \times 10^6 \times 0.117} \fallingdotseq 576.22\,\text{m/s}$$

9-3 노즐효율

이론적으로 노즐유동을 가역 단열과정으로 생각했지만, 실제의 경우는 관 내부의 구조, 노즐 형상, 표면조도, 건도, 유속의 크기 등에 의해 마찰저항이 생기므로 가역적으로 단열팽창을 시킬 수 없다. 따라서 이론적으로 해석하기에는 어렵다.

[그림 9-1]과 같이 임의의 두 개의 압력 구간사이에 증기가 팽창하는 경우를 고려해보면 이론과 실제의 열낙차(heat drop)는 차이가 있다.

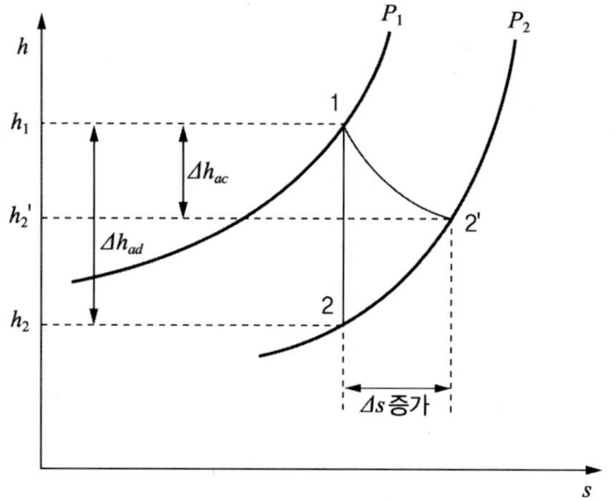

[그림 9-1] 노즐의 열낙차

그러므로 노즐효율 η_N은

$$\eta_N = \frac{\Delta h_{ac}}{\Delta h_{ad}} = \frac{\text{실제의 열낙차}}{\text{이론의 열낙차}} = \frac{h_1 - h_2'}{h_1 - h_2} \quad \cdots\cdots (9\text{-}19)$$

으로 나타낼 수 있으며, 에너지손실에 대한 이론 열낙차의 비율을 손실계수 S라면

$$S = \frac{\Delta h}{\Delta h_{ad}} = \frac{\text{손실의 열낙차}}{\text{이론의 열낙차}} = \frac{h_2' - h_2}{h_1 - h_2} \quad \cdots\cdots (9\text{-}20)$$

으로 나타낸다. 따라서 $\eta_N + S = 1$이 된다.

또한, 가역변화에서 유체의 분출속도와 비가역변화에서 분출속도의 비를 속도계수 Ψ 라면,

$$\Psi = \frac{w_{ac}}{w_{ad}} = \frac{\text{실제속도}}{\text{이론속도}} = \frac{91.48\sqrt{h_1 - h_2{}'}}{91.48\sqrt{h_1 - h_2}} = \frac{\sqrt{h_1 - h_2{}'}}{\sqrt{h_1 - h_2}} \quad \cdots\cdots (9\text{-}21)$$

로 표현할 수 있으며, 속도계수, 노즐효율과 손실계수의 관계는 다음과 같다.

$$\Psi = \sqrt{\eta_N} = \sqrt{1 - S} \quad \cdots\cdots (9\text{-}22)$$

Example

05 노즐 입구측 압력이 2.5MPa, 온도 450℃(h_1 = 3350.8kJ/kg)의 과열증기를 0.1MPa(h_2 = 2676.2kJ/kg)까지 분출시킬 경우 출구속도가 1085m/s이었다. 이 때 속도계수를 구하라.

풀이 식 (9-3)에서 이론의 분출속도는

$$\omega_{ad} = \sqrt{2(h_1 - h_2)} = \sqrt{2 \times (3350.8 - 2676.2) \times 10^3} \fallingdotseq 1161.5\text{m/s}$$

속도계수는 식 (9-21)에서

$$\therefore \Psi = \frac{w_{ac}}{w_{ad}} = \frac{1085}{1161.5} = 0.934$$

06 어떤 노즐에서 단열낙차가 390kJ/kg이고, 속도계수가 0.94일 때 실제의 열낙차 및 노즐효율을 구하라.

풀이 식 (9-21)에서 열낙차는

$$\therefore h_1 - h_2{}' = \Psi^2 (h_1 - h_2) = 0.94^2 \times 390 \fallingdotseq 344.604\text{kJ/kg}$$

식 (9-21)에서 노즐효율은

$$\therefore \eta_N = \Psi^2 = 0.94^2 \fallingdotseq 0.884$$

R/e/f/e/r/e/n/c/e

노즐 출구속도

$$\omega_2 = \sqrt{\frac{2g}{A}(h_1 - h_2)}$$

$$w_2 = \sqrt{2(h_1 - h_2)}\ (\text{SI 단위})$$

- $M_a = \dfrac{V}{C} = 1\left(\dfrac{\text{유동속도}}{\text{음속}}\right)$
- $C = \sqrt{\dfrac{dP}{d\rho}} = \sqrt{\dfrac{K}{\rho}} = \sqrt{\dfrac{1}{\beta\rho}}$
- $C = \sqrt{kgRT}$

노즐목에서의 비체적

$$v_c = v_1\left(\frac{P_1}{P_c}\right)^{\frac{1}{k}} = v_1\left(\frac{k+1}{2}\right)^{\frac{1}{k-1}}$$

노즐목에서의 압력

$$P_c = P_1\left(\frac{v_1}{v_c}\right)^{k} = P_1\left(\frac{2}{k+1}\right)^{\frac{k}{k-1}}$$

노즐목에서의 온도

$$T_c = T_1\left(\frac{2}{k+1}\right)$$

노즐목에서의 밀도

$$\rho_c = \rho_1\left(\frac{2}{k+1}\right)^{\frac{1}{k-1}}$$

임계속도

$$w_c = \sqrt{kRT_c} = \sqrt{kP_c v_c}\ (\text{SI단위})$$

노즐효율

$$\eta_N = \frac{\Delta h_{ac}}{\Delta h_{ad}} = \frac{\text{실제의 열낙차}}{\text{이론의 열낙차}}$$

CHAPTER 09

기체의 유동

실/력/평/가

01 다음은 노즐에 관한 표현으로 옳은 것은?

① 고속의 유체분류를 내어 엔탈피를 증가시키는 유동통로이다.
② 고속의 유체분류를 내어 내부에너지를 증가시키는 유동통로이다.
③ 고속의 유체분류를 내어 위치에너지를 증가시키는 유동통로이다.
④ 고속의 유체분류를 내어 운동에너지를 증가시키는 유동통로이다.

풀이

고속의 유체분류를 내어 운동에너지를 증가시키는 목적으로 사용되는 유동통로로서 고속분류는 고압구역의 유체를 저압구역으로 팽창시킴으로써 이루어진다.

02 다음 중 확대 디퓨저(diffuser)에 관하여 올바르게 나타낸 것은?

① 노즐의 단면 및 압력은 감소하고 유속은 증가한다.
② 노즐의 단면 및 엔탈피, 압력은 증가하고 유속은 감소한다.
③ 노즐의 단면 및 유속은 증가하고 엔탈피 및 압력은 감소한다.
④ 노즐의 단면 및 유속은 감소하고 엔탈피 및 압력은 증가한다.

풀이

유체의 흐름을 단열적으로 감소시켜서 비중량, 엔탈피, 온도의 상승과 함께 압력의 상승을 유도하는 관로이다. 그러나 노즐의 단면 및 엔탈피, 압력은 증가하고 유속은 감소한다.

03 축소 확대노즐의 목에서의 유체속도는?

① 항상 음속보다 크다.
② 항상 음속보다 작다.
③ 항상 음속이다.
④ 음속보다 적거나 음속도 될 수 있다.

풀이

음속보다 작거나 음속보다 크거나 또는 음속과 같을 수도 있다.

04 다음 사항 중 틀린 것은?

① 흐름이 음속 이상일 때에는 임계상태 이후의 축소노즐의 압력분포나 유량은 배압의 영향을 받지 않는다.
② 노즐에서 부족팽창하면 출구에서는 수축류가 생긴다.
③ 단열된 노즐은 유체가 유동할 때 노즐 내에서 마찰손실이 생기며 마찰열은 유체에 재차 회수된다.
④ 단열된 정상유로에서 압축성 유체의 운동에너지 상승량은 도중의 비체적의 변화 과정에 관계없이 엔탈피의 강하량과 같다.

| 정 | 답 | 01 ④ 02 ② 03 ④ 04 ③

05 다음 중 확대 디퓨저에 대한 설명으로 틀린 것은?

① 유체의 흐름을 감속시켜 압력을 상승시킨다.
② 전 엔탈피는 단열유동에서는 유관을 따라 일정하다.
③ 비중량과 온도 모두가 증가한다.
④ 유체의 흐름을 단열적으로 팽창시켜 비중량을 감소시킨다.

06 축소 확대노즐에서 임계압력이란?

① 노즐목에서의 압력을 말한다.
② 노즐의 유량이 최대가 되는 노즐 출구에서의 압력이다.
③ 노즐의 유량이 최대가 되는 노즐목에서의 압력이다.
④ 노즐의 유량이 최소가 되는 노즐입구에서의 압력이다.

풀이

노즐의 유량이 최대가 되는 노즐쪽의 압력을 임계압력이라고 한다.

07 노즐에서 단열팽창 때 비가역과정에서보다 가역과정의 출구속도는 다음 중 어느 것이 되는가?

① 관계없다. ② 느리다.
③ 빠르다. ④ 같다.

08 노즐에서 단열 팽창하였을 때, 가역과정에서보다 비가역과정의 경우 출구속도는 어떻게 변화하는가?

① 빠르다. ② 늦다.
③ 같다. ④ 구별할 수 없다.

09 다음 사항 중 틀린 것은?

① 단열된 정상유체에의 압축성 유체의 운동에너지의 상승량은 도중의 비체적의 변화과정에 관계없이 엔탈피의 강하량과 같다.
② 교축현상을 동반하는 해석을 할 때는 온도 엔트로피 선도가 이용된다.
③ 흐름이 음속이상 될 때에는 임계상태 이후의 축소노즐의 압력 분포나 유량은 배압의 영향을 받지 않게 된다.
④ 단열된 노즐을 유체가 유동할 때 노즐 내에서는 마찰손실이 생기며 마찰열은 유체에 재차 회수된다.

10 유체가 노즐에서 단열 팽창할 때 열낙차는?

① 엔탈피 감소량이다.
② 엔트로피 증가량이다.
③ 엔트로피 감소량이다.
④ 엔탈피 증가량이다.

11 노즐 속을 이상기체가 가역단열 정상 유동할 때 다음의 마하수 M_a 중에서 단면이 확대되는 곳은?

① $M_a = 0$ ② $M_a < 1$
③ $M_a = 1$ ④ $M_a > 1$

풀이

노즐에서는 단열팽창시켜 속도를 증가시키는 것이 목적이므로 단면이 확대되는 경우는 초음속 유동의 경우이며, 속도가 증가된다.

- Ma > 1 : 초음속 유동
- Ma < 1 : 아음속 유동

05 ④ 06 ③ 07 ③ 08 ② 09 ③ 10 ① 11 ④ | 정 | 답 |

12 유체가 노즐 내를 흐를 때의 임계압력 P_c를 옳게 나타낸 것은? (단, P_1 = 노즐 압력, k = 비열비이다.)

① $P_c = P_1\left(\frac{2}{k+1}\right)^{\frac{k-1}{k}}$

② $P_c = P_1\left(\frac{k+1}{2}\right)^{\frac{k+1}{k}}$

③ $P_c = P_1\left(\frac{2}{k+1}\right)^{\frac{k}{k-1}}$

④ $P_c = P_1\left(\frac{2}{k+1}\right)^{\frac{k}{k+1}}$

13 노즐에서 dC > 0, dP > 0일 때 확대관이 되기 위한 조건은? (단, C : 음속, P : 압력, M : 마하수, A : 단면적이다.)

① M < 1이면 dA < 0일 때
② M > 1이면 dA > 0일 때
③ M < 1이면 dA > 0일 때
④ M > 1이면 dA < 0일 때

14 입구압력 P_1, 출구압력을 P_2, 노즐목의 압력을 P_c라 하면 단면 확대노즐의 조건은?

① $P_c \leqq 1$ ② $P_c > P_2$
③ $P_c \leqq P_2$ ④ $P_c \geqq P_2$

풀이

노즐에서 음속이상의 속도를 얻으려면 출구압력(P_2)이 임계압력(P_c)보다 적은 확대노즐을 사용한다.

15 다음 중 음속(V_a)와 절대온도(T)와의 관계로 맞는 것은?

① $V_a \propto T^{\frac{1}{2}}$ ② $V_a \propto T^2$
③ $V_a \propto T^3$ ④ $V_a \propto T$

풀이

$V_a = \sqrt{gkRT}\ \ V_a \propto T^{\frac{1}{2}}$
$w_c = \sqrt{kRT_c}$

16 완전가스가 축소 확대노즐에서 $Pv^k = C$에서 유동할 때 노즐목에서 가스의 유동속도는 어떻게 되는가?

① 음속보다 항상 크다.
② 음속과 항상 일치한다.
③ 음속보다 항상 작다.
④ 음속보다 클 경우와 작을 경우도 있다.

풀이

완전가스가 벤투리관의 노즐목을 통과할 때 유속은 음속보다 크거나 작을 수도 있다.

17 가스의 유동속도를 아음속에서 초음속으로 변화시킬 수 있는 노즐은 어느 것인가?

① 확대노즐 ② 축소노즐
③ 축소 확대노즐 ④ 일정 단면 노즐

풀이

아음속에서 초음속의 속도를 낼 수 있는 노즐
축소 확대노즐

| 정 | 답 | 12 ③ 13 ② 14 ② 15 ① 16 ④ 17 ③

18 노즐출구에서 음속이상의 유출속도를 얻고자 하려면 어떤 노즐을 사용하여야 하는가?

① 선단 축소노즐 ② 선단 확대노즐
③ 일정 단면 노즐 ④ 축소노즐

풀이

노즐출구에서 음속 이상의 유속을 얻으려면 선단이 확대된 노즐을 사용하면 된다.

19 노즐입구와 출구에서의 엔탈피를 h_1, h_2라 하고, 노즐입구에서 유입속도를 무시할 때 노즐 출구속도 ω_2는?

① $\omega_2 = 91.5(h_2 - h_1)$
② $\omega_2 = 91.5(h_1 - h_2)$
③ $\omega_2 = 4.427\sqrt{(h_2 - h_1)}$
④ $\omega_2 = 1.414\sqrt{(h_1 - h_2)}$

풀이

유출속도

$$\omega_2 = \sqrt{2(h_1 - h_2)} = 1.414\sqrt{(h_1 - h_2)}$$

20 노즐에서 상태변화를 엔탈피-엔트로피선도로 표시한 다음 그림에서 노즐 입구압력이 P_1, 출구압력 P_3이면 이 노즐의 효율은 어느 것인가?

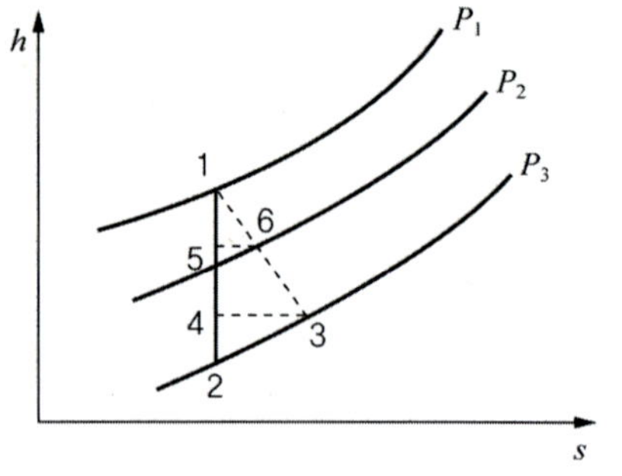

① $\eta_N = \frac{h_1 - h_4}{h_1 - h_2}$ ② $\eta_N = \frac{h_1 - h_5}{h_1 - h_4}$
③ $\eta_N = \frac{h_1 - h_6}{h_1 - h_2}$ ④ $\eta_N = \frac{h_1 - h_3}{h_1 - h_2}$

풀이

노즐효율

$$\eta_N = \frac{\text{실제의 열낙차}}{\text{이론의 열낙차}} = \frac{h_1 - h_4}{h_1 - h_2}$$

21 노즐에서 가스가 단열 유동할 때 단열 열낙차를 h, 실제 열낙차를 h_a라 할 때 노즐의 속도계수를 구하는 식은?

① $\Psi = \frac{h_a}{h}$ ② $\Psi = \frac{h}{h_a}$
③ $\Psi = \sqrt{\frac{h_a}{h}}$ ④ $\Psi = \sqrt{\frac{h}{h_a}}$

풀이

노즐의 속도계수

$$\Psi = \sqrt{\frac{h_a}{h}}$$

18 ② 19 ④ 20 ① 21 ③ | 정 | 답 |

22 노즐출구의 공기온도가 30℃일 때 음속은 몇 m/s 정도나 되는가? (단, $k=1.4$, $R=287$J/kg·K이다.)

① 348.92　② 318.75
③ 367.5　④ 305.65

풀이

$w_c=\sqrt{kRT_c}=\sqrt{1.4\times287\times303}\fallingdotseq348.92$m/s

23 유속 $\omega=200$m/sec로 유동하는 공기의 온도가 15℃라 하면 마하수는? (단, 비열비 $k=1.4$, 가스상수 $R=287$J/kg·K이다.)

① 0.427　② 0.588
③ 0.615　④ 0.679

풀이

$C=\sqrt{kRT_c}=\sqrt{1.4\times287\times288}\fallingdotseq340.17$m/s

$M=\frac{\omega}{C}=\frac{200}{340.17}=0.588$

24 다단식 증기터빈에서 노즐입구의 엔탈피 $h_1=3200$kJ/kg, 출구에서의 엔탈피 $h_2=2700$kJ/ kg이다. 노즐에서의 이론분출속도는?

① 9051.2m/s　② 1000.0m/s
③ 1994m/s　④ 1244.6m/s

풀이

$\omega_2=\sqrt{2(h_1-h_2)\times10^3}$
$=\sqrt{2(3200-2700)\times10^3}\fallingdotseq1000$m/s

25 1MPa, 건도 0.97인 습포화 증기를 단열적으로 압력이 0.2MPa 상태에서 분출시킬 때 분출속도는 얼마인가? (단, 노즐입구의 엔탈피 $h_1=2717.7$kJ/kg, 출구에서의 엔탈피 $h_2=2443.7$kJ/kg이다.)

① 702m/s　② 722m/s
③ 732m/s　④ 740m/s

풀이

$\omega_2=\sqrt{2(h_1-h_2)}$
$=\sqrt{2\times10^3(2717.7-2443.7)}\fallingdotseq740$m/s

26 압력 6kg/cm^{2}의 공기가 대기압까지 노즐목에서 단열팽창한다. 이 때 노즐 목에서의 공기압력은 얼마 정도인가?

① 3.17kg/cm^2　② 4.52kg/cm^2
③ 6.31kg/cm^2　④ 8.54kg/cm^2

풀이

$\frac{P_c}{P_1}=\left(\frac{2}{k+1}\right)^{\frac{k}{k-1}}$

$\therefore P_c=6\times\left(\frac{2}{2.4}\right)^{\frac{1.4}{0.4}}\fallingdotseq3.17$kg/cm^2

27 노즐을 통하여 증기를 단열 팽창시켜서 600m/s의 분출속도를 얻기 위한 열낙차는?

① 173kJ/kg　② 145kJ/kg
③ 158kJ/kg　④ 180kJ/kg

풀이

$\omega_2=\sqrt{2(h_1-h_2)\times10^3}$

$\therefore h_1-h_2=\frac{w^2}{2\times10^3}=180$kJ/kg

| 정 | 답 | 22 ① 23 ② 24 ② 25 ④ 26 ① 27 ④

28 어느 노즐에서 단열낙차는 389.30kJ/kg이고, 노즐속도 계수는 0.943이다. 실제 열낙차는 얼마인가?

① 346.2kJ/kg ② 360.4kJ/kg
③ 379.9kJ/kg ④ 348.8kJ/kg

풀이

속도계수

$$\Psi = \frac{w_{ac}}{w_{ad}} = \frac{\text{실제속도}}{\text{이론속도}} = \frac{91.48\sqrt{h_1 - h_2'}}{91.48\sqrt{h_1 - h_2}}$$

$$\therefore h_1 - h_2' = (h_1 - h_2)\Psi^2$$
$$= 389.3 \times 0.943^2 \fallingdotseq 346.2\text{kJ/kg}$$

29 축소 확대노즐 속에 과열증기가 가역 단열적으로 흐른다. 노즐의 속도계수가 0.925라면 노즐효율은 얼마인가?

① 0.638 ② 0.736
③ 0.855 ④ 0.927

풀이

- 속도계수

$$\Psi = \frac{w_{ac}}{w_{ad}} = \frac{\text{실제속도}}{\text{이론속도}} = (\text{노즐효율})^{1/2}$$

- 노즐효율

$$\eta_N = \Psi^2 = 0.925^2 \fallingdotseq 0.855$$

30 유체가 노즐 내를 흐를 때의 임계온도 T_c를 옳게 나타낸 것은? (단, T_1 = 초온, k = 비열비이다.)

① $T_c = T_1\left(\frac{2}{k+1}\right)^{k-1}$

② $T_c = T_1\left(\frac{2}{k+1}\right)^{\frac{k}{k-1}}$

③ $T_c = T_1\left(\frac{2}{k+1}\right)$

④ $T_c = T_1\left(\frac{2}{k+2}\right)$

풀이

노즐목에서 임계온도

$$T_c = T_1\left(\frac{2}{k+1}\right)$$

31 축소 확대 노즐목에서 임계압력이 760mmHg인 공기의 임계속도는 얼마인가?

① 340m/s ② 331m/s
③ 352m/s ④ 348m/s

풀이

$P_c = 101325\text{N/m}^2$

완전가스 상태식 $P_c v_c = RT$에서

$$\omega_c = \sqrt{kP_c v_c} = \sqrt{kRT_c}$$
$$= \sqrt{1.4 \times 287 \times 273} \fallingdotseq 331\text{m/s}$$

28 ① 29 ③ 30 ③ 31 ② | 정 | 답 |

10

CHAPTER

연소

CHAPTER 10

연 소

10-1 연 소

연소란 가연물질이 공기 중의 산소와 화합하는 산화반응의 한 종류이며 다음과 같은 조건이 구비되어야 한다.

① 산화는 발열반응이어야 한다.
② 열에 의해서 연소물질과 연소생성물의 온도가 상승되어야 한다.
③ 열복사선의 파장과 강도가 가시광선 영역으로 빛을 발생해야 한다.

예를 들면 철의 산화는 발열반응이나 철의 온도를 상승시키지 못하고, 빛을 발생하지도 않으며, 황의 산화는 빛을 발생하기는 하나 온도를 상승시키지 못하므로 두 경우 모두 연소라고 하지는 않는다.

10-1-1 연소의 종류

① 완전연소

정상적인 연소로서 탄화수소 즉 가연성분이 공기 중 산소와 결합하여 탄산가스(CO_2)와 증기(H_2O)를 생성시키는 연소를 말한다.

② 불완전연소

연소 중 가연물질이 완전 연소되지 않고, 탄소와 수소성분이 남는 연소 부분이다.

10-1-2 연소의 필요조건

연소는 가연물질의 산화반응이므로 연소에는 첫째는 가연물질이 필요하고, 둘째로 산소인 공기의 공급이 필요하며, 셋째는 산화반응을 일으키기 위해서는 발화점 이상으로 가열하여야 한다.

발화점은 공기나 산소 중에서 가연물질을 외부에서 점화시키지 않더라도 자발적으로 타기 시작하는 최저온도인 동시에 그 연소열에 의해서 연소를 지속시킬 수 있는 최저온도이다. 연소에 필요한 공기의 양은 가연물질 중에 포함되어 있는 가연성분의 종류와 양, 그리고 가연물질의 형태와 연소장치, 연소방법 등에 따라 다르다. 따라서 가연물질 중에 함유되어 있는 가연성분을 이론적으로 완전 연소시키는 데 필요한 최소한의 공기량, 즉 연소반응식이 표시하는 공기량을 그 가연물질의 이론공기량이라 한다.

10-2 연소의 화학반응식

연소는 적당한 고온도에 대한 급속한 산화작용이다. 공기가 충분히 공급되어 연료의 각 부분이 공기와 잘 접촉할 때에는 완전연소가 이루어지지만, 그렇지 않으면 불완전연소를 일으킨다.

연소의 실제의 화학반응은 복잡한 것이므로 보통 가연성분과 산소와의 간단한 화합으로 이루어진다. 연료의 가연성분은 탄소, 수소, 유황 및 그 화합물이다. 이들의 기본 연소반응식은 다음과 같다.

10-2-1 수소

수소는 연소과정 중 산소와 반응하여 수증기로 변화한다.

$$H_2 + \frac{1}{2}O_2 = H_2O \quad \cdots\cdots (10\text{-}1)$$

$1[\text{kmol}] : \frac{1}{2}[\text{kmol}] : 1[\text{kmol}]$

$2[\text{kg}] : 16[\text{kg}] : 18[\text{kg}]$

즉, kmol의 관계로 나타내면 1[kmol] + $\frac{1}{2}$[kmol] → 1[kmol]로 아보가드로의 법칙에 의해 나타내면 같은 온도, 같은 압력일 때, 모든 가스 1[kmol]이 차지하는 체적은 동일하므로 체적비는 2 : 1 : 2, 즉 2[Nm^3] 수소와 1[Nm^3]의 산소가 화합하여 2[Nm^3] H_2O(기체)가 생기는 것으로 된다. 따라서 수소 1[kg]은 산소 8[kg]과 반응하여 9[kg]의 수증기를 만들고 28800 [kcal/kg], 120556.8 [kJ/kg]의 열량을 발생한다.

10-2-2 탄소

① 완전연소

탄소의 완전 연소반응식은

$$C + O_2 = CO_2 \quad \cdots\cdots (10\text{-}2)$$

1[kmol] : 1[kmol] : 1[kmol]

12[kg] : 32[kg] : 44[kg]

이다. 즉 완전연소가 되려면 반응물인 탄소와 산소가 각각 1[kmol]씩 연소되어 이산화탄소 1[kmol]이 생성된다.

② 불완전연소

탄소의 불완전 연소반응식은

$$C + \frac{1}{2}O_2 = CO_2 \quad \cdots\cdots (10\text{-}3)$$

1[kmol] : $\frac{1}{2}$[kmol] : 1[kmol]

12[kg] : 16[kg] : 18[kg]

로서 불완전연소 생성물인 일산화탄소 CO가 생성된다.

10-2-3 유황

유황은 연료 중에서 소량만이 함유되어 있는 연료로서 중요한 성분은 되지 못하지만 연소생성물이 아황산가스로서 대기오염원으로서 주목받고 있다.

$$S + O_2 = SO_2 \quad \cdots\cdots (10\text{-}4)$$

1[kmol] : 1[kmol] : 1[kmol]

32 [kg] : 32[kg] : 64[kg]

유황 1[kg_f]은 산소 1[kg]과 결합하여 2[kg]의 이산화유황 또는 아황산가스를 생성하면서 2500[kcal/kg], 1046[kJ/kg]의 열을 발생한다.

10-2-4 일산화탄소

일산화탄소는 산소의 결합하여 탄산가스로 연소된다.

$$C + \frac{1}{2}O_2 = CO_2 \quad \cdots\cdots (10\text{-}5)$$

1[kmol] : $\frac{1}{2}$[kmol] : 1[kmol]

28[kg] : 16[kg] : 44[kg]

일산화탄소 1[kg]는 산소 0.571[kg]와 반응하여 2420[kcal/kg], 10130.12 [kJ/kg]의 열을 발생한다.

10-2-5 탄화수소

① 완전연소

완전 연소반응식은 다음과 같다.

$$C_mH_n + \left(m + \frac{n}{4}\right)O_2 = mCO_2 + \frac{n}{3}H_2O \quad \cdots\cdots (10\text{-}6)$$

② 불완전연소

불완전 연소반응식은 다음과 같다.

$$C_mH_n + \left(m + \frac{n}{4}\right)O_2 = mCO + \frac{m}{2}O_2 + \frac{n}{2}H_2O \quad \cdots\cdots (10\text{-}7)$$

Example

01 황 32kg이 완전 연소하는데 필요한 산소의 양은 얼마인가?

풀이 식 (10-4)로부터

$S + O_2 = SO_2$

32+32=64로 아황산가스가 된다.

따라서 필요한 산소량은 32kg이다.

02 1kg의 수소가 완전 연소할 때 9kg의 H_2O가 생성된다면, 최소 산소량은 얼마인가?

풀이 식 (10-1)로부터 필요한 산소량은 8kg이다.

03 1kmol의 탄소를 완전 연소시킬 때 필요한 산소량은 몇 kg인가?

풀이 식 (10-2)로부터 필요한 산소량은 32kg이다.

	C	+	O_2	=	CO_2
	12		2×16		12+2×16
중량비 :	12kg		32kg		44kg

04 탄소 1kg가 불완전 연소할 때 생성되는 일산화탄소량은 체적으로 몇 Nm^3인가?

풀이 식 (10-3)으로부터

$$CO + \frac{1}{2}O_2 = CO_2$$

$$1kg \quad \frac{22.4}{12} = 1.867Nm^3$$

10-3 연소에 필요한 공기량

연소에 필요한 산소를 공급하는 공기는 산소 외에 대량의 질소 및 미소량의 가스를 포함하고 있다. 따라서 공기 중의 산소 함유량과 연소반응식으로부터 연료의 완전연소에 이론상 필요한 공기량이 계산된다. 근사적으로 공기의 성분을 산소와 질소만으로 그 혼합비율은 다음과 같다.

중량비율 : 산소 23.2%, 질소 76.8%
체적비율 : 산소 20.9%, 질소 79.1%

따라서 연료 1[kg]의 연소에 필요한 산소량 O_o[kg]으로 하면 이론적 필요 공기량 L_o은 연료 1[kg]에 대하여

$$L_o = \frac{1}{0.232} \times O_o \text{[kg/kg]} \quad \cdots\cdots \text{(10-8)}$$

또한, 연료 1[Nm³]의 연소에 필요한 산소량을 O_o[Nm³]으로 하면 이론적 필요 공기량 L_o은 연료 1[Nm³]에 대하여

$$L_o = \frac{1}{0.21} \times O_o \text{[Nm}^3\text{/Nm}^3\text{]} \quad \cdots\cdots \text{(10-9)}$$

예를 들면, 어느 액체 연료 1[kg] 중에 탄소 C[kg], 수소 H[kg], 황 S [kg], 산소 O[kg]를 필요로 하므로 탄소 1[kg]의 연소에는 산소 $\frac{8}{3}$[kg]이 필요하고, 황 1[kg]의 연소에는 산소 1[kg]이 필요하다. 이 액체연료 1[kg]를 완전 연소시키기 위해 외부에서 공급되는 산소량은

$$\frac{8}{3}\text{C} + 8\text{H} + \text{S} - \text{O [kg/kg]}$$

[Nm³/kg]단위로 나타내면, 산소 1[kmol]의 체적은 22.4[Nm³]이므로

$$\frac{22.4}{32}\left(\frac{8}{3}\text{C} + 8\text{H} + \text{S} - \text{O}\right) = 22.4\left(\frac{\text{C}}{12} + \frac{\text{H}}{4} - \frac{(\text{O} - \text{S})}{32}\right)\text{[Nm}^3\text{/kg]}$$

따라서 필요한 이론공기량은

$$L_o = \frac{1}{0.232}\left(\frac{8}{3}\text{C} + 8\text{H} + \text{S} - \text{O}\right)\text{[kg}_f\text{/kg]} \quad \cdots\cdots \text{(10-10)}$$

또는,

$$L_o = \frac{22.4}{0.21}\left(\frac{C}{12} + \frac{H}{4} - \frac{(O-S)}{32}\right)[Nm^3/kg](SI단위) \quad \cdots\cdots \quad (10\text{-}11)$$

다음으로 어느 기체연료 1[Nm^3] 중에 수소 H_2[m^3], 일산화탄소 CO[m^3], 메탄 CH_4[m^3], 에틸렌 C_2H_4[m^3] 및 산소 O_2[m^3]가 함유되어 있을 때, 이 연료 1[Nm^3]의 연소에 필요한 공기량은 식 (10-11)으로부터 체적비의 관계에서 다음과 같은 식을 유도할 수 있다.

$$L_o = \frac{1}{0.21}\left\{\frac{1}{2}(H_2 + CO) + 2CH_4 + 3C_2H_4 - O_2\right\}[Nm^3/Nm^3] \quad \cdots\cdots \quad (10\text{-}12)$$

그리고 연료 1[kg]에 대해 실제로 공급한 공기량을 L[kg]이라 하면 공기과잉률 μ은 다음과 같이 정의한다.

$$\mu = \frac{\text{실제공기량}}{\text{이론공기량}} = \frac{L}{L_o}[\%] \quad \cdots\cdots \quad (10\text{-}13)$$

이 L[kg] 중에서 실제로 연소에 이용되는 산소량은 $0.232L_o$[kg]이고, 나머지 $(\mu-1)L_o$[kg]의 질소는 무용하다. $0.768L_o$[kg]의 질소(과잉공기)는 그만큼 열손실을 크게 하므로 완전연소가 허락하는 범위 내에서 작은 쪽이 바람직하다.

Example

05 다음과 같은 조성(%)의 연소가스의 완전연소에 대하여 완전연소시 이론공기량 L_o를 구하여라. (단, H_2 = 22.2, CO = 8.4, CH_4 = 21.6, C_2H_4 = 3.3, O_2 = 8, CO_2 = 2.5 및 N_2 = 38.2이다.)

풀이 식 (10-12)로부터 이론공기량은

$$L_o = \frac{1}{0.21}\left\{\frac{1}{2}(H_2 + CO) + 2CH_4 + 3C_2H_4 - O_2\right\}$$

$$= \frac{1}{0.21}\left\{\frac{1}{2}(0.222 + 0.084) + 2\times0.216 + 3\times0.033 - 0.008\right\} = 3.22Nm^3/Nm^3$$

10-4 연료의 발열량

일반적으로 연소에 의해 얻은 가스에 수증기가 함유되어 있을 경우 보통의 발열량 측정법으로는 연소가스를 다시 처음의 온도까지 냉각시키므로 수증기의 증발열을 포함한 발열량을 고위발열량이라 한다. 실제의 열기관에서는 연소가스가 실제온도까지 냉각되지 않는다. 따라서 물로 되지 않으므로 증발열은 이용되지 않는데, 이 경우의 증발열을 저위발열량이라 한다.

연료는 주로 탄화수소(C_mH_n) 계열이며, 공기 중의 산소와의 반응식을 완전 연소반응으로 했을 때를 나타내면

$$C + O_2 \quad = \quad CO_2 + 33906.6[kJ/kg]$$

$$H_2 + \frac{1}{2}O_2 \quad = \quad H_2O + 142324[kJ/kg]$$

$$S + O_2 \quad = \quad SO_2 + 10465[kJ/kg]$$

로서 연료 중에 황성분도 포함되어 있다.

위 식의 우변의 값은 반응시 발생하는 열량(+ : 발열반응, − : 흡열반응)을 의미한다. 또한 반응물과 생성물은 모두 기체로 생각할 때 발생열량은 고위발열량(H_h)이므로

$$H_h = [8100C + 34000(H - \frac{O}{8}) + 2,500S] \times 4.186[kJ/kg] \quad \cdots\cdots (10\text{-}14)$$

로 나타낸다. 여기서 $\frac{O}{8}$는 연료 중에 함유한 산소량을 의미하며, 몰비로 나타낸 것이다.

각각의 반응식을 중량비로 나타내면

C	:	O_2	= CO_2(탄소 연소)
12[kg]	:	32[kg] :	44[kg]
1	:	2.67 :	3.67

H_2	:	$\frac{1}{2}O_2$	= H_2O(수소 연소)
2[kg]	:	16[kg] :	18[kg]
1	:	8 :	9

$$
\begin{array}{ccccc}
S & : & O_2 & = & SO_2(\text{황 연소}) \\
32[kg] & : & 32[kg] & : & 64[kg] \\
1 & : & 1 & : & 2
\end{array}
$$

이다.

만약 생성물인 H_2O을 기체상태로 생각한다면 발생열량은 저위발열량(H_l)이며

$$H_l = [H_h - 600(9H + W)] \times 4.186[kJ/kg] \quad \cdots\cdots (10\text{-}15)$$

로 나타낸다.

여기서 600은 물이 액체에서 기체로 상변화할 때 흡수하는 열량 값을 의미한다. 그러므로 저위발열량은

$$H_l = \left[8100C + 29000\left(H - \frac{O}{8}\right) + 2500S - 600W\right] \times 4.186[kJ/kg] \quad \cdots\cdots (10\text{-}16)$$

로 나타낼 수 있다.

그리고 반응식에서 중량비로서 완전 연소시에 필요한 산소중량 O 는

$$O = 2.67C + 8\left(H - \frac{O}{8}\right) + S \quad \cdots\cdots (10\text{-}17)$$

이고, 공기 중에는 중량비로 산소가 23.2%(질소 76.8%) 차지하므로 완전 연소시 필요한 공기중량 A 는 다음과 같다.

$$A = \frac{1}{0.232}\left[2.67C + 8\left(H - \frac{O}{8}\right) + S\right] \quad \cdots\cdots (10\text{-}18)$$

보통 연료의 연소에 취급되는 주요 연료의 저위발열량은 〈표 10-1〉과 같다.

표 10-1 각종 연료의 발열량

물질	기호	저위발열량		
		kcal/kmol	kcal/kg	kcal/Nm^3
수소	H_2	57590	28800	2570
탄소	C	97200(완전연소) 29200(불완전연소)	8100 2400	-
유황	S	76860	2500	-
일산화탄소	CO	67700	2420	3020
메탄	CH_4	191290	11970	8570
에탄	C_2H_6	340530	11350	15200
에틸렌	C_2H_4	318490	11380	14220
벤젠	C_6H_6	750730	9630	33510

Example

06 석탄 1kg를 분석한 결과 성분 C = 0.75kg, S = 0.02kg, O = 0.07 kg, H = 0.06kg, 수분 W = 0.04kg이면 석탄의 저위발열량은 몇 kJ/kg인가?

풀이 식 (10-16)으로부터 저위발열량은

$$H_l = 8100\mathrm{C} + 2500\mathrm{S} + 29000\left(\mathrm{H} - \frac{\mathrm{O}}{8}\right) - 600\mathrm{W}$$

$$= [(8100 \times 0.75) + (2500 \times 0.02) + 29000\left(0.06 - \frac{0.07}{8}\right) - 600 \times 0.04] \times 4.186$$

$$\fallingdotseq 31760\,\mathrm{kJ/kg}$$

07 중량조성이 C = 84%, H = 13%, O = 5%, S = 2%, N = 0.5%인 중유의 저위 발열량과 고위 발열량을 구하여라.

풀이 식 (10-16)과 식 (10-15)로부터 저위 발열량(H_l)과 고위 발열량(H_h)은

(1) $H_l = 8100\mathrm{C} + 29000(\mathrm{H} - \frac{\mathrm{O}}{8}) + 2{,}500\mathrm{S} - 600\mathrm{W}$

$$= [8100 \times 0.84 + 29000\left(0.13 - \frac{0.05}{8}\right) + 2500 \times 0.02 - 600 \times 0] \times 4.186$$

$$\fallingdotseq 43713.35\,\mathrm{kJ/kg}$$

(2) $H_h = H_l + 600(9\mathrm{H} + \mathrm{W}) = 43713.4 + [600(9 \times 0.13 + 0)] \times 4.186$

$$\fallingdotseq 46651.972\,\mathrm{kJ/kg}$$

R/e/f/e/r/e/n/c/e

고위 발열량

$$H_h = [8100C + 34000(H - \frac{O}{8}) + 2{,}500\,S] \times 4.186\,[kJ/kg]$$

저위 발열량

$$H_l = [8100C + 29000(H - \frac{O}{8}) + 2500S - 600W] \times 4.186\,[kJ/kg]$$

산소중량

$$O = 2.67C + 8(H - \frac{O}{8}) + S$$

CHAPTER

10

연 소

실/력/평/가

01 3kmol의 탄소를 완전 연소시키는데 필요한 최소 산소량은 몇 kmol인가?

① 1　　② 2
③ 3　　④ 4

풀이

탄소의 완전연소 반응식

$C + O_2 \rightarrow CO_2$

1kmol : 1kmol

02 옥탄의 완전연소 방정식은 다음과 같다. $C_8H_{18} + 12.5O_2 \rightarrow 8CO_2 + 9H_2O$ 옥탄 1kg을 완전 연소시키는데 필요한 산소량은 몇 kg인가?

① 400　　② 114
③ 4.08　　④ 3.51

풀이

옥탄의 완전연소 반응식

$C_8H_{18} + 12.5O_2$

114kg : 400kg

1kg : $\frac{400}{114}$kg

03 일산화탄소를 공기 중에서 연소할 때 과잉공기의 양이 많으면 생성되는 가스량은 다음과 같은 상태가 된다. 옳은 것은?

① 일산화탄소의 양은 증가한다.
② 이산화탄소의 양은 증가한다.
③ 일산화탄소와 이산화탄소가 다 같이 증가한다.
④ 일산화탄소와 이산화탄소가 다 같이 감소한다.

풀이

일산화탄소 연소 반응식

$O + 1/2O_2 \rightarrow CO_2$

반응물 → 생성물

∴ 생성물인 CO_2량이 증가한다.

04 다음 연료 속에 들어 있는 성분을 표시한 것 중 연소에서 발열성에 속하는 것은?

① 산소　　② 질소
③ 회분　　④ 수소

풀이

연료 중의 발열반응 성분은 C, H_2, S이다.

| 정 | 답 | 01 ③　02 ④　03 ②　04 ④

05 10mol의 탄소(C)를 완전 연소시키는데 필요한 최소 산소는 몇 mol인가?

① 5 ② 15
③ 10 ④ 20

풀이

탄소의 완전연소 반응식

$C + O_2 \rightarrow CO_2$

1kmol : 1kmol

06 $S + O_2 \rightarrow SO_2$에서 반응물이란?

① S나 O_2를 말한다.
② SO_2를 말한다.
③ S나 O_2나 SO_2 중 하나를 말한다.
④ S, O_2를, SO_2를 통틀어 말한다.

풀이

황의 완전연소 반응식

$S + O_2 \rightarrow SO_2$

• 반응물 : S, O_2
• 생성물 : SO_2

07 $C + O_2 \rightarrow CO_2$의 식에서 1kg의 C가 완전연소하기 위해 위 식이 필요한 산소의 중량은?

① 약 1.67kg ② 약 2.67kg
③ 약 3.67kg ④ 약 4.67kg

풀이

$C + O_2 \rightarrow CO_2$

12kg : 32kg

1kg : $\frac{32}{12}$kg

08 순수한 탄소 1kg를 연소시키는데 필요한 공기량은 다음 중 어느 것인가?

① $1.88Nm^3$ ② $8.89Nm^3$
③ $10.27Nm^3$ ④ $42.33Nm^3$

풀이

$$L_o = \frac{22.4}{0.21 \times 12}C = \frac{22.4}{0.21 \times 12} \times 1 = 8.89Nm^3$$

09 메탄 1kg은 공기 중에서 이론 공기로 완전연소시키기 위한 공기의 체적은? (단, 표준상태인 경우)

① $4m^3$ ② $6.9m^3$
③ $11.69m^3$ ④ $13.3m^3$

풀이

메탄의 완전연소 방정식

$CH_4 + 2O_2 \rightarrow CO_2 + 2H_2O$

$C_mH_n + (m + \frac{n}{4})O_2 \rightarrow$ 생성물에서 메탄 $1kg_f$이 완전연소시 필요한 산소량

$\frac{(2 \times 22.4)}{12 + 4} = 2.8Nm^3$

따라서 필요 공기량의 체적은 $\frac{2.8}{0.21} ≒ 13.3Nm^3$이다.

10 $CO + 1/2O_2 = CO_2$의 반응에서 온도는 변화시키지 않고 압력을 증가시키면 평형 혼합물 중의 CO_2의 성분은?

① 변하지 않는다.
② 감소한다.
③ 증가한다.
④ 최초온도에 따라 증가할 수도 있고 감소할 수도 있다.

풀이

압력, 온도 증가 → 생성물 농도 증가

05 ③ 06 ① 07 ② 08 ② 09 ④ 10 ③ | 정 | 답 |

11 석탄의 원소를 분석한 결과 아래와 같은 조성으로 되어 있다면 이 석탄 1kg를 완전 연소시키는데 필요한 이론공기량은 체적으로 몇 m^3/kg이 되겠는가? (단, 1kmol = 22.41Nm^3이고, 공기중의 산소의 체적비는 21%, 그 조성은 C : 48%, H : 4%, O : 8%, 수분 : 25%, 회분 : 15%이다.)

① 약 3.75Nm^3/kg ② 약 5.07Nm^3/kg
③ 약 6.28Nm^3/kg ④ 약 7.58Nm^3/kg

풀이

연료(kg)의 완전 연소시 필요한 공기체적, 즉 이론공기 연료비(Nm^3/kg)는

$$L_o = \frac{22.4}{0.21}\left(\frac{C}{12} + \frac{H}{4} - \frac{(O-S)}{32}\right)$$

$$= 8.89C + 26.7(H - \frac{O}{8}) + 3.33S$$

$$= 8.89 \times 0.48 + 26.7(0.04 - \frac{0.08}{8})$$

$$\fallingdotseq 5.07Nm^3/kg$$

12 메탄이 공기 중에서 완전 연소할 때 연료 공기비를 구하면 어느 것에 가장 가까운가? (단, 공기는 체적비로 보아 21 : 79의 산소와 질소로 되어 있다.)

① 1 : 4.0 ② 1 : 8.6
③ 1 : 13.2 ④ 1 : 17.2

풀이

메탄의 연소 반응식에서 반응물은

$CH_4 + 2O_2 + 3.76N_2$(체적비로 $\frac{79}{21} = 3.76$)

따라서 공기 연료비는

$$R_{af} = \frac{2 \times 32 + 3.76 \times 2 \times 28}{12 + 4} \fallingdotseq 17.2$$

13 어느 석탄의 성분이 중량비로 탄소 50%, 수소 5%, 산소 15%, 유황 1%, 질소 2%, 수분 12%, 회분 15%이면 이 석탄의 저위 발열량은?

① 3076.48kJ/kg ② 20550.12kJ/kg
③ 4607.36kJ/kg ④ 17136.0kJ/kg

풀이

$$H_l = [8100C + 29000(H - \frac{O}{8}) + 2500S - 600W] \times 4.186$$

$$= [8100 \times 0.5 + 29000(0.05 - \frac{0.15}{8}) + 2500 \times 0.01 - 600 \times 0.12] \times 4.186$$

$$\fallingdotseq 20550.12kJ/kg$$

14 연소과정에서 과잉공기에 대한 설명으로 가장 적합한 것은 어느 것인가?

① 연소에 필요한 이론산소량을 초과하여 공급한 산소
② 연소에 필요한 이론공기량을 초과하여 공급한 산소
③ 연료 속에 탄소, 수소, 기타 성분원소를 완전 연소할 수 있는 산소를 공급하는데 필요한 실제 공기량
④ 산소를 완전 연소시키는데 필요한 이론공기량을 초과하여 공급한 공기량

풀이

과잉공기는 연소에 필요한 이론공기량을 초과하여 공급한 산소이다.

| 정 | 답 | 11 ② 12 ④ 13 ② 14 ②

15 중량비를 다음과 같이 갖는 석탄 1kg당 발생하는 발열량은? (단, 연소효율은 90%이다.)

C	H	O	S	N	W	회분
45%	5%	13%	2%	3%	17%	15%

① 약 2260.23kJ/kg
② 약 13950kJ/kg
③ 약 17227.73kJ/kg
④ 약 1261.32kJ/kg

풀이

$$H_l = [8100C + 29000(H - \frac{O}{8}) + 2500S - 600W] \times 4.186$$
$$= [8100 \times 0.45 + 29000(0.05 - \frac{0.13}{8}) + 2500 \times 0.02 - 600 \times 0.17] \times 4.186$$
$$= 19141.92\text{kJ/kg}$$

실제의 발열량

$H_l' = H_l \times$ 연소효율(0.9) ≒ 17227.73kJ/kg

16 화학반응의 평형상수는 온도에 따라 어떻게 변화하겠는가?

① 온도가 상승하면 발열반응에서는 평형상수가 증가한다.
② 온도가 상승하면 발열반응에서는 평형상수가 감소한다.
③ 온도가 상승하면 평형상수는 일정하게 된다.
④ 온도가 상승하면 흡열반응에서는 평형상수가 감소한다.

풀이

화학반응의 평형상수는 온도만의 함수로서 온도가 상승하면 발열반응에서는 감소하고, 흡열반응에서는 증가한다.

17 다음 설명내용 중 맞는 것은?

① 공기과잉률은 기체 $1m^3$당 실제로 혼합된 공기량과 완전연소에 필요한 공기량의 비이다.
② 공기과잉률은 기체 $1m^3$당 실제로 혼합된 공기량과 불완전연소에 필요한 공기량의 비이다.
③ 공기과잉률은 연료 1kg당 실제로 혼합된 공기량과 완전연소에 필요한 공기량의 비이다.
④ 공기과잉률은 연료 1kg당 실제로 혼합된 공기량과 불완전연소에 필요한 공기량의 비이다.

풀이

공기 과잉률은 연료 1kg당 실제로 혼합된 공기량과 불완전연소에 필요한 공기량의 비로 정의한다.

18 탄소 1kg가 완전 연소될 때 생성되는 이산화탄소의 양은 몇 kg 정도인가?

① 2.36kg ② 2.86kg
③ 3.667kg ④ 4.667kg

풀이

$$C + O_2 = CO_2$$
$$12\text{kg} + 32\text{kg} = 44\text{kg}$$
$$1\text{kg} + \frac{32}{12}\text{kg} = \frac{44}{12}\text{kg} = 3.667\text{kg}$$

15 ③ 16 ② 17 ④ 18 ③ | 정 | 답 |

19 메탄(CH_4)이 공기 중에서 연소할 때 과잉공기량이 많으면 어떻게 되는가?

① 최고 단열 연소온도가 높아진다.
② 최고 단열 연소온도가 낮아진다.
③ 최고 단열 연소온도가 일정하다.
④ 메탄의 반응열이 매우 커진다.

풀이

과잉공기량이 많으면 최고연소 단열온도는 저하한다.

20 다음 중 고정탄소와 휘발분의 비는 어느 것인가?

① 공연비 ② 혼합비
③ 연공비 ④ 증발비

풀이

증발비는 탄화수소 연료 속의 고정탄소와 휘발분사이의 비이다.

21 다음과 같은 조성의 고체연료의 고위발열량과 저위발열량을 얼마인가? (단, C = 73%, H = 4.5%, O = 8%, S = 2%, W = 4%이다.)

① $H_h = 29942.46\text{kJ/kg}$, $H_l = 49109.4\text{kJ/kg}$
② $H_h = 22342.46\text{kJ/kg}$, $H_l = 59109.4\text{kJ/kg}$
③ $H_h = 29536.46\text{kJ/kg}$, $H_l = 39109.4\text{kJ/kg}$
④ $H_h = 29942.50\text{kJ/kg}$, $H_l = 29109.4\text{kJ/kg}$

풀이

• 고위발열량

$$H_h = [8100\text{C} + 34000(\text{H} - \frac{\text{O}}{8}) + 2500\text{S}] \times 4.186$$
$$= [8100 \times 0.73 + 34000(0.045 - \frac{0.08}{8}) + 2500 \times 0.02] \times 4.186$$
$$\fallingdotseq 29942.5\text{kJ/kg}$$

• 저위발열량

$$H_l = 8100\text{C} + 29000(\text{H} - \frac{\text{O}}{8}) + 2500\text{S} - 600\text{W}$$
$$= [8100 \times 0.73 + 29000(0.045 - \frac{0.08}{8}) + 2500 \times 0.02 - 600 \times 0.04] \times 4.186$$
$$\fallingdotseq 29109.4\text{kJ/kg}$$

22 다음과 같은 성분을 가진 연료의 이론공기량(kg)은 얼마인가? (단, C = 30%, H = 2.5%, O = 10%, N = 0.5%, S = 1%, W = 5%이다.)

① $L_o = 3.62\text{kg}$
② $L_o = 3.72\text{kg}$
③ $L_o = 3.82\text{kg}$
④ $L_o = 3.92\text{kg}$

풀이

$$L_o = \frac{1}{0.232}\left(\frac{8}{3}\text{C} + 8\text{H} + \text{S} - \text{O}\right)$$
$$= 11.49\text{C} + 34.5(\text{H} - \frac{\text{O}}{8}) + 4.31\text{S}$$
$$= 11.49 \times 0.3 + 34.5(0.025 - \frac{0.1}{8}) + 4.31 \times 0.01$$
$$= 3.92\text{kg}$$

| 정 | 답 | 19 ② 20 ④ 21 ④ 22 ④

23 다음과 같은 성분을 가진 연료의 이론공기량 (Nm^3/kg)은 얼마인가? (단, C = 30%, H = 2.5%, O = 10%, N = 0.5%, S = 1%, W = 5%이다.)

① $L_o = 2.934 Nm^3/kg$
② $L_o = 2.953 Nm^3/kg$
③ $L_o = 3.034 Nm^3/kg$
④ $L_o = 3.1234 Nm^3/kg$

풀이

$$L_o = \frac{22.4}{0.21}\left(\frac{C}{12} + \frac{H}{4} - \frac{(O-S)}{32}\right)$$

$$= 8.89C + 26.7(H - \frac{O}{8}) + 3.33S$$

$$= 8.89 \times 0.3 + 26.7(0.025 - \frac{0.1}{8}) + 3.33 \times 0.01$$

$$= 3.034 Nm^3/kg$$

24 가솔린 200cc를 완전연소시키는데 몇 m^3의 공기가 필요한가? (단, 혼합비는 15, 가솔린의 비중은 0.73, 공기의 비중량은 1.206 g/m^3이다.)

① 0.8 ② 1.8
③ 2.8 ④ 3.8

풀이

- 연료량
  $G_f = 200 \times 0.73 = 146g$
- 연소에 필요한 공기량
  G_a = 혼합비 $\times G_f = 15 \times 0.146 = 2.19kg$

따라서, 공기의 체적

$$V_a = \frac{G_a}{\gamma} = \frac{2.19}{1.206} \times G_f = 1.8m^3$$

23 ③ 24 ② | 정 | 답 |

부 록

[열역학에서 사용되는 각종 단위 환산표]

양	SI 단위	종래의 단위			
힘	N(Newton)	kg_f	dyn		
	1 9.80665 10^{-3}	0.1019716 1 1.019716×10^{-6}	10^5 9.80665×10^5 1		
압력	Pa(Pascal)	bar	kg_f/cm^2	mmH_2O	mmHg
	1 10^5 9.80665×10^4 9.80665 133.3224	10^{-5} 1 0.980665 9.80665×10^{-5} 1.333224×10^{-3}	1.019716×10^{-5} 1.019716 1 10^{-4} 1.359510×10^{-3}	0.1019716 1.019716×10^4 104 1 13.59510	7.500617×10^{-3} 750.0617 735.5593 7.355592×10^{-2} 1
$1Pa=1N/m^2$					
에너지 일 열량	kJ	kW.h	kcal	1J＝1N.m＝1W.s 1cal＝4.1868J	
	1 3600 4.1868	1/3600 1 1.163×10^3	0.2388456 859.8452 1		
동력 출력 열량	W	$kg_f\cdot m/s$	PS	1W＝1J/s＝1N.m/s 1kcal/h＝1.163W	
	1 9.80665 735.4988	0.1019716 1 75	1.359622×10^{-3} 1/75 1		
열역학온도	K	t[℃]＝T[K]－T_0[K], T_0＝273.15K 온도차 1℃＝1K			
열전도율	W/(m.K)	kcal/(m.h.℃)			
	1 1.163	1/1.163 1			
열전달률 열통과율	$W/(m^2.K)$	$kcal/(m^2.h.℃)$			
	1 1.163	1/1.163 1			
연료소비율	g/(MW.s)	g/(kW.h)	g/(PS.h)		
	1 1/3.6 0.3776727 168.9659	3.6 1 1.3596216 608.2554	2.647796 0.7354988 1 447.3872		
내부에너지 엔탈피 잠열	kJ	kcal			
	1 4.1868	0.2388459 1			
비엔트로피	kJ/kg.K	$kcal/kg_f\cdot K$	1N.m/(kg.K)＝1J/(kg.K)		
	1 4.1868	0.2388459 1			
가스정수	kJ/kg.K	$kg_f\cdot m/kg_f\cdot K$			
	1 9.80665	0.1019716 1			

[SI단위 온도기준 포화 증기표(1)]

온도 [t_c(℃), T(K)]		압력 [P_s, MPa]	비체적[m³/kg]		비엔탈피[kJ/kg]			비엔트로피[kJ/kg.K]		
			v'	v''	h'	h''	$r = h' - h''$	s'	s''	$r/T_s = s'' - s'$
0	273.15	0.0006108	0.00100022	206.305	−0.042	2501.6	2501.6	−0.00015	9.15773	9.15788
0.01	273.16	0.0006112	0.00100022	206.163	0.001	2501.6	2501.6	0.00000	9.15746	9.15746
5	278.15	0.0008718	0.00100023	147.163	21.007	2510.7	2489.7	0.07621	9.02690	8.95069
10	283.15	0.0012270	0.00100025	106.430	41.994	2519.9	2477.9	0.15099	8.90196	8.75097
15	288.15	0.0017039	0.00100083	77.9779	62.941	2529.1	2466.1	0.22432	8.78257	8.55825
20	293.15	0.0023366	0.00100172	57.8383	83.862	2538.2	2454.3	0.29630	8.66840	8.37210
25	298.15	0.0031660	0.00100289	43.4017	104.767	2547.3	2442.5	0.36701	8.55916	8.19215
30	303.15	0.0042415	0.00100431	32.9289	125.664	2556.4	2430.7	0.43651	8.45456	8.01805
35	308.15	0.0056216	0.00100595	25.2449	146.557	2565.4	2418.8	0.50486	8.35434	7.84948
40	313.15	0.0073750	0.00100781	19.5461	167.452	2574.4	2406.9	0.57212	8.25826	7.68613
50	323.15	0.012335	0.00101211	12.0457	209.256	2592.2	2382.9	0.70351	8.07757	7.37406
60	333.15	0.019920	0.00101714	7.67853	251.091	2609.7	2358.6	0.83099	7.91081	7.07982
70	343.15	0.031162	0.00102285	5.04627	292.972	2626.9	2334.0	0.95482	7.75647	6.80165
80	353.15	0.047360	0.00102919	3.40909	334.916	2643.8	2308.8	1.07525	7.61322	6.53796
90	363.15	0.070109	0.00103615	2.36130	376.939	2660.1	2283.2	1.19253	7.47987	6.28734
100	373.15	0.101325	0.00104371	1.67300	419.064	2676.0	2256.9	1.30687	7.35538	6.04851
110	383.15	0.14327	0.00105187	1.20994	461.351	2691.3	2230.0	1.41849	7.23880	5.82031
120	393.15	0.19854	0.00106063	0.891524	503.719	2706.0	2202.2	1.52759	7.12928	5.60169
130	403.15	0.27013	0.00107002	0.668136	546.305	2719.9	2173.6	1.63436	7.02606	5.39170
140	413.15	0.36138	0.00108006	0.508493	589.104	2733.1	2144.0	1.73899	7.92844	5.18945
150	423.15	0.47600	0.00109078	0.392447	632.149	2745.4	2113.2	1.84164	7.83578	4.99414
160	433.15	0.61806	0.00110223	0.306756	675.474	2756.7	2081.3	1.94247	6.74749	4.80502
170	443.15	0.79202	0.00111446	0.242553	719.116	2767.1	2047.9	2.04164	6.66303	4.62139
180	453.15	1.0027	0.00112752	0.193800	763.116	2776.3	2013.1	2.13929	6.58189	4.44260
190	463.15	1.2551	0.00114151	0.156316	807.517	2784.3	1976.7	2.23558	6.50361	4.26803
200	473.15	1.5549	0.00115650	0.127160	852.371	2790.9	1938.6	2.33066	6.42776	4.09710
210	483.15	1.9077	0.00117260	0.104239	897.734	2796.2	1898.5	2.42467	6.35393	3.92926
220	493.15	2.3198	0.00118996	0.0860378	943.673	2799.9	1856.2	2.51779	6.28172	3.76393
230	503.15	2.7976	0.00120872	0.0714498	990.265	2802.0	1811.7	2.61017	6.21074	3.60057
240	513.15	3.3478	0.00122908	0.0596544	1037.60	2802.2	1764.6	2.70200	6.14059	3.43859
250	523.15	3.9776	0.00125129	0.0500374	1085.78	2800.4	1714.7	2.79348	6.07083	3.27734
260	533.15	4.6943	0.00127563	0.0421338	1134.94	2796.4	1661.5	2.88485	6.00097	3.11612
270	543.15	5.5058	0.00130250	0.0355880	1185.23	2789.9	1604.6	2.97635	5.93045	2.95410
280	553.15	6.4202	0.00133239	0.0301260	1236.84	2780.4	1543.6	3.06830	5.85863	2.79033
290	563.15	7.4461	0.00136595	0.0255351	1290.01	2767.6	1477.6	3.16108	5.78478	2.62370
300	573.15	8.5927	0.00140406	0.0216487	1345.05	2751.0	1406.0	3.25517	5.70812	2.45295
310	583.15	9.8700	0.00144797	0.0183339	1402.39	2730.0	1327.6	3.35119	5.62776	2.27657
320	593.15	11.289	0.00149950	0.0154798	1462.60	2703.7	1241.1	3.45000	5.54233	2.09233
330	603.15	12.863	0.00156147	0.0129894	1526.52	2670.2	1143.6	3.55283	5.44901	1.89618
340	613.15	14.605	0.00163872	0.0107804	1595.47	2626.2	1030.7	3.66162	5.34274	1.68112
350	623.15	16.535	0.00174112	0.0087991	1671.94	2567.7	895.7	3.78004	5.21766	1.43762
360	633.15	18.675	0.0018959	0.0069398	1764.2	2485.4	721.3	3.92102	5.06003	1.13901
370	643.15	21.054	0.0022136	0.0049728	1890.2	2342.8	452.6	4.11080	4.81439	0.70359
374.15	647.15	22.120	0.0031700	0.0031700	2170.4	2170.4	0.0	4.44286	4.44286	0.00000

[SI단위 압력기준 포화 증기표(2)]

압력 [P, MPa]	온도 [t_c, ℃]	비체적[m³/kg] v'	v''	비엔탈피[kJ/kg] h'	h''	$r = h'-h''$	비엔트로피[kJ/kg.K] s'	s''	$r/T_s = s''-s'$
0.0010	6.983	0.00100007	129.209	29.335	2514.4	2485.0	0.10604	8.97667	8.87062
0.0015	13.036	0.00100057	87.9821	54.715	2525.5	2470.7	0.19567	8.82883	8.63316
0.0020	17.513	0.00100124	67.0061	73.457	2533.6	2460.2	0.26065	8.72456	8.46390
0.0025	21.096	0.00100196	54.2562	88.446	2540.2	2451.7	0.31191	8.64403	8.33213
0.0030	24.100	0.00100266	45.6673	101.003	2545.6	2444.6	0.35436	8.57848	8.22412
0.005	32.90	0.00100523	28.1944	137.772	2561.6	2423.8	0.47626	8.39596	7.91970
0.01	45.83	0.00101023	14.6746	191.832	2584.8	2392.9	0.64925	8.15108	7.50183
0.02	60.09	0.00101719	7.64977	251.453	2609.9	2358.4	0.83207	7.90943	7.07735
0.03	69.12	0.00102232	5.22930	289.302	2625.4	2336.1	0.94411	7.76953	6.82542
0.04	75.89	0.00102651	3.99342	317.650	2636.9	2319.2	1.02610	7.67089	6.64480
0.05	81.35	0.00103009	3.24022	340.564	2646.0	2305.4	1.09121	7.59472	6.50352
0.07	89.96	0.00103612	2.36473	376.768	2660.1	2283.3	1.19205	7.48040	6.28834
0.10	99.63	0.00104342	1.69373	417.510	2675.4	2257.9	1.30271	7.35982	6.05711
0.101325	100.00	0.00104371	1.67300	419.064	2676.0	2256.9	1.30687	7.35538	6.04851
0.15	111.37	0.00105303	1.15904	467.125	2693.4	2226.2	1.43361	7.22337	5.78976
0.20	120.23	0.00106084	0.885441	504.700	2706.3	2201.6	1.53008	7.12683	5.59675
0.30	133.54	0.00107350	0.605562	561.429	2724.7	2163.2	1.67164	6.99090	5.31926
0.40	143.62	0.00108387	0.462224	604.670	2737.6	2133.0	1.77640	6.89433	5.11793
0.50	151.84	0.00109284	0.374676	640.115	2747.5	2107.4	1.86036	6.81919	4.95883
0.60	158.84	0.00110086	0.315474	670.422	2755.5	2085.0	1.93083	6.75754	4.82671
0.80	170.41	0.00111498	0.240257	720.935	2767.5	2046.5	2.04572	6.65960	4.61388
1.00	179.88	0.00112737	0.194293	762.605	2776.2	2013.6	2.13817	6.58281	4.44464
1.20	187.96	0.00113858	0.163200	798.430	2782.7	1984.3	2.21606	6.51936	4.30331
1.40	195.04	0.00114893	0.140721	830.073	2787.8	1957.7	2.28366	6.46509	4.18143
1.60	201.37	0.00115864	0.123686	858.561	2791.7	1933.2	2.34361	6.41753	4.07391
1.80	207.11	0.00116783	0.110317	884.573	2794.8	1910.3	2.39762	6.37507	3.97746
2.00	212.37	0.00117661	0.0995361	908.588	2797.2	1888.6	2.44686	6.33665	3.88979
2.50	223.94	0.00119718	0.0799053	961.961	2800.9	1839.0	2.55429	6.25361	3.69932
3.00	223.84	0.00121634	0.0666261	1008.35	2802.3	1793.9	2.64550	6.18372	3.53822
3.50	242.54	0.00123454	0.0570255	1049.76	2802.0	1752.2	2.72527	6.12285	3.39758
4.0	250.33	0.00125206	0.0497493	1087.40	2800.3	1712.9	2.79652	6.06851	3.27198
5.0	263.91	0.00128582	0.0394285	1154.47	2794.2	1639.7	2.92060	5.97349	3.05289
6.0	275.55	0.00131868	0.0324378	1213.69	2785.0	1571.3	3.02730	5.89079	2.86349
7.0	285.79	0.00135132	0.0273733	1267.41	2773.5	1506.0	3.12189	5.81616	2.69427
8.0	294.97	0.00138424	0.0235253	1317.10	2759.5	1442.8	3.20762	5.74710	2.53947
9.0	303.31	0.00141786	0.0204953	1363.73	2744.6	1380.9	3.28666	5.68201	2.39535
10.0	310.96	0.00145256	0.0180413	1408.04	2727.7	1319.7	3.36055	5.61980	2.25926
12.0	324.65	0.00152676	0.0142830	1491.77	2689.2	1197.4	3.49718	5.50022	2.00304
14.0	336.64	0.00161063	0.0114950	1571.64	2642.4	1070.7	3.62424	5.38026	1.75601
16.0	347.33	0.00171031	0.0093075	1650.54	2584.9	934.3	3.74710	5.25314	1.50604
18.0	356.96	0.00183990	0.0074977	1734.80	2513.9	779.1	3.87654	5.11277	1.23623
20.0	365.70	0.00203700	0.0058765	1826.50	2418.3	591.9	4.01487	4.94120	0.92634
22.0	373.69	0.00267090	0.0037265	2011.00	2195.4	184.4	4.29451	4.57957	0.28506
22.12	374.15	0.00317000	0.0031700	2107.40	2107.4	0.0	4.44286	4.44286	0.00000

[SI단위 과열 증기표(1)]

압력[MPa] (포화온도[℃])		온도[℃]											
		50	100	150	200	250	300	350	400	500	600	700	800
0.005 (32.90)	v	29.783	34.417	39.041	43.661	48.280	52.896	57.513	62.129	71.360	80.591	89.822	99.053
	h	2593.7	2688.1	2783.4	2879.9	2977.6	3076.7	3177.4	3279.7	3489.2	3705.6	3928.8	4158.7
	s	8.4981	8.7698	9.0094	9.2248	9.4211	9.6021	9.7704	9.9283	10.2184	10.4815	10.7235	10.9483
0.010 (45.83)	v	14.869	17.195	19.512	21.825	24.136	26.445	28.754	31.062	35.679	40.295	44.910	49.526
	h	2592.7	2687.5	2783.1	2879.6	2977.4	3076.6	3177.3	3279.6	3489.1	3705.5	3928.8	4158.7
	s	8.1757	8.4486	8.6888	8.9045	9.1010	9.2820	9.4504	9.6083	9.8984	10.1616	10.4036	10.6284
0.020 (60.09)	v	0.0010121	8.585	9.748	10.907	12.064	13.219	14.374	15.529	17.838	20.146	22.455	24.762
	h	209.3	2686.3	2782.3	2879.2	2977.1	3076.4	3177.1	3279.4	3489.0	3705.4	3928.7	4158.7
	s	0.7035	8.1261	8.3676	8.5839	8.7806	8.9618	9.1303	9.2882	9.5784	9.8416	10.0836	10.3085
0.050 (81.35)	v	0.0010121	3.418	3.889	4.356	4.821	5.284	5.747	6.209	7.133	8.057	8.981	9.904
	h	209.3	2682.6	2780.1	2877.7	2976.1	3075.7	3176.6	3279.0	3488.7	3705.2	3928.5	4158.4
	s	0.7035	7.6953	7.9406	8.1587	8.3564	8.5380	8.7068	8.8649	9.1552	9.4185	9.6606	9.8855
0.10 (99.63)	v	0.0010121	1.696	1.936	2.172	2.406	2.639	2.871	3.102	3.565	4.028	4.490	4.952
	h	209.3	2676.2	2776.3	2875.4	2974.5	3074.5	3175.6	3278.2	3488.1	3704.8	3928.2	4158.3
	s	0.7035	7.3618	7.6137	7.8349	8.0342	8.2166	8.3858	8.5442	8.8348	9.0982	9.3405	9.5654
0.20 (120.23)	v	0.0010121	0.0010437	0.9595	1.080	1.199	1.316	1.433	1.549	1.781	2.013	2.244	2.475
	h	209.4	419.1	2768.5	2870.5	2971.2	3072.1	3173.8	3276.7	3487.0	3704.0	3927.6	4157.8
	s	0.7034	1.3068	7.2794	7.5072	7.7096	7.8937	8.0638	8.2226	8.5139	8.7776	9.0201	9.2452
0.30 (133.54)	v	0.0010121	0.0010436	0.6337	0.7164	0.7964	0.8753	0.9535	1.031	1.187	1.341	1.496	1.650
	h	209.5	419.2	2760.4	2865.5	2967.9	3069.7	3171.9	3275.2	3486.0	3703.2	3927.0	4157.3
	s	0.7034	1.3067	7.0771	7.3119	7.7516	7.7034	7.8744	8.0338	8.3257	8.5898	8.8325	9.0577
0.40 (143.62)	v	0.0010119	0.0010436	0.4707	0.5343	0.595	0.6549	0.7139	0.7725	0.8892	1.005	1.121	1.237
	h	209.6	419.3	2752.06.92	2860.4	22964.2	3067.2	3170.0	3273.6	3484.9	3702.3	3926.4	4156.9
	s	0.7033	1.3066	85	7.1708	7.3800	7.5675	7.7395	7.8994	8.1919	8.4563	8.6992	8.9246
0.50 (151.84)	v	0.0010119	0.0010435	0.0010908	0.4250	0.4744	0.5226	0.5701	0.6172	0.7108	0.8039	0.8968	0.9896
	h	209.7	419.4	632.2	2855.1	2961.1	3064.8	3168.1	3272.1	3483.8	3701.5	3925.8	4156.4
	s	0.7033	1.3066	1.8416	7.0592	7.2721	7.4614	7.6343	7.7948	8.0879	8.3526	8.5957	8.8213
0.60 (158.84)	v	0.0010119	0.0010434	0.0010907	0.3520	0.3939	0.4344	0.4742	0.5136	0.5918	0.6696	0.7471	0.8245
	h	209.8	419.4	632.2	2849.7	2957.6	3062.3	3166.2	3270.6	3482.7	3700.7	3925.1	4155.9
	s	0.7032	1.3065	1.8415	6.9662	7.1829	7.3740	7.5479	7.7090	8.0027	8.2678	8.5111	8.7368
0.70 (164.96)	v	0.0010118	0.0010434	0.0010906	0.2999	0.3364	0.3714	0.4057	0.4396	0.5069	0.5737	0.6402	0.7066
	h	209.8	419.5	632.3	2844.2	2954.0	3059.8	3164.3	3269.0	3481.6	3699.9	3924.5	4155.5
	s	0.7032	1.3064	1.8414	2.8859	7.1066	7.2997	7.4745	7.6362	7.9305	8.1959	8.4395	8.6653
0.80 (170.41)	v	0.0010118	0.0010433	0.0010906	0.2608	0.2932	0.3241	0.3543	0.3842	0.4432	0.5017	0.5600	0.6181
	h	209.9	419.6	632.3	2838.6	2950.4	3057.3	3162.4	3267.5	3480.5	3699.1	3923.9	4155.0
	s	0.7031	1.3063	1.8413	6.8148	7.0397	7.2348	7.4107	7.5729	7.8678	8.1336	8.3773	8.6033
0.90 (175.36)	v	0.0010117	0.0010433	0.0010905	0.2303	2.2596	0.2874	0.3144	0.3410	0.3936	0.4458	0.4976	0.5493
	h	210.0	419.7	632.4	2832.7	2946.8	3054.7	3160.5	3265.9	3479.4	3698.2	3923.3	4154.5
	s	0.7031	1.3062	1.8412	6.7508	6.9800	7.1771	7.3540	7.5169	7.8124	8.0785	8.3225	8.5486
1.0 (179.88)	v	0.0010117	0.0010432	0.0010904	0.2059	0.2327	0.2580	0.2824	0.3065	0.3540	0.4010	0.4477	0.4943
	h	210.1	419.7	632.5	2826.8	2943.0	3052.1	3158.5	3264.4	3478.3	3697.4	3922.7	4154.1
	s	0.7031	1.3062	1.8411	6.6922	6.9259	7.1251	7.3031	7.4665	7.7627	8.0292	8.2734	8.4997
1.2 (187.96)	v	0.0010116	0.0010431	0.0010903	0.1692	0.1924	0.2139	0.2345	0.2547	0.2945	0.3338	0.3729	0.4118
	h	210.3	419.9	632.6	2814.4	2935.4	3046.9	3154.6	3261.3	3476.1	3695.8	3921.4	4153.1
	s	0.7030	1.3060	1.8408	6.5872	6.8305	7.0342	7.2144	7.3790	7.6765	7.9436	8.1882	8.4148
1.5 (198.29)	v	0.0010114	0.0010430	0.0010901	0.1324	0.1520	0.1697	0.1865	0.2029	0.2350	0.2667	0.2980	0.3292
	h	210.5	420.1	632.8	2794.7	2923.5	3038.9	3148.7	3256.6	3472.8	3693.3	3919.6	4151.7
	s	0.7028	1.3058	1.8405	6.4508	6.7099	6.9207	7.1044	7.2709	7.5703	7.8385	8.0838	8.3108
2.0 (212.37)	v	0.0010112	0.0010427	0.0010897	0.0011560	0.1114	0.1255	0.1386	0.1511	0.1756	0.1995	0.2232	0.2467
	h	211.0	420.5	633.1	852.6	2902.4	3025.0	3186.6	3248.7	3467.3	3689.2	3916.5	4149.4
	s	0.7026	1.3054	1.8399	2.3300	6.5454	6.7696	6.9596	7.1295	7.4323	7.7022	7.9485	8.1763
3.0 (233.84)	v	0.0010108	0.0010427	0.0010890	0.0011550	0.07055	0.08116	0.09053	0.09931	0.1161	0.1323	0.1483	0.1641
	h	211.8	421.2	633.7	853.0	2854.8	2995.1	3117.5	3232.5	3456.2	3681.0	3910.3	4144.7
	s	0.7021	1.3046	1.8388	2.3284	6.2857	6.5422	6.7471	6.9246	7.2345	7.5079	7.7564	7.9857

v : m^3/kg, h : kJ/kg, s : kJ/kg.K

[SI단위 과열 증기표(2)]

압력[MPa] (포화온도[℃])		온도[℃] 50	100	150	200	250	300	350	400	500	600	700	800
4.0 (250.33)	v	0.0010103	0.0010417	0.0010883	0.0011540	0.0012512	0.05883	0.06645	0.07338	0.08634	0.09876	0.1109	0.1229
	h	212.7	422.0	634.3	853.4	1085.8	2962.0	3095.1	3251.7	3445.0	3672.8	3904.1	4140.0
	s	0.7017	1.3038	1.8377	2.3268	2.7934	6.3642	6.5870	6.7733	7.0909	7.3680	7.6187	7.8495
5.0 263.91)	v	0.0010099	0.0010412	0.0010877	0.0011530	0.0012494	0.04530	0.05194	0.05779	0.06849	0.07862	0.08845	0.09809
	h	213.5	422.7	635.0	853.8	1085.8	2925.5	3071.2	3198.3	3433.7	3664.5	3897.9	4135.3
	s	0.7012	1.3030	1.8366	2.3253	2.7910	6.2105	6.4545	6.6508	6.9770	7.2578	7.5108	7.7431
6.0 (275.55)	v	0.0010094	0.0010406	0.0010870	0.0011519	0.0012476	0.03614	0.04222	0.04738	0.05659	0.06518	0.07348	0.08159
	h	214.4	423.5	635.6	854.2	1085.8	2885.0	3045.8	3180.1	3422.2	3656.2	3891.7	4130.7
	s	0.7007	1.3023	1.8355	2.3237	2.7886	6.0692	6.3386	6.5462	6.8818	7.1664	7.4217	7.6554
7.0 (285.79)	v	0.0010090	0.0010401	0.0010863	0.0011510	0.0012458	0.02946	0.03523	0.03992	0.04809	0.05559	0.06279	0.06980
	h	215.3	424.2	636.2	854.6	1085.8	2839.4	3018.7	3161.2	3410.6	3647.9	3885.4	4126.0
	s	0.7003	1.3015	1.8345	2.3222	2.7862	5.9327	6.2333	6.4536	6.7993	7.0880	7.3456	7.5808
8.0 (294.97)	v	0.0010086	0.0010396	0.0010856	0.0011500	0.0012441	0.02426	0.02995	0.03431	0.04170	0.04839	0.05477	0.06096
	h	216.1	425.0	636.81.833	855.1	1085.8	2786.8	2989.9	3141.6	3398.8	3639.5	3879.2	4121.3
	s	0.6998	1.3007	4	2.3206	2.7839	5.7942	6.1349	6.3694	6.7262	7.0191	7.2790	7.5158
9.0 (303.31)	v	0.0010081	0.0010391	0.0010850	0.0011490	0.0012423	0.0014022	0.02579	0.02993	0.03674	0.04280	0.04853	0.05408
	h	217.0	425.8	637.51.832	855.5	1085.8	1344.6	2959.0	3121.2	3386.8	3631.1	3873.0	4116.7
	s	0.6993	1.3000	3	2.3191	2.7815	3.2533	6.0408	6.2915	6.6600	6.9574	7.2196	7.4579
10.0 (310.96)	v	0.0010077	0.0010386	0.0010843	0.0011480	0.0012406	0.0013979	0.02242	0.02641	0.03276	0.03832	0.04355	0.04858
	h	217.8	426.5	638.1	855.9	1085.8	1343.4	2925.8	3099.9	3374.6	3622.7	3866.8	4112.0
	s	0.6989	1.2992	1.8312	2.3176	2.7792	3.2488	5.9489	6.2182	6.5994	6.9013	7.1660	7.4058
15.0 (342.13)	v	0.0010055	0.0010361	0.0010811	0.0011433	0.0012324	0.0013779	0.01146	0.01566	0.02080	0.02488	0.02859	0.03209
	h	222.1	430.3	641.3	858.1	1086.2	1338.3	2694.8	2979.1	3310.6	3579.8	3835.4	4088.6
	s	0.6966	1.2954	1.8259	2.3102	2.7680	3.2278	5.4467	5.8876	6.3487	6.6764	6.9536	7.2013
20.0 (365.70)	v	0.0010034	0.0010337	0.0010779	0.0011387	0.0012247	0.0013606	0.001666	0.009947	0.01477	0.01816	0.02111	0.02385
	h	226.4	434.0	644.4	860.4	1086.7	1334.3	1647.2	2820.5	3241.1	3535.5	3803.8	4065.3
	s	0.6943	1.2916	1.8207	2.3030	2.7574	3.2089	3.7308	5.5585	6.1456	6.5043	6.7953	7.0511
25.0	v	0.0010013	0.0010313	0.0010748	0.0011343	0.0012175	0.0013453	0.001600	0.006014	0.001113	0.01413	0.01663	0.01891
	h	230.7	437.8	647.7	862.8	1087.5	1331.13.19	1625.1	2582.0	3165.9	3489.9	3771.9	4041.9
	s	0.6920	1.2879	1.8156	2.2959	2.7472	16	3.6824	5.1455	5.9655	6.3604	6.6664	6.9306
30.0	v	0.0009993	0.0010289	0.0010718	0.0011301	0.0012107	0.0013316	0.001554	0.002831	0.008681	0.01144	0.01365	0.01562
	h	235.0	441.6	650.9	865.2	1088.4	1328.7	1610.0	2161.8	3085.0	3443.0	3739.7	4018.5
	s	0.6897	1.2843	1.8105	2.2891	2.7373	3.1757	3.6455	4.4896	5.7972	6.2340	6.5560	6.8288
35.0	v	0.0009973	0.0010266	0.0010689	0.0011260	0.0012042	0.0013191	0.001519	0.002111	0.006925	0.009519	0.01152	0.01327
	h	239.2	445.4	654.2	867.7	1089.5	1326.8	1598.7	1993.1	2998.3	3395.1	3707.3	3995.1
	s	0.6874	1.2807	1.8056	2.2824	2.7279	3.1608	3.6149	4.2214	5.6349	6.1194	6.4584	6.7400
40.0	v	0.0009953	0.0010244	0.0010660	0.0011220	0.0011981	0.0013077	0.001490	0.001909	0.005616	0.008088	0.009930	0.01152
	h	243.5	449.2	657.4	870.2	1090.8	1325.4	1589.7	1934.1	2906.8	3346.4	3674.8	3971.7
	s	0.6852	1.2771	1.8007	2.2758	2.7188	3.1469	3.5885	4.1190	5.4762	6.0135	6.3701	6.6606
50.0	v	0.0009914	0.0010200	0.0010605	0.0011144	0.0011866	0.0012874	0.001444	0.001729	0.003882	0.006111	0.007720	0.009076
	h	215.9	456.8	664.1	875.4	1093.6	1323.7	1576.4	1877.7	2723.0	3248.3	3610.2	3925.3
	s	0.6807	1.2701	1.7912	2.2632	2.7015	3.1213	3.5436	4.0083	5.1782	5.8207	6.2138	6.5222
60.0	v	0.0009876	0.0010157	0.0010552	0.0011073	0.0011761	0.0012698	0.001408	0.001632	0.002952	0.004835	0.006269	0.007460
	h	260.4	464.5	670.7	880.8	1096.9	1323.2	1567.1	1847.3	2570.6	3151.6	3547.0	3879.6
	s	0.6762	1.2633	1.7820	2.2511	2.6851	3.0981	3.5059	3.9383	4.9374	5.6477	6.0775	6.4031
70.0	v	0.0009839	0.0010116	0.0010501	0.0011005	0.0011663	0.0012541	0.001379	0.001567	0.002467	0.003972	0.005257	0.006321
	h	268.8	472.1	677.5	886.3	1100.5	1323.6	1560.6	1827.8	2467.1	3060.4	3486.3	3835.3
	s	0.6718	1.2566	1.7731	2.2394	2.6697	3.0767	3.4730	3.8855	4.7688	5.4931	5.9562	6.2979
80.0	v	0.0009803	0.0010076	0.0010452	0.0010941	0.0011573	0.0012401	0.001355	0.001518	0.002188	0.003379	0.004519	0.005480
	h	277.2	479.7	684.3	891.9	1104.4	1324.7	1555.9	1814.2	2397.4	2980.3	3428.7	3792.8
	s	0.6673	1.2501	1.7644	2.2281	2.6550	3.0570	3.4436	3.8425	4.6488	5.3595	5.8470	6.2034
100.0	v	0.0009733	0.0009999	0.0010359	0.0010821	0.0011407	0.0012155	0.001315	0.001446	0.001893	0.002668	0.003536	0.004341
	h	293.9	495.1	698.0	903.5	1113.0	1328.6	1550.6	1797.6	2316.1	2857.5	3324.4	3714.3
	s	0.6585	1.2373	1.7476	2.2067	2.6275	3.0210	3.3922	3.7738	4.4913	5.1505	5.6579	6.0397

v : m^3/kg, h : kJ/kg, s : kJ/kg.K

[NH_3의 포화 증기표(1)]

온도 [℃]	포화압력 [kgf/cm²]	비체적		비중량		비엔탈피[kcal/kgf]			비엔트로피[kcal/kgf · K]	
		액 [l/kgf]	증기 [m³/kgf]	액 [kgf/l]	증기 [kgf/m³]	액	증기	증발열	액	증기
-75	0.0765	1.368	12.8900	0.7310	0.0775	20.9	373.5	352.6	0.6633	2.4431
-70	0.1114	1.3788	9.009	0.7253	0.1110	25.9	375.7	349.8	0.6878	2.4101
-68	0.1287	1.3832	7.870	0.7230	0.1271	27.9	376.6	348.7	0.6975	2.3976
-66	0.1485	1.3876	6.882	0.7207	0.1453	29.7	377.4	347.5	0.7074	2.8353
-64	0.1706	1.3920	6.044	0.7184	0.1655	32.0	378.3	346.3	0.7173	2.3734
-62	0.1954	1.3965	5.324	0.7161	0.1878	34.0	379.1	345.1	0.7275	2.3618
-60	0.2233	1.4010	4.699	0.7138	0.2128	36.0	380.0	344.0	0.7366	2.3507
-58	0.2543	1.4056	4.161	0.7114	0.2403	38.1	380.8	342.7	0.7461	2.3393
-56	0.2889	1.4103	3.693	0.7091	0.2708	40.2	381.7	331.5	0.7552	2.3285
-54	0.3272	1.4150	3.288	0.7607	0.3041	42.2	382.5	340.3	0.7648	2.3180
-52	0.3697	1.4197	2.933	0.7044	0.3409	44.2	383.3	339.1	0.7741	2.3078
-50	0.4168	1.4245	2.623	0.7020	0.3812	46.3	384.1	337.8	0.7882	2.2978
-48	0.4686	1.4293	2.351	0.6996	0.425	48.4	384.9	336.6	0.7931	2.2808
-46	0.5256	1.4342	2.112	0.6972	0.473	50.4	385.7	335.3	0.8021	2.2785
-44	0.5882	1.4392	1.901	0.6948	0.526	52.5	386.5	334.0	0.8112	2.2692
-42	0.6568	1.4442	1.715	0.6924	0.583	54.6	387.3	332.7	0.8203	2.2600
-40	0.7318	1.4493	1.550	0.6900	0.645	56.8	388.1	331.3	0.8295	2.2510
-39	0.7719	1.4519	1.4752	0.6888	0.678	57.82	388.49	330.67	0.8430	2.2465
-38	0.8137	1.4545	1.4045	0.6875	0.712	58.88	388.88	329.99	0.8385	2.2421
-37	0.8573	1.4571	1.3377	0.6863	0.748	59.94	389.27	329.31	0.8430	2.2378
-36	0.9028	1.4597	1.2746	0.6851	0.785	61.01	389.65	328.63	0.8475	2.2336
-35	0.9503	1.4623	1.2151	0.6839	0.823	62.08	390.03	327.95	0.8520	2.2294
-34	0.9999	1.4649	1.1589	0.6826	0.863	63.15	390.41	327.26	0.8565	2.2252
-33	1.0515	1.4676	1.1058	0.6814	0.905	64.21	390.79	326.57	0.8610	2.2211
-32	1.1052	1.4703	1.0555	0.6801	0.948	65.28	391.17	325.88	0.8654	2.2170
-31	1.1610	1.4730	1.0080	0.6789	0.992	66.35	391.54	325.19	0.8698	2.2130
-30	1.2190	1.4757	0.9630	0.6777	1.038	67.42	391.91	324.49	0.8742	2.2090
-29	1.279	1.4784	0.9204	0.6741	1.086	68.49	392.28	323.79	0.8786	2.2050
-28	1.342	1.4811	0.8801	0.6752	1.136	69.56	392.64	323.08	0.8880	2.2011
-27	1.407	1.4839	0.8418	0.6739	1.188	70.63	390.00	322.37	0.8874	2.1972
-26	1.475	1.4867	0.8056	0.6726	1.242	71.71	393.36	321.66	0.8917	2.1934
-25	1.546	1.4895	0.7712	0.6714	1.297	72.78	393.72	320.94	0.8960	2.1896
-24	1.619	1.4923	0.7386	0.6701	1.354	73.86	394.07	320.22	0.9003	2.1858
-23	1.695	1.4951	0.7076	0.6688	1.413	74.93	394.42	319.49	0.9046	2.1821
-22	1.774	1.4980	0.6782	0.6676	1.474	76.01	394.77	318.76	0.9089	2.1784
-21	1.856	1.5008	0.6502	0.6663	1.338	77.09	395.12	318.03	0.9132	2.1747
-20	1.940	1.5037	0.6236	0.6650	1.604	78.17	395.46	317.29	0.9175	2.1710
-19	2.027	1.5066	0.5983	0.6637	1.672	79.25	396.80	316.55	0.9217	2.1674
-18	2.117	1.5096	0.5742	0.6624	1.742	80.33	396.13	315.80	0.9259	2.1638
-17	2.211	1.5125	0.5513	0.6611	1.814	81.41	396.46	315.05	0.9301	2.1602
-16	2.309	1.5155	0.5295	0.6598	1.889	82.50	396.79	314.29	0.9373	2.1567
-15	2.410	1.5185	0.5087	0.6585	1.966	83.59	397.12	313.53	0.9385	2.1532
-14	2.514	1.5215	0.4889	0.6572	2.046	84.68	397.44	312.76	0.9427	2.1498
-13	2.621	1.5245	0.4700	0.6559	2.128	85.76	397.75	311.99	0.9469	2.1464
-12	2.732	1.5276	0.4520	0.6546	2.213	86.85	398.06	311.21	0.9511	2.1430
-11	2.847	1.5307	0.4348	0.6533	2.300	87.94	398.37	310.43	0.9552	2.1396
-10	2.966	1.5338	0.4184	0.6520	2.390	89.03	398.67	309.64	0.9593	2.1362
-9	3.089	1.5369	0.4028	0.6507	2.483	90.12	398.97	308.85	0.9634	2.1392
-8	3.216	1.5400	0.3878	0.6493	2.579	91.21	399.27	308.06	0.9675	2.1296
-7	3.347	1.5432	0.3735	0.6480	2.678	92.30	399.56	307.25	0.9716	2.1263
-6	3.481	1.5464	0.3599	0.6467	2.779	93.40	399.85	306.45	0.9757	2.1231
-5	3.619	1.5496	0.3469	0.6453	2.883	94.50	400.14	305.64	0.9798	2.1199
-4	3.761	1.5528	0.3344	0.6440	2.991	95.59	400.42	304.83	0.9839	2.1167
-3	3.908	1.5561	0.3225	0.6426	3.102	96.69	400.70	304.01	0.9880	2.1135
-2	4.060	1.5594	0.3111	0.6413	3.216	97.79	400.98	303.19	0.9920	2.1103
-1	4.217	1.5627	0.3002	0.6399	3.332	98.89	401.25	302.36	0.9960	2.1072
0	4.379	1.5660	0.2897	0.6836	3.452	100.00	401.52	301.52	1.0000	2.1041
1	4.545	1.5694	0.2797	0.6372	3.576	101.10	401.78	300.68	1.0040	2.1010
2	4.716	1.5727	0.2700	0.6358	3.703	102.21	402.04	299.84	1.0080	2.0979

[NH_3의 포화 증기표(2)]

온도 [℃]	포화압력 [kgf/cm²]	비체적		비중량		비엔탈피[kcal/kgf]			비엔트로피[kcal/kgf·K]	
		액 [l/kgf]	증기 [m³/kgf]	액 [kgf/l]	증기 [kgf/m³]	액	증기	증발열	액	증기
3	4.892	1.5761	0.2608	0.6345	3.834	103.32	402.30	298.99	1.0120	2.0949
4	5.073	1.5796	0.2520	0.6331	3.969	104.43	402.55	298.13	1.0161	2.0919
5	5.259	1.5831	0.2435	0.6317	4.108	105.54	402.80	297.26	1.0200	2.0889
6	5.450	1.5866	0.2353	0.6303	4.250	106.65	403.04	296.39	1.0240	2.0858
7	5.647	1.5901	0.2275	0.6289	4.396	107.76	403.27	295.51	1.0280	2.0779
8	5.849	1.5936	0.2200	0.6275	4.546	108.87	403.50	294.63	1.0280	2.0829
9	6.057	1.5972	0.2128	0.6261	4.700	109.99	403.73	293.74	1.0358	2.0770
10	6.271	1.6008	0.2058	0.6247	4.858	111.11	403.95	292.84	1.0397	2.0741
11	6.490	1.6046	0.1992	0.6233	5.022	111.23	404.17	291.94	1.0436	2.0712
12	6.715	1.6081	0.1927	0.6218	5.189	113.35	404.38	291.03	1.0475	2.0683
13	6.946	1.6118	0.1866	0.6204	5.361	114.47	404.59	290.12	1.0514	2.0654
14	7.183	1.6156	0.1806	0.6190	5.537	115.59	404.79	289.20	1.0553	2.0626
15	7.427	1.6193	0.1749	0.6175	5.718	116.72	404.99	288.27	1.0592	2.0598
16	7.677	1.6231	0.1694	0.6161	5.904	117.85	405.19	287.34	1.0631	2.0570
17	7.933	1.6270	0.1642	0.6146	6.094	118.98	405.38	286.40	1.0670	2.0542
18	8.196	1.6308	0.1591	0.6132	6.289	120.11	405.57	285.46	1.0709	2.0514
19	8.465	1.6347	0.1542	0.6117	6.489	121.24	405.75	284.51	1.0747	2.0486
20	8.741	1.6386	0.1494	0.6103	6.694	112.38	405.93	283.55	1.0785	2.0459
21	9.024	1.6426	0.1449	0.6088	6.904	123.52	406.10	282.58	1.0824	2.0432
22	9.314	1.6466	0.1405	0.6073	7.119	124.66	406.27	281.61	1.0862	2.0405
23	9.611	1.6507	0.1363	0.6058	7.339	125.80	406.43	280.63	1.0900	2.0378
24	9.915	1.6546	0.1322	0.6043	7.564	126.94	406.59	279.65	1.0938	2.0351
25	10.225	1.6588	0.1283	0.6028	7.795	128.09	406.75	278.66	1.0976	2.0324
26	10.544	1.6630	0.1245	0.6013	8.031	129.24	406.89	277.66	1.1014	2.0297
27	10.870	1.6672	0.1209	0.5998	8.273	130.39	407.03	276.65	1.1052	2.0270
28	11.204	1.6714	0.1174	0.5983	8.521	131.54	407.17	275.64	1.1090	2.0243
29	11.546	1.6757	0.1140	0.5968	8.775	132.69	407.30	274.62	1.1128	2.0217
30	11.895	1.6800	0.1107	0.5952	9.034	133.84	407.43	273.59	1.1165	2.0191
31	12.252	1.6844	0.1075	0.5937	9.300	135.00	407.55	272.55	1.1203	2.0165
32	12.617	1.6888	0.1045	0.5921	9.573	136.16	407.67	271.50	1.1241	2.0139
33	12.991	1.6932	0.1015	0.5906	9.852	137.32	407.78	270.45	1.1278	2.0113
34	13.374	1.6977	0.0986	0.5890	10.138	138.48	407.88	269.39	1.1315	2.0087
35	13.765	1.7023	0.0959	0.5875	10.431	139.65	407.97	268.32	1.1352	2.0061
36	14.165	1.7069	0.0932	0.5859	10.731	140.82	408.06	267.24	1.1390	2.0035
37	14.573	1.7115	0.0906	0.5843	11.038	141.99	408.15	266.15	1.1427	2.0009
38	14.990	1.7162	0.0881	0.5827	11.353	143.16	408.23	265.06	1.1464	1.9984
39	15.415	1.7209	0.0857	0.5811	11.675	144.34	408.30	263.96	1.1501	1.9958
40	15.850	1.7257	0.0833	0.5795	12.005	145.58	408.37	263.85	1.1538	1.9933
41	16.294	1.7305	0.0810	0.5779	12.34	146.70	408.43	261.73	1.1575	1.9908
42	16.747	1.7354	0.0788	0.5762	12.69	147.88	408.49	260.60	1.1612	1.9882
43	17.210	1.7404	0.0767	0.5746	13.04	149.06	408.54	259.47	1.1649	1.9857
44	17.682	1.7454	0.0746	0.5729	13.40	150.24	408.58	258.33	1.1686	1.9832
45	18.165	1.7504	0.0726	0.5713	13.77	151.43	408.61	257.18	1.1722	1.9807
46	18.658	1.7555	0.0707	0.5696	14.15	152.62	408.64	256.02	1.1759	1.9781
47	19.161	1.7607	0.0688	0.5680	14.54	153.81	408.66	254.85	1.1796	1.9756
48	19.673	1.7659	0.0670	0.5663	14.94	155.00	408.68	253.67	1.1832	1.9731
49	20.195	1.7712	0.0652	0.5646	15.34	156.20	408.70	252.48	1.1868	1.9706
50	20.727	1.7775	0.0635	0.5628	15.75	157.38	408.72	251.34	1.1905	1.9683
52	21.83	1.788	0.0602	0.5591	15.59	159.8	408.7	248.9	1.1982	1.9638
54	22.97	1.800	0.0572	0.5554	17.47	162.2	408.8	246.6	1.2056	1.9590
56	24.15	1.812	0.0545	0.5516	18.39	164.6	408.8	244.2	1.2130	1.9542
58	25.37	1.825	0.0513	0.5478	19.35	167.1	408.7	241.6	1.2205	1.9494
60	26.66	1.838	0.0489	0.5440	20.35	169.6	408.6	239.0	1.2280	1.9445
62	27.98	1.851	0.0646	0.5402	21.41	172.2	408.5	236.3	1.2354	1.9369
64	29.36	1.864	0.0441	0.5364	22.53	174.8	408.3	233.5	1.2428	1.9347
66	30.77	1.877	0.0420	0.5326	23.73	177.4	408.0	230.6	1.2502	1.9297
68	32.25	1.891	0.0399	0.5288	25.01	180.0	407.7	227.7	1.2576	1.9247
70	33.77	1.905	0.0379	0.5248	26.36	182.7	407.3	224.6	1.2650	1.9196

[온도기준 포화 증기표(1)]

온도 [℃]	포화압력 [kg_f/cm^2]	비체적[m^3/kg_f]		비엔탈피[$kcal/kg_f$]			비엔트로피[$kcal/kg_f \cdot K$]	
		v'	v''	h'	h''	$r = h' - h''$	s'	s''
*0	0.006228	0.00100022	206.305	−0.0010	597.49	597.50	−0.00004	2.18729
0.01	0.006233	0.00100022	206.163	0.000	597.49	597.49	0.00000	2.18722
2	0.007194	0.00100009	179.923	2.003	598.36	596.36	0.00731	2.17461
4	0.008289	0.00100003	157.272	4.103	599.24	595.23	0.01459	2.16217
6	0.009530	0.00100004	137.780	6.021	600.12	594.10	0.02180	2.14996
8	0.010931	0.00100011	120.966	8.026	600.99	592.97	0.02896	2.13797
10	0.012512	0.00100025	106.430	10.030	601.87	591.84	0.03606	2.12620
12	0.014290	0.00100044	93.8354	12.032	602.74	590.71	0.04311	2.11464
14	0.016288	0.00100069	82.8998	14.033	603.62	589.58	0.05010	2.10328
16	0.018526	0.00100099	73.3843	16.033	604.49	588.46	0.05704	2.09213
18	0.021030	0.00100133	65.0873	18.032	605.36	587.33	0.06393	2.08117
20	0.023826	0.00100172	57.8383	20.030	606.23	586.20	0.07077	2.07041
21	0.025343	0.00100193	54.5606	21.029	606.67	585.64	0.07417	2.06510
22	0.026942	0.00100216	51.4923	22.028	607.11	585.08	0.07756	2.05984
23	0.028630	0.00100239	48.6186	23.026	607.54	584.51	0.08094	2.05462
24	0.030409	0.00100263	45.9260	24.025	607.97	583.95	0.08430	2.04945
25	0.032284	0.00100289	43.4018	25.023	608.41	583.39	0.08766	2.04432
26	0.034259	0.00100315	41.0343	26.021	608.84	582.82	0.09100	2.03924
27	0.036339	0.00100343	38.8129	27.020	609.28	582.26	0.09433	2.03420
28	0.038527	0.00100371	36.727634.7	28.018	609.71	581.69	0.09765	2.02920
29	0.040830	0.00100400	691	29.016	610.14	581.13	0.10096	2.02425
30	0.043251	0.00100431	32.9289	30.014	610.57	580.56	0.10426	2.01934
31	0.045796	0.00100461	31.1991	31.012	611.01	579.99	0.10755	2.01447
32	0.048471	0.00100493	29.5724	32.010	611.44	579.43	0.11082	2.00964
33	0.051280	0.00100526	28.0419	33.009	611.87	578.86	0.11409	2.00485
34	0.054229	0.00100560	26.6014	34.007	612.30	578.29	0.11734	2.00011
35	0.057324	0.00100595	25.2449	35.005	612.73	577.73	0.12058	1.99540
36	0.060571	0.00100631	23.9671	36.003	613.16	577.16	0.12382	1.99073
37	0.063976	0.00100667	22.7628	37.001	613.59	576.59	0.12704	1.98611
38	0.067546	0.00100704	21.6274	37.999	614.02	576.02	0.13025	1.98152
39	0.071286	0.00100742	20.5566	38.997	614.45	575.45	0.13346	1.97696
40	0.075204	0.00100781	19.5461	39.995	614.88	574.88	0.136650	1.97245
42	0.083601	0.00100861	17.6916	41.992	615.73	573.74	0.14300	1.96354
44	0.092795	0.00100943	16.0365	43.988	616.58	572.60	0.14932	1.95476
46	0.10285	0.00101030	14.5572	45.985	617.43	571.45	0.15559	1.94614
48	0.11382	0.00101119	13.2329	47.982	618.28	570.30	0.16183	1.93765
50	0.12578	0.00101211	12.0457	49.980	619.13	569.15	0.16803	1.92930
55	0.16051	0.00101454	9.57887	54.975	621.23	566.26	0.18337	1.90899
60	0.20313	0.00101714	7.67854	59.972	623.32	563.35	0.19848	1.88946
65	0.25502	0.00101991	6.20228	64.972	625.38	560.41	0.21337	1.87068
70	0.31776	0.00102285	5.04627	69.975	627.43	557.45	0.22805	1.85260
75	0.39309	0.00102594	4.13410	74.982	629.45	554.47	0.24253	1.83518
80	0.48294	0.00102919	3.40909	79.993	631.45	551.46	0.25682	1.81839
85	0.58943	0.00103259	2.82881	85.009	633.42	548.41	0.27092	1.80218
90	0.71491	0.00103614	2.36130	90.031	635.36	545.33	0.28483	1.78654
95	0.86192	0.00103985	1.98222	95.058	637.27	542.22	0.29857	1.77142
96	0.89415	0.00104061	1.91530	96.064	637.65	541.59	0.30130	1.76846
97	0.92737	0.00104138	1.85104	97.071	638.03	540.96	0.30402	1.76551
98	0.96161	0.00104214	1.78931	98.077	638.41	540.33	0.30673	1.76259
99	0.99688	0.00104292	1.73000	99.084	638.78	539.70	0.30944	1.75969
100	1.03323	0.00104371	1.67300	100.092	639.15	539.06	0.31214	1.75680
101	1.07067	0.00104450	1.61821	101.100	639.53	538.43	0.31484	1.75394
102	1.10922	0.00104529	1.56553	102.108	639.90	537.79	0.31752	1.75109
103	1.14891	0.00104609	1.51488	103.116	640.26	537.15	0.32020	1.74826
104	1.18977	0.00104690	1.46615	104.125	640.63	536.51	0.32288	1.74545
105	1.23182	0.00104771	1.41928	105.133	641.00	535.87	0.32555	1.74266
106	1.27510	0.00104853	1.37414	106.143	641.36	535.22	0.32821	1.73988

[온도기준 포화 증기표(2)]

온도 [℃]	포화압력 [kg_f/cm^2]	비체적[m^3/kg_f]		비엔탈피[$kcal/kg_f$]			비엔트로피[$kcal/kg_f \cdot K$]	
		v'	v''	h'	h''	$r = h' - h''$	s'	s''
107	1.3196	0.00104935	1.33075	107.152	641.73	534.57	0.33087	1.73712
108	1.3654	0.00105018	1.28895	108.162	642.09	533.93	0.33352	1.73439
109	1.4125	0.00105102	1.24870	109.173	642.45	533.28	0.33616	1.73166
110	1.4609	0.00105187	1.20994	110.183	642.81	532.62	0.33880	1.72896
115	1.7239	0.00105617	1.03629	115.242	644.58	529.34	0.35190	1.71568
120	2.0246	0.00106063	0.891524	120.311	646.31	526.00	0.36486	1.70280
125	2.3667	0.00106525	0.770233	125.391	648.00	522.60	0.37768	1.69030
130	2.7546	0.00107002	0.668136	130.483	649.64	519.16	0.39036	1.67815
135	3.1925	0.00107495	0.581807	135.587	651.23	515.65	0.40292	1.66633
140	3.6850	0.00108006	0.508494	140.705	652.78	512.08	0.41535	1.65483
145	4.2371	0.00108533	0.445975	145.838	654.28	508.44	0.42767	1.64362
150	4.8538	0.00109078	0.392447	150.986	655.72	504.73	0.43987	1.63270
155	5.5404	0.00109641	0.346442	156.151	657.11	500.95	0.45196	1.62203
160	6.3025	0.00110222	0.306756	161.334	658.43	497.10	0.46395	1.61161
165	7.1458	0.00110824	0.272399	166.536	659.70	493.16	0.47584	1.60142
170	8.0764	0.00111445	0.242553	171.758	660.90	489.14	0.48764	1.59144
175	9.1004	0.00112087	0.216542	177.001	662.03	485.03	0.49934	1.58165
180	10.224	0.00112752	0.193800	182.267	663.10	480.83	0.51096	1.57206
185	11.455	0.00113439	0.173857	187.557	664.09	476.54	0.52250	1.56263
190	12.799	0.00114150	0.156316	192.872	665.01	472.14	0.53396	1.55336
195	14.263	0.00114886	0.140844	198.214	665.85	467.63	0.54535	1.54424
200	15.855	0.00115649	0.127160	203.585	666.60	463.02	0.55667	1.53525
205	17.583	0.00116440	0.115026	208.987	667.28	458.29	0.56793	1.52637
210	19.454	0.00117260	0.104239	214.420	667.86	453.44	0.57912	1.51761
215	21.474	0.00118111	0.0946253	219.888	668.35	448.46	0.59027	1.50894
220	23.656	0.00118995	0.0860378	225.393	668.75	443.36	0.60136	1.50036
225	26.004	0.00119915	0.0783491	230.936	669.05	438.11	0.61241	1.41986
230	28.528	0.00120872	0.0714498	236.521	669.24	432.72	0.62343	1.48341
235	31.236	0.00121868	0.0652455	242.150	669.33	427.17	0.63441	1.47501
240	34.138	0.00122908	0.0596544	247.827	669.30	421.47	0.64536	1.46665
245	37.243	0.00123993	0.0546057	253.554	669.15	415.59	0.65629	1.45832
250	40.560	0.00125129	0.0500374	259.335	668.87	409.54	0.66721	1.44999
255	44.099	0.00126317	0.0458958	265.174	668.46	403.29	0.67812	1.44166
260	47.869	0.00127563	0.0421338	271.076	667.91	396.84	0.68903	1.43331
265	51.880	0.00128872	0.0387099	277.046	667.21	390.17	0.69995	1.42491
270	56.144	0.00130250	0.0355880	283.088	666.35	383.26	0.71089	1.41646
275	60.669	0.00131703	0.0327361	289.208	665.31	376.10	0.72185	1.40793
280	65.468	0.00132329	0.0301260	295.414	664.09	368.68	0.73285	1.39931
285	70.550	0.00134866	0.0277330	301.713	662.67	360.96	0.74390	1.39056
290	75.929	0.00136594	0.0255351	308.113	661.04	352.93	0.75501	1.38167
295	81.615	0.00138436	0.0235128	314.625	659.18	344.55	0.76620	1.37261
300	87.621	0.00140406	0.0216487	321.261	657.07	335.81	0.77748	1.36336
305	93.96	0.00142519	0.0199272	328.032	654.70	326.67	0.78888	1.35389
310	100.65	0.00144797	0.0183339	334.956	652.05	317.10	0.80042	1.34417
315	107.69	0.00147264	0.0168556	342.050	649.09	307.04	0.81212	1.33415
320	115.12	0.00149950	0.0154798	349.337	645.76	296.42	0.82402	1.32376
325	122.93	0.00152894	0.0141947	356.843	642.01	285.17	0.83616	1.31292
330	131.16	0.00156147	0.0129894	364.603	637.76	273.15	0.84858	1.30147
335	139.82	0.00159775	0.0118540	372.660	632.88	260.22	0.86135	1.28926
340	148.93	0.00163871	0.0107804	381.072	627.25	246.18	0.87456	1.27609
345	158.52	0.00168575	0.0097631	389.921	620.74	230.82	0.88833	1.26178
350	168.61	0.00174112	0.0087991	399.337	613.27	213.94	0.90285	1.24622
355	179.24	0.0018085	0.0078592	410.01	604.38	194.36	0.91928	1.22867
360	190.43	0.0018959	0.0069398	421.37	593.64	172.27	0.93652	1.20857
365	202.24	0.0020160	0.0060116	434.47	579.92	145.70	0.95588	1.18417
370	214.69	0.0022136	0.0049727	451.47	559.56	108.09	0.98185	1.14990
371	217.27	0.0022778	0.0047233	456.31	553.62	97.30	0.98917	1.14021
372	219.87	0.0023636	0.0044389	462.30	546.23	83.93	0.99824	1.12832
373	222.50	0.0024963	0.0040840	470.65	535.98	65.33	1.01093	1.11204
374	225.16	0.0028427	0.0034659	488.85	515.00	26.15	1.03882	1.07923
374.15	225.56	0.0031700	0.0031700	503.34	503.34	0	1.06116	1.06116

[압력기준 포화 증기표(1)]

압력 [kg_f/cm^2]	포화온도 [℃]	비체적[m^3/kg_f]		비엔탈피[$kcal/kg_f$]			비엔트로피[$kcal/kg_f \cdot K$]	
		v'	v''	h'	h''	$r = h' - h''$	s'	s''
16.0	200.43	0.00115717	0.126047	204.053	666.67	462.61	0.55765	1.53447
17.0	203.36	0.00116177	0.118854	207.209	667.07	459.86	0.56423	1.52928
18.0	206.15	0.00116625	0.112434	210.233	667.42	457.19	0.57050	1.52435
19.0	208.82	0.00117064	0.106666	213.138	667.73	454.59	0.57649	1.51966
20.0	211.39	0.00117493	0.101455	215.937	668.01	452.07	0.58223	1.51519
21.0	213.86	0.00117914	0.0967239	218.637	668.25	449.61	0.58773	1.51091
22.0	216.24	0.00118327	0.0924081	221.248	668.46	447.21	0.59302	1.50681
23.0	218.54	0.00118733	0.0884548	223.776	668.64	444.87	0.59812	1.50287
24.0	220.76	0.00119133	0.0848196	226.229	668.80	442.57	0.60304	1.49907
25.0	222.91	0.00119526	0.0814653	228.611	668.93	440.32	0.60779	1.49541
26.0	224.99	0.00119913	0.0783601	230.928	669.05	438.12	0.61240	1.49187
27.0	227.02	0.00120296	0.0754771	233.183	669.14	435.95	0.61686	1.48844
28.0	228.98	0.00120674	0.0727929	235.382	669.21	433.83	0.62119	1.48512
29.0	230.90	0.00121047	0.0702874	237.528	669.26	431.74	0.62540	1.48190
30.0	232.76	0.00121417	0.0679431	239.624	669.30	429.68	0.62950	1.47877
32.0	236.35	0.00122145	0.0636793	243.677	669.33	425.65	0.63737	1.47275
34.0	239.77	0.00122859	0.0599001	247.563	669.30	421.74	0.64486	1.46704
36.0	243.04	0.00123562	0.0565266	251.300	669.22	417.92	0.65201	1.46159
38.0	246.17	0.00124255	0.0534959	254.901	669.09	414.19	0.65885	1.45637
40.0	249.18	0.00124938	0.0507578	258.381	668.93	410.55	0.66542	1.45136
42.0	252.07	0.00125615	0.0482713	261.749	668.72	406.97	0.67174	1.44654
44.0	254.86	0.00126284	0.0460028	265.015	668.48	403.46	0.67783	1.44189
46.0	257.56	0.00126947	0.0439246	268.189	668.20	400.01	0.68371	1.43739
48.0	260.17	0.00127606	0.0420132	271.276	667.89	396.62	0.68940	1.43302
50.0	262.69	0.00128260	0.0402491	274.284	667.55	393.27	0.69492	1.42879
55.0	268.69	0.00129882	0.0363798	281.495	666.59	385.10	0.70802	1.41869
60.0	274.28	0.00131489	0.0331317	288.320	665.47	377.15	0.72027	1.40917
65.0	279.53	0.00133089	0.0303641	294.821	664.22	369.39	0.73180	1.40013
70.0	284.47	0.00134689	0.0279761	301.043	662.83	361.79	0.74273	1.39149
75.0	289.16	0.00136295	0.0258932	307.026	661.33	354.30	0.75313	1.38318
80.0	293.61	0.00137912	0.0240593	312.800	659.72	346.92	0.76308	1.37515
85.0	297.85	0.00139543	0.0224314	318.393	658.01	339.61	0.77262	1.36736
90.0	301.91	0.00141194	0.0209758	323.828	656.20	332.37	0.78182	1.35977
95.0	305.80	0.00142870	0.0196656	329.123	654.30	325.18	0.79071	1.35236
100.0	309.53	0.00144575	0.0184791	334.295	652.31	318.02	0.79932	1.34510
105.0	313.12	0.00146312	0.0173988	339.361	650.24	310.88	0.80770	1.33795
110.0	316.58	0.00148088	0.0164099	344.333	648.07	303.74	0.81586	1.33091
115.0	319.92	0.00149907	0.0155002	349.223	645.81	296.59	0.82383	1.32393
120.0	323.15	0.00151774	0.0146594	354.044	643.45	289.41	0.83164	1.31698
125.0	326.28	0.00153696	0.0138789	358.804	640.98	282.18	0.83931	1.31005
130.0	329.31	0.00155677	0.0131514	363.515	638.38	274.86	0.84684	1.30310
140.0	335.10	0.00159853	0.0118316	372.827	632.77	259.95	0.86162	1.28901
150.0	340.57	0.00164374	0.0106617	382.057	626.55	244.50	0.87610	1.27452
160.0	345.67	0.00169345	0.0096151	391.292	619.68	228.39	0.89015	1.25953
170.0	350.67	0.0017491	0.0086722	400.66	612.18	211.52	0.90496	1.24399
180.0	355.35	0.0018139	0.0077945	410.78	603.69	192.91	0.92046	1.22736
190.0	359.81	0.0018921	0.0069743	420.92	594.09	173.17	0.93584	1.20939
200.0	364.07	0.0019902	0.0061872	431.64	582.79	151.15	0.95201	1.18917
210.0	368.15	0.0021242	0.0053845	444.14	568.40	124.26	0.97081	1.16455
220.0	372.05	0.0023688	0.0044231	462.65	545.80	83.15	0.99877	1.12763
225.56	374.15	0.0031700	0.0031700	503.34	503.34	0	1.06116	1.06116

[압력기준 포화 증기표(2)]

압력 [kg_f/cm^2]	포화온도 [℃]	비체적[m^3/kg_f]		비엔탈피[$kcal/kg_f$]			비엔트로피[$kcal/kg_f \cdot K$]	
		v'	v''	h'	h''	$r = h' - h''$	s'	s''
0.01	6.699	0.00100006	131.62401	6.772	600.42	593.70	0.02431	2.14575
0.02	17.204	0.00100119	68.2556	17.236	605.02	587.78	0.06119	2.08551
0.03	23.775	0.00100258	46.5177	23.800	607.88	584.08	0.08355	2.05061
0.04	28.645	0.00100390	35.4496	28.662	609.99	581.33	0.09979	2.02600
0.05	32.55	0.00100511	28.7184	32.560	611.68	579.12	0.11262	2.00700
0.06	35.83	0.00100625	24.1820	35.831	613.09	577.26	0.12326	1.99154
0.07	38.66	0.00100729	20.9122	38.659	614.30	575.64	0.13237	1.97850
0.08	41.16	0.00100827	18.440516.5	41.158	615.37	574.22	0.14035	1.96724
0.09	43.41	0.00100919	048	43.400	616.33	572.93	0.14746	1.95733
0.10	45.45	0.00101006	14.9467	45.438	617.20	571.76	0.15388	1.94849
0.12	49.05	0.00101167	12.5910	49.035	618.73	569.69	0.16510	1.93323
0.14	52.17	0.00101314	10.8923	52.152	620.05	567.89	0.17473	1.92037
0.16	54.93	0.00101451	9.60776	54.908	621.20	566.30	0.18316	1.90925
0.18	57.41	0.00101577	8.60149	57.385	622.24	564.86	0.19068	1.89948
0.20	59.66	0.00101696	7.79127	59.637	623.18	563.54	0.19747	1.89075
0.22	61.73	0.00101808	7.12450	61.706	624.04	562.33	0.20367	1.88287
0.24	63.65	0.00101915	6.56588	63.621	624.83	561.21	0.20937	1.87569
0.26	65.43	0.00102016	6.09088	65.405	625.56	560.16	0.21465	1.86909
0.28	67.10	0.00102112	5.68189	67.076	626.25	559.17	0.21957	1.86299
0.30	68.68	0.00102206	5.32592	68.650	626.89	558.24	0.22419	1.85732
0.4	75.42	0.00102621	4.06715	75.400	629.62	554.22	0.24373	1.83376
0.5	80.86	0.00102976	3.30001	80.855	631.79	550.94	0.25926	1.81556
0.6	85.45	0.00103291	2.78214	85.465	633.15	548.13	0.27219	1.80074
0.7	89.45	0.00103574	2.40834	89.474	635.15	545.68	0.28330	1.78824
0.8	92.99	0.00103834	2.12544	93.034	636.51	543.48	0.29306	1.77744
0.9	96.18	0.00104074	1.90365	96.244	637.72	541.48	0.30178	1.76793
1.0	99.09	0.00104299	1.72495	99.172	638.81	539.64	0.30967	1.75944
1.03323	100.00	0.00104371	1.67300	100.092	639.15	539.06	0.31214	1.75680
1.1	101.76	0.00104410	1.57780	101.869	639.81	537.94	0.31689	1.75176
1.2	104.25	0.00104710	1.45445	104.373	640.72	536.35	0.32354	1.74476
1.3	106.56	0.00104899	1.34952	106.711	641.57	534.86	0.32971	1.73833
1.4	108.74	0.00105080	1.25912	108.907	642.35	533.45	0.33547	1.73238
1.5	110.79	0.00105253	1.18041	110.980	643.09	532.11	0.34087	1.72684
1.6	112.73	0.00105419	1.11123	112.943	643.78	530.84	0.34597	1.72166
1.8	116.33	0.00105734	0.995249	116.588	645.04	528.45	0.35536	1.71222
2.0	119.61	0.00106028	0.901776	119.921	646.18	526.26	0.36387	1.70378
2.2	122.64	0.00106305	0.824784	122.995	647.20	524.21	0.37165	1.69614
2.4	125.45	0.00106567	0.760230	125.853	648.15	522.29	0.37883	1.68918
2.6	128.08	0.00106817	0.705300	128.527	649.01	520.49	0.38551	1.68277
2.8	130.55	0.00107055	0.657972	131.041	649.82	518.77	0.39174	1.67684
3.0	132.88	0.00107284	0.616754	133.417	650.56	517.15	0.39760	1.67131
4.0	142.92	0.00108312	0.470785	143.702	653.66	509.96	0.42256	1.64825
5.0	151.11	0.00109206	0.381632	152.131	656.03	503.90	0.44256	1.63031
6.0	158.08	0.00109997	0.321345	159.338	657.93	498.59	0.45935	1.61559
7.0	164.17	0.00110723	0.277768	165.672	659.49	493.82	0.47387	1.60309
8.0	169.61	0.00111396	0.244751	171.347	660.81	489.46	0.48671	1.59221
9.0	174.53	0.00112026	0.218840	176.508	661.93	485.42	0.49825	1.58257
10.0	179.04	0.00112622	0.197945	181.252	662.90	481.65	0.50873	1.57389
11.0	183.20	0.00113189	0.180727	185.654	663.74	478.09	0.51836	1.56600
12.0	187.08	0.00113732	0.166284	189.766	664.48	474.72	0.52728	1.55875
13.0	190.71	0.00114254	0.153990	193.632	665.13	471.50	0.53559	1.55205
14.0	194.13	0.00114757	0.143394	197.285	665.71	468.42	0.54338	1.54581
15.0	197.37	0.00115244	0.134163	200.752	666.22	465.46	0.55071	1.53997

[압력기준 포화 증기표(3)]

압력 $[kg_f/cm^2]$	포화온도 [℃]	비체적$[m^3/kg_f]$		비엔탈피$[kcal/kg_f]$			비엔트로피$[kcal/kg_f \cdot K]$	
		v'	v''	h'	h''	$r = h' - h''$	s'	s''
16.0	200.43	0.00115717	0.126047	204.053	666.67	462.61	0.55765	1.53447
17.0	203.36	0.00116177	0.118854	207.209	667.07	459.86	0.56423	1.52928
18.0	206.15	0.00116625	0.112434	210.233	667.42	457.19	0.57050	1.52435
19.0	208.82	0.00117064	0.106666	213.138	667.73	454.59	0.57649	1.51966
20.0	211.39	0.00117493	0.101455	215.937	668.01	452.07	0.58223	1.51519
21.0	213.86	0.00117914	0.0967239	218.637	668.25	449.61	0.58773	1.51091
22.0	216.24	0.00118327	0.0924081	221.248	668.46	447.21	0.59302	1.50681
23.0	218.54	0.00118733	0.0884548	223.776	668.64	444.87	0.59812	1.50287
24.0	220.76	0.00119133	0.0848196	226.229	668.80	442.57	0.60304	1.49907
25.0	222.91	0.00119526	0.0814653	228.611	668.93	440.32	0.60779	1.49541
26.0	224.99	0.00119913	0.0783601	230.928	669.05	438.12	0.61240	1.49187
27.0	227.02	0.00120296	0.0754771	233.183	669.14	435.95	0.61686	1.48844
28.0	228.98	0.00120674	0.0727929	235.382	669.21	433.83	0.62119	1.48512
29.0	230.90	0.00121047	0.0702874	237.528	669.26	431.74	0.62540	1.48190
30.0	232.76	0.00121417	0.0679431	239.624	669.30	429.68	0.62950	1.47877
32.0	236.35	0.00122145	0.0636793	243.677	669.33	425.65	0.63737	1.47275
34.0	239.77	0.00122859	0.0599001	247.563	669.30	421.74	0.64486	1.46704
36.0	243.04	0.00123562	0.0565266	251.300	669.22	417.92	0.65201	1.46159
38.0	246.17	0.00124255	0.0534959	254.901	669.09	414.19	0.65885	1.45637
40.0	249.18	0.00124938	0.0507578	258.381	668.93	410.55	0.66542	1.45136
42.0	252.07	0.00125615	0.0482713	261.749	668.72	406.97	0.67174	1.44654
44.0	254.86	0.00126284	0.0460028	265.015	668.48	403.46	0.67783	1.44189
46.0	257.56	0.00126947	0.0439246	268.189	668.20	400.01	0.68371	1.43739
48.0	260.17	0.00127606	0.0420132	271.276	667.89	396.62	0.68940	1.43302
50.0	262.69	0.00128260	0.0402491	274.284	667.55	393.27	0.69492	1.42879
55.0	268.69	0.00129882	0.0363798	281.495	666.59	385.10	0.70802	1.41869
60.0	274.28	0.00131489	0.0331317	288.320	665.47	377.15	0.72027	1.40917
65.0	279.53	0.00133089	0.0303641	294.821	664.22	369.39	0.73180	1.40013
70.0	284.47	0.00134689	0.0279761	301.043	662.83	361.79	0.74273	1.39149
75.0	289.16	0.00136295	0.0258932	307.026	661.33	354.30	0.75313	1.38318
80.0	293.61	0.00137912	0.0240593	312.800	659.72	346.92	0.76308	1.37515
85.0	297.85	0.00139543	0.0224314	318.393	658.01	339.61	0.77262	1.36736
90.0	301.91	0.00141194	0.0209758	323.828	656.20	332.37	0.78182	1.35977
95.0	305.80	0.00142870	0.0196656	329.123	654.30	325.18	0.79071	1.35236
100.0	309.53	0.00144575	0.0184791	334.295	652.31	318.02	0.79932	1.34510
105.0	313.12	0.00146312	0.0173988	339.361	650.24	310.88	0.80770	1.33795
110.0	316.58	0.00148088	0.0164099	344.333	648.07	303.74	0.81586	1.33091
115.0	319.92	0.00149907	0.0155002	349.223	645.81	296.59	0.82383	1.32393
120.0	323.15	0.00151774	0.0146594	354.044	643.45	289.41	0.83164	1.31698
125.0	326.28	0.00153696	0.0138789	358.804	640.98	282.18	0.83931	1.31005
130.0	329.31	0.00155677	0.0131514	363.515	638.38	274.86	0.84684	1.30310
140.0	335.10	0.00159853	0.0118316	372.827	632.77	259.95	0.86162	1.28901
150.0	340.57	0.00164374	0.0106617	382.057	626.55	244.50	0.87610	1.27452
160.0	345.67	0.00169345	0.0096151	391.292	619.68	228.39	0.89015	1.25953
170.0	350.67	0.0017491	0.0086722	400.66	612.18	211.52	0.90496	1.24399
180.0	355.35	0.0018139	0.0077945	410.78	603.69	192.91	0.92046	1.22736
190.0	359.81	0.0018921	0.0069743	420.92	594.09	173.17	0.93584	1.20939
200.0	364.07	0.0019902	0.0061872	431.64	582.79	151.15	0.95201	1.18917
210.0	368.15	0.0021242	0.0053845	444.14	568.40	124.26	0.97081	1.16455
220.0	372.05	0.0023688	0.0044231	462.65	545.80	83.15	0.99877	1.12763
225.56	374.15	0.0031700	0.0031700	503.34	503.34	0	1.06116	1.06116

[과열 증기표(1)]

압력[kgf/cm²] 포화온도[℃]		온도[℃]												
		50	60	70	80	90	100	110	120	130	140	150	160	170
0.04	v	37.07	39.15	40.34	41.52	42.70	43.88	45.06	46.23	47.11	48.59	49.77	50.90	52.12
28.64	h	619.4	623.9	628.5	633.0	637.6	642.1	646.6	651.2	655.7	660.3	664.9	669.5	674.0
	s	2.0561	2.0699	2.0834	2.0964	2.1090	2.1214	2.1334	2.1451	2.1566	2.1677	2.1787	2.1894	2.1998
0.05	v	30.37	31.31	32.26	33.21	34.15	35.10	36.04	36.98	37.93	38.87	39.81	40.76	41.70
32.55	h	619.3	623.9	628.4	633.0	637.5	642.1	646.6	651.2	655.7	660.3	664.9	669.4	674.0
	s	2.0313	2.0452	2.0586	2.0717	2.0844	2.0967	2.1089	2.1205	2.1319	2.1431	2.1540	2.1647	2.1752
0.06	v	25.30	26.09	26.88	27.67	28.46	29.24	30.03	30.82	31.60	32.39	33.17	33.96	34.75
35.82	h	619.2	623.8	628.4	632.9	637.5	642.0	646.6	651.1	655.7	660.3	664.8	669.4	674.0
	s	2.0110	2.0249	2.0384	2.0515	2.0642	2.0766	2.0886	2.1003	2.1118	2.1230	2.1339	2.1446	2.1551
0.08	v	18.96	19.55	20.15	20.74	21.33	21.93	22.52	23.11	23.70	24.29	24.88	25.47	26.06
41.16	h	619.1	623.7	628.3	632.8	637.4	642.0	646.5	651.1	655.7	660.2	664.8	669.4	674.0
	s	1.9789	1.9929	2.0065	2.0196	2.0323	2.0447	2.0568	2.0685	2.0800	2.0912	2.1021	2.1129	2.1233
0.10	v	15.16	15.64	16.11	16.59	17.06	17.54	18.01	18.48	18.95	19.43	19.90	20.37	20.84
45.45	h	618.9	623.6	628.2	632.8	637.3	641.9	646.5	651.0	655.6	660.2	664.8	669.4	674.0
	s	1.9539	1.9680	1.9816	1.9948	2.0076	2.0200	2.0321	2.0438	2.0553	2.0665	2.0775	2.0882	2.0987
0.20	v		7.795	8.036	8.277	8.516	8.754	8.992	9.230	9.467	9.704	9.941	10.18	10.41
59.66	h		622.9	627.7	632.3	637.0	641.6	646.2	650.8	655.4	660.0	664.6	669.2	673.8
	s		1.8901	1.9040	1.9174	1.9304	1.9429	1.9551	1.9670	1.9785	1.9898	2.0008	2.0116	2.0221
0.30	v			5.345	5.506	5.667	5.827	5.987	6.146	6.305	6.464	6.622	6.780	6.938
68.67	h			627.1	631.9	636.6	641.3	645.9	650.5	655.2	659.8	664.4	669.1	673.7
	s			1.8580	1.8717	1.8848	1.8975	1.9098	1.9218	1.9334	1.9447	1.9558	1.9666	1.9772
0.40	v				4.121	4.242	4.364	4.484	4.604	4.724	4.843	4.962	5.081	5.200
75.41	h				631.4	636.2	640.9	645.6	650.3	655.0	659.6	664.2	668.9	673.5
	s				1.8389	1.8522	1.8651	1.8775	1.8896	1.9012	1.9126	1.9237	1.9346	1.9452
0.50	v					3.388	3.486	3.583	3.679	3.775	3.871	3.967	4.062	4.157
80.86	h					635.8	640.6	645.3	650.1	654.7	659.4	664.1	668.7	673.4
	s					1.8268	1.8398	1.8523	1.8644	1.8762	1.8877	1.8988	1.9097	1.9203
0.60	v					2.818	2.900	2.982	3.062	3.143	3.223	3.303	3.383	3.462
85.45	h					635.4	640.3	645.1	649.8	654.5	659.2	663.9	668.6	673.2
	s					1.8058	1.8190	1.8316	1.8439	1.8557	1.8672	1.8784	1.8893	1.9000
0.70	v					2.411	2.482	2.552	2.622	2.691	2.760	2.829	2.897	2.966
89.45	h					635.1	639.9	644.8	649.6	654.3	659.0	663.7	668.4	673.1
	s					1.7880	1.8013	1.8140	1.8264	1.8383	1.8499	1.9611	1.8721	1.8828
0.80	v						2.168	2.230	2.291	2.352	2.413	2.473	2.533	2.593
92.99	h						639.6	644.5	649.3	654.1	658.8	663.6	668.3	673.0
	s						1.7858	1.7987	1.8111	1.8231	1.8348	1.8461	1.8571	1.8678
0.90	v						1.924	1.980	2.034	2.089	2.143	2.196	2.250	2.303
96.18	h						639.3	644.2	649.1	653.9	658.6	663.4	668.1	672.8
	s						1.7721	1.7851	1.7976	1.8097	1.8214	1.8328	1.8438	1.8546
1.0	v						1.729	1.779	1.829	1.878	1.927	1.975	2.023	2.072
99.09	h						638.9	643.9	648.8	653.6	658.4	663.2	667.9	672.7
	s						1.7598	1.7729	1.7855	1.7976	1.8094	1.8208	1.8319	1.8427
1.5	v								1.212	1.245	1.278	1.311	1.344	1.376
110.8	h								647.5	652.5	657.4	662.3	667.1	671.9
	s								1.7382	1.7507	1.7628	1.7744	1.7858	1.7637
2.0	v								0.9028	0.9285	0.9539	0.9790	1.004	1.029
119.6	h								646.2	651.5	656.4	661.4	666.3	671.2
	s								1.7038	1.7167	1.7291	1.7410	1.7526	1.7637
3.0	v										0.6294	0.6468	0.6639	0.6809
132.9	h										654.3	659.5	664.6	669.7
	s										1.6802	1.6928	1.7048	1.7163

v : m³/kgf, h : kcal/kgf, s : kcal/kgf.K

[과열 증기표(2)]

압력[kgf/cm²] 포화온도[℃]		온도[℃]												
		180	200	220	240	260	280	300	320	340	360	380	400	450
0.04	v	53.30	55.66	58.01	60.37	62.72	65.07	67.43	69.78	72.13	74.49	76.84	79.19	85.08
28.64	h	678.6	687.9	697.2	706.5	715.9	725.3	734.8	744.3	753.9	763.6	773.3	783.1	807.8
	s	2.2101	2.2300	2.2493	2.2678	2.2857	2.3031	2.3200	2.3363	2.3523	2.3678	2.3829	2.3976	2.4330
0.05	v	42.64	44.52	46.41	48.29	50.17	52.06	53.94	55.82	57.71	59.59	61.47	63.35	68.06
32.55	h	678.6	687.9	697.2	706.5	715.9	725.3	734.8	744.3	753.9	763.6	773.3	783.1	807.8
	s	2.1855	2.2054	2.2247	2.2432	2.2611	2.2785	2.2954	2.3117	2.3277	2.3432	2.3583	2.3730	2.4084
0.06	v	35.53	37.10	38.67	46.24	41.81	43.38	44.95	46.52	48.09	49.66	51.22	52.80	56.72
35.82	h	678.6	687.9	697.1	706.5	715.9	725.2	734.8	744.3	753.9	763.6	773.3	783.1	807.8
	s	2.1654	2.1853	2.2045	2.2231	2.2410	2.2584	2.2753	2.2916	2.3076	2.3231	2.3382	2.3529	2.3883
0.08	v	26.65	27.82	29.00	30.18	31.36	32.53	33.71	34.89	36.06	37.24	38.42	39.60	42.54
41.16	h	678.6	687.8	697.1	706.5	715.8	725.3	734.8	744.3	753.9	763.6	773.3	783.1	807.8
	s	2.1336	2.1536	2.1728	2.1914	2.2093	2.2267	2.2435	2.2599	2.2758	2.2913	2.3065	2.3212	2.3566
0.10	v	21.31	22.26	23.20	24.14	25.08	26.03	26.97	27.91	28.85	29.79	30.73	31.68	34.03
45.45	h	678.6	687.8	697.1	706.4	715.8	725.3	734.8	744.3	753.9	763.6	773.3	783.1	807.8
	s	2.1090	2.1290	2.1482	2.1668	2.1847	2.2021	2.2189	2.2353	2.2512	2.2667	2.2819	2.2966	2.3320
0.20	v	10.65	11.12	11.59	12.07	12.54	13.01	13.48	13.95	14.42	14.89	15.37	15.84	17.01
59.66	h	678.4	687.7	697.0	706.4	715.8	725.2	734.7	744.3	753.9	763.5	773.3	783.0	807.8
	s	2.0324	2.0524	2.0717	2.0903	2.1082	2.1256	2.1425	2.1589	2.1748	2.1903	2.2054	2.2202	2.2556
0.30	v	7.096	7.411	7.726	8.041	8.356	8.670	8.985	9.299	9.613	9.928	10.24	10.56	11.34
68.67	h	678.3	687.6	696.9	706.3	715.7	725.1	734.7	744.2	753.8	763.5	773.2	783.0	807.7
	s	1.9875	2.0075	2.0268	2.0455	2.0634	2.0809	2.0977	2.1141	2.1301	2.1456	2.1607	2.1755	2.2109
0.40	v	5.319	5.556	5.792	6.029	6.265	6.501	6.737	6.973	7.209	7.444	7.680	7.916	8.505
75.41	h	678.2	687.5	696.8	706.2	715.6	725.1	734.6	744.1	753.8	763.4	773.2	783.0	807.7
	s	1.9556	1.9756	1.9950	2.0136	2.0316	2.0490	2.0659	2.0823	2.0983	2.1138	2.1289	2.1437	2.1791
0.50	v	4.252	4.442	4.632	4.821	5.010	5.199	5.388	5.577	5.766	5.955	6.143	6.332	6.803
80.86	h	678.0	687.4	696.7	706.1	715.5	725.0	734.5	744.1	753.7	763.4	773.1	782.9	807.7
	s	1.9307	1.9507	1.9702	1.9889	2.0069	2.0243	2.0413	2.0577	2.0736	2.0892	2.1043	2.1191	2.1545
0.60	v	3.542	3.700	3.858	4.016	4.174	4.332	4.489	4.647	4.804	4.961	5.119	5.276	5.669
85.45	h	677.9	687.3	696.6	706.0	715.5	725.0	734.5	744.1	753.7	763.4	773.1	782.9	807.6
	s	1.9104	1.9306	1.9500	1.9687	1.9867	2.0042	2.0211	2.0375	2.0535	2.0690	2.0842	2.0989	2.1344
0.70	v	3.034	3.170	3.306	3.441	3.577	3.712	3.847	3.982	4.117	4.252	4.387	4.522	4.859
89.45	h	677.8	687.2	696.5	706.0	715.4	724.9	734.4	744.0	753.6	763.3	773.1	782.9	807.6
	s	1.8932	1.9134	1.9329	1.9516	1.9696	1.9871	2.0040	2.0205	2.0364	2.0520	2.0671	2.0819	2.1174
0.80	v	2.653	2.772	2.891	3.010	3.129	3.247	3.365	3.484	3.602	3.720	3.838	3.956	4.251
92.99	h	677.7	687.1	696.5	705.9	715.3	724.8	734.4	744.0	753.6	763.3	773.0	782.8	807.6
	s	1.8783	1.8985	1.9180	1.9367	1.9548	1.9723	1.9892	2.0057	2.0217	2.0372	2.0524	2.0672	2.1026
0.90	v	2.357	2.463	2.569	2.675	2.780	2.886	2.990	3.096	3.201	3.306	3.411	3.516	3.778
96.18	h	677.5	686.9	696.4	705.8	715.3	724.8	734.3	743.9	753.5	763.2	773.0	782.8	807.6
	s	1.8651	1.8854	1.9049	1.9236	1.9427	1.9592	1.9762	1.9926	2.0086	2.0242	2.0393	2.0541	2.0896
1.0	v	2.120	2.216	2.311	2.406	2.501	2.596	2.691	2.786	2.880	2.975	3.070	3.164	3.400
99.09	h	677.4	686.8	696.3	705.7	715.2	724.7	734.3	743.9	753.5	763.1	773.0	782.8	807.5
	s	1.8532	1.8736	1.8931	1.9119	1.9300	1.9475	1.9645	1.9810	1.9970	2.0125	2.0277	2.0425	2.0780
1.5	v	1.409	1.473	1.537	1.601	1.665	1.729	1.792	1.855	1.919	1.982	2.045	2.108	2.266
110.8	h	676.7	686.3	695.8	705.3	714.8	724.4	734.0	743.6	753.3	763.0	772.81.9	782.6	807.4
	s	1.8074	1.8280	1.8477	1.8666	1.8848	1.9024	1.9194	1.9360	1.9520	1.9676	828	1.9976	2.0332
2.0	v	1.053	1.102	1.151	1.199	1.247	1.295	1.342	1.390	1.438	1.485	1.533	1.580	1.698
119.6	h	676.1	685.7	695.3	704.9	714.5	724.1	733.7	743.8	753.0	762.8	772.6	782.4	807.3
	s	1.7746	1.7954	1.8153	1.8343	1.8526	1.8703	1.8874	1.9039	1.9200	1.9357	1.9509	1.9657	2.0013
3.0	v	0.6976	0.7308	0.7637	0.7962	0.8286	0.8608	0.8928	0.9248	0.9567	0.9885	1.020	1.052	1.131
132.9	h	674.7	684.6	694.3	704.0	713.7	723.4	733.1	742.8	752.6	762.4	772.2	782.1	807.0
	s	1.7275	1.7488	1.7691	1.7884	1.8069	1.8247	1.8419	1.8586	1.8748	1.8905	1.9058	1.9206	1.9563

v : m^3/kg_f, h : $kcal/kg_f$, s : $kcal/kg_f.K$

[과열 증기표(3)]

압력[kgf/cm²] 포화온도[℃]		온도[℃]												
		170	180	190	200	210	220	230	240	250	260	270	280	290
4.0	v	0.5068	0.5197	0.5325	0.5452	0.5577	0.5702	0.5826	0.5949	0.6072	0.6194	0.6316	0.6438	0.6559
142.9	h	668.1	673.3	678.3	683.4	688.4	693.3	698.3	703.2	708.1	713.0	717.9	722.8	727.6
	s	1.6818	1.6933	1.7045	1.7152	1.7257	1.7358	1.7457	1.7554	1.7649	1.7741	1.7832	1.7921	1.8009
5.0	v	0.4023	0.4129	0.4234	0.4337	0.4439	0.4540	0.4641	0.4741	0.4840	0.4939	0.5038	0.5136	0.5234
151.1	h	666.5	671.8	677.0	682.2	687.3	692.3	697.3	702.3	707.3	712.2	717.2	722.1	727.0
	s	1.6544	1.6662	1.6776	1.6886	1.6993	1.7096	1.7197	1.7295	1.7391	1.7485	1.7576	1.7666	1.7755
6.0	v	0.3326	0.3416	0.3505	0.3593	0.3680	0.3766	0.3851	0.3935	0.4019	0.4103	0.4186	0.4268	0.4350
158.1	h	664.8	670.3	675.7	680.9	686.1	691.3	696.4	701.4	706.5	711.5	716.5	721.4	726.4
	s	1.6313	1.6435	1.6552	1.6665	1.6774	1.6879	1.6981	1.7081	1.7178	1.7273	1.7366	1.7456	1.7545
7.0	v	0.2827	0.2907	0.2985	0.3062	0.3137	0.3212	0.3286	0.3360	0.3432	0.3505	0.3570	0.3648	0.3719
164.2	h	663.1	668.7	674.3	679.7	685.0	690.2	695.4	700.5	705.6	710.7	715.7	720.8	725.8
	s	1.6112	1.6238	1.6359	1.6474	1.6585	1.6693	1.6797	1.6898	1.6996	1.7092	1.7186	1.7277	1.7367
8.0	v	0.2452	0.2524	0.2594	0.2663	0.2730	0.2797	0.2863	0.2928	0.2992	0.3056	0.3210	0.3183	0.3245
169.6	h	661.3	667.1	672.8	678.4	683.8	689.1	694.4	699.6	704.8	709.9	715.0	720.1	725.1
	s	1.5932	1.6063	1.6187	1.6305	1.6419	1.6528	1.6634	1.6737	1.6837	1.6934	1.7028	1.7121	1.7211
9.0	v		0.2226	0.2290	0.2352	0.2413	0.2474	0.2533	0.2592	0.2650	0.2707	0.2764	0.2821	0.2877
174.5	h		665.5	671.3	677.0	682.6	688.0	693.4	698.7	703.9	709.1	714.3	719.4	724.5
	s		1.5904	1.6032	1.6153	1.6270	1.6381	1.6489	1.6593	1.6694	1.6792	1.6888	1.6981	1.7073
10.0	v		0.1987	0.2046	0.2103	0.2160	0.2215	0.2269	0.2323	0.2376	0.2428	0.2480	0.2531	0.2582
179.0	h		663.8	669.8	675.7	681.3	686.9	692.4	697.7	703.0	708.3	713.5	718.7	723.8
	s		1.5758	1.5890	1.6015	1.6134	1.6247	1.6357	1.6463	1.6565	1.6665	1.6761	1.6856	1.6948
12.0	v			0.1679	0.1729	0.1778	0.1826	0.1873	0.1919	0.1964	0.2009	0.2053	0.2097	0.2140
187.1	h			666.7	672.9	678.8	684.6	690.3	695.8	701.3	706.6	712.0	717.2	722.5
	s			1.5635	1.5767	1.5891	1.6010	1.6123	1.6233	1.6338	1.6440	1.6539	1.6635	1.6729
14.0	v				0.1462	0.1505	0.1548	0.1589	0.1630	0.1670	0.1709	0.1748	0.17867	0.1824
194.1	h				666.9	676.2	682.2	688.1	693.8	699.4	704.9	710.4	15.8	721.1
	s				1.5547	1.5678	1.5802	1.5919	1.6032	1.6141	1.6245	1.6347	1.6445	1.6540
16.0	v					0.13006	0.1339	0.1376	0.1413	0.1449	0.1484	0.1519	0.1553	0.1586
200.4	h					73.4	679.7	685.8	691.7	697.5	703.2	708.8	714.3	719.7
	s					1.5485	1.5614	1.5737	1.5854	1.5965	1.6073	1.6177	1.6277	1.6374
18.0	v					0.11406	0.1176	0.1210	0.1244	0.1277	0.1309	0.1340	0.1371	0.1402
206.2	h					70.5	677.1	683.5	689.6	695.6	701.4	707.1	712.8	718.3
	s					1.5307	1.5443	1.5570	1.5691	1.5807	1.5917	1.6023	1.6126	1.6225
20.0	v						0.1045	0.1077	0.1108	0.1139	0.1168	0.1197	0.1226	0.1254
211.4	h						674.4	681.1	687.4	693.6	699.6	705.4	711.2	716.9
	s						1.5283	1.5416	1.5541	1.5661	1.5774	1.5883	1.5988	1.6089
25.0	v							0.08357	0.08631	0.08895	0.09149	0.09396	0.09637	0.09873
222.9	h							674.6	681.6	688.3	694.8	701.1	707.2	713.1
	s							1.5068	1.5206	1.5335	1.5458	1.5574	1.5685	1.5792
30.0	v								0.06982	0.07221	0.07450	0.07670	0.07883	0.08090
232.8	h								675.3	682.7	689.7	696.4	702.9	709.2
	s								1.4906	1.5048	1.5181	1.5305	1.5424	1.5336
35.0	v									0.06015	0.06226	0.06428	0.06624	0.06812
241.4	h									676.6	684.3	691.5	698.4	705.1
	s									1.4784	1.4929	1.5063	1.5190	1.5309
40.0	v									0.0.5097	0.05301	0.05493	0.05675	0.05849
249.2	h									669.9	678.4	686.3	693.7	700.8
	s									1.4532	1.4693	1.4840	1.4975	1.5102
45.0	v										0.04571	0.04757	0.04931	0.05095
256.2	h										672.0	680.6	688.7	696.3
	s										1.4465	1.4626	1.4772	1.4908

v : m³/kgf, h : kcal/kgf, s : kcal/kgf.K

[과열 증기표(4)]

압력[kg_f/cm^2] 포화온도[℃]		온도[℃]													
		300	310	320	330	340	350	360	370	380	390	400	450	500	550
4.0	v	.6680	.6801	.6922	.7042	0.7162	.7282	.7402	.7522	.7641	.7761	.7880	.8476	.9069	.9662
142.9	h	732.5.	737.4	742.3	47.2	52.1	57.0	761.9	766.9	71.8	76.8	781.7	06.7	32.0	57.6
	s	8095	1.8179	1.8262	.8344	.8425	.8505	.8583	.8660	.8736	.8811	.8880	.9244	.9582	.9903
5.0	v	.5332	.5429	.5526	.5623	.5719	.5816	0.8583	.6008	0.6104	0.6200	0.6296	0.6774	.7250	.7725
151.1	h	31.9	736.9	741.8	746.7	751.6	756.6	761.5	766.5	771.4	776.4	781.4	806.4	31.7	57.4
	s	.7841	.7926	.8010	.8092	.8173	.8253	1.8332	.8410	1.8486	1.8561	1.8636	1.8995	.9334	.9655
6.0	v	.4432	.4514	.4595	.4676	.4757	.4838	0.4919	.4999	0.5080	0.5160	0.5240	0.5640	0.6037	0.6434
158.1	h	731.4	736.3	741.3	746.2	751.2	756.1	761.1	766.1	771.0	776.0	781.0	806.1	831.5	857.2
	s	.7633	.7718	.7802	.7885	.7967	.8047	1.8126	.8204	1.8281	1.8356	1.8431	1.8791	1.9130	1.9453
7.0	v	.3790	.3860	0.3930	.4000	.4070	.4140	0.4209	.4279	0.4348	0.4417	0.4486	0.4829	0.5171	0.5511
164.2	h	730.8	735.7	740.7	745.7	750.7	755.7	760.7	765.6	770.6	775.6	780.6	805.8	831.3	857.0
	s	.7455	.7541	.7626	.7709	.7791	.7872	1.7951	.8029	1.8106	1.8182	1.8257	1.8618	1.8958	1.9281
8.0	v	.3308	.3370	.3432	.3493	.3555	.3616	0.3677	.3738	0.3799	0.3860	0.3920	0.4221	0.4521	0.4820
169.6	h	730.1	735.2	740.2	745.2	750.2	755.2	760.2	765.2	770.2	775.3	780.3	805.5	831.0	856.8
	s	.7300	.7387	.7472	.7556	.7638	.7719	1.7799	.7877	1.7955	1.8031	1.8106	1.8468	1.8809	1.9132
9.0	v	.2933	.2988	.3044	.3099	.3154	.3209	0.3263	.3318	0.3372	0.3426	0.3480	0.3749	0.4016	0.4282
174.5	h	720.5	734.8	739.6	744.7	749.7	754.8	759.8	764.8	769.8	774.9	779.9	805.2	830.8	856.6
	s	.7162	.7250	.7335	.7419	.7502	.7584	1.7664	.7743	1.7820	1.7897	1.7972	1.8335	1.8677	1.9001
10.0	v	.2633	.2683	.2733	.2783	.2833	.2883	0.2932	.2981	0.3030	0.3079	0.3128	0.3371	0.3611	0.3851
179.0	h	728.9	734.0	739.1	744.2	749.2	754.3	759.3	764.4	769.5	774.5	779.6	805.0	830.6	856.4
	s	.7038	.7126	.7212	.7297	.7380	1.7462	1.7542	.7622	1.7700	1.7776	1.7852	1.8216	1.8558	1.8883
12.0	v	.2183	.2225	.2268	.2310	.2352	0.2394	0.2435	.2476	0.2518	0.2559	0.2600	0.2803	0.3005	0.3205
187.1	h	727.7	732.8	738.0	743.1	748.2	753.4	758.5	763.6	768.7	773.7	778.8	804.4	830.1	856.0
	s	.6820	.6910	.6997	.7083	.7167	1.7250	1.7331	.7411	1.7490	1.7567	1.7643	1.8009	1.8353	1.8678
14.0	v	.1861	.1898	.1935	.1972	.2008	0.2044	0.2080	.2116	0.2152	0.2187	0.2223	0.2398	0.2572	0.2744
194.1	h	726.4	731.6	736.9	742.1	747.2	752.4	757.6	762.7	767.8	7730.	778.1	803.8	829.6	855.6
	s	.6633	1.6724	.6813	.6900	.6985	1.7069	1.7151	.7231	1.7311	1.7388	1.7465	1.7833	1.8178	1.8505
16.0	v	.1620	.1653	.1685	.1718	.1750	0.1782	0.1814	.1846	0.1877	0.1908	0.1940	0.2094	0.2247	0.2398
200.4	h	725.1	730.4	735.7	741.0	746.2	751.5	756.7	761.8	767.0	772.2	777.4	803.2	829.1	855.2
	s	.6469	.6561	.6651	.6739	.6826	1.6910	1.6993	.7074	1.7154	1.7232	1.7310	1.7680	1.8026	1.8354
18.0	v	.1432	.1462	.1491	.1520	.1549	0.1578	0.1607	.1635	0.1663	0.1691	0.1719	0.1858	0.1994	0.2129
206.2	h	723.8	729.2	734.6	739.9	745.2	750.5	755.7	761.0	766.2	771.4	776.6	802.6	828.6	854.8
	s	.6322	.6415	.6507	.6596	.6683	1.6768	1.6852	.6934	1.7015	1.7094	1.7172	1.7544	1.7892	1.8221
20.0	v	.1282	.1309	.1336	.1362	.1389	0.1415	0.1441	.1467	0.1492	0.1518	0.1543	0.1669	0.1792	0.1914
211.4	h	722.4	727.9	733.4	738.8	744.2	759.5	754.8	760.1	765.4	770.6	775.9	802.0	828.0	854.4
	s	.6187	.6283	.6375	.6466	.6554	1.6640	1.6725	.6808	1.6889	1.6969	1.7047	1.7422	1.7771	1.8101
25.0	v	.1010	.1033	.1056	.1078	.1099	0.1121	0.1142	.1164	0.1185	0.1205	0.1226	0.1328	0.1428	0.1527
222.9	h	719.0	724.7	730.4	736.0	741.5	747.0	752.5	757.9	763.3	768.6	774.0	800.5	826.9	853.4
	s	.5895	1.5994	.6090	.6184	.6275	1.6364	1.6451	.6536	1.6619	1.6700	1.6780	1.7160	1.7514	1.7846
30.0	v	.08292	.08490	.08684	.08875	.09063	.09249	0.09431	.09612	0.09791	0.09970	0.10157	0.1101	0.11858	0.1268
232.8	h	715.3	721.3	727.2	733.0	738.8	744.4	750.0	755.6	761.1	766.6	22.0	799.0	25.7	852.41.
	s	1.5645	1.5748	1.5849	1.5946	1.6040	1.6131	1.6220	1.6308	1.6393	1.6476	1.6557	1.6943	1.7301	7635
35.0	v	.06994	.07171	.07345	.07514	.07681	.07845	0.08007	.08166	0.08323	0.08479	0.08634	0.09388	0.1012	0.1084
241.4	h	711.6	717.8	724.0	730.1	735.9	741.8	747.5	753.3	758.9	764.5	770.0	797.4	824.4	851.31.
	s	1.5428	1.5532	1.5636	1.5737	1.5834	1.5629	1.6021	1.6110	1.6197	1.6282	1.6365	1.6757	1.7119	7456
40.0	v	0.06017	0.06179	0.06337	0.06492	0.06643	0.06791	0.06937	0.07080	0.07221	0.07361	0.07499	0.08170	0.08819	0.09453
249.2	h	707.6	714.2	720.6	726.9	733.0	739.0	745.0	750.8	756.6	762.3	768.0	795.8	823.2	850.31.
	s	1.5222	1.5336	1.5445	1.5550	1.5651	1.5748	1.5843	1.5934	1.6023	1.6110	1.6195	1.6594	1.6959	7300
45.0	v	0.05253	0.05405	0.05551	0.05694	0.05833	0.05970	0.06108	0.06234	0.06363	0.06490	0.06616	0.07223	0.07807	0.08376
256.2	h	703.5	710.4	717.1	723.7	730.0	736.2	742.4	748.4	754.5	760.2	765.9	794.2	821.9	849.3
	s	1.5035	1.5155	1.5269	1.5378	1.5488	1.5584	1.5681	1.5775	1.5867	1.5956	1.6042	1.6448	1.6817	1.7161

v : m^3/kg_f, h : $kcal/kg_f$, s : $kcal/kg_f.K$

[과열 증기표(5)]

압력[kg_f/cm^2] 포화온도[℃]		온도[℃]												
		280	290	300	310	320	330	340	350	360	370	380	390	400
50.0	v	0.04329	0.04488	0.04638	0.04782	0.04921	0.05054	0.05184	0.05311	0.05435	0.05556	0.05675	0.05793	0.05908
262.7	h	683.3	691.5	699.2	706.5	713.5	720.3	726.9	733.4	739.7	745.8	751.9	757.9	763.8
	s	1.4577	1.4724	1.4859	1.4985	1.5105	1.5219	1.5327	1.5432	1.5532	1.5629	1.5723	1.5814	1.5902
60.0	v	0.03409	0.03564	0.03707	0.03841	0.03968	0.04089	0.04206	0.04320	0.04430	0.04537	0.04642	0.04744	0.04845
274.3	h	671.3	681.0	689.8	698.1	705.9	713.3	720.5	727.4	734.1	740.6	747.0	753.3	759.5
	s	1.4198	1.4371	1.4527	1.4669	1.4802	1.4926	1.5044	1.5155	1.5262	1.5365	1.5464	1.5560	1.5632
70.0	v		0.02883	0.03027	0.03158	0.03279	0.03394	0.03503	0.03607	0.03708	0.03806	0.03901	0.03993	0.04084
284.5	h		668.8	679.4	688.8	697.6	705.8	713.6	721.0	728.2	735.2	742.0	748.6	755.1
	s		1.4022	1.4207	1.4371	1.4520	1.4657	1.4785	1.4906	1.5020	1.5129	1.5234	1.5334	1.5431
80.0	v			0.02500	0.02633	0.02754	0.02866	0.02970	0.03069	0.03164	0.03255	0.03343	0.03428	0.03511
293.6	h			667.2	678.4	688.5	697.7	706.2	714.3	722.1	729.5	736.7	743.6	750.4
	s			1.3882	1.4077	1.4247	1.4401	1.4542	1.4673	1.4796	1.4912	1.5023	1.5129	1.5231
90.0	v				0.02211	0.02335	0.02447	0.02550	0.02646	0.02737	0.02823	0.02906	0.02986	0.03064
301.9	h				666.4	678.3	688.8	698.3	707.2	715.5	723.5	731.1	738.5	745.6
	s				1.6774	1.3975	1.4151	1.4308	1.4451	1.4584	1.4709	1.4827	1.4938	1.5045
100.0	v				0.01853	0.01988	0.02104	0.02208	0.02303	0.02392	0.02475	0.02555	0.02631	0.02705
309.5	h				652.1	666.6	678.9	689.7	699.5	708.6	717.2	725.3	733.1	740.6
	s				1.3446	1.3693	1.3898	1.4076	1.4235	1.4380	1.4515	1.4640	1.4759	1.4871
110.0	v					0.01688	0.01813	0.01921	0.02018	0.02106	0.02188	0.02265	0.02339	0.02409
316.6	h					652.8	667.6	680.2	691.2	701.2	710.5	719.3	727.5	735.5
	s					1.3386	1.3636	1.3842	1.4021	1.4181	1.4326	1.4461	1.4587	1.4706
120.0	v						0.01559	0.01674	0.01774	0.01864	0.01945	0.02022	0.02093	0.02162
323.1	h						654.6	669.5	682.1	693.3	703.5	712.9	721.7	730.1
	s						1.3354	1.3599	1.3804	1.3982	1.4141	1.4287	1.4421	1.4547
130.0	v						0.01325	0.01456	0.01562	0.01654	0.01737	0.01813	0.01884	0.01951
329.3	h						638.6	657.2	672.0	684.7	695.9	706.1	715.6	724.5
	s						1.3034	1.3340	1.3579	1.3781	1.3957	1.4115	1.4259	1.4392
140.0	v							0.01255	0.01373	0.01470	0.01555	0.01632	0.01703	0.01769
335.1	h							642.7	660.6	675.2	687.8	699.0	709.2	718.7
	s							1.3051	1.3341	1.3570	1.13770	1.3943	1.4099	1.4241
150.0	v								0.01199	0.01304	0.01393	0.01472	0.01544	0.01609
340.6	h								647.5	664.6	678.9	691.3	702.4	712.6
	s								1.3081	1.3355	1.3579	1.3770	1.3939	1.4092
160.0	v								0.01032	0.01152	0.01248	0.01330	0.01402	0.01468
345.7	h								631.3	652.7	669.1	683.0	695.3	706.2
	s								1.2781	1.3121	1.3379	1.3593	1.3780	1.3944
180.0	v									0.00866	0.00989	0.01082	0.01160	0.01229
355.4	h									621.0	645.9	664.2	679.2	692.3
	s									1.2546	1.2937	1.3218	1.3448	1.3644
200.0	v										0.00742	0.00865	0.00955	0.01030
364.1	h										612.6	640.8	660.4	676.5
	s										1.2355	1.2790	1.3990	1.3330
220.0	v											0.00663	0.00779	0.00860
372.0	h											606.9	637.3	688.1
	s											1.2218	1.2679	1.2990
250.0	v											0.00257	0.00512	0.00637
-	h											467.9	584.2	621.7
	s											1.0052	1.1826	1.2386
300.0	v											0.00189	0.00223	0.00306
-	h											440.0	470.2	523.6
	s											0.9583	1.0040	1.0839

v : m^3/kg_f, h : $kcal/kg_f$, s : $kcal/kg_f.K$

[과열 증기표(6)]

압력[kgf/cm²] 포화온도[℃]		온도[℃]												
		170	180	190	200	210	220	230	240	250	260	270	280	290
550.0	v	0.06022	0.06134	0.06246	0.06356	0.06465	0.06573	0.06680	0.06787	0.06893	0.06998	0.07102	0.07206	0.07515
262.7	h	769.7	775.5	781.2	786.9	792.6	798.6	803.9	809.5	815.0	820.6	826.1	831.7	848.2
	s	1.5989	1.6073	1.6155	1.6236	1.6315	1.6392	1.6468	1.6543	1.6616	1.6689	1.6760	1.6830	1.7035
60.0	v	0.04944	0.05042	0.05138	0.05233	0.05327	0.05419	0.05511	0.05003	0.05693	0.05783	0.05872	0.05960	0.06222
274.3	h	765.6	771.6	777.6	783.5	789.3	795.1	800.9	806.6	812.31	818.0	823.6	829.3	846.1
	s	1.5742	1.5830	1.5915	1.5998	1.6079	1.6159	1.6237	1.6314	.6389	1.6463	1.6535	1.6607	1.6815
70.0	v	0.04172	0.04260	0.04345	0.04429	0.04513	0.04595	0.04676	0.04756	0.04835	0.04914	0.04992	0.05070	0.05299
284.5	h	761.4	767.7	773.8	779.9	786.0	791.9	797.8	803.7	809.5	815.3	821.1	826.8	843.9
	s	1.5525	1.5616	1.5704	1.5790	1.5874	1.5956	1.6036	1.6115	1.6192	1.6267	1.6341	1.6414	1.6625
80.0	v	0.03592	0.03672	0.03749	0.03826	0.03901	0.03975	0.04048	0.04120	0.04192	0.04262	0.04332	0.04401	0.04606
293.6	h	757.1	763.6	770.0	776.3	782.5	788.6	784.7	800.7	806.7	812.6	818.5	824.3	841.7
	s	1.5329	1.5423	1.5515	1.5604	1.5691	1.5775	1.5857	1.5938	1.6016	1.6093	1.6169	1.6243	1.6458
90.0	v	0.03139	0.03213	0.03285	0.03355	0.03425	0.03493	0.03559	0.03625	0.03690	0.03755	0.03818	0.03881	0.04066
301.9	h	752.6	759.4	766.0	772.5	778.9	785.3	791.5	797.7	803.8	809.9	815.9	821.8	839.5
	s	1.5148	1.5246	1.5342	1.5434	1.5523	1.5610	1.5695	1.5777	1.5858	1.5937	1.6014	1.6090	1.6308
100.0	v	0.02776	0.02845	0.02912	0.02978	0.03043	0.03106	0.03168	0.03229	0.03289	0.03348	0.03407	0.03465	0.03635
309.5	h	747.9	755.0	761.9	768.7	775.3	781.8	788.3	794.6	800.9	807.1	813.2	819.3	837.3
	s	1.4978	1.5081	1.5180	1.5276	1.5368	1.4558	1.5545	1.5630	1.5712	1.5793	1.5872	1.5949	1.6712
110.0	v	0.02477	0.02543	0.02607	0.02669	0.02729	0.02789	0.02847	0.02904	0.02960	0.03015	0.03070	0.03124	0.03281
316.6	h	743.11.4	750.5	757.7	764.7	771.6	778.3	784.9	791.4	797.9	804.2	810.5	816.7	835.0
	s	818	1.4926	1.5029	1.5128	1.5224	1.5316	1.5406	1.5493	1.5577	1.5660	1.5740	1.5819	1.6046
120.0	v	0.02227	0.02290	0.02351	0.02410	0.02468	0.02524	0.02579	0.02633	0.02686	0.02738	0.02789	0.02839	0.02987
323.1	h	738.2	745.9	753.4	760.7	767.8	774.7	781.5	788.2	794.8	801.3	807.7	814.1	832.7
	s	1.4665	1.4778	1.4885	1.4988	1.5087	1.5182	1.5275	1.5364	1.5451	1.5535	1.5618	1.5698	1.5929
130.0	v	0.02014	0.02075	0.02191	0.01291	0.02246	0.02299	0.02352	0.02353	0.02453	0.02502	0.02551	0.02598	0.02737
329.4	h	733.0	741.1	749.0	756.5	763.9	771.1	778.1	785.0	791.7	798.4	804.9	811.4	830.4
	s	1.4517	1.4635	1.4747	1.4854	1.4957	1.5055	1.5150	1.5242	1.5331	1.5418	1.5502	1.5584	1.5819
140.0	v	0.01831	0.01890	0.01947	0.02002	0.02055	0.02107	0.02157	0.02206	0.02253	0.02300	0.02346	0.02391	0.02523
335.1	h	727.71.4	736.2	744.4	752.3	759.9	767.3	774.6	781.6	788.6	795.4	802.1	808.7	828.01
	s	374	1.4497	1.4615	1.4726	1.4832	1.4934	1.5032	1.5127	1.5218	1.5307	1.5393	1.5477	.5716
150.0	v	0.01671	0.01729	0.01785	0.01838	0.01889	0.01939	0.01987	0.02034	0.02080	0.02125	0.02169	0.02212	0.02337
340.6	h	722.2	731.1	739.7	747.9	755.8	763.5	771.0	778.2	785.4	792.3	799.2	805.9	825.7
	s	1.4233	1.4363	1.4486	1.4601	1.4712	1.4817	1.4918	1.5016	1.5110	1.5200	1.5289	1.5374	1.5618
160.0	v	0.01530	0.01587	0.01642	0.01694	0.01744	0.01792	0.01839	0.01884	0.01928	0.01971	0.02013	0.02035	0.02175
345.7	h	716.4	725.9	734.9	743.4	751.6	759.6	767.3	774.6	782.1	789.2	796.3	803.2	823.3
	s	1.4093	1.4231	1.4360	1.4481	1.4595	1.4704	1.4809	1.4909	1.5005	1.5099	1.5189	1.5276	1.5525
180.0	v	0.01291	0.01348	0.01401	0.01452	0.01500	0.01546	0.01590	0.01633	0.01674	0.01715	0.01754	0.01793	0.01903
355.4	h	704.0	714.7	724.7	734.1	743.0	751.5	759.7	767.7	775.4	782.9	790.3	797.5	818.4
	s	1.3816	1.3972	1.4114	1.4147	1.4371	1.4488	1.4599	1.4706	1.4807	1.4905	1.5000	1.5091	1.5350
200.0	v	0.01095	0.01153	0.01206	0.01256	0.01303	0.01348	0.01390	0.01431	0.01471	0.01509	0.01546	0.01582	0.01686
364.1	h	690.3	702.6	713.8	724.2	733.9	743.1	751.9	760.3	768.5	776.4	784.2	791.7	813.4
	s	1.3534	1.3713	1.3873	1.4019	1.4154	1.4281	1.4400	1.4513	1.4621	1.4724	1.4824	1.4919	1.5187
220.0	v	0.00929	0.00990	0.01045	0.01095	0.01141	0.01185	0.01226	0.01265	0.01303	0.01340	0.01375	0.01410	0.01508
372.0	h	674.9	689.3	702.11	713.6	724.3	734.3	743.7	752.7	761.4	769.8	777.9	785.7	808.3
	s	1.3239	1.3448	.3631	1.3794	1.3943	1.4080	1.4208	1.4329	1.4443	1.4552	1.4636	1.4756	1.5035
250.0	v	0.00719	0.00788	0.00845	0.00897	0.00944	0.00988	0.01028	0.01066	0.01103	0.01137	0.01171	0.01203	0.01294
-	h	646.9	666.2	682.3	696.3	708.8	720.2	730.9	740.9	750.4	759.4	768.2	776.6	800.5
	s	1.2740	1.3025	1.3255	1.3453	1.3628	1.3785	1.3929	1.4062	1.4188	1.4306	1.4418	1.4525	1.4821
300.0	v	0.00429	0.00518	0.00589	0.00648	0.00700	0.00745	0.00786	0.00823	0.00858	0.00891	0.00922	0.00932	0.01035
-	h	582.4	617.1	641.5	661.6	679.1	694.2	707.5	719.7	730.9	741.4	751.4	760.9	787.3
	s	1.1704	1.2206	1.2560	1.2846	1.3085	1.3292	1.3473	1.3636	1.3784	1.3921	1.4049	1.4169	1.4496

v : m³/kgf, h : kcal/kgf, s : kcal/kgf.K

[SI단위 NH_3의 포화 증기표(1)]

온도 [℃]	포화압력 [bar]	비체적		밀도		비엔탈피[kJ/kg]			비엔트로피[kJ/kg·K]	
		액[l/kg_f]	증기[m^3/kg]	액[kg/l]	증기[kg/m^3]	액	증기	증발열	액	증기
−75	0.07502	1.368	12.8900	0.7310	0.0775	87.504	1563.770	1476.266	2.7771	10.2288
−70	0.10925	1.3788	9.009	0.7253	0.1110	108.438	1572.981	1464.543	2.8797	10.0906
−68	0.12621	1.3832	7.870	0.7230	0.1271	116.812	1576.749	1459.937	2.9203	10.0383
−66	0.14563	1.3876	6.882	0.7207	0.1453	125.185	1580.098	1454.913	2.9617	9.9868
−64	0.16730	1.3920	6.044	0.7184	0.1655	133.978	1583.866	1449.889	3.0032	9.9370
−62	0.19162	1.3965	5.324	0.7161	0.1878	142.351	1587.216	1444.865	3.0438	9.8884
−60	0.21898	1.4010	4.699	0.7138	0.2128	150.725	1590.984	1440.259	3.0840	9.8419
−58	0.24938	1.4056	4.161	0.7114	0.2403	159.517	1594.333	1434.816	3.1238	9.7942
−56	0.28331	1.4103	3.693	0.7091	0.2708	168.309	1598.102	1429.792	3.1631	9.7490
−54	0.32087	1.4150	3.288	0.7607	0.3041	176.683	1601.451	1424.768	3.2021	9.7050
−52	0.36255	1.4197	2.933	0.7044	0.3409	185.057	1604.800	1419.744	3.2410	9.6623
−50	0.40874	1.4245	2.623	0.7020	0.3812	193.849	1608.150	1414.301	3.3000	9.6204
−48	0.45954	1.4293	2.351	0.6996	0.425	202.641	1611.499	1409.277	3.3206	9.5493
−46	0.51544	1.4342	2.112	0.6972	0.473	211.015	1614.849	1403.834	3.3582	9.5396
−44	0.57683	1.4392	1.901	0.6948	0.526	219.807	1618.198	1398.391	3.3963	9.5007
−42	0.64410	1.4442	1.715	0.6924	0.583	228.599	1621.548	1392.948	3.4344	9.4622
−40	0.71765	1.4493	1.550	0.6900	0.645	237.810	1624.897	1387.087	3.4730	9.4245
−39	0.75698	1.4519	1.4752	0.6888	0.678	242.081	1626.530	1384.449	3.4918	9.4056
−38	0.79797	1.4545	1.4045	0.6875	0.712	246.519	1628.163	1381.602	3.5106	9.3872
−37	0.84072	1.4571	1.3377	0.6863	0.748	250.957	1629.796	1378.755	3.5295	9.3692
−36	0.88534	1.4597	1.2746	0.6851	0.785	255.437	1631.387	1375.908	3.5483	9.3516
−35	0.93193	1.4623	1.2151	0.6839	0.823	259.917	1631.978	1373.061	3.5672	9.3341
−34	0.98507	1.4649	1.1589	0.6826	0.863	264.396	1634.569	1370.172	3.5860	9.3165
−33	1.03117	1.4676	1.1058	0.6814	0.905	268.834	1636.160	1367.283	3.6048	9.2993
−32	1.08383	1.4703	1.0555	0.6801	0.948	273.314	1637.751	1364.394	3.6233	9.2821
−31	1.13855	1.4730	1.0080	0.6789	0.992	277.794	1639.300	1361.505	3.6417	9.2654
−30	1.19543	1.4757	0.9630	0.6777	1.038	282.274	1640.849	1358.575	3.6601	9.2486
−29	1.25427	1.4784	0.9204	0.6741	1.086	286.754	1642.398	1355.644	3.6785	9.2319
−28	1.31605	1.4811	0.8801	0.6752	1.136	291.234	1643.905	1352.671	3.7179	9.2156
−27	1.37980	1.4839	0.8418	0.6739	1.188	295.714	1645.412	1349.699	3.7154	9.1992
−26	1.44648	1.4867	0.8056	0.6726	1.242	300.235	1646.920	1346.726	3.7334	9.1813
−25	1.51611	1.4895	0.7712	0.6714	1.297	304.715	1648.427	1343.712	3.7514	9.1674
−24	1.58770	1.4923	0.7386	0.6701	1.354	309.237	1649.892	1340.697	3.7694	9.1515
−23	1.66223	1.4951	0.7076	0.6688	1.413	313.717	1651.358	1337.641	3.7874	9.1360
−22	1.73970	1.4980	0.6782	0.6676	1.474	318.239	1652.823	1334.584	3.8054	9.1205
−21	1.82011	1.5008	0.6502	0.6663	1.338	322.760	1654.288	1331.528	3.8234	9.1050
−20	1.90249	1.5037	0.6236	0.6650	1.604	327.282	1655.712	1328.430	3.8414	9.0895
−19	1.98781	1.5066	0.5983	0.6637	1.672	331.804	1657.135	1325.332	3.8590	9.0745
−18	2.07607	1.5096	0.5742	0.6624	1.742	336.326	1658.517	1322.191	3.8766	9.0594
−17	2.16825	1.5125	0.5513	0.6611	1.814	340.847	1659.899	1319.051	3.8941	9.0443
−16	2.26436	1.5155	0.5295	0.6598	1.889	345.411	1661.280	1315.869	3.9117	9.0297
−15	2.36340	1.5185	0.5087	0.6585	1.966	349.975	1662.662	1312.687	3.9293	9.0150
−14	2.46539	1.5215	0.4889	0.6572	2.046	354.538	1664.002	1309.464	3.9469	9.0008
−13	2.57032	1.5245	0.4700	0.6559	2.128	359.060	1665.300	1306.240	3.9645	9.9865
−12	2.67918	1.5276	0.4520	0.6546	2.213	363.624	1665.598	1302.974	3.9821	8.9723
−11	2.79195	1.5307	0.4348	0.6533	2.300	368.187	1667.896	1299.708	3.9992	8.9581
−10	2.90865	1.5338	0.4184	0.6520	2.390	372.751	1669.152	1296.401	4.0164	8.9438
−9	3.02927	1.5369	0.4028	0.6507	2.483	377.314	1670.408	1293.093	4.0336	8.9300
−8	3.15382	1.5400	0.3878	0.6493	2.579	381.878	1671.664	1289.786	4.0507	8.9162
−7	3.28229	1.5432	0.3735	0.6480	2.678	386.442	1672.878	1286.394	4.0679	8.9024
−6	3.41369	1.5464	0.3599	0.6467	2.779	391.047	1674.092	1283.045	4.0851	8.8890
−5	3.54903	1.5496	0.3469	0.6453	2.883	395.653	1675.306	1279.654	4.1022	8.8756
−4	3.68828	1.5528	0.3344	0.6440	2.991	400.216	1676.478	1276.262	4.1194	8.8622
−3	3.83244	1.5561	0.3225	0.6426	3.102	404.822	1677.651	1272.829	4.1366	8.8488
−2	3.98150	1.5594	0.3111	0.6413	3.216	409.427	1678.823	1269.396	4.1533	8.8354
−1	4.13546	1.5627	0.3002	0.6399	3.332	414.033	1679.954	1265.921	4.1701	8.8224
0	4.29433	1.5660	0.2897	0.6836	3.452	418.680	1681.084	1262.404	4.1868	8.8094
1	4.45712	1.5694	0.2797	0.6372	3.576	423.285	1682.173	1258.887	4.2035	8.7965
2	4.62482	1.5727	0.2700	0.6358	3.703	427.933	1683.261	1255.370	4.2203	8.7835

[SI단위 NH_3의 포화 증기표(2)]

온도 [℃]	포화압력 [bar]	비체적		밀도		비엔탈피[kJ/kg]			비엔트로피[kJ/kg·K]	
		액[l/kg$_f$]	증기[m^3/kg]	액[kg/l]	증기[kg/m^3]	액	증기	증발열	액	증기
3	4.79741	1.5761	0.2608	0.6345	3.834	432.580	1684.3501	1251.811	4.2370	8.7709
4	4.97491	1.5796	0.2520	0.6331	3.969	437.228	685.396	1248.211	4.2538	8.7584
5	5.15732	1.5831	0.2435	0.6317	4.108	441.875	1686.443	1244.568	4.2705	8.7458
6	5.34462	1.5866	0.2353	0.6303	4.250	446.522	1687.448	1240.926	4.2873	8.7332
7	5.53782	1.5901	0.2275	0.6289	4.396	451.170	1688.411	1237.241	4.3040	8.7207
8	5.73591	1.5936	0.2200	0.6275	4.546	455.817	1689.374	1233.557	4.3204	8.7081
9	5.93989	1.5972	0.2128	0.6261	4.700	460.506	1690.337	1229.831	4.3367	8.6960
10	6.14975	1.6008	0.2058	0.6247	4.858	465.195	1691.258	1226.063	4.3530	8.6838
11	6.36452	1.6046	0.1992	0.6233	5.022	469.885	1692.179	1222.294	4.3693	8.6717
12	6.58517	1.6081	0.1927	0.6218	5.189	474.574	1693.058	1218.484	4.3857	8.6596
13	6.81170	1.6118	0.1866	0.6204	5.361	479.263	1693.937	1214.674	4.4020	8.6474
14	7.04412	1.6156	0.1806	0.6190	5.537	483.952	1694.775	1210.823	4.4183	8.6357
15	7.28340	1.6193	0.1749	0.6175	5.718	488.683	1695.612	1206.929	4.4347	8.6240
16	7.52857	1.6231	0.1694	0.6161	5.904	493.414	1696.449	1203.035	4.4510	8.6122
17	7.77962	1.6270	0.1642	0.6146	6.094	498.145	1697.245	1199.100	4.4673	8.6005
18	8.03753	1.6308	0.1591	0.6132	6.289	502.877	1698.040	1195.164	4.4836	8.5888
19	8.30133	1.6347	0.1542	0.6117	6.489	507.608	1698.794	1191.186	4.4996	8.5771
20	8.57199	1.6386	0.1494	0.6103	6.694	512.381	1699.548	1187.167	4.5155	8.5658
21	8.84952	1.6426	0.1449	0.6088	6.904	517.154	1700.259	1183.106	4.5318	8.5545
22	9.13391	1.6466	0.1405	0.6073	7.119	521.926	1700.971	1179.045	4.5477	8.5432
23	9.42517	1.6507	0.1363	0.6058	7.339	526.699	1701.641	1174.942	4.5636	8.5319
24	9.72329	1.6546	0.1322	0.6043	7.564	531.472	1702.311	1170.839	4.5795	8.5206
25	10.02730	1.6588	0.1283	0.6028	7.795	536.287	1702.981	1166.694	4.5954	8.5093
26	10.34013	1.6630	0.1245	0.6013	8.031	541.102	1703.567	1162.507	4.6113	8.4979
27	10.65983	1.6672	0.1209	0.5998	8.273	545.917	1704.153	1158.278	4.6273	8.4866
28	10.98737	1.6714	0.1174	0.5983	8.521	550.732	1704.739	1154.050	4.6432	8.4753
29	11.32276	1.6757	0.1140	0.5968	8.775	555.546	1705.284	1149.779	4.6591	8.4645
30	11.66501	1.6800	0.1107	0.5952	9.034	560.361	1705.828	1145.467	4.6746	8.4536
31	12.01511	1.6844	0.1075	0.5937	9.300	565.218	1706.330	1141.112	4.6905	8.4427
32	12.37305	1.6888	0.1045	0.5921	9.573	570.075	1706.833	1136.716	4.7064	8.4318
33	12.73982	1.6932	0.1015	0.5906	9.852	574.931	1707.293	1132.320	4.7219	8.4209
34	13.11541	1.6977	0.0986	0.5890	10.138	579.788	1707.712	1127.882	4.7374	8.4100
35	13.49885	1.7023	0.0959	0.5875	10.431	584.687	1708.089	1123.402	4.7529	8.3991
36	13.89112	1.7069	0.0932	0.5859	10.731	589.585	1708.466	1118.880	4.7688	8.3883
37	14.29123	1.7115	0.0906	0.5843	11.038	594.484	1708.842	1114.317	4.7843	8.3774
38	14.70017	1.7162	0.0881	0.5827	11.353	599.382	1709.177	1109.753	4.7997	8.3669
39	15.11695	1.7209	0.0857	0.5811	11.675	604.323	1709.940	1105.148	4.8152	8.3560
40	15.54354	1.7257	0.0833	0.5795	12.005	609.263	1709.764	1100.500	4.8307	8.3455
41	15.97896	1.7305	0.0810	0.5779	12.34	614.204	1710.015	1095.811	4.8462	8.3351
42	16.42320	1.7354	0.0788	0.5762	12.69	619.144	1710.266	1091.080	4.8617	8.3242
43	16.87724	1.7404	0.0767	0.5746	13.04	624.084	1710.475	1086.349	4.8772	8.3137
44	17.34012	1.7454	0.0746	0.5729	13.40	629.025	1710.643	1081.576	4.8927	8.3033
45	17.81378	1.7504	0.0726	0.5713	13.77	634.007	1710.768	1076.761	4.9078	8.2928
46	18.29725	1.7555	0.0707	0.5696	14.15	638.989	1710.894	1071.905	4.9233	8.2819
47	18.79052	1.7607	0.0688	0.5680	14.54	643.972	1710.978	1067.006	4.9387	8.2714
48	19.29262	1.7659	0.0670	0.5663	14.94	648.954	1711.061	1062.066	4.9538	8.2610
49	19.80453	1.7712	0.0652	0.5646	15.34	653.978	1711.145	1057.083	4.9689	8.2505
50	20.32624	1.7775	0.0635	0.5628	15.75	658.919	1711.229	1052.310	4.9844	8.2409
52	21.40792	1.788	0.0602	0.5591	15.59	669.051	1711.145	1042.095	5.0166	8.2220
54	22.52588	1.800	0.0572	0.5554	17.47	679.099	1711.564	1032.465	5.0476	8.2019
56	23.68306	1.812	0.0545	0.5516	18.39	689.147	1711.564	1022.417	5.0786	8.1818
58	24.87947	1.825	0.0513	0.5478	19.35	699.614	1711.145	1011.531	5.1100	8.1617
60	26.14453	1.838	0.0489	0.5440	20.35	710.081	1710.726	996.458	5.1414	8.1412
62	27.43901	1.851	0.0646	0.5402	21.41	720.967	1710.308	989.341	5.1724	8.1207
64	28.79232	1.864	0.0441	0.5364	22.53	731.853	1709.470	977.618	5.2034	8.1002
66	30.17506	1.877	0.0420	0.5326	23.73	742.738	1708.214	965.476	5.2343	8.0793
68	31.62645	1.891	0.0399	0.5288	25.01	753.624	1706.958	953.334	5.2653	8.0583
70	33.11706	1.905	0.0379	0.5248	26.36	764.928	1705.284	940.355	5.2963	8.0370

[R−12(CF_2Cl_2)의 포화 증기표(1)]

온도 [℃]	포화압력 [kg_f/cm^2]	비체적		비중량		비엔탈피[$kcal/kg_f$]			비엔트로피[$kcal/kg_f \cdot K$]	
		액[l/kg_f]	증기[m^3/kg_f]	액[kg_f/l]	증기[kg_f/m^3]	액	증기	증발열	액	증기
−70	0.1258	0.6234	1.1259	1.604	0.888	85.84	128.88	42.99	0.94050	1.15219
−69	0.1341	0.6246	1.0605	1.601	0.943	86.02	128.95	42.93	0.94139	1.15173
−68	0.1429	0.6258	0.9998	1.598	1.000	86.20	129.06	42.86	0.94230	1.15130
−67	0.1521	0.6270	0.9437	1.595	1.060	86.39	129.19	42.80	0.94322	1.15087
−66	0.1618	0.6280	0.8911	1.592	1.122	86.57	129.30	42.73	0.94411	1.15044
−65	0.1721	0.6289	0.8413	1.590	1.189	86.75	129.41	42.66	0.94500	1.15001
−64	0.1929	0.6301	0.7954	1.587	1.257	86.94	128.54	42.60	0.94589	1.14961
−63	0.1941	0.6313	0.7528	1.584	1.328	87.12	129.65	42.53	0.94678	1.14920
−62	0.2059	0.6325	0.7125	1.581	1.403	87.31	129.77	42.46	0.94769	1.14883
−61	0.2183	0.6337	0.6749	1.578	1.482	87.50	129.89	42.39	0.94858	1.14844
−60	0.2315	0.6349	0.6394	1.575	1.564	87.68	123.00	42.32	0.94946	1.14806
−59	0.2451	0.6361	0.6064	1.572	1.649	87.87	130.12	42.25	0.95034	1.14769
−58	0.2595	0.6373	0.5752	1.569	1.738	88.06	130.24	42.18	0.95122	1.14731
−57	0.2744	0.6386	0.5461	1.566	1.831	88.25	130.36	42.11	0.95212	1.14698
−56	0.2900	0.6394	0.5188	1.564	1.927	88.44	130.48	42.04	0.95300	1.14663
−55	0.3065	0.6406	0.4930	1.561	2.028	88.63	130.59	41.96	0.95387	1.14627
−54	0.3236	0.6418	0.4687	1.558	2.134	88.82	130.71	41.89	0.95474	1.14595
−53	0.3414	0.6431	0.4461	1.555	2.242	89.01	130.83	41.82	0.95561	1.14562
−52	0.3602	0.6443	0.4246	1.552	2.355	89.20	130.95	41.75	0.95650	1.14531
−51	0.3797	0.6456	0.4043	1.549	2.473	89.39	131.06	41.67	0.95737	1.14500
−50	0.3999	0.6468	0.3854	1.546	2.595	89.59	131.18	41.59	0.95824	1.14468
−49	0.4212	0.6481	0.3673	1.543	2.723	89.78	131.30	41.52	0.95910	1.14438
−48	0.4432	0.6493	0.3504	1.540	2.854	89.97	131.42	41.45	0.95997	1.14410
−47	0.4662	0.6502	0.3344	1.538	2.990	90.17	131.54	41.37	0.96084	1.14381
−46	0.4900	0.6515	0.3193	1.535	3.132	90.36	131.65	41.29	0.96170	1.14352
−45	0.5150	0.6527	0.3050	1.532	3.279	90.56	131.77	41.21	0.96256	1.14324
−44	0.5409	0.6540	0.2914	1.529	3.432	90.76	131.89	41.13	0.96342	1.14297
−43	0.5678	0.6553	0.2787	1.526	3.588	90.95	132.01	41.06	0.96428	1.14271
−42	0.5958	0.6566	0.2665	1.523	3.752	91.15	132.13	40.98	0.96515	1.14247
−41	0.6247	0.6579	0.2551	1.520	3.920	91.35	132.24	40.89	0.96600	1.14220
−40	0.6551	0.6592	0.2441	1.517	4.097	91.55	132.36	40.81	0.96685	1.14193
−39	0.6865	0.6605	0.2337	1.514	4.279	91.75	132.36	40.73	0.96770	1.14170
−38	0.7189	0.6618	0.2239	1.511	4.466	91.95	132.48	40.65	0.96855	1.14146
−37	0.7528	0.6631	0.2146	1.508	4.660	92.15	132.60	40.57	0.96941	1.14124
−36	0.7875	0.6645	0.2057	1.505	4.862	92.35	132.72	40.48	0.97026	1.14101
−35	0.8283	0.6658	0.1973	1.502	5.069	92.55	132.83	40.40	0.97110	1.14078
−34	0.8610	0.6671	0.1894	1.499	5.280	92.76	132.95	40.31	0.97194	1.14055
−33	0.9100	0.6684	0.1818	1.496	5.501	92.96	133.07	40.23	0.97278	1.14034
−32	0.9100	0.6698	0.1747	1.493	5.724	93.16	133.19	40.14	0.97364	1.14014
−31	0.9818	0.6711	0.1678	1.490	5.960	93.37	133.30	40.06	0.97448	1.13993
−30	1.0245	0.6725	0.1613	1.487	6.200	93.57	133.43	39.97	0.97532	1.13975
−29	1.0688	0.6739	0.1551	1.484	6.447	93.78	133.54	39.88	0.97616	1.13954
−28	1.1149	0.6752	0.1492	1.481	6.702	93.98	133.66	39.79	0.97699	1.13934
−27	1.1622	0.6766	0.1436	1.478	6.964	94.19	133.77	39.71	0.97783	1.13917
−26	1.2109	0.6780	0.1382	1.475	7.236	94.40	133.90	39.61	0.97867	1.13899
−25	1.2616	0.6793	0.1331	1.472	7.513	94.61	134.01	39.52	0.97950	1.13879
−24	1.3140	0.6807	0.1282	1.469	7.800	94.81	134.13	39.43	0.98033	1.13862
−23	1.3678	0.6821	0.1235	1.466	8.097	95.02	134.24	39.34	0.98116	1.13845
−22	1.4227	0.6835	0.1190	1.463	8.403	95.23	134.36	39.24	0.98200	1.13829
−21	1.4805	0.6854	0.1147	1.459	8.718	95.44	134.47	39.15	0.98283	1.13814
−20	1.5396	0.6868	0.1107	1.456	9.034	95.65	134.59	39.06	0.98365	1.13798
−19	1.6005	0.6882	0.1067	1.453	9.372	95.87	134.71	38.96	0.98448	1.13783
−18	1.6627	0.6897	0.1030	1.450	9.709	96.08	134.83	38.87	0.98531	1.13768
−17	1.7275	0.6911	0.09938	1.447	10.06	96.29	134.95	38.77	0.98614	1.13753
−16	1.7940	0.6925	0.09597	1.444	10.42	96.50	135.06	38.67	0.98696	1.13738
−15	1.8622	0.6940	0.09268	1.441	10.79	96.72	135.17	38.57	0.98778	1.13723
−14	1.9321	0.6954	0.08952	1.438	11.17	96.93	135.29	38.47	0.98860	1.13709
−13	2.0050	0.6973	0.08650	1.434	11.56	97.15	135.40	38.37	0.98942	1.13695

[R-12(CF_2Cl_2)의 포화 증기표(2)]

온도 [℃]	포화압력 [kg_f/cm^2]	비체적		비중량		비엔탈피[$kcal/kg_f$]			비엔트로피[$kcal/kg_f \cdot K$]	
		액[l/kg_f]	증기[m^3/kg_f]	액[kg_f/l]	증기[kg_f/m^3]	액	증기	증발열	액	증기
-12	2.0793	0.6988	0.08361	1.431	11.96	97.36	135.63	38.27	0.99025	1.13682
-11	2.1555	0.7003	0.08080	1.428	12.37	97.58	135.75	38.17	0.99107	1.13668
-10	2.2342	0.7018	0.07813	1.425	12.80	97.80	135.87	38.07	0.99188	1.13657
-9	2.3148	0.7032	0.07558	1.422	13.23	98.02	135.98	37.96	0.99270	1.13644
-8	2.3984	0.7047	0.07313	1.419	13.68	98.23	136.09	37.86	0.99351	1.13633
-7	2.4833	0.7062	0.07078	1.416	14.13	98.45	136.20	37.75	0.99432	1.13620
-6	2.5712	0.7077	0.06852	1.413	14.60	98.67	136.32	37.65	0.99514	1.13609
-5	2.6602	0.7092	0.06635	1.410	15.08	98.89	136.43	37.54	0.99595	1.13598
-4	2.7531	0.7107	0.06427	1.407	15.57	99.11	136.54	37.43	0.99676	1.13586
-3	2.8479	0.7127	0.06226	1.403	16.07	99.33	136.65	37.32	0.99757	1.13575
-2	2.9439	0.7143	0.06028	1.400	16.59	99.56	136.77	37.21	0.99839	1.13566
-1	3.0446	0.7158	0.05844	1.397	17.11	99.78	136.88	37.10	0.99919	1.13555
0	3.1465	0.7173	0.05667	1.394	17.65	100.00	136.99	36.99	1.00000	1.13546
1	3.2511	0.7189	0.05496	1.391	18.20	100.22	137.10	36.88	1.00081	1.13535
2	3.3583	0.7205	0.05330	1.388	18.76	100.45	137.21	36.76	1.00161	1.13524
3	3.4676	0.7220	0.05168	1.385	19.35	100.67	137.32	36.65	1.00242	1.13515
4	3.5804	0.7241	0.05012	1.381	19.95	100.90	137.43	36.53	1.00322	1.13506
5	3.6959	0.7257	0.04863	1.378	20.56	101.12	137.54	36.42	1.00402	1.13497
6	3.8135	0.7273	0.04721	1.375	21.18	101.35	137.65	36.30	1.00483	1.13488
7	3.9348	0.7289	0.04583	1.372	21.82	101.58	137.76	36.18	1.00563	1.13480
8	4.0582	0.7310	0.04450	1.368	22.47	101.80	137.86	36.06	1.00643	1.13471
9	4.1853	0.7326	0.04323	1.365	23.13	102.03	137.97	35.94	1.00723	1.13462
10	4.3135	0.7342	0.04204	1.362	23.79	102.26	138.08	35.82	1.00803	1.13455
11	4.4466	0.7358	0.04086	1.359	24.48	102.49	138.18	35.69	1.00883	1.13446
12	4.5828	0.7380	0.03970	1.355	25.19	102.72	138.29	35.57	1.00963	1.13439
13	4.7209	0.7396	0.03858	1.352	25.92	102.95	138.39	35.44	1.01042	1.13430
14	4.8621	0.7413	0.03751	1.349	26.66	103.18	138.49	35.31	1.01122	1.13422
15	5.0076	0.7435	0.03648	1.345	27.41	103.42	138.61	35.19	1.01201	1.13414
16	5.1550	0.7452	0.03547	1.342	28.19	103.65	138.70	35.05	1.01281	1.13407
17	5.3067	0.7468	0.03449	1.339	28.99	103.88	138.81	34.93	1.01361	1.13400
18	5.4605	0.7491	0.03354	1.335	29.87	104.12	138.91	34.79	1.01440	1.13392
19	5.6172	0.7507	0.03263	1.332	30.65	104.35	139.01	34.66	1.01519	1.13385
20	5.7786	0.7524	0.03175	1.329	31.50	104.59	139.12	34.53	1.01598	1.13378
21	5.9432	0.7547	0.03089	1.325	32.38	104.82	139.21	34.39	1.01678	1.13372
22	6.1112	0.7570	0.03005	1.321	33.28	105.06	139.31	34.25	1.01757	1.13364
23	6.2825	0.7587	0.02925	1.318	34.09	105.29	139.40	34.11	1.01835	1.13356
24	6.4584	0.7605	0.02848	1.315	35.11	105.53	139.50	33.97	1.01914	1.13350
25	6.6363	0.7628	0.02773	1.311	36.07	105.77	139.61	33.84	1.01993	1.13344
26	6.8175	0.7645	0.02700	1.308	37.04	106.01	139.70	33.69	1.02072	1.13337
27	7.0020	0.7669	0.02629	1.304	38.04	106.25	139.79	33.54	1.02151	1.13329
28	7.1933	0.7692	0.02560	1.300	39.06	106.49	139.89	33.30	1.02229	1.13322
29	7.3863	0.7710	0.02494	1.297	40.10	106.73	139.98	33.25	1.02307	1.13315
30	7.5810	0.7734	0.02433	1.293	41.11	106.97	140.08	33.11	1.02387	1.13310
31	7.7826	0.7758	0.02371	1.289	42.18	107.21	140.16	32.95	1.02465	1.13301
32	7.9897	0.7782	0.02309	1.285	43.31	107.45	140.25	32.80	1.02543	1.13294
33	8.2003	0.7800	0.02250	1.282	44.45	107.69	140.34	32.65	1.02620	1.13286
34	8.4087	0.7825	0.02192	1.278	45.62	107.94	140.43	32.49	1.02699	1.13280
35	8.6264	0.7849	0.02136	1.274	46.81	108.18	140.51	32.33	1.02778	1.13273
36	8.8475	0.7874	0.02083	1.270	48.01	108.43	140.61	32.18	1.02856	1.13266
37	9.0726	0.7893	0.02030	1.267	49.25	108.67	140.69	32.02	1.02934	1.13258
38	9.2989	0.7918	0.01980	1.263	50.51	108.92	140.77	31.85	1.03011	1.13250
39	9.5351	0.7943	0.01931	1.259	51.79	109.16	140.85	31.69	1.03089	1.13243
40	9.7707	0.7968	0.01882	1.255	53.13	109.41	140.94	31.53	1.03167	1.13236
41	10.014	0.7994	0.01835	1.251	54.49	109.66	141.02	31.36	1.03246	1.13229
42	10.257	0.8019	0.01789	1.247	55.90	109.91	141.10	31.19	1.03324	1.13222
43	10.511	0.8045	0.01744	1.243	57.34	110.16	141.18	31.02	1.03400	1.13212
44	10.763	0.8071	0.01700	1.239	58.83	110.41	141.25	30.84	1.03478	1.13204
45	11.023	0.8104	0.01656	1.234	60.38	110.66	141.33	30.67	1.03556	1.13197

[R-12(CF_2Cl_2)의 포화 증기표(3)]

온도 [℃]	포화압력 [kg_f/cm^2]	비체적		비중량		비엔탈피[kcal/kg_f]			비엔트로피[kcal/kg_f·K]	
		액[l/kg_f]	증기[m^3/kg_f]	액[kg_f/l]	증기[kg_f/m^3]	액	증기	증발열	액	증기
46	11.283	0.8130	0.01614	1.230	61.95	110.91	141.40	30.49	1.03634	1.13188
47	11.553	0.8157	0.01573	1.226	63.57	111.15	141.48	30.31	1.03712	1.13180
48	11.828	0.8190	0.01533	1.221	65.24	111.42	141.56	30.14	1.03788	1.13173
49	12.108	0.8217	0.01494	1.217	66.94	111.67	141.64	29.97	1.03865	1.13168
50	12.386	0.8244	0.01459	1.213	68.56	111.94	141.73	29.79	1.03945	1.13163
55	13.868	0.8410	0.01316	1.189	75.98	113.25	142.13	28.88	1.0433	1.1314
60	15.481	0.8568	0.01167	1.167	85.69	114.57	142.49	27.92	1.0472	1.1311
65	17.216	0.8741	0.01036	1.114	96.52	115.92	142.82	26.90	1.0511	1.1307
70	19.096	0.8936	0.00919	1.119	108.81	117.29	143.09	25.80	1.0550	1.1302
75	21.125	0.9149	0.00814	1.093	122.85	118.69	143.31	24.62	1.0590	1.1297
80	23.290	0.9398	0.00723	1.064	138.31	120.13	143.46	23.33	1.0629	1.1290
85	25.620	0.9680	0.00639	1.033	156.49	121.61	143.51	21.90	1.0669	1.1281
90	28.107	1.0009	0.00564	0.999	177.30	123.12	143.41	20.29	1.0700	1.1269
95	30.771	1.0416	0.00497	0.960	201.20	124.69	143.11	18.42	1.0714	1.1252
100	33.614	1.0952	0.00437	0.913	228.83	126.36	142.51	16.15	1.0794	1.1227
105	36.654	1.1736	0.00359	0.852	278.48	128.13	141.51	13.38	1.0841	1.1195
110	39.874	1.3513	0.00266	0.742	374.93	131.44	138.89	7.45	1.0917	1.1111
115.5	40.879	1.7934	0.00179	0.558	557.59	134.75	134.75	0.0	1.1016	1.1016

[SI단위 R-12(CF_2Cl_2)의 포화 증기표(1)]

온도 [℃]	포화압력 [bar]	비체적		밀도		비엔탈피[kJ/kg]			비엔트로피[kJ/kg·K]	
		액[l/kg]	증기[m^3/kg]	액[kg/l]	증기[kg/m^3]	액	증기	증발열	액	증기
−70	0.12337	0.6234	1.1259	1.604	0.888	359.395	539.595	179.991	3.9377	4.8240
−69	0.13151	0.6246	1.0605	1.601	0.943	360.149	539.888	179.739	3.9414	4.8221
−68	0.14014	0.6258	0.9998	1.598	1.000	360.902	540.348	179.446	3.9452	4.8203
−67	0.14916	0.6270	0.9437	1.595	1.060	361.698	540.893	179.195	3.9491	4.8185
−66	0.15867	0.6280	0.8911	1.592	1.122	362.451	541.353	178.902	3.9528	4.8167
−65	0.16877	0.6289	0.8413	1.590	1.189	363.205	541.814	178.609	3.9565	4.8149
−64	0.17936	0.6301	0.7954	1.587	1.257	364.000	542.358	178.358	3.9603	4.8132
−63	0.19035	0.6313	0.7528	1.584	1.328	364.754	542.819	178.065	3.9640	4.8115
−62	0.20192	0.6325	0.7125	1.581	1.403	365.550	543.321	177.772	3.9678	4.8099
−61	0.21408	0.6337	0.6749	1.578	1.482	366.345	543.823	177.478	3.9715	4.8083
−60	0.22702	0.6349	0.6394	1.575	1.564	367.099	544.284	177.185	3.9752	4.8067
−59	0.24036	0.6361	0.6064	1.572	1.649	367.894	544.786	176.892	3.9789	4.8051
−58	0.25448	0.6373	0.5752	1.569	1.738	368.690	545.289	176.599	3.9826	4.8036
−57	0.26909	0.6386	0.5461	1.566	1.831	369.485	545.791	176.306	3.9863	4.8022
−56	0.28439	0.6394	0.5188	1.564	1.927	370.281	546.294	176.013	3.9900	4.8007
−55	0.30057	0.6406	0.4930	1.561	2.028	371.076	546.754	175.678	3.9937	4.7992
−54	0.31734	0.6418	0.4687	1.558	2.134	371.872	547.257	175.385	3.9973	4.7979
−53	0.33480	0.6431	0.4461	1.555	2.242	372.667	547.759	175.092	4.0009	4.7965
−52	0.35324	0.6443	0.4246	1.552	2.355	373.463	548.261	174.799	4.0047	4.7952
−51	0.37276	0.6456	0.4043	1.549	2.473	374.258	548.722	174.464	4.0083	4.7939
−50	0.39217	0.6468	0.3854	1.546	2.595	375.095	549.224	174.129	4.0120	4.7925
−49	0.41306	0.6481	0.3673	1.543	2.723	375.891	549.727	174.836	4.0156	4.7913
−48	0.43463	0.6493	0.3504	1.540	2.854	376.686	550.229	173.543	4.0192	4.7901
−47	0.45719	0.6502	0.3344	1.538	2.990	377.524	550.732	173.208	4.0228	4.7889
−46	0.48053	0.6515	0.3193	1.535	3.132	378.319	551.192	172.873	4.0264	4.7877
−45	0.50504	0.6527	0.3050	1.532	3.279	379.157	551.695	172.538	4.0300	4.7865
−44	0.53044	0.6540	0.2914	1.529	3.432	379.994	552.197	172.203	4.0336	4.7854
−43	0.55682	0.6553	0.2787	1.526	3.588	380.789	552.699	171.910	4.0372	4.7843
−42	0.58428	0.6566	0.2665	1.523	3.752	381.627	553.202	171.575	4.0409	4.7833
−41	0.61262	0.6579	0.2551	1.520	3.920	382.464	553.662	171.198	4.0444	4.7822
−40	0.64243	0.6592	0.2441	1.517	4.097	383.302	554.165	170.863	4.0480	4.7810
−39	0.67323	0.6605	0.2337	1.514	4.279	384.139	554.667	170.528	4.0516	4.7801
−38	0.70500	0.6618	0.2239	1.511	4.466	384.976	555.170	170.193	4.0551	4.7791
−37	0.73775	0.6631	0.2146	1.508	4.660	385.814	555.672	169.858	4.0587	4.7781
−36	0.77227	0.6645	0.2057	1.505	4.862	386.651	556.133	169.482	4.0623	4.7772
−35	0.80787	0.6658	0.1973	1.502	5.069	387.488	556.635	169.147	4.0658	4.7762
−34	0.84435	0.6671	0.1894	1.499	5.280	388.368	557.137	168.770	4.0693	4.7753
−33	0.88260	0.6684	0.1818	1.496	5.501	389.205	557.640	168.435	4.0728	4.7744
−32	0.92188	0.6698	0.1747	1.493	5.724	390.042	558.100	168.058	4.0764	4.7735
−31	0.96282	0.6711	0.1678	1.490	5.960	390.922	558.645	167.723	4.0800	4.7727
−30	1.00469	0.6725	0.1613	1.487	6.200	391.759	559.105	167.346	4.0835	4.7719
−29	1.04813	0.6739	0.1551	1.484	6.447	392.638	559.608	166.970	4.0870	4.7710
−28	1.09334	0.6752	0.1492	1.481	6.702	393.475	560.068	166.593	4.0905	4.7702
−27	1.13973	0.6766	0.1436	1.478	6.964	394.355	560.613	166.258	4.0940	4.7695
−26	1.18749	0.6780	0.1382	1.475	7.236	395.234	561.073	165.839	4.0975	4.7687
−25	1.23721	0.6793	0.1331	1.472	7.513	396.113	561.575	165.462	4.1010	4.7679
−24	1.28859	0.6807	0.1282	1.469	7.800	396.951	562.036	165.086	4.1044	4.7672
−23	1.34135	0.6821	0.1235	1.466	8.097	397.830	562.538	164.709	4.1079	4.7665
−22	1.39519	0.6835	0.1190	1.463	8.403	398.709	562.999	164.290	4.1114	4.7658
−21	1.45187	0.6854	0.1147	1.459	8.718	399.588	563.501	163.913	4.1149	4.7652
−20	1.50983	0.6868	0.1107	1.456	9.034	400.467	564.003	163.536	4.1183	4.7645
−19	1.56955	0.6882	0.1067	1.453	9.372	401.389	564.506	163.118	4.1218	4.7639
−18	1.63055	0.6897	0.1030	1.450	9.709	402.268	565.009	162.741	4.1253	4.7632
−17	1.69410	0.6911	0.09938	1.447	10.06	403.147	565.469	162.322	4.1288	4.7626
−16	1.75931	0.6925	0.09597	1.444	10.42	404.026	565.930	161.904	4.1322	4.7620
−15	1.82619	0.6940	0.09268	1.441	10.79	404.947	566.432	161.485	4.1356	4.7614
−14	1.89474	0.6954	0.08952	1.438	11.17	405.827	566.893	161.066	4.1391	4.7608
−13	1.96623	0.6973	0.08650	1.434	11.56	406.748	567.395	160.648	4.1425	4.7602

[SI단위 R-12(CF_2Cl_2)의 포화 증기표(2)]

온도 [℃]	포화압력 [bar]	비체적		밀도		비엔탈피[kJ/kg]			비엔트로피[kJ/kg·K]	
		액[l/kgf]	증기[m^3/kg]	액[kg/l]	증기[kg/m^3]	액	증기	증발열	액	증기
−12	2.03910	0.6988	0.08361	1.431	11.96	407.627	567.856	160.229	4.1460	4.7596
−11	2.11382	0.7003	0.08080	1.428	12.37	408.548	568.358	159.810	4.1494	4.7591
−10	2.19100	0.7018	0.07813	1.425	12.80	409.469	568.861	159.391	4.1528	4.7586
−9	2.27004	0.7032	0.07558	1.422	13.23	410.390	569.321	158.931	4.1562	4.7580
−8	2.35203	0.7047	0.07313	1.419	13.68	411.269	569.782	158.512	4.1596	4.7576
−7	2.43529	0.7062	0.07078	1.416	14.13	412.190	570.242	158.052	4.1630	4.7570
−6	2.52149	0.7077	0.06852	1.413	14.60	413.112	570.745	157.633	4.1665	4.7566
−5	2.60877	0.7092	0.06635	1.410	15.08	414.033	571.205	157.172	4.1698	4.7561
−4	2.69987	0.7107	0.06427	1.407	15.57	414.954	571.666	156.712	4.1732	4.7556
−3	2.79284	0.7127	0.06226	1.403	16.07	415.875	572.126	156.251	4.1766	4.7552
−2	2.88698	0.7143	0.06028	1.400	16.59	416.838	572.629	155.791	4.1801	4.7548
−1	2.98573	0.7158	0.05844	1.397	17.11	417.759	573.089	155.330	4.1834	4.7543
0	3.08566	0.7173	0.05667	1.394	17.65	418.680	573.550	154.870	4.1868	4.7539
1	3.18824	0.7189	0.05496	1.391	18.20	419.601	574.010	154.409	4.1902	4.7535
2	3.29337	0.7205	0.05330	1.388	18.76	420.564	574.471	153.907	4.1935	4.7530
3	3.40055	0.7220	0.05168	1.385	19.35	421.485	574.931	153.446	4.1969	4.7526
4	3.51117	0.7241	0.05012	1.381	19.95	422.448	575.392	152.944	4.2003	4.7523
5	3.62444	0.7257	0.04863	1.378	20.56	423.369	575.852	152.483	4.2036	4.7519
6	3.73977	0.7273	0.04721	1.375	21.18	424.332	576.313	151.981	4.2070	4.7515
7	3.85872	0.7289	0.04583	1.372	21.82	425.295	576.774	151.478	4.2104	4.7512
8	3.97973	0.7310	0.04450	1.368	22.47	426.216	577.192	150.976	4.2137	4.7508
9	4.10438	0.7326	0.04323	1.365	23.13	427.179	577.653	150.474	4.2171	4.7504
10	4.23010	0.7342	0.04204	1.362	23.79	428.142	578.113	149.971	4.2204	4.7501
11	4.36062	0.7358	0.04086	1.359	24.48	429.105	578.532	149.427	4.2238	4.7498
12	4.49419	0.7380	0.03970	1.355	25.19	430.068	578.993	148.924	4.2271	4.7495
13	4.62962	0.7396	0.03858	1.352	25.92	431.031	579.411	148.380	4.2304	4.7491
14	4.76809	0.7413	0.03751	1.349	26.66	431.994	579.830	147.836	4.2338	4.7488
15	4.91078	0.7435	0.03648	1.345	27.41	432.999	580.332	147.333	4.2371	4.7484
16	5.05533	0.7452	0.03547	1.342	28.19	433.962	580.709	146.747	4.2404	4.7481
17	5.20409	0.7468	0.03449	1.339	28.99	434.925	581.170	146.245	4.2438	4.7478
18	5.35492	0.7491	0.03354	1.335	29.87	435.930	581.588	145.659	4.2471	4.7475
19	5.50859	0.7507	0.03263	1.332	30.65	436.893	582.007	145.141	4.2504	4.7472
20	5.66687	0.7524	0.03175	1.329	31.50	437.897	582.468	144.570	4.2537	4.7469
21	5.82829	0.7547	0.03089	1.325	32.38	438.860	582.844	143.984	4.2571	4.7467
22	5.99304	0.7570	0.03005	1.321	33.28	439.865	583.263	143.398	4.2604	4.7463
23	6.16103	0.7587	0.02925	1.318	34.09	440.828	583.640	142.812	4.2636	4.7460
24	6.33353	0.7605	0.02848	1.315	35.11	441.833	584.059	142.226	4.2669	4.7457
25	6.50799	0.7628	0.02773	1.311	36.07	442.838	584.519	141.681	4.2702	4.7455
26	6.88568	0.7645	0.02700	1.308	37.04	443.843	584.896	141.053	4.2736	4.7452
27	6.86662	0.7669	0.02629	1.304	38.04	444.848	585.373	140.425	4.2769	4.7449
28	7.05422	0.7692	0.02560	1.300	39.06	445.852	585.691	139.839	4.2801	4.7446
29	7.24349	0.7710	0.02494	1.297	40.10	446.857	586.068	139.211	4.2834	4.7443
30	7.43442	0.7734	0.02433	1.293	41.11	447.862	586.487	138.625	4.2867	4.7441
31	7.63212	0.7758	0.02371	1.289	42.18	448.867	586.822	137.955	4.2900	4.7437
32	7.83522	0.7782	0.02309	1.285	43.31	449.872	587.199	137.327	4.2933	4.7434
33	8.04175	0.7800	0.02250	1.282	44.45	450.876	587.576	136.699	4.2965	4.7431
34	8.24612	0.7825	0.02192	1.278	45.62	451.923	587.952	136.029	4.2998	4.7428
35	8.45961	0.7849	0.02136	1.274	46.81	452.928	588.287	135.359	4.3031	4.7425
36	8.67643	0.7874	0.02083	1.270	48.01	453.975	588.706	134.731	4.3064	4.7422
37	8.89718	0.7893	0.02030	1.267	49.25	454.980	589.041	134.061	4.3096	4.7419
38	9.11911	0.7918	0.01980	1.263	50.51	456.026	589.376	133.350	4.3129	4.7416
39	9.35074	0.7943	0.01931	1.259	51.79	457.031	589.711	132.680	4.3161	4.7413
40	9.58178	0.7968	0.01882	1.255	53.13	458.078	590.088	132.010	4.3194	4.7410
41	9.82038	0.7994	0.01835	1.251	54.49	459.124	590.423	131.298	4.3227	4.7407
42	10.05868	0.8019	0.01789	1.247	55.90	460.171	590.757	130.586	4.3360	4.7404
43	10.30777	0.8045	0.01744	1.243	57.34	461.218	591.092	129.875	4.3292	4.7400
44	10.55490	0.8071	0.01700	1.239	58.83	462.265	591.386	129.121	4.3324	4.7396
45	11.80987	0.8104	0.01656	1.234	60.38	463.311	591.720	128.409	4.3357	4.7393

[SI단위 R-12(CF_2Cl_2)의 포화 증기표(3)]

온도 [℃]	포화압력 [bar]	비체적		밀도		비엔탈피[kJ/kg]			비엔트로피[kJ/kg·K]	
		액[l/kgf]	증기[m³/kg]	액[kg/l]	증기[kg/m³]	액	증기	증발열	액	증기
46	11.06484	0.8130	0.01614	1.230	61.95	464.358	592.014	127.656	4.3389	4.7390
47	11.32962	0.8157	0.01573	1.226	63.57	465.363	592.348	126.902	4.3422	4.7386
48	11.59931	0.8190	0.01533	1.221	65.24	466.493	592.683	126.190	4.3454	4.7383
49	11.87389	0.8217	0.01494	1.217	66.94	467.540	593.018	125.487	4.3486	4.7381
50	12.14652	0.8244	0.01459	1.213	68.56	468.670	593.395	124.725	4.3520	4.7379
55	13.59986	0.8410	0.01316	1.189	75.98	474.155	595.070	120.915	4.3681	4.7369
60	15.18167	0.8568	0.01167	1.167	85.69	479.682	596.577	116.895	4.3844	4.7357
65	16.88313	0.8741	0.01036	1.114	96.52	485.334	597.959	112.625	4.4007	4.7340
70	18.72678	0.8936	0.00919	1.119	108.81	491.070	593.089	108.019	4.4171	4.7319
75	20.71655	0.9149	0.00814	1.093	122.85	496.931	600.010	103.079	4.4338	4.7298
80	22.83969	0.9398	0.00723	1.064	138.31	502.960	600.638	97.678	4.4501	4.7269
85	25.12464	0.9680	0.00639	1.033	156.49	509.157	600.848	91.691	4.4669	4.7231
90	27.56355	1.0009	0.00564	0.999	177.30	515.479	600.429	84.950	4.4799	4.7181
95	30.17605	1.0416	0.00497	0.960	201.20	552.052	599.173	77.121	4.4857	4.7110
100	32.96407	1.0952	0.00437	0.913	228.83	529.044	596.661	67.617	4.5192	4.7005
105	35.94529	1.1736	0.00359	0.852	278.48	536.455	592.474	56.019	4.5389	4.6871
110	39.10304	1.3513	0.00266	0.742	374.93	550.313	581.505	31.192	4.5707	4.6520
115.5	40.08860	1.7934	0.00179	0.558	557.59	564.171	564.171	0.0	4.6122	4.6122

[R-22(CFH_2Cl)의 포화 증기표(1)]

온도 [℃]	포화압력 [kg_f/cm^2]	비체적		비중량		비엔탈피[$kcal/kg_f$]			비엔트로피[$kcal/kg_f \cdot K$]	
		액[l/kg_f]	증기[m^3/kg_f]	액[kg_f/l]	증기[kg_f/m^3]	액	증기	증발열	액	증기
-100	0.0210	0.6409	8.340	1.560	0.1199	74.42	137.92	63.80	0.8828	1.2512
-98	0.0243	0.6429	6.980	1.555	0.1433	74.63	138.16	65.53	0.8858	1.2482
-96	0.0292	0.6450	5.890	1.550	0.1868	75.14	138.40	63.26	0.8886	1.2457
-94	0.0348	0.6470	4.985	1.545	0.2006	75.63	138.62	62.99	0.8914	1.2430
-92	0.0410	0.6490	4.250	1.540	0.2353	76.12	138.84	62.72	0.8942	1.2404
-90	0.0489	0.6510	3.634	1.536	0.2752	76.64	139.10	62.46	0.8970	1.2380
-88	0.0575	0.6530	3.117	1.531	0.3208	77.14	139.34	62.20	0.8997	1.2356
-86	0.0670	0.6550	2.709	1.525	0.3691	77.65	139.58	61.93	0.9024	1.2333
-84	0.0781	0.6570	2.330	1.522	0.4292	78.15	139.81	61.66	0.9051	1.2311
-82	0.0910	0.6952	2.030	1.517	0.4926	78.65	140.05	61.40	0.9078	1.2290
-80	0.1050	0.6612	1.775	1.512	0.5634	79.14	140.29	61.15	0.9104	1.2270
-78	0.1213	0.6632	1.547	1.507	0.6464	79.65	140.54	60.89	0.9130	1.2250
-76	0.1400	0.6653	1.363	1.503	0.7337	80.14	140.77	60.63	0.9158	1.2230
-74	0.1005	0.6675	1.206	1.498	0.8292	80.64	141.01	60.37	0.9180	1.2211
-72	0.1832	0.6693	1.060	1.494	0.9434	81.15	141.26	60.11	0.9200	1.2194
-70	0.2088	0.6714	0.940	1.498	1.064	81.64	141.49	59.85	0.9230	1.2176
-68	0.2370	0.6735	0.885	1.484	1.130	82.15	141.74	59.59	0.9254	1.2159
-66	0.267	0.6756	0.746	1.480	1.341	82.64	141.90	59.32	0.9278	1.2141
-64	0.303	0.6778	0.661	1.475	1.513	83.15	142.21	58.06	0.9302	1.2126
-62	0.341	0.6801	0.592	1.470	1.689	83.65	142.24	58.79	0.9325	1.2109
-60	0.382	0.6824	0.535	1.465	1.869	84.15	142.68	58.53	0.9348	1.2094
-58	0.428	0.6849	0.481	1.460	2.079	84.65	142.91	58.26	0.9372	1.2080
-56	0.479	0.6874	0.434	1.455	2.304	85.16	143.16	58.00	0.9596	1.2067
-54	0.534	0.6897	0.393	1.450	2.545	85.67	143.40	57.73	0.9419	1.2053
-52	0.593	0.6923	0.355	1.444	2.817	86.18	143.65	57.47	0.9442	1.2041
-50	0.660	0.6950	0.323	1.439	3.096	86.70	143.90	57.20	0.9465	1.2028
-48	0.730	0.6977	0.293	1.433	3.413	87.21	144.15	56.94	0.9488	1.2017
-46	0.807	0.7005	0.267	1.427	3.745	87.72	144.39	56.67	0.9512	1.2007
-44	0.891	0.7030	0.244	1.422	4.098	88.25	144.63	56.38	0.9534	1.1994
-42	0.979	0.7058	0.223	1.416	4.484	88.75	144.85	56.10	0.9557	1.1984
-40	1.076	0.7086	0.205	1.411	4.878	89.27	145.12	55.85	0.9579	1.1974
-38	1.182	0.7113	0.188	1.405	5.319	89.77	145.29	55.52	0.9602	1.1963
-36	1.295	0.7142	0.173	1.400	5.780	90.32	145.56	55.24	0.9624	1.1953
-34	1.414	0.7173	0.158	1.394	6.329	90.85	145.79	54.94	0.9646	1.1943
-32	1.542	0.7205	0.146	1.388	6.849	91.37	146.02	54.65	0.9668	1.1934
-30	1.679	0.7235	0.135	1.382	7.407	91.90	146.25	54.35	0.9690	1.1925
-28	1.824	0.7270	0.125	1.375	8.000	92.45	146.48	54.03	0.9712	1.1916
-26	1.978	0.7304	0.116	1.369	8.621	93.00	146.71	53.70	0.9733	1.1906
-24	2.14	0.7337	0.108	1.363	9.259	93.51	146.91	53.40	0.9754	1.1897
-22	2.32	0.7370	0.100	1.356	10.00	94.04	147.12	53.08	0.9775	1.1888
-20	2.51	0.7405	0.0929	1.350	10.70	94.58	147.35	52.77	0.9796	1.1880
-18	2.70	0.7437	0.0804	1.344	11.57	95.12	147.58	52.46	0.9817	1.1873
-16	2.92	0.7472	0.0805	1.338	12.42	95.65	147.80	52.15	0.9837	1.1865
-14	3.14	0.7508	0.0751	1.331	13.32	96.18	148.02	51.84	0.9857	1.1857
-12	3.37	0.7545	0.0700	1.325	14.26	96.70	148.28	51.53	0.9878	1.1861
-10	3.63	0.7582	0.0654	1.318	15.29	97.25	148.45	51.20	0.9898	1.1844
-8	3.89	0.7620	0.0611	1.312	16.31	97.78	148.63	50.85	0.9918	1.1836
-6	4.17	0.7658	0.0572	1.305	17.48	98.31	148.83	50.52	0.9938	1.1829
-4	4.46	0.7697	0.0536	1.299	18.65	98.87	149.03	50.16	0.9959	1.1823
-2	4.77	0.7739	0.0502	1.292	19.92	99.43	149.23	49.80	0.9979	1.1816
0	5.10	0.7785	0.0471	1.285	21.23	100.00	149.43	49.43	1.0000	1.1810
2	5.44	0.7823	0.0443	1.278	22.57	100.58	149.63	49.05	1.0022	1.1805
4	5.82	0.7867	0.0416	1.271	24.04	101.16	149.81	48.65	1.0043	1.1798
6	6.18	0.7912	0.0390	1.264	25.64	101.77	150.01	48.24	1.0064	1.1792
8	6.57	0.7957	0.0367	1.257	27.25	102.40	150.20	47.80	1.0086	1.1786
10	7.02	0.8004	0.0346	1.249	28.90	103.00	150.36	47.36	1.0107	1.1780

[R-22(CFH_2Cl)의 포화 증기표(2)]

온도 [℃]	포화압력 [kg_f/cm^2]	비체적		비중량		비엔탈피[$kcal/kg_f$]			비엔트로피[$kcal/kg_f \cdot K$]	
		액[l/kg_f]	증기[m^3/kg_f]	액[kg_f/l]	증기[kg_f/m^3]	액	증기	증발열	액	증기
12	7.42	0.8050	0.0326	1.242	30.67	103.60	150.52	46.92	1.0128	1.1773
14	7.78	0.8096	0.0307	1.235	32.57	104.25	150.72	46.47	1.0150	1.1768
16	8.34	0.8145	0.0289	1.228	34.60	104.87	150.87	46.00	1.0172	1.1763
18	8.83	0.8194	0.0273	1.220	36.63	105.50	150.00	45.50	1.0193	1.1756
20	9.35	0.8244	0.0258	1.213	38.76	106.13	151.13	45.60	1.0214	1.1749
22	9.89	0.8294	0.0243	1.206	41.15	106.78	151.27	44.49	1.0236	1.1743
24	10.45	0.8345	0.0230	1.198	43.48	107.42	151.38	43.96	1.0258	1.1737
26	11.03	0.8398	0.0217	1.190	46.08	108.10	151.54	43.44	1.0280	1.1732
28	11.63	0.8455	0.0206	1.183	48.54	108.75	151.65	42.90	1.0302	1.1726
30	12.26	0.8501	0.0194	1.176	51.55	109.44	151.78	42.34	1.0323	1.1720
32	12.92	0.8570	0.0184	1.167	54.34	110.10	151.87	41.77	1.0344	1.1713
34	13.60	0.8632	0.0174	1.158	57.47	110.77	151.97	41.20	1.0365	1.1706
36	14.30	0.8695	0.0165	1.150	60.61	111.43	152.03	40.60	1.0386	1.1699
38	15.02	0.8760	0.0156	1.141	64.10	112.10	152.07	39.97	1.0408	1.1693
40	15.79	0.8830	0.0148	1.132	67.57	112.77	152.12	39.35	1.0429	1.1686
42	16.58	0.8900	0.0140	1.123	71.43	113.45	152.19	38.74	1.0451	1.1680
44	17.39	0.8972	0.0133	1.114	75.19	114.13	152.23	38.10	1.0472	1.1673
46	18.23	0.9049	0.0126	1.105	79.37	114.82	152.26	37.44	1.0493	1.1666
48	19.10	0.9132	0.0120	1.095	83.33	115.51	152.29	36.78	1.0514	1.1659
50	20.00	0.9225	0.0113	1.085	88.50	116.27	152.37	36.10	1.0535	1.1653
52	20.93	0.9303	0.0107	1.0750	93.457	116.97	152.43	35.46	1.0556	1.1647
54	21.886	0.9395	0.0100	1.0644	100.000	117.65	152.47	34.82	1.0577	1.1642
56	22.879	0.9491	0.0093	1.0536	107.526	118.32	152.50	34.18	1.0598	1.1637
58	22.905	0.9591	0.0086	1.0426	116.279	118.99	152.53	33.54	1.0619	1.1632
60	23.969	0.9696	0.0079	1.0314\	126.582	119.66	152.56	32.90	1.0640	1.1628

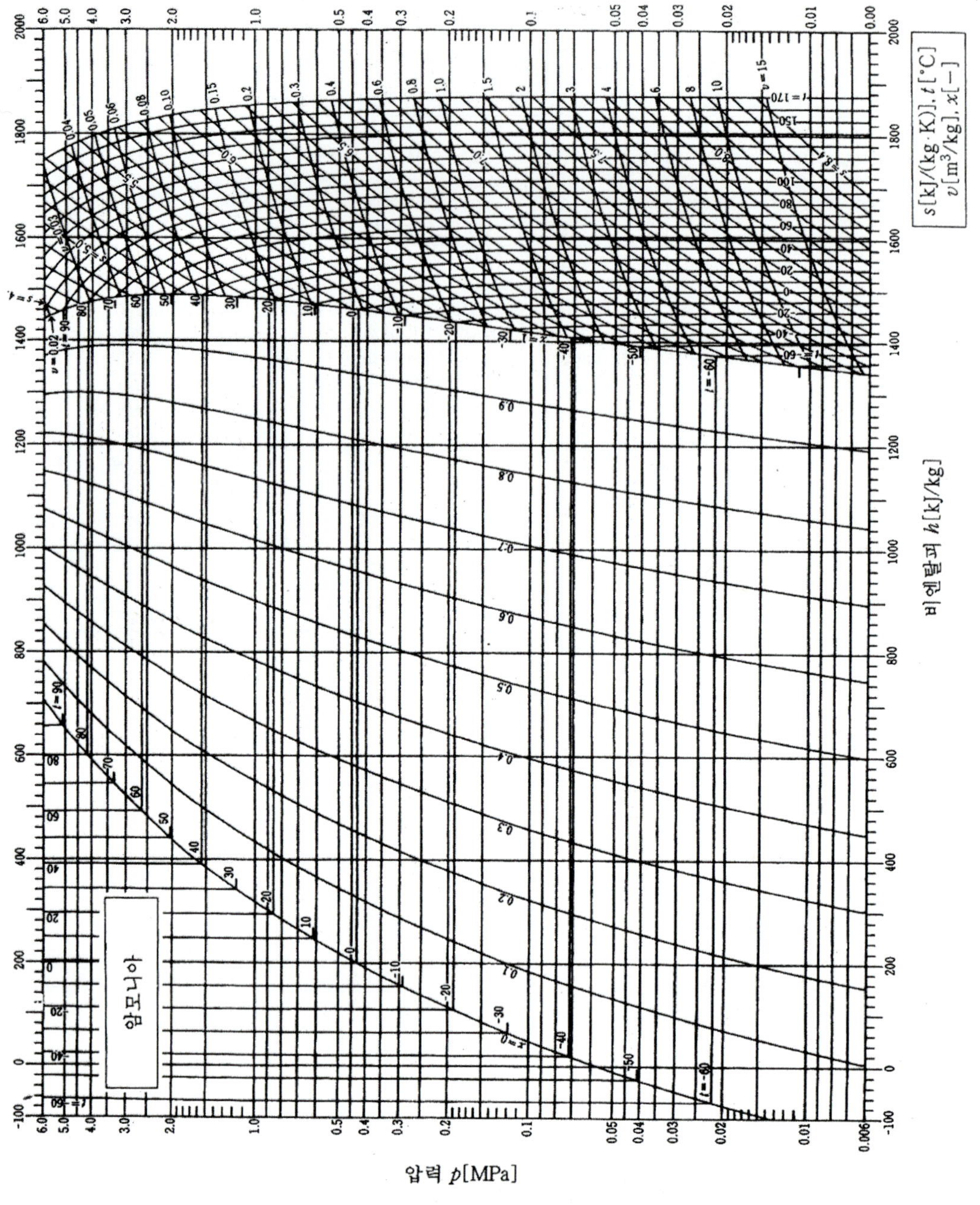

[NH_3의 P-h선도(SI단위)]

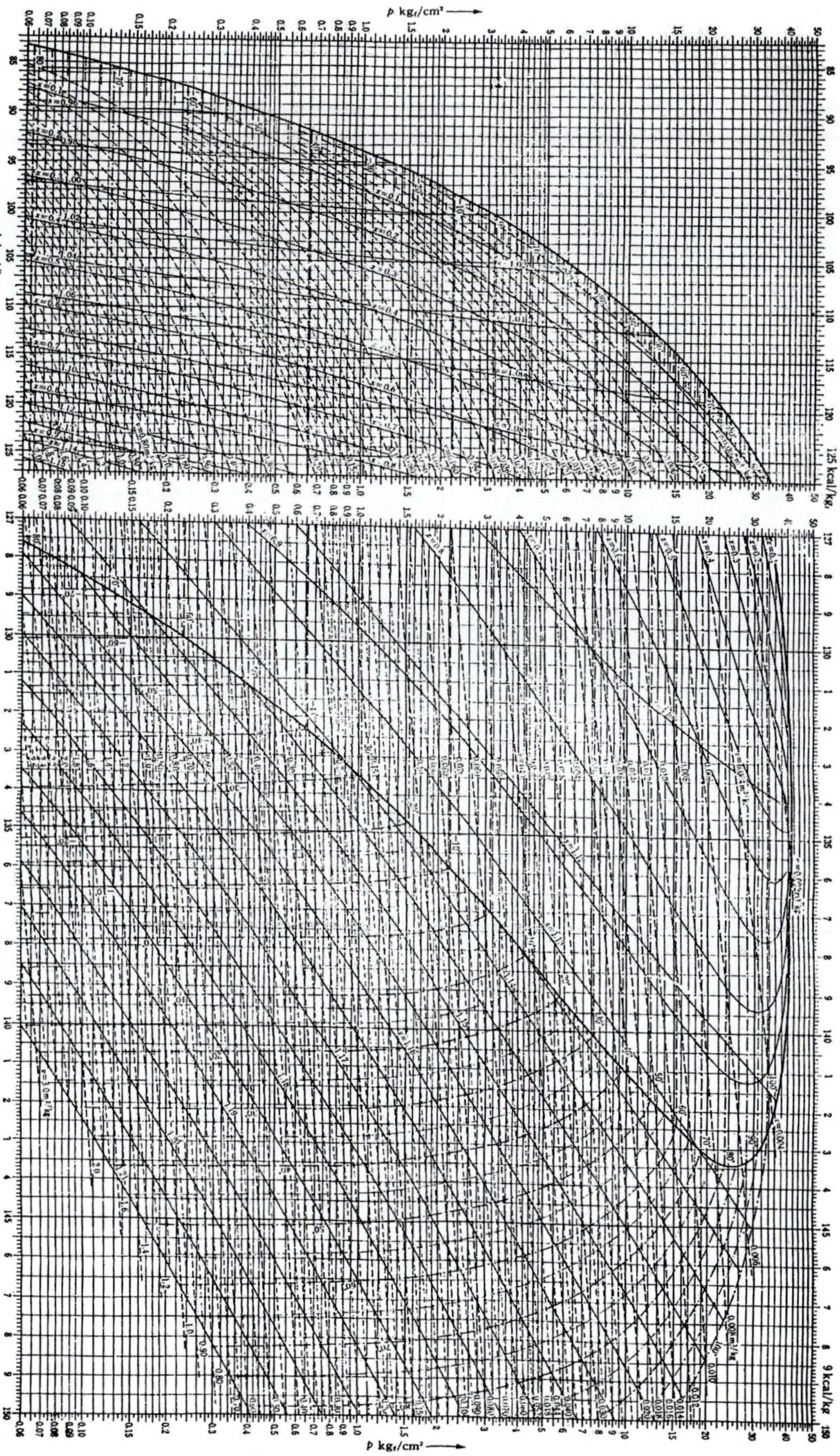

[R-12의 P-s선도(공학단위)]

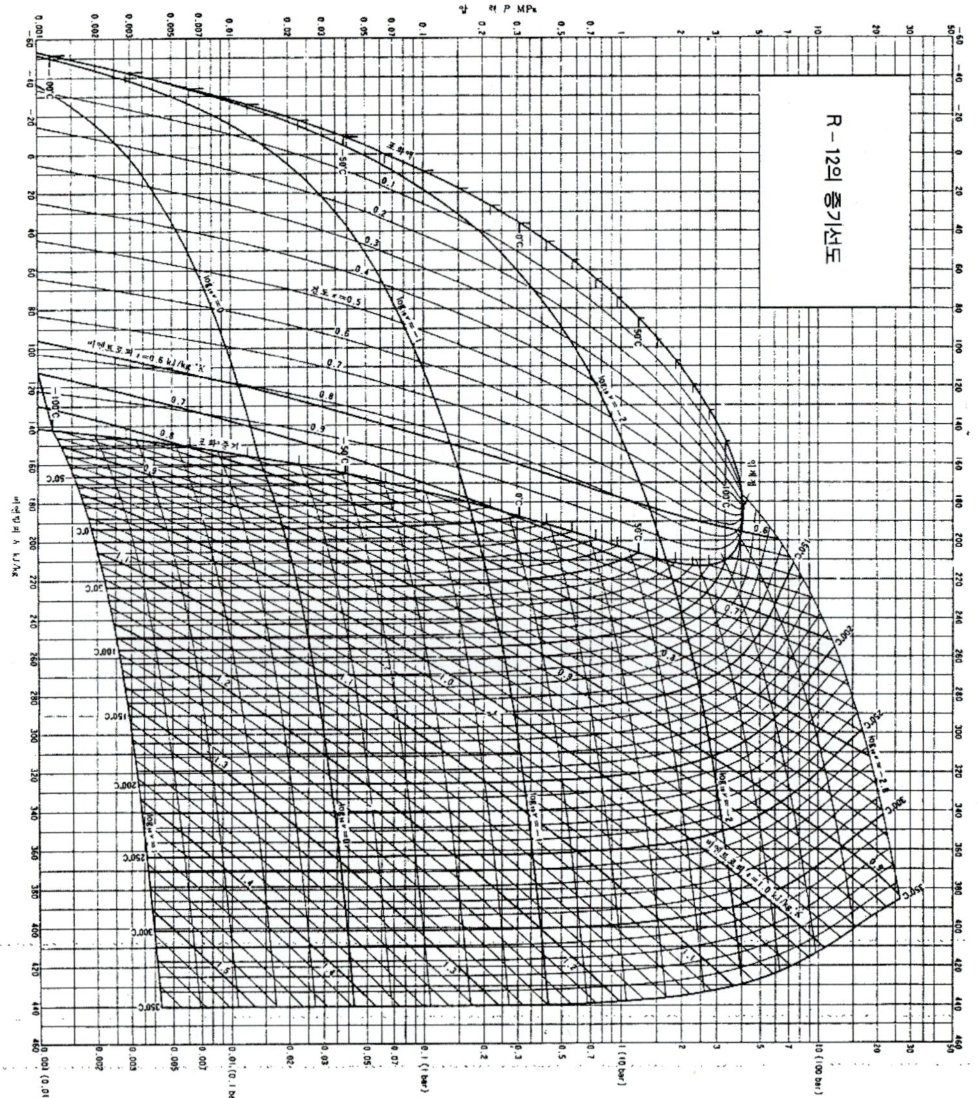

[R-12의 P-h선도(SI단위)]

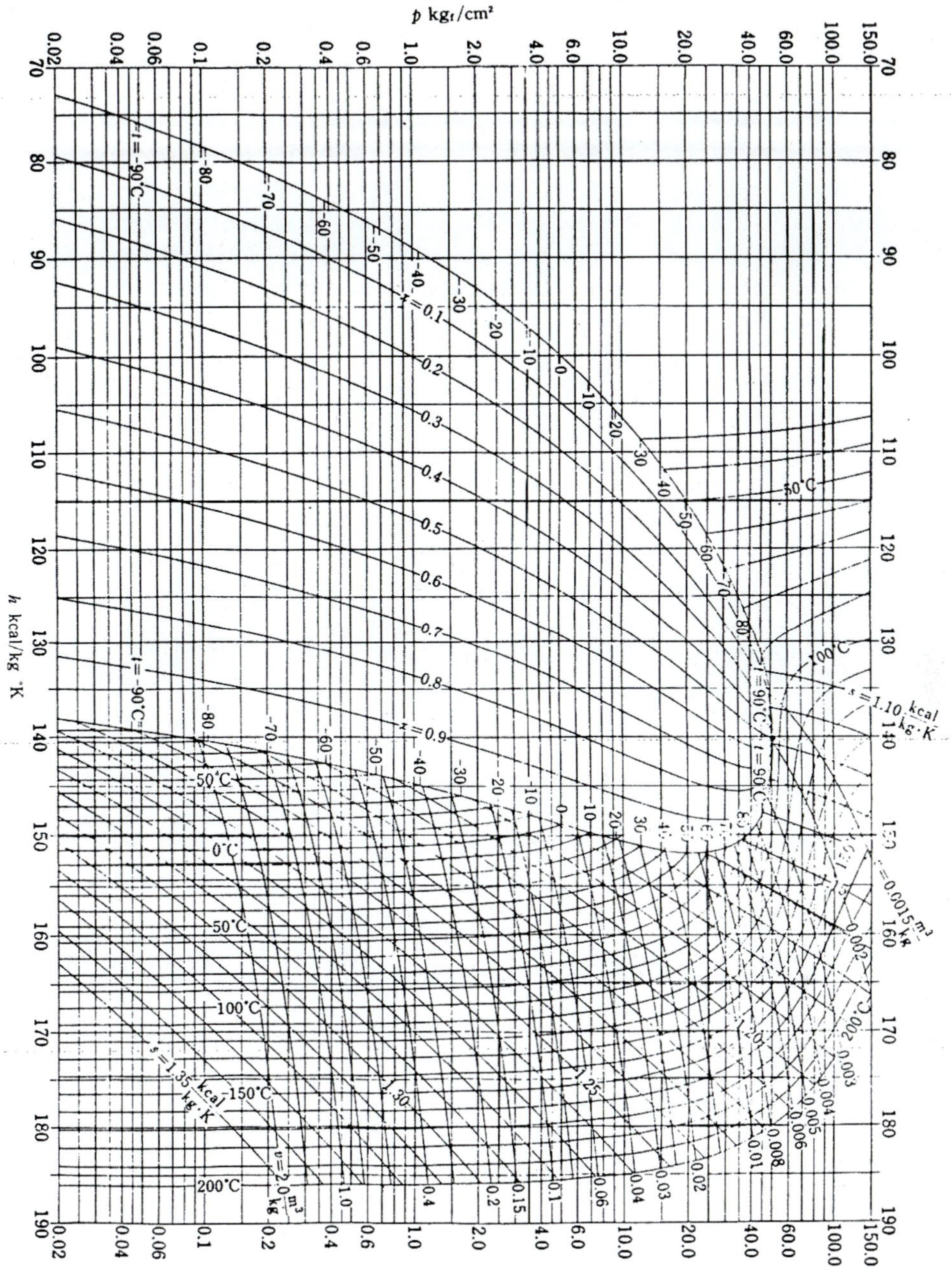

[R-22의 P-h선도(공학단위)]

열역학

초판인쇄 2022년 9월 13일
초판발행 2022년 9월 20일

저 자 이찬규 · 김영기
발 행 인 조규백
발 행 처 도서출판 **구민사**
(07293) 서울시 영등포구 문래북로 116, 604호(트리플렉스 604호)
전 화 (02)701-7421(~2)
팩 스 (02)3273-9642
홈페이지 www.kuhminsa.co.kr
신고번호 제2012-000055호(1980년 2월4일)
I S B N 979-11-6875-090-6 (93550)
정 가 24,000원